敏捷开发
纪念版

［美］罗伯特·C.马丁（Robert C. Martin）& 米咖·马丁（Micah Martin） 著

简方达 译

清华大学出版社

北 京

内 容 简 介

本书介绍敏捷原则、模式和实践，包含4部分38章24个附录，首先概述敏捷开发、包含6个主题，分别为敏捷实践、极限编程、规划、测试、重构和编程活动。接下来介绍敏捷设计，解释了5个设计原则、UML及其应用，包括状态图、对象图、用例图、序列图和类图，并以一个完整的咖啡机编程案例来介绍具体的用法。通过薪水支付系统Payroll的实战练习，书中呈现了敏捷开发的整个过程及其实用价值。

本书适合真正想要通过敏捷方法来提升软件开发技能以及及时交付软件价值的所有读者阅读和参考，尤其适合开发、管理和业务分析岗位的人员学习。通过本书的阅读，读者还可以了解UML、设计模式、面向对象设计原则以及包括极限编程在内的敏捷方法。

北京市版权局著作权合同登记号　图字：01-2018-8806

Authorized translation from the English language edition, entitled AGILE PRINCIPLES, PATTERNS, AND PRACTICES IN C#, 1st Edition , ISBN 978-0131857254 by MARTIN, ROBERT C.; MARTIN, MICAH, published by Pearson Education, Inc, Copyright © 2007 Pearson Education, Inc.

All Rights Reserved. No part of this book may be reproduced or transmitted in any form or by any means, electronic or mechanical, including photocopying, recording or by any information storage retrieval system, without permission from Pearson Education, Inc.

CHINESE SIMPLIFIED language edition published by TSINGHUA UNIVERSITY PRESS Copyright © 2021.

本书中文简体翻译版由培生教育出版集团授权给清华大学出版社出版发行。未经许可，不得以任何方式复制或抄袭本书的任何部分。

本书封面贴有Pearson Education(培生教育出版集团)激光防伪标签，无标签者不得销售。
版权所有，侵权必究。举报：010-62782989，beiqinquan@tup.tsinghua.edu.cn。

图书在版编目(CIP)数据

敏捷开发：纪念版 / (美) 罗伯特·C.马丁(Robert C. Martin) , (美) 米咖·马丁(Micah Martin) 著；简方达译.—北京：清华大学出版社，2021.8

书名原文：Agile Principles, Patterns, and Practices in C#

ISBN 978-7-302-58190-1

Ⅰ.①敏… Ⅱ.①罗…②米…③简… Ⅲ.①软件开发 Ⅳ.①TP311.52

中国版本图书馆CIP数据核字(2021)第098812号

责任编辑：文开琪
装帧设计：李　坤
责任校对：周剑云
责任印制：杨　艳

出版发行：清华大学出版社
　　　　　网　　址：http://www.tup.com.cn，http://www.wqbook.com
　　　　　地　　址：北京清华大学学研大厦A座　　　　邮　　编：100084
　　　　　社 总 机：010-62770175　　　　　　　　　邮　　购：010-62786544
　　　　　投稿与读者服务：010-62776969，c-service@tup.tsinghua.edu.cn
　　　　　质 量 反 馈：010-62772015，zhiliang@tup.tsinghua.edu.cn
印 装 者：小森印刷霸州有限公司
经　　销：全国新华书店
开　　本：145mm×180mm　　　印　　张：24.375　　　字　　数：1216千字
　　　　　(附赠彩色不干胶手册)
版　　次：2021年8月第1版　　　　　　　　　　　印　　次：2021年8月第1次印刷
定　　价：159.00元

产品编号：082171-01

Change is scary, but complacency is deadly.

Dave Dame
Agile leader

The more they over think the plumbing, the easier it is to stop up the drain.

James Doohan as Scotty in
Star Trek III

Agile leaders lead teams, non-agile ones manage tasks.

Jim Highsmith
Agile author

This indispensable first step to getting what you want is this: *Decide what you want.*

Ben Stein
Actor

If you have a choice of two things and can't decide, *take both.*

Gregory Corso
Poet

Everything stinks till it's finished.

Dr. Seuss

Agility means that you are faster than your competition. Agile time frames are measured in weeks and months, not years.

Michael Hugos
Agile systems architect

It is always wise to look ahead, but difficult to look further than you can see.

Winston Churchill

" Everyone is a genius.
But if you judge a fish
on its ability to climb a tree,
it will live its whole life
believing that it is stupid.

Albert Einstein

" People with goals succeed
because they know
where they're going.

Earl Nightingale
Motivational speaker

" The benefit of allowing a
team to self-organize isn't
that the team finds some
optimal organization for
their work that a manager
may have missed. Rather, it
is that by allowing the team
to self-organize, they are
encouraged to fully own the
problem.

Mike Cohn
Agile trainer and author

" Agile is all about teams
working together to
produce great software.
As an Agile coach, you
can help your team go
from first steps to
running with Agile to
unleashing their full
Agile potential.

Rachel Davies and Liz Sedley
Agile trainers and authors

" Focus on idle work
not idle workers
to achieve fast,
flexible flow.

Ken Rubin
Agile Author and Trainer

" In everything we do,
whether writing tests,
writing production code,
or refactoring,
we keep the system
executing at all times.

Robert C. Martin (Uncle Bob)
Agile trainer and author

" No matter what the problem is,
it's always a people problem.

Gerald M. Weinberg

" Scrum focuses on being agile
which may (and should) lead to improving.
Kanban focuses on improving,
which may lead to being agile.

Karl Scotland
Agile trainer

"Inside every large program, there is a small program trying to get out."

C.A.R. Hoare
Computer scientist

"Any fool can write code that a computer can understand. Good programmers write code that humans can understand."

Martin Fowler
Author and programmer

"Optimism is an occupational hazard of programming: feedback is the treatment."

Kent Beck
XP trainer and author

"Kill your product if a pivot is not beneficial and persevering no option. It's tough but the right thing to do."

Roman Pichler
Agile trainer and author

"The best way to get a project done faster is to start sooner."

Jim Highsmith
Agile author

"In a good shoe, I wear a size six, but a seven feels so good, I buy a size eight."

Dolly Parton as Truvy Jones in Steel Magnolias

"However beautiful the strategy, you should occasionally look at the results."

Winston Churchill

"There's no sense in being precise when you don't even know what you're talking about."

John von Neumann
Physicist

It seems that perfection is reached not when there is nothing left to add, but when there is nothing left to take away.

Antoine de Saint-Exupéry
Author

"Scaling agile" always sounds to me like "scaling small-batch, hand-crafted artisanal beer." You end up with Bud Light

Andy Hunt
Pragmatic programmer

Listening is not simply hearing what others are saying; it's giving them space to contribute.

- Tanveer Naseer

"He that is good for making excuses is seldom good for anything else."

Benjamin Franklin

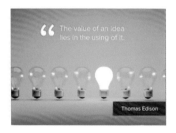

The value of an idea lies in the using of it.

Thomas Edison

Helping people find and pursue their passion is leadership's highest privilege.

There is nothing so useless as doing efficiently that which should not be done at all.

Peter Drucker

People don't adopt a methodology, they adapt it.

Tom DeMarco
Author

Stable Velocity.
Sustainable Pace.

Mike Cottmeyer
Agile author and coach

When forced to work within a strict framework the imagination is taxed to its utmost – and will produce its richest ideas. Given total freedom the work is likely to sprawl.

T. S. Eliot
Poet

Nothing endures but *change*.

Heraclitus

Adopt the attitude that continuous planning is a good thing – In every iteration, expect your plans to change (albeit in small ways if your planning is effective). Don't fall into the trap of thinking that the plan is infallible.

Ian Spence and Kurt Bittner
Agile authors

Do the planning, but throw out the plans.

Mary Poppendieck
Lean trainer and author

Planning is everything.
Plans are nothing.

Field Marshal Helmuth von Moltke

"The most common source of mistakes in management decisions is the emphasis on finding the right answer rather than the right question."

Peter Drucker

It is a capital mistake to theorize before one has data.

Sherlock Holmes
Scandal in Bohemia

> Remove any feature, process, or effort that does not contribute directly to the learning you seek.
>
> Eric Ries
> Author, The Lean Startup

> A market is never saturated with a good product, but it is very quickly saturated with a bad one.
>
> Henry Ford

> A wrong decision is better than no decision.
>
> Tony Soprano

> Right and wrong cease to be useful concepts when you're talking about software development.
>
> Kent Beck
> XP trainer and author

> The important thing is not your process. The important thing is your process for *improving your process*.
>
> Henrik Kniberg
> Agile trainer and author

> As ScrumMasters, we should all value being great over being good.
>
> Geoff Watts
> Scrum trainer and author

> As a software development consultant, I've never encountered a successful software company (although my sample size is limited) in which the team and project leaders were not technically savvy.
>
> Jim Highsmith
> Agile author

> The secret of getting ahead is *getting started*. The secret of getting started is breaking your complex overwhelming tasks into small manageable tasks, and then start on the first one.
>
> Anonymous

> Remember:
> it's not the documentation
> that needs to be in sync,
> but the people.

George Dinwiddie
Agile coach and trainer

> Software is the most malleable product.
> Companies need to use this
> characteristics to their competitive
> advantage, and sticking to traditional
> waterfall development negates this
> advantage.

Jim Highsmith
Agile author

> Bug fixing often uncovers
> opportunities for refactoring.
> The very fact that you're working
> with code that contains
> a bug indicates that
> there is a chance
> that it could be clearer
> or better structured.

Paul Butcher
Software engineering author

> Be honest –
> Without objectivity
> and honesty,
> the project team
> is set up for failure,
> even if developing
> iteratively.

Ian Spence and Kurt Bittner
Agile authors

> Plans are worthless,
> but planning is
> everything.

Dwight Eisenhower

> Anyone who has never
> made a mistake
> has never
> tried anything new.

Albert Einstein

> The more elaborate
> our means of communication,
> the less we communicate.

Joseph Priestley
Theologian

> Scrum is like your mother-in-law,
> it points out ALL your faults.

Ken Schwaber
Scrum trainer and author

Our greatest weakness
lies in giving up.
The most certain way to
succeed is always to
try just one more time.

Thomas Edison

We define an agile tester this way:
a professional tester who embraces change,
collaborates well with both technical and
business people, and understands the
concept of using tests to document
requirements and drive development.

Lisa Crispin and Janet Gregory
Agile trainers and authors

To say that companies or CIOs
are reluctant to embrace agile
is like saying they wouldn't
take aspirin for a headache.
And they're not only
not taking the aspirin,
they're banging their heads
against the wall and
wondering why it hurts.

Jim Johnson
Software development consultant

I like to think of this [testing] in parade
terms. When you're working a parade, it
is better to march in front of the horses,
rather than behind them, sweeping up.
Worse yet, what if they are elephants?

Ron Jeffries
Agile trainer and author

You improvise.
You adapt.
You overcome.

Clint Eastwood as
Sergeant Highway in
Heartbreak Ridge

If you tell people where to go,
but not how to get there,
you'll be amazed by the results.

General George S. Patton

As the tests get
more specific,
the code gets
more generic.

Robert C. Martin (Uncle Bob)
Agile trainer and author

After working for some years in the
domains of large, multisite, and
offshore development, we have
distilled our experience and advice
down to the following:
Don't do it.

Bas Vodde and Craig Larman
Agile trainers and authors

> Most teams aren't teams at all but merely collections of individual relationships with the boss. Each individual vying with the others for power, prestige, and position.

Douglas McGregor
Management professor

> Agile teams produce a continuous stream of value, at a sustainable pace, while adapting to the changing needs of the business.

Elisabeth Hendrickson
Agile author and trainer

> If you want a guarantee, buy a toaster.

Clint Eastwood as Nick Pulovski in
The Rookie

> It's never about how you start – it's always about how you finish.

Dwayne Johnson
The Rock

> An organization that treats its programmers as morons will soon have programmers that are willing and able to act like morons only.

Bjarne Stroustrup
Computer scientist

> We regularly coach groups that ask, "How can we calculate how many people we will need?" Our suggestion is, "Start with a small group of great people, and only grow when it really starts to hurt." That rarely happens.

Bas Vodde and Craig Larman
Agile trainers and authors

> Opportunity is missed by most people because it is dressed in overalls and looks like work.

Thomas Edison

> A good plan violently executed now is better than a perfect plan executed next week.

General George S. Patton

> Everything is vague to a degree you do not realize 'till you have tried to make it precise.
>
> **Bertrand Russell**
> Philosopher

> Keep your roadmap simple and easy to understand. Capture what really matters; leave out the rest.
>
> **Roman Pichler**
> Agile trainer and author

> First-time product owners need time, trust, and support to grow into their new role.
>
> **Roman Pichler**
> Agile trainer and author

> As an Agile coach, you don't need to have all the answers; it takes time and a few experiments to hit on the right approach.
>
> **Rachel Davies and Liz Sedley**
> Agile trainers and authors

> That which is a feature to a component team is a task to a feature team.
>
> **Ken Rubin**
> Agile Author and Trainer

> Failure is simply the opportunity to begin again, this time more intelligently.
>
> **Henry Ford**

> People are remarkably good at doing what they want to do.
>
> **Joseph Little**
> Scrum trainer and author

> As a general rule of thumb, when benefits are not quantified at all, assume there aren't any.
>
> **Tom DeMarco and Timothy Lister**
> Software development authors

> Success is not final,
> failure is not fatal:
> It is the courage
> to continue that counts.

Winston Churchill

> If you define the problem correctly,
> you almost have the solution.

Steve Jobs

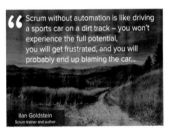

> Scrum without automation is like driving
> a sports car on a dirt track – you won't
> experience the full potential,
> you will get frustrated, and you will
> probably end up blaming the car...

Ilan Goldstein
Scrum trainer and author

> In XP, we don't
> divide and conquer.
> We conquer and
> divide.
> First we make
> something that
> works, then we bust
> that up and solve
> the little parts.

Kent Beck
XP trainer and author

> When to use iterative development? You should use iterative development only on projects that you want to succeed.
>
> **Martin Fowler**
> Author and programmer

> To be uncertain is to be uncomfortable, but to be certain is to be ridiculous.
>
> **Chinese Proverb**

> Planning is a quest for value.
>
> **Mike Cohn**
> Agile trainer and author

> Be fixed on the vision, but flexible on the journey.
>
> **Jeff Bezos**
> Founder of Amazon

> The only way to go fast is to *go well.*
>
> Robert C. Martin (Uncle Bob)
> Agile trainer and author

> When we go into that new project, we believe in it all the way. We have confidence in our ability to do it right.
>
> Walt Disney

> Design and programming are human activities; forget that and all is lost.
>
> Bjarne Stroustrup
> Computer scientist

> We don't need an accurate document. We need a shared understanding.
>
> Jeff Patton
> Agile trainer

It doesn't matter how good you are today; if you're not better next month, you're no longer agile.

Mike Cohn
Agile trainer and author

Simplicity is the ultimate sophistication.

Leonardo da Vinci

Although self-organizing is a good term, it has, unfortunately, become confused with anarchy.

Jim Highsmith
Agile author

为了帮助读者更有效地提升和领悟敏捷软件开发的真谛，我们精心准备了这部分内容（非卖品）。读者可以根据自己的需要和喜好，揭下不干胶，以可视化的方式加强自己的理解，也可以扫描下方二维码，获得这部分内容的电子资源。

敏捷宣言

　　我们一直在实践中揭示更好的软件开发方法，身体力行的同时也帮助他人。由此，我们建立了如下价值观：

个体和互动	优先于	流程和工具
工作的软件	优先于	详尽的文档
客户合作	优先于	合同谈判
响应变化	优先于	遵循计划

　　也就是说，尽管右项有其价值，我们更重视左项的价值。

Kent Beck	*James Grenning*	*Robert C. Martin*
Mike Beedle	*Jim Highsmith*	*Steve Mellor*
Arie van Bennekum	*Andrew Hunt*	*Ken Schwaber*
Alistair Cockburn	*Ron Jeffries*	*Jeff Sutherland*
Ward Cunningham	*Jon Kern*	*Dave Thomas*
Martin Fowler	*Brian Marick*	

敏捷宣言的原则

我们遵循以下原则。

1. 我们最看重的是，通过及早、持续交付有价值的软件，来满足客户的需求。

2. 欢迎需求有变化，即使是在软件开发后期。轻量级的敏捷流程可以驾驭任何有利于提升客户竞争优势的变化。

3. 频繁交付能用起来的软件，频率从两周到两个月，倾向于更短的时限。

4. 业务人员和开发人员必须合作，这样的合作贯穿于整个项目中的每一天。

5. 围绕着主动性强的个人来立项。为他们提供必要的环境和支持，同时信任他们能够干成事情。

6. 开发团队内部以及跨团队之间，最有效和最高效的信息传递方式是，面对面进行对话。

7. 能用起来的软件，就是衡量进度的基本依据。

8. 敏捷流程倡导可持续的开发。发起人、开发人员和用户都能够长期保持一种稳定、可持续的节拍。

9. 持续保持对技术卓越和设计优良的关注，这是强化敏捷能力的前提。

10. 简洁为本，极简是消除浪费的艺术。

11. 最好的架构、需求和设计，是从自组织团队中涌现出来的。

12. 按固定的时间间隔，团队反思提效的方式，进而从行为上做出相应的优化和调整。

面向对象设计的原则

SRP 单一职责原则 就一个类而言，应该有且仅有一个引起它变化的原因。

OCP 开/闭原则 软件实体（类、模块和函数等）应可以扩展，但不可修改。

LSP 里氏替换原则 子类型必须能替换掉它们的基本类型。

ISP 接口隔离原则 不应该强迫客户依赖于它们不用的方法。接口属于客户，不属于它所在的类层次结构。

DIP 依赖倒置原则 抽象不应该依赖于细节。细节应该依赖于抽象。

REP 重用发布等价原则 重用的粒度就是发布的粒度。

CCP 共同重用原则 一个包中的所有类应该是共同重用的。如果重用包中的一个类，那么就要重用包中的所有类。相互之间没有紧密联系的类不应该在同一个包中。

CRP 共同封闭原则 一个包中所有的类对同一类性质的变化应该是共同封闭的。一个变化若对一个包有影响，就会影响到包中所有的类，但不会影响到其他的包造成任何影响。

ADP 无依赖原则 在包的依赖关系中不允许存在环。细节不应该有其他依赖关系。

SDP 稳定依赖原则 朝着稳定的方向进行依赖。

SAP 稳定抽象原则 一个包的抽象程度应该和其他的保持一致。

极限编程实践

1. **完整的团队**　XP项目的所有参与者（开发人员、业务分析师和测试人员等）一起工作在一个开放的场所中，他们都是同一个团队的成员，这个场所的墙壁上挂着大幅的显眼的图表和他显示当前进度的其他东西。

2. **计划游戏**　计划是持续的、循序渐进的。每2周，开发人员就为下2周估算候选特性的成本，而客户则根据成本和业务价值来选择要实现的特性。

3. **客户验收测试**　选定每个特性的同时，客户还要定义自动化测试来表明特性是可行的。

4. **简单设计**　团队保持设计恰好和当前的系统功能相匹配，它通过了所有的测试，不包含任何重复，可以表达编写者想要表达的所有意图，并包含尽可能少的代码。

5. **结对编程**　所有软件都是由两个程序员结对一起在同一台机器上构建的。

6. **测试驱动开发**　工作周期短，测试先行，再编码实现功能。

7. **改进设计**　随时改进糟糕的代码，保持代码尽可能干净，有表达力。

8. **持续集成**　团队总是可以使系统逐步集成和完善。

9. **集体代码所有权**　任何结对的程序员都可以在任何时候改进任何代码。

10. **编码标准**　系统中所有的代码看起来就像是由一个非常胜任的人写成的。

11. **隐喻**　团队提出一个程序工作原理的共识。

12. **可持续的速度**　只有持久，团队才有获胜的希望。他们以能够长期维持的速度努力工作。他们保存精力，他们把项目看作是马拉松，而不是全速冲刺。

推 荐 序

埃里·伽玛（Erich Gamma）

献给 Ann Marie, Angela, Micah, Gina, Justin,

Angelique, Matt 和 Alexis……

任何珍品都不及家人的陪伴，

任何宝藏都不如亲情的宽慰。

刚刚交付完 Eclipse 开源项目的一个大版本后，我就马不停蹄地着手为这本书写序。刚刚开始恢复元气的我，脑子还有些模糊。但有一点我比以往更清楚，那就是"交付产品的关键因素是人，而不是过程"。我们成功的诀窍很简单：和沉迷于交付软件的人一起工作，使用适合自己团队的轻量过程进行开发，在此过程中不断调整和适应。

如果了解过我们团队中的开发人员，就会发现他们都认为编程是软件开发的中心。他们不仅写代码，还会持续消化和洗手代码以保持对系统的理解。用代码验证设计时得到的反馈，对设计者的信心来说至关重要。我们的开发人员知道模式、重构、测试、增量交付、频繁构建以及其他一些 XP（极限编程）最佳实践的重要性。这些实践改变了我们对当今软件开发方法的看法。

对于技术风险高以及需求变化频繁的项目，熟练掌握这种开发风格是获得成功的先决条件。虽然敏捷开发方法不太注重形式和项目文档，但一旦涉及重要的日常开发实践，却表现出了极大的关注。落地这些实践正是本书的重点。

作者长期活跃于面向对象社区，对 C++ 实践、设计模式以及面向对象设计的一般原则都有贡献。他是 XP 和敏捷方法的早起倡导者。本书以这些贡献为基础，覆盖了敏捷软件开发实践的全部内容。这是一项了不起的成就。不仅如此，作者在说明每件事情的时候，都用了案例和代码，这与敏捷实践完全一致。他用写代码这个实际行动来阐明敏捷编程和敏捷设计。

前　言

"可是老兄，你说你去年就会完成这本书的。"距离1999年Claudia发出这一正当的抱怨，已经过去7年了，但我（Bob）[1]觉得已经做出了补偿。我要经营一家咨询公司，做大量编码、培训、辅导和演讲工作，写文章、专栏和博客，更不用提还要养家糊口并享受大家庭的乐趣。所以，这期间写三本书（每两年一本）真的是一个巨大的挑战。但是，我乐在其中。

敏捷开发是在需求快速变化的情况下快速开发软件的一种能力。为实现这种敏捷性，需使用能提供必要纪律和反馈的实践，需遵守保持软件灵活且易于维护的设计原则，需知道已证明能为特定问题权衡那些原则的设计模式。本书旨在将这三个概念整合成一个有机的整体。

本书介绍了这些原则、模式与实践，然后通过多个案例来演示其实际运用。更重要的是，这些案例都不是"成品"。相反，它们是进行中的设计。你会看到设计人员犯错，观察到他们如何发现并最终纠正错误，会看到设计人员对一个难题苦思不得其解，并担心歧义和得失。总之，你看到的是设计实际在进行。

2005年初，我（Micah）在一个小开发团队做事，当时要着手用C#来写一

1　前言为两名作者共同写成，因而在"我"的后面指出了具体的作者名称，以示区分。

个 .NET 应用程序。项目要求采用敏捷开发实践，这正是我进入该项目的原因之一。虽然以前用过 C#，但我最熟悉的还是 Java 和 C++。

当时没想过用 .NET 会有多大区别，事实证明确实如此。项目进行了两个月，我们发布了第一个版本。不是完整版本，只包含所有预期功能的一部分，但足够用。他们也真的在用。仅过了两个月，公司就从我们的开发收获了好处。管理层高兴，嚷着要雇更多人，启动更多项目。

多年来一直出没于敏捷社区，我知道有许多敏捷开发人员能帮到我们。我给他们打了电话，请他们加入。最终，没有任何一个搞敏捷的人加入我们的团队。为什么？或许最重要的原因是我们用的是 .NET。

几乎所有敏捷开发人员都有 Java，C++ 或 Smalltalk 的背景。但几乎没听说过有敏捷 .NET 程序员。我说要用 .NET 进行敏捷软件开发，我的那些朋友可能根本没有把我的话当真，或者他们就是不想和 .NET 扯上关系。这是一个大问题。而且，发生过好多次。

为期一周的有关各种软件主题的课程使我能结识来自世界各地的开发人员。

就各种软件主题讲授大约一周的课程，使我有机会接触来自世界各地有代表性的开发人员。许多学员都是 .NET 程序员，也有许多是 Java 或 C++ 程序员。虽然不好听，但根据我的经验，.NET 程序员通常比 Java 和 C++ 程序员要弱一些。显然，并非总是如此。但通过在课堂上反复观察，我只能得出这样的结论：.NET 程序员在敏捷软件实践、设计模式和设计原则等方面通常要弱一些。据我观察，许多 .NET 程序员从未听说过这些基本概念。这种情况必须改变！

我父亲 Robert C. Martin 于 2002 年出版了的《敏捷软件开发：原则、模式与实现》荣获了 2003 年 Jolt 大奖。那是本好书，受到许多开发人员的推崇。遗憾的是，它对 .NET 社区影响甚微。虽然书的内容同样适合 .NET，但鲜有 .NET 程序员读过。

我希望讲 .NET 的这一版能在 .NET 和开发社区其余部分之间建立起一座桥梁。希望程序员能读一读，了解构建软件的更优方式。希望他们开始使用更好的软件实践，创建更好的设计，提升 .NET 应用程序员的质量标准。希望 .NET 程序员不再比其他程序员弱。希望 .NET 程序员在软件社区取得更多话语权，就连 Java 开发人员也乐意加入一个.NET团队。

写书的过程中，我经常纠结于要不要把我的名字放在一本.NET书的封面。这样会不会将我和.NET联系起来，会不会有不好的暗示？但最终我不再纠结。我是一名.NET程序员。不对！一名敏捷.NET程序员！我为此感到骄傲。

关于本书

20世纪90年代初，我(Bob)写了*Designing Object-Oriented C++ Applications Using the Booch Method*一书，是我的代表作，我对其影响和销量都很满意。其实你现在正在看的最开始就是想作为那本书的第3版，只是后来完全不是那么回事。原作内容在本书所剩无几，不超过3章，而且都进行了大幅修订。书的意图、精神和许多启发并没有改变。在该书问世后的十年里，我在软件设计和开发方面学到了很多。本书反映了我学到的东西。

这是怎样的十年啊！该书是在互联网时代之前出版的。互联网问世后，需要掌握的缩写词数量大增。我们现在有了EJB、RMI、J2EE、XML、XSLT、HTML、ASP、JSP、ZOPE、SOAP、C#和.NET，另外还有设计模式、Java、Servelets和Application Servers。基本上，要使本书所有章节的内容保持"最新"是很难的。

本书和Booch的关系

1997年，Grady Booch[1]邀请我帮忙写他那本大获成功的*Object-Oriented Analysis and Design with Applications*一书的第3版。我以前和Grady在一些项目上合作过，是其许多作品（包括UML）的热心读者和内容贡献者。所以，我高兴地接受了邀请，并请我的好友Jim Newkirk共同参与。

接下来的两年，我和Jim为Booch写了许多章节，花在本书上的精力自然就少了。但是，我觉得Booch的书值得投入。另外，当时还在想本书反正只是第2版，所以并不是特别上心。如果我要写一些有份量的内容，我会写一些新的、不一样的。

遗憾的是，Booch的书难产了。本来就很难在正常时间写书，在互联网泡沫的

---

1 译注：Grady Booch是统一建模语言(UML)的缔造者之一。

那段时间更是不太可能。Grady在Rational Software的工作更忙了，同时还忙于像Catapulse这样的风投企业。所以，项目陷入停顿。最终，我问Grady和Addison-Wesley出版社能不能把我和Jim写的章节放到本书。他们慷慨地同意了。本书的几个案例分析和UML章节就是这么来的。

极限编程的影响

1998年末，极限编程(XP)崭露头角，挑战我们对于软件开发的传统观念。是应该在写任何代码之前创建大量UML图，还是避免一切形式的图，直接写大量代码？是应该写许多说明性的文档来描述设计，还是使代码更具说明性，从而无需辅助文档？要结对写程序吗？写生产代码前要先写好测试代码吗？我们到底应该怎么做？

这个变革来得恰是时候。20世纪90年代中期，Object Mentor帮助许多公司解决OO(面向对象)设计和项目管理问题。我们帮这些公司完成其项目。在这个过程中，我们向团队灌输了自己的态度与实践。遗憾的是，这些东西没有形成书面记录。相反，只是从口头上传达给了客户。

1998年，我意识到需要把我们的过程和实践记录下来，以便更好地向客户传达。所以我在C++ Report上写了许多关于这一过程的文章[1]。但是，这些文章没有达到目标。信息量大，有时还十分有趣，但它们没有将我们在项目中采用的实践和态度整理成文，而是对数十年来我形成的价值观的一种无意识的折衷。最后是Kent Beck提醒了我。

本书和Kent的关系

1998年末，正当我为Object Mentor过程的整理而烦恼时，Kent和Beck在极限编程（XP）方面的成果让我眼前一亮。这些成果散见于Ward Cunningham[2]的wiki[3]，和其他许多人的作品混在一起。尽管如此，作为一个有心人，我还是掌握了Kent的要点。感兴趣的同时，我也有了一些疑虑。极限编程的某些东西契合我的开发过程目标。

---

[1]　有4篇文章。前三篇是"*Iterative and Incremental Development*"(I, II, III)。最后一篇是"*C.O.D.E Culled Object Development process*"。

[2]　译注：沃德·坎宁安，Wiki概念的发明者，设计模式和敏捷软件方法的先驱之一。

[3]　http://c2.com/cgi/wiki包含涉及广泛主题的大量文章。有数百上千的作者。有人说，也就Ward Cunningham才能用几行Perl代码发起一次社会革命。

但另一些东西，比如缺乏一个明确的设计阶段，却让我疑惑。

我和Kent处于截然不同的软件环境。他是公认的Smalltalk顾问，我是公认的C++顾问。这两个世界相互很难沟通，存在像库恩范式[1]那么大的鸿沟。

其他时候我绝不会邀请Kent为 *C++ Report* 撰稿。但是，由于我们对于过程的看法取得了一致，所以语言的鸿沟不再重要。1999年2月，我在慕尼黑的OOP大会上见到了Kent。我当时在讲OOD的原则，他就在对面的房间里讲XP。由于没法听到他的演讲，我在午餐时找到了Kent。我们讨论了XP，我提出了让他为 *C++ Report* 撰稿的请求。这是一篇很棒的文章，讨论了Kent如何和一名同事花一小时左右的时间在某个live system中进行一次全面的设计更改。

接着几个月，我慢慢梳理出了自己对XP的忧虑。最担心的是如何采纳一个没有明显前期设计阶段的过程。感觉自己好像卡在了这里。对于我的客户及其整个行业，我难道不应该告诉他们值得花时间在设计上吗？

最后，我终于意识到自己都没有真正注重过这样的一个阶段。即使在我写的关于设计、Booch图和UML图的所有文章和书里，都总是将代码作为验证图是否有意义的一种方式来使用。在我的所有客户咨询中，我会花一两个小时帮客户画图，再指导他们通过代码来利用这些图。我意识到虽然XP关于设计的说法有点陌生，有点库恩[2]，但其背后的实践我本来就熟悉。

我对XP的其他担心较容易解决。我私底下一直拥护结对编程。XP使我能光明正大地和伙伴一起编程。重构、持续集成、在客户现场工作……所有这些对我来说都很容易接受。它们很接近我向客户建议的工作方式。

XP的一个实践对我来说是新的发现。第一次听说"测试驱动开发"（Test-driven development，TDD）[3]时可能感觉没什么：写生产代码前先写好测试用例，写所有生产代码的目的都是使失败的测试用例通过测试。但是，我对这种开发模式所带来的深远

---

[1] 1995年到2001年任何可靠的学术著作采用的都肯定是"库恩"（Kuhnian）一词。它是指托马斯·库恩（Thomas S. Kuhn）所著的《科学革命的结构》一书（芝加哥大学出版社1962年出版）。库恩认为科学不是通过新知识的线性积累进步，而是经历周期性的革命，称"范式转移"。

[2] 如果在文章中两次提到库恩的话，论文的可信度更高。

[3] Kent Beck著，中文版《实战测试驱动开发》。

影响始料未及。该实践彻底改变了我写软件的方式：变得更好了。

所以，1999年秋，我确信 Object Mentor 应采纳 XP 作为其选择的过程，并且我应该放弃写自己的过程的想法。Kent 已经很好地归纳了 XP 的实践与过程，我的小小尝试与之相比不值一提。

.NET

各大企业正在进行一场战争，目的是争取你的效忠。它们认为，只要拥有了语言，就拥有了程序员以及雇用这些程序员的公司。

这场战争的第一个争夺点是 Java。Java 是第一个由大公司为赢得程序员关注而创建的语言，并取得了极大成功。Java 在软件社区深得人心，基本上是现代多层 IT 应用程序的事实上的标准。

相应的一个还击来自 IBM，它通过 Eclipse 开发环境夺走了很大一块 Java 市场。Microsoft 技术精湛的开发人员也不甘落后，他们提供了常规意义上的 .NET 和最为特殊的 C#。

令人惊讶的是，Java 和 C# 很难区分。两种语言语义一致，语法也相似，以至于许多代码段没有差别。虽然 Microsoft 在技术创新上差点意思，但它赶超别人并取得最终胜利的能力还是相当不错的。

本书第一版采用 Java 和 C++ 作为编码语言。本书则完全采用 C# 和 .NET 平台。不要把这当成是背书。这场战争我们不选边站。事实上，大公司为争夺程序员的关注而发起的战争没有太大意义。未来几年一旦出现更好的语言，程序员的心思立即就会发生转移。

本书之所以出 .NET 版，自然是为了方便 .NET 读者。虽然书中的原则、模式与实践和语言无关，但案例分析不是。.NET 程序员看 .NET 的案例分析更舒服，Java 程序员看 Java 的例子更愉快。

魔鬼就在细节里

本书包含大量.NET代码。希望你能仔细读代码，因为代码在很大程度上就是本书的重点。代码具现了本书要表达的意思。

本书采用固定写作模式：大小不一的一系列案例分析。有的非常小，有的则需要用几章来讲解。每个案例分析都有一些前置材料，描述了该案例分析要用到的面向对象设计原则和模式。

本书首先讨论开发实践和过程，其中穿插了许多小的案例分析和例子。然后开始讨论设计和设计原则，接着讨论一些设计模式，对包进行管控的更多设计原则，以及更多模式。所有这些主题都伴随有相应的案例分析。

所以，要做好读一些代码和研究一些UML图的准备。本书技术性很强，它要传授的经验教训如同恶魔一样隐藏在细节里(细节决定成败)。

本书的结构

本书包含4部分38章和2个附录。

第Ⅰ部分：敏捷开发。本部分描述敏捷开发的概念。首先展示敏捷联盟宣言，概述了极限编程(XP)，然后通过许多小的案例分析来阐述一些单独的XP实践，尤其是对设计和代码编码方式有影响的那些。

第Ⅱ部分：敏捷设计。本部分讨论面向对象软件设计，包括它的定义，对复杂性进行管理的问题和技术，以及面向对象类设计的原则。本部分最后用几章描述了UML的一个实用子集。

第Ⅲ部分：案例学习：Payroll系统。本部分描述面向对象设计和一个简单的批处理Payroll系统的C++实现。前几章描述本案例分析遇到的设计模式。最后一章是完整的案例分析，是本书最大和最完整的一个。

第Ⅳ部分：案例学习：打包Payroll系统。本部分首先描述面向对象包设计的原则，然后通过增量打包上一部分的类来演示这些原则。最后几章描述了Payroll应用程序的数据库和UI设计。

附录A：两家公司的讽刺故事

附录B：Jack Reeves的"什么是软件"一文。

如何使用本书

如果你是开发人员，请将本书从头读到尾。本书主要为开发人员而写，包含以敏捷方式开发软件所需的资讯。先学习实践，然后是原则，然后是模式，然后是把所有这些结合起来的案例分析。整合所有这些知识将有助于你完成项目。

如果你是管理人员或业务分析师，请阅读第Ⅰ部分"敏捷开发"。第1章~第6章深入讨论了敏捷原则和实践，从需求到计划，再到测试、重构和编程。本部分将指导你建立团队和管理项目。

如果想学习UML，请先阅读第13章~第19章，然后阅读第Ⅲ部分"案例学习：薪水支付系统Payroll"的全部章节。这将帮助你在UML的语法和使用方面打下良好基础，同时帮助你在UML和C#之间转换。

如果想学习设计模式，请阅读第Ⅱ部分"敏捷设计"，从而先学习设计原则。然后阅读第Ⅲ部分"案例学习：薪水支付系统Payroll"和第Ⅳ部分"案例学习：打包Payroll系统"。它们定义了所有模式，并展示了它们在典型情况下的使用。

如果想学习面向对象设计原则，请阅读第Ⅱ部分"敏捷设计"和第Ⅲ部分"案例学习：薪水支付系统Payroll"和第Ⅳ部分"案例学习：打包Payroll系统"。它们描述了面向对象设计原则并展示了如何使用它们。

如果想学习敏捷开发方法，请阅读第Ⅰ部分"敏捷开发"。本部分描述了敏捷开发的需求、计划、测试、重构和编程。

如果想找乐子，请阅读附录A"两家公司的讽刺故事"。

致　谢

衷心感谢 Lowell Lindstrom，Brian Button，Erik Meade，Mike Hill，Michael Feathers，Jim Newkirk，Micah Martin，Angelique Martin，Susan Rosso，Talisha Jefferson，Ron Jeffries，Kent Beck，Jeff Langr，David Farber，Bob Koss，James Grenning，Lance Welter，Pascal Roy，Martin Fowler，John Goodsen，Alan Apt，Paul Hodgetts，Phil Markgraf，Pete McBreen，H. S. Lahman，Dave Harris，James Kanze，Mark Webster，Chris Biegay，Alan Francis，Jessica D'Amico，Chris Guzikowski，Paul Petralia，Michelle Housley，David Chelimsky，Paul Pagel，Tim Ottinger，Christoffer Hedgate 和 Neil Roodyn。

特别感谢 Grady Booch 和 Paul Becker 允许我在本书包含原定用于 Grady 的 *Object-Oriented Analysis and Design with Applications* 一书第 3 版的那些章节。特别感谢 Jack Reeves 允许我再版其"源码即设计"一文。

Jennifer Kohnke 和我的女儿 Angela Brooks 为本书绘制了精美（有时甚至炫酷）的插图。

作者简介

罗伯特·C. 马丁（Robert C. Martin，Bob大叔）是位于伊利诺利州格尼市 Object Mentor公司的创始人兼总裁。Object Mentor是为全球主要企业提供过程改进咨询、面向对象软件设计咨询、培训和技能开发服务的国际性公司。他是《敏捷软件开发：原则、模式与实现》、《使用Booch方法设计面向对象C++应用程序》和 *UML for Java Programming* 几本书的作者，还是 *C++ Journal* 杂志的主编（从1996年到1999年）。他还是各种国际会议和贸易展览会的演讲嘉宾。

米咖·马丁（Micah Martin）是Object Mentor公司的开发人员、咨询师兼导师，涉及主题从面向对象原则和模式，到敏捷软件开发实践。他是开源FitNesse项目的共同创始人和首席开发人员。他还是一名知名作家，并经常在大会上发表演讲。

简明目录

详细目录

第 I 部分　敏捷开发

第Ⅲ部分　案例学习：薪水支付系统Payroll

第Ⅳ部分 案例学习：打包Payroll系统

第 I 部分　敏捷开发

"人际交往很复杂，并且，就效果而言，总是不清楚的，但其重要性胜过工作的其他方面。"

——迪马克＆李斯特（Tom DeMarco 和 Timothy Lister），《人件》

原则、模式和实践确实很重要，但使其起作用的关键最终还是人。就像 Alistair Cockburn 所说的："过程和技术只是影响项目结果的次要因素，主要因素还是人。"[1]

不能将程序员团队当成由过程驱动的组件所构成的系统来管理。顺着 Alistair Cockburn 的思路理解，人不是"随时可替换的编程单元"。项目要想取得成功，必须组建能够彼此协作的、自我组织的团队。

相较于以为软件开发组织不过是由一帮奇怪的小人物所组成的公司，鼓励组建如此团队的公司有望获得巨大的竞争优势。

1　这是我们私下里的沟通。Alistair Cockburn 是《敏捷软件开发宣言》的联合签署者。

第1章

敏捷实践

"教堂塔尖上的风向标，虽然是由铁制成的，但如果不知道顺应风势，也会很快被狂风折断。"

——海涅（Heinrich Heine）

我们许多人都经历过项目缺乏实践指导而导致的噩梦。缺乏有效的实践造成不确定性、错误反复出现以及精力被浪费。客户因进度延期、预算增长和质量糟糕而倍感失望。开发者也因为花更长的时间但做出的软件更差而沮丧无比。

经历这样的磨难后，自然害怕重蹈覆辙。这种恐惧促使我们创建一个过程来约束自己的行动，并对产出和约束提出规范性要求。我们根据过去的经验来提炼这些约束和产出，选出之前项目中似乎行之有效的东西，希望它们能发挥作用，消除我们的恐惧。

但是，项目没有简单到依赖于少量约束和产出就能可靠地防止错误。随着不断试错，我们得以诊断错误，增加更多约束和产出以免未来犯同样的错误。但是，在经历许多项目后，发现整个过程过于庞大和臃肿，显著阻碍了我们顺利完成项目。

　　庞大和臃肿的过程会产生事与愿违的结果，造成项目延期，预算失控。团队响应能力变差，产品总是达不到理想的效果。不幸的是，这又会造成许多团队误以为自己选错了过程。因此，有点像恶性的"过程膨胀"，他们的过程变得越来越庞大。

　　恶性"过程膨胀"很好地描述了许多软件公司在2000年前后的状况。虽然当时许多团队仍然在没有一种过程的指导下运行，但对极为庞大的、重量级的过程的追求日益盛行，大公司尤甚。

敏捷联盟

注意到许多公司的软件团队正在错误地追求越来越臃肿的过程，一群自称"敏捷联盟"的行业专家于2001年召开会议，提出了一系列价值观和原则，目标是使软件团队能更快完成开发，并灵活应对变化。几个月后，他们制定了具体的价值观声明，最终形成"敏捷宣言"，又称为"敏捷软件开发宣言"。

敏捷软件开发宣言

　　我们一直在实践中探寻更好的软件开发方法，身体力行的同时也帮助他人。由此，我们建立了如下价值观：

个人和互动	优先于	过程和工具
可以工作的软件	优先于	详尽的文档
客户合作	优先于	合同谈判
应对变化	优先于	遵循计划

　　也就是说右项有其价值，我们更重视左项的价值。

Kent Beck	Mike Beedle	Arie van Bennekum	Alistair Cockburn
Ward Cunningham	Martin Fowler	James Grenning	Jim Highsmith
Andrew Hunt	Ron Jeffries	Jon Kern	Brian Marick
Robert C. Martin	Steve Mellor	Ken Schwaber	Jeff Sutherland
Dave Thomas			

个人和互动优先于过程和工具

人是成功的关键。团队缺乏优秀成员，再好的过程也无法拯救项目。但是，再好的成员在不好的过程面前也会变得低效。优秀的人如果不抱团工作，最终也可能导致重大的失败。

优秀的团队成员未必是顶尖的程序员。他/她可能是普通的程序员，但能与其他人良好协作。和编程能力相比，与其他人良好协作（沟通和互动）的能力更重要。一个由普通程序员组成的团队，只要能沟通好，其成功概率高于一个无法正常交流的明星团队。

合适的工具也是成功的关键。开发团队为了正常运转，编译器、交互式开发环境（Interactive Development Environment，IDE）、源码控制文件等等均很重要。但是，工具的作用可能被高估。非要弄一套尾大不掉的工具，就和没工具一样。

我的建议是从简。除非试过并确认无法使用，否则不要轻易否定一个工具不适合自己。不是直接下手买行业顶尖的、超贵的源码控制系统，而是先找一个免费的用着，直到确认它不再合适。决定采购最好的计算机辅助软件工程（Computer-Aided Software Engineering，CASE）工具之前，先用着白板和图纸，除非实在有必要升级。在部署高端数据库系统之前，先试用数据文件无索引，无结构化关系的flat文件。不要以为更大、更好的工具能自动助你更上一层楼。相反，它们更多的时候是在扯你的后腿，而不是提供帮助。

记住，团队的组建比环境的构建更重要。许多团队和管理者都是先建好环境，指望团队能自动融入。但这是错误的。相反，应先建好团队，再让团队按需配置环境。

可以工作的软件优先于详尽的文档

没有文档的软件是场灾难。光看代码，并不能充分理解系统的原理和结构。相反，团队需要编制易于理解的文档来描述系统并解释设计思路。

但是，文档太多比没有文档更可怕。海量的软件文档需要花许多时间编写，甚至要花更多时间保持与代码的同步。失去同步，文档会变成一堆庞杂的谎言，会造成很多误解。

团队应编制并维护一份简短的文档来描述原理和结构。但文档应短小精悍。短小是指最多一二十页。精悍则是指应讨论总体设计原理，只描述最高层的结构。

那么，如果只有一份简短的原理和结构文档，如何培训新的团队成员熟悉和使用系统？答案是我们和他们紧密协作。我们手把手地教他们。密集的培训和互动可以使他们成为团队的一员。

向新的团队成员传递信息时，代码和团队是最好的两种"文档"。代码不会撒谎。也许不容易通过代码来领会原理和意图，但代码是唯一不会产生歧义的信息来源。始终都在变的系统路线图存在于团队成员的大脑中。为了将路线图写到纸上并传授给其他人，最快和最高效的方法是通过人与人之间的互动。

许多团队因追求文档而不是软件而陷入窘境。这通常会成为一个致命的弱点。请遵循以下简单的规则来避免：

Martin 文档第一定律

除非有迫在眉睫且重大的需求，否则不要写文档。

客户合作优先于合同谈判

软件不能像日用品那样下单订购。不可能写一份文档来描述自己想要的软件，然后交给某人，要求他按固定时间和固定价格把它开发出来，这是不可能的。以这种方式对待软件项目，只会迎来一次又一次地失败。有的时候，失败的代价还很高。

公司管理者喜欢将需求告诉开发同事，希望他们一会儿就做出可以满足这些需求的系统。但这种工作模式会造成质量低下和项目失败。

项目要想成功，需定期和频繁地得到客户反馈。作为软件的客户，不能只依赖于合同或工作说明。相反，要和开发团队紧密合作，尽量提供频繁的反馈。

一份规定有项目需求、时间表和费用的合同存在根本性的缺陷。大多数时候，早在项目完成之前（有时甚至早在合同签署之前！），它所规定的条款就已经失效了。规定有开发团队和客户合作方式的合同，才是好合同。

我在1994年谈了一个大型的、要持续多年的、50万行代码的项目。当时签下的合同就很成功。作为开发团队，我们每月只拿相当低的固定报酬。只有在交付特定的主要功能块时，才有大笔收入。合同没有规定功能块的细节。相反，合同只是说在功能块通过客户验收后就付钱。合同中也没有规定验收的细节。

项目进行期间，我们与客户紧密合作，几乎每周五都向他发布软件的新版本。下周的周一或周二，我们拿到软件的变更清单。我们为这些变更制定优先级，并安排在未来几周完成。由于客户一直和我们密切配合，所以验收一直都不成问题。由于每周都在见证功能块的进展，所以他知道功能块何时可以满足需求。

这个项目的需求一直在变。重大变更并不少见。整块功能被移除，其他功能块被插入。尽管如此，合同和项目都存活下来，并且取得了成功。成功的关键在于和客户紧密合作，同时合同管理的是合作方式，没有规定方方面面的细节，也没有制定一个收取固定费用的时间表。

应对变化优先于遵循计划

响应变化的能力经常决定着软件项目的成败。做的计划要有一定的灵活性，准备好适应业务和技术的变化。

软件项目不能计划得太久远。首先，业务环境在变，会造成需求变化。其次，一旦客户看到系统开始起作用，他们可能改变需求。最后，即使我们知道需求是什么，并确定它们不会改变，但仍然不容易判断要花多长时间才能开发完成。

新手管理人员喜欢为整个项目制作一张好看的 PERT 或甘特图并贴到墙上。这使他们有一种项目尽在掌控中的幻觉。可以跟踪单独的任务，完成后在图中打个叉。可以将实际日期和计划日期进行比较，对任何偏差做出响应。

然而，实际发生的情况是，图表的结构在弱化。当团队了解了系统且客户了解了团队的需求之后，图中的某些任务就不再具有必要性。期间可能发现并添加其他任务。简单地说，计划会一直在变，而非仅仅是日期在变。

制定计划时，更好的策略是为下周制定详细计划，为接下来的三个月制定大致计划，为更长的期限制定极为粗略的计划。随时了解下周要做的各项任务。大致了解接下来三个月要处理的需求。对一年后的系统，有一个模糊的印象即可。

计划的详细程度越来越低，意味着只需为迫在眉睫的任务制定详细计划。详细计划一旦做出就很难改变，因为团队为了完成这个计划会投入大量的热情和精力。由于该计划只需要持续一周，所以计划剩余的部分仍然是灵活可控的。

原则

上述价值观启发了以下12个原则。这些原则是敏捷实践和重量级过程的区别所在。

1. 最优先的是尽早和连续交付有价值的软件使客户感到满意。

《MIT 斯隆管理评论》[1] 杂志刊登了一篇文章，主题是帮助企业构建高质量产品的软件开发实践分析文章。文章发现，许多实践都对最终系统的质量有显著的影响。其中一条就是质量和尽早交付有部分功能的系统之间有很强的相关性。文章指出，初始交付的功能越少，最终交付时的质量越高。文章还发现，最终质量和频繁交付递增功能之间有很强的相关性。交付越频繁，最终质量越高。

敏捷实践要求尽早频繁交付。项目开始后的前几周，努力交付一个原始系统。之后，每隔几周交付功能递增的系统。客户若认为功能够用，可选择将这些系统投入生产。当然，也可选择评估现有功能，报告他们想要做哪些改动。

2. 即使到了开发后期，也欢迎需求的变化。敏捷过程能驾驭变化，使客户获得竞争优势。

这是态度问题。敏捷过程的参与者无惧变化。他们将需求的变化看成是好事，团队能从中更好地了解怎样做才能使客户满意。

敏捷团队努力保持其软件结构的灵活性，所以当需求发生变化时，对系统的影响微乎其微。本书以后会讨论保持这种灵活性所需要的面向对象设计原则、模式和实践。

3. 频繁交付可工作的软件，从几周到几个月，间隔越短越好。

尽早和频繁地交付可工作的软件。我们不赞成交付大量文档或计划。那些东西不

1　"Product-Development Practices That Work: How Internet Companies Build Software", *MIT Sloan Management Review*, Winter 2001, reprint number 4226.

能算是真正的交付。目标应是交付可以满足客户需求的软件。

4. **项目期间，业务人员和开发人员必须每天一起工作。**

　　为保证项目以敏捷的方式开发，客户、开发人员以及利益相关者必须进行有意义的、频繁的互动。和发射后任其自动导航的武器不同，软件项目必须不断进行引导（制导）。

5. **围绕有激情的人来完成项目。提供他们需要的环境和支持，且用之不疑。**

　　人是最重要的成功因素。其他所有因素（过程、环境、管理等）均属次要；如果对人产生了不利影响，就要改。

6. **向开发团队和在开发团队内部传达信息最高效且最有用的方法是面对面交谈。**

　　敏捷项目要求人和人之间面对面交谈。主要通信模式是人和人的互动。仅在需要时，才按照和软件一样的时间表来创建和增量更新书面文档。

7. **能工作的软件是主要进度指标。**

　　敏捷项目通过衡量当前满足客户需求的软件量来衡量进度。不是根据当前所处阶段，或者已写好的文档，或者已创建的基础架构代码量来衡量进度。完成了30%所需功能，进度就是30%。

8. **敏捷过程提倡可持续开发。出资人、开发者和用户应该能始终保持稳定的开发速度。**

　　和50米短跑不同，敏捷项目更像是一场马拉松。团队不是全速开跑，并在项目期间保持稳定的速度。相反，是以快速但平稳的步伐跑步前进。

　　跑得太快会导致过劳，走捷径，最终筋疲力尽。敏捷团队会自行调整步伐。他们不允许自己太累，不会透支体力。正确的节奏是在整个项目期间一直保持最高质量标准。

9. **持续关注技术卓越和良好的设计可增强敏捷性。**

　　高质量才能保证高速度。为了加快开发速度，需尽量保证软件的干净和健壮。因此，所有敏捷团队成员都必须致力于产出最高质量的代码。不能先乱写一通，宽慰自己说有时间再清理。一旦乱了，就要马上清理。

10. **尽量简化，最大化未尽事宜的艺术（减少浪费）。**

　　敏捷团队不会华而不实。相反，他们总是走与目标一致的最简单路径。不过分关注明天的问题，也不会今天就尝试彻底杜绝未然。相反，是今天以最高的质量完成最简单的工作，且有信心明天出问题的时候能轻松改弦易辙。

11. 最好的架构、需求和设计源自自我组织的团队。

敏捷团队是自组织团队。任务不是从外部分配给单独的团队成员，而是分配给整个团队。由团队来决定完成任务的最佳方式。

敏捷团队成员在项目的所有方面都协同工作。每个成员都可以向整个团队输入。并非由单独的成员独立负责架构、需求或测试。责任由团队共同承担，每个成员都有责任。

12. 团队定期反省如何提升效率并相应调整其行为。

敏捷团队持续调整其组织、规则、约定和关系等。敏捷团队知道环境持续在变化，知道必须随环境而改变以保持敏捷性。

小结

每个软件开发人员和开发团队的职业目标都是为雇主和客户交付尽可能高的价值。但项目仍然以令人沮丧的速度失败，或者最终交付的价值不高。虽然意图是好的，但螺旋式上升的过程膨胀要为其中至少一部分失败负责。敏捷软件开发的原则和价值旨在帮助团队打破过程膨胀周期，将重点放到有助于达成目标的简单技术上。

本书写作时有许多敏捷过程可以选择：Scrum[1]、Crystal[2]、特性驱动开发（Feature-Driven Development，FDD）[3]、自适应软件开发（Adaptive Software Development，ADP）[4]和极限编程（Extreme Programming，XP）[5]。然而，大多数成功的敏捷团队都会集所有这些过程之长来形成自己独有的敏捷风格。主要围绕着Scum和XP的结合来展开。其中，Scrum实践用于管理采用XP的多个团队。

---

1 www.controlchaos.com

2 crystalmethodologies.org

3 Peter Coad, Eric Lefebvre, and Jeff De Luca, *Java Modeling in Color with UML: Enterprise Components and Process*, Prentice Hall, 1999.

4 [Highsmith2000]

5 [Beck1999], [Newkirk2001]

参考文献

[Beck1999] Kent Beck, *Extreme Programming Explained: Embrace Change*, AddisonWesley, 1999.

[Highsmith2000] James A. Highsmith, *Adaptive Software Development: A Collaborative Approach to Managing Complex Systems*, Dorset House, 2000.

[Newkirk2001] James Newkirk and Robert C. Martin, *Extreme Programming in Practice*, Addison-Wesley, 2001.

第2章

极限编程概述

"作为开发人员，我们需要牢记一点：XP不是唯一的选择。"

——麦布林（Pete McBreen）

第1章概括了敏捷软件开发，但并未具体说明要做什么。只有一些大道理和目标，没有讲什么实务。这是本章要解决的问题。

极限编程实践

完整的团队

我们希望客户、管理者和开发人员紧密协作，关注彼此的问题并共同解决这些问题。谁是客户？ XP团队的客户是定义产品特性并为其制订优先级的人员或团体。有时，客户是由业务分析师、质保人员以及/或者市场人员组成的一个团体，他们和开发人员一起在同一家公司工作。有时，客户是由用户主体委任的一名用户代表。有时，客户是实际付费的客户。但是，XP项目中的客户无论如何定义，都是团队的一员，而且能和其他成员一起工作。

客户最好和开发人员在同一个地点工作。至少不要远在开发人员100码之外。离得越远，客户越难成为真正的团队成员。在另一幢楼或另一个州的客户很难真正融入团队。

如果客户确实无法靠近怎么办？我建议找一个就在附近、愿意且能够代替真正客户的人。

用户故事

计划项目需要知晓需求，但无需知晓太多。出于计划之目的，只需知晓足以评估一项需求所需的东西。评估需求无需了解其全部细节。细节肯定有，只需大致了解细节的种类，无需太具体。

需求的细节随时间而变，尤其是在客户看到系统逐渐成形的时候。随着系统逐渐完善，对需求的认识会愈加清晰。因此，在需求都还没有实现的时候就匆忙制定细节，纯属浪费时间和精力，完全没有搞清楚重点。

在XP中，我们和客户反复沟通以理解需求的细节。但我们不会将那些细节固定下来。相反，客户在索引卡上写下我们达成的一些共识，这能帮助我们回忆起这次对话。在大致相同的时间，开发人员在卡片上写下自己的评估。这些评估基于他们在和客户对话期间对于细节的理解。

用户故事用于帮助记录固绕一个需求而进行的连续性对话。它是一种计划工具，客户基于优先级和预计的成本，用它来安排需求的实现时间表。

短的周期

XP项目每两周交付能工作的软件。每两周的迭代实现了利益相关者的部分需求。每次迭代结束都向利益相关者演示系统以获取其反馈。

迭代计划

一轮迭代通常为两周，算是一次小的交付，可能会投入生产，也可能不会。客户根据由开发人员设定的预算来选择一组用户故事以形成迭代计划。

开发人员根据上一次迭代所完成的工作量来设定本次迭代的预算。在不超过预算的前提下，客户可为本轮迭代选择任意数量的故事。

一旦迭代开始，客户同意不改变本轮迭代所涉及的故事的定义或估先级。在此期间，开发人员可将故事自由分解为任务，并按照适合技术和业务需求的顺序来开发这些任务。

发布计划

XP团队创建的发布计划通常要筹划接着6次左右的迭代。一次发布通常反映三个月的工作，是一个通常能投入生产环境的重大交付。发布计划包含排好优先级的用户故事集合，客户根据开发人员的预算来选择这些故事。

开发人员根据上一次发布所完成的工作量来设定本次发布的预算。在不超过预算的前提下，客户可为本次发布选择任意数量的故事。客户还需确定故事在本次发布中的实现顺序。如团队有强烈的要求，客户可指明哪些故事将在哪些迭代中完成，从而规划好本次发布的前几轮迭代。

发布并非一成不变。客户可在任意时候修改发布内容。客户可以取消故事需求、写新的用户故事或者更改故事优先级。但是，客户尽量不要改变确定要在迭代中完成的故事。

验收测试

用户故事的细节由客户指定的验收测试来捕获。要刚好在实现用户故事之前编写其验收测试（或与之同时进行）。用某种脚本语言来写，以便自动和重复运行[1]。它们同时还要验证系统表现是否符合用户预期。

验收测试由业务分析师、质保专家和测试员在迭代期间编写完成。所用的语言容易

1　参考www.fitnesse.org。

被程序员、客户和业务人员阅读和理解。程序员根据这些测试了解所实现故事的真实细节。测试形成了项目真正的需求文档。关于每个特性的每个细节都在验收测试中描述。特性是否完成并正确？最终的权威判定由测试来完成。

一项验收测试通过，就会加入"已通过验收测试"集合，而且不允许再次失败。这个逐渐增长的验收测试集合每天运行几次，系统每次 build 都要运行。一项验收测试失败，就宣布此次 build 失败。这样，一旦某个需求被实现，就永远不会被破坏。系统始终是从一种可工作状态迁移到另一种可工作状态，绝不允许出现超过几小时不可工作的状态。

结对编程

两名程序员结对一起写代码。一个控制键盘并输入代码，另一个观察输入的代码，找出错误和改进措施。[1] 两个人频繁互动，都全神贯注地写代码。

两个人的角色频繁交换。控制键盘的人如觉得疲劳或遇到困难，就由同伴接过键盘继续写代码。在一个小时内，键盘可能在他们之间来回传递好几次。最终的代码是由他们俩人共同设计和实现的，两人功劳均等。

结对成员并不固定。一个合理的目标是每天至少改变一次组合，使每个程序员在一天之内可以在两个不同的结对组合中工作。在一轮迭代中，每个团队成员都应该和其他团队成员结对工作过，并且所有人都应该参与本轮迭代所涉及的每项工作。

结对编程显著提高了知识在团队内的传播速度。当然，专业知识还是必不可少的，需要一定专业知识的任务通常需要合适的专业人员去完成，不过他们几乎也会和团队中的所有人结对。这将加快专业知识在团队内的传播。在紧要关头，团队中的其他人就能够代替专业人员的角色。Laurie Williams[2] 和 Nosek[3] 的研究表明，结对非但不会降低开发团队的效率，反过来还可以大大降低缺陷率。

1　我还见过一个控制键盘和一个控制鼠标的

2　[Williams2000], [Cockburn2001]

3　[Nosek1998]

测试驱动开发

本主题将在第4章更详细地讨论，这里简单概括一下。

所有生产代码都是为了让一个失败的单元测试通过而写的。先写一个失败的单元测试，因为此时还没有它要测试的功能，然后写代码使其通过。

测试用例和代码以很快的速度迭代，大约一分钟左右。测试用例和代码共同演进，测试用例每次都小幅度地改进代码（第6章展示了一个例子）。

最终，一套非常完整的测试用例就和代码共同发展起来。程序员可通过这些测试检验程序的正确性。结对编程时，如对代码进行微小改动，他们可运行测试，确保一切如常。这非常有利于重构（本章稍后讨论）。

如果写代码的目的是希望通过测试，代码天生就具备了"可测试"性。另外，你会更有动力"解耦"每个模块，使其具备独立测试的能力。这样写出来的代码具有非常高的独立性，对其他代码的依赖更低。如第II部分所述，面向对象设计（OOD）是实现这种"解耦"的关键助力。

集体所有权

结对编程的每一对成员都有权拉取（check out）和改进任何模块。没有哪个程序员单独对任何特定的模块或技术负责。每个人都会参与GUI、中间件和数据库方面的工作。也没有任何人比其他人在某个模块或技术上更权威。

但这不是说XP不要求专业知识。比如专精GUI，那么你最可能做GUI方面的任务，但也会被要求和别人结对做中间件和数据库方面的任务。如果决定学习另一项专业知识，那么可以接手相关任务，并和能传授这方面知识的专家一起工作。你不会受限于自己的专业领域。

持续集成

程序员每天多次签入（check in）[1]他们的代码并进行集成。规则很简单：率先签入的人成功签入到代码库，其他人需合并（merge）本地代码后才能签入。

　　XP 团队使用非阻塞的源码控制工具。这意味着程序员可以在任意时间签出任何模块，而不管其他人是否签出过这个模块。当程序员完成该模块的修改并签入时，他必须把自己的改动和别人先于他签出的改动进行合并。为了避免合并时间过长，团队的成员会非常频繁地自己的模块。

　　结对人员做一项任务上大约要花 1 ~ 2 个小时。他们写测试用例和产品代码。在某个适当的时间点，也许远远在任务完成之前，他们决定签入代码。最重要的是要确保所有的测试都能通过。他们把新代码集成进代码库中。如果需要，他们会对代码进行合并。如有必要，他们还会和先于自己签入的程序员进行协商。一旦集成进代码库，他们就开始从新代码中构建新系统。他们运行系统中的每一个测试，包括当前所有运行着的验收测试。如果破坏了原先可以工作的部分，他们就得进行修复。一旦所有的测试都通过，他们就算完成了签入。

　　因而，XP 团队每天都会进行多次系统构建，他们会重新创建整个系统。如果系统的最终结果是一张光盘，他们就录制该光盘。如果系统的最终结果是一个可以访问的网站，他们就部署网站（可能部署到一台测试服务器上）。

可持续的开发速度

软件项目不是冲刺，而是一场马拉松。那些从起跑线就开始冲刺的团队在距离终点线很远的地方就会筋疲力尽。为了快速完成开发，团队必须以一种可持续的速度前进。团队必须保持旺盛的精力和高度的警觉，必须下意识地保持稳定、适中的速度。

　　XP 的规则是不允许团队加班，唯一例外的是在版本发布前一周。如果发布目标近在眼前并且能够一蹴而就，则允许加班。

---

[1] 译注：指的是将本地代码更新到服务器上，与之对应的是签出（chedk out），是指从服务器下载代码到本机进行编辑。

开放的工作空间

团队在开放的办公空间中一起工作，房间中有一些桌子，每张桌子上摆放着两三台工作机，每台工作机前有两把椅子预备给结对编程的人员，墙壁上挂满了状态图表、任务分解和UML图等。

房间里充满着嗡嗡的交谈声。每一对人员离得很近，相互间能听得到，能知道另一对是否陷入麻烦，能了解另一对的工作状态。所有人都能随时随地参与热烈的沟通。

可能有人觉得这种环境会让人分心，很容易担心来自外界的持续干扰会让人什么事也做不成。但事实并非如此。而且，密歇根大学的一项研究表明，在作战室（war room）里工作，生产率非但不会降低，反而会成倍提升。[1]

规划游戏

第3章会详细介绍 XP 中规划游戏（planning game）。这里简单概括一下。

规划游戏的本质是区分业务人员和开发人员之间的职责。业务人员（也就是客户）决定特性的重要性（feature 指的是面向最终用户的软件所具备的功能），开发人员决定实现一个特性要花多少成本。

在每次发布和迭代的开始，开发人员会基于最近一次迭代或发布的工作量估算出当前的预算。客户挑选出的用户故事总成本不超过预算上限。

采用这些简单的原则，经过短周期迭代和频繁的发布，客户和开发人员很快就会适应项目开发的节奏，客户在了解开发人员的速度后，可以确定项目会持续多长时间以及会花多少成本。

1　www.sciencedaily.com/releases/2000/12/001206144705.htm

简单设计

XP 团队总是尽可能把设计做得简单和富有表现力（expressive）。此外，他们只关注本轮迭代中计划完成的用户故事，不担心将来的事情。相反，他们在一次次迭代中演进系统设计，让当前系统实现的用户故事保持最优的设计。

这意味着 XP 团队不大可能从基础设施开始工作，他们不会优先选择数据库或者中间件，而是选择以尽可能简单的方式实现第一批用户故事。只有当某个用户故事迫切依赖基础设施时，才会考虑引入。

下面有三条 XP 咒语（mantra）可以用来指导开发人员。

1. 首先考虑可行的、最简单的方案

XP 团队总是尽可能寻找针对当前用户故事的最简单的设计。在实现当前用户故事时，如果可以用平面文件[1]，就不去用数据库或者 EJB（企业级 Java Bean）；如果能用简单的套接字连接，就不去用 ORB（对象请求代理）[2]或者 RMI（远程方法调用）。多线程能不用就不用。团队尽量考虑用最简单的方法来实现当前的用户故事。然后，挑一种能实际得到且尽可能简单的解决方案。

2. 其实将来也用不着

你说得都对，但我们知道总有一天需要数据库，总有一天需要 ORB，也总有一天得去支持多用户。所以，我们现在就得为这些东西预留位置，是吧？

如果在确切需要基础设施之前拒绝引入会怎么样呢？XP 团队会对此认真考虑。他们开始时假设不需要那些基础设施。只有当有证据或者至少有十分明显的迹象表明现在引入这些基础设施比继续等待更加划算时，团队才会引入基础设施。

3. 有且只有一次

不能容忍重复的代码。只要发现重复的代码，他们就会来个"消消乐"。

导致代码重复的因素有很多，最明显的是用鼠标选中一段代码后到处粘贴。一旦发现重复的代码，XP 程序员就会定义一个函数或基类来消除重复的代码。有时，两个或

1　编注：flat file，有别于关系型数据文件，是指不包含结构化索引和关系的文件。
2　编注：各对象之间建立客户端服务的中间价。

多个算法非常相似，但又有些微妙的差别，XP程序员会把它们变成函数或者运用模板方法（参见第14章的）。无论源头在哪里，只要发现重复，就要消除。

消除重复最好的方法是抽象。毕竟，如果两种事物相似，必定可以通过某种抽象来进行统一。消除重复的行为会迫使团队提炼出许多的抽象并进一步减少代码中的耦合。

重构

第5章将详细讨论重构，这里简单概括一下。

代码总是会腐化的。新的特性越加越多，处理的bug一个接一个，久而久之，便导致代码结构慢慢退化。如果置之不理，代码很快就会变得缠杂不清，无法维护。

XP团队通过频繁运用重构来扭转这种局面。重构指的是在不改变代码行为的前提下，进行小步改造（transformation）从而改进系统结构。每一步改造都是微不足道的，几乎不值一提。但所有的改造叠加到一起，会显著改进系统的设计和架构。

在每次小步改造后，都要运行单元测试来保证没有破坏任何功能。然后继续做下一步改造，如此往复，周而复始，每一步都要运行测试。这样，我们在改善系统设计的同时，始终保持系统的正常运行。

重构是持续进行的，而不是在项目结束后、版本发布后、迭代结束后甚至是每天快下班时才去做的。重构是我们每隔一个小时或者半个小时就要去做的事情。重构可以持续让我们的代码尽可能保持最大程度的整洁、简单和富有表现力。

隐喻

隐喻（metaphore）是XP所有实践中最难理解的。XP程序员骨子里都是实用主义者，隐喻这个缺乏具体定义的概念让我们很不爽。的确，一些XP的支持者经常讨论如何从XP的实践中移除隐喻。然而，在某种意义上，隐喻却是XP最重要的实践之一。

想象一下智力拼图玩具。你怎么知道把各个小块拼到一起呢？显然，每一块都和其他块相邻，并且它的形状必须与相邻的块完全吻合。假如你眼神不好但是触觉灵敏，可以锲而不舍地筛选每个小块，不断调整位置，最终也能拼出整张图。

不过，还有一种比摸索形状去拼图更强大的，这就是整张拼图的图案。图案是真正的向导。它的威力大到如果图案中相邻的两块无法吻合，你就可以断定拼图厂商的产品有问题。

这就是隐喻，它是整个系统联结在一起的全景图，它是系统的愿景，它让所有独立模块的位置和形状一目了然。如果模块的形状和整个系统的隐喻不符，就可以断定这个模块是错的。

通常，隐喻是一个名称系统，名称提供了系统元素的词汇表，它有助于定义元素之间的关系。

举个例子，我做过一个系统，要求每秒 60 个字符把文本显示到屏幕上。在这个速率下，铺满屏幕需要花一些时间。所以，我们写了一个程序让它生成文本并填充到一个缓冲区，当缓冲区满了后，我们把程序从内存交换到磁盘上。当缓冲区一空，我们又把程序交换回内存继续运行。

我们把这个系统说成自卸卡车托运垃圾。前面的缓冲区是小型卡车，显示屏是垃圾场，我们的程序是垃圾生产者。这些名称恰如其分，也有助于我们将这个系统当成一个整体来理解。

另一个例子，我做过一个分析网络流量的系统。每隔 30 分钟，它就会轮询数十个网卡，从中抓取监控数据。每个网卡给我们提供一小块由几个独立变量构成的数据，我们把这些小块称为"切片"，这些切片都是原始数据需要进一步分析。分析程序需要"烹饪"这些切片，所以我们把分析程序称为"烤面包机"，把切片中的独立变量称为"面包屑"。总的来说，这个隐喻有用，也有趣。

当然，隐喻不只是一个名称系统，隐喻还是系统的形象化表达。隐喻可以指导所有开发人员选择合适的名称，为函数选择合适的位置，创建合适的新的类和方法，等等。

小结

极限编程是一组构成敏捷开发流程的简单、具体的实践集合。这个流程已经运用到很多团队，也取得了不错的效果。

　　XP 是一套优良的、通用的软件开发方法。项目团队可以直接采用，也可以增加一些实践，或者对其中的一些实践进行修改后再采用。

参考文献

[ARC1997] Alistair Cockburn, *"The Methodology Space,"* Humans and Technology, technical report HaT TR.97.03 (dated 97.10.03), http://members.aol.com/acockburn/papers/methyspace/methyspace.htm.

[Beck1999] Kent Beck, *Extreme Programming Explained: Embrace Change*, AddisonWesley, 1999.

[Beck2003] Kent Beck, *Test-Driven Development by Example*, Addison-Wesley, 2003.

[Cockburn2001] Alistair Cockburn and Laurie Williams, "The Costs and Benefits of Pair Programming," XP2000 Conference in Sardinia, reproduced in Giancarlo Succi and Michele Marchesi, *Extreme Programming Examined*, Addison-Wesley, 2001.

[DRC1998] Daryl R. Conner, *Leading at the Edge of Chaos*, Wiley, 1998.

[EWD1972] D.J. Dahl, E.W. Dijkstra, and C.A.R. Hoare, *Structured Programming*, Academic Press, 1972.

[Fowler1999] Martin Fowler, *Refactoring: Improving the Design of Existing Code*, Addison-Wesley, 1999.

[Newkirk2001] James Newkirk and Robert C. Martin, *Extreme Programming in Practice*, Addison-Wesley, 2001.

[Nosek1998] J. T. Nosek, "The Case for Collaborative Programming," *Communications of the ACM*, 1998, pp. 105–108.

[Williams2000] Laurie Williams, Robert R. Kessler, Ward Cunningham, Ron Jeffries, "Strengthening the Case for Pair Programming," *IEEE Software*, July–Aug. 2000.

第3章

计划

"当你可以度量你所说的并可以用数字来表达时，就意味着你了解它了；但如果你无法度量，不能用数字来表达它，则说明你知识匮乏，无法让人满意。"

——开尔文勋爵（英国物理学家），1883

以下是对极限编程（XP）[1]规划游戏的描述。它做计划的方式和其他敏捷[2]方法类似，如Scrum[3]、Crystal[4]、特性驱动开发[5]（Feature-Driven Development，FDD）以及自适应软件开发[6]（Adaptive Software Development，ADP）。不过，那些过程方法都不如极限编程

1　[Beck99]，[Newkirk2001]。

2　www.AgileAlliance.org.

3　www.controlchaos.com.

4　crystalmethodologes.org.

5　*Java Modeling In Color With UML: Enterprise Components and Process* by Peter Coad, Eric Lefebvre, and Jeff De Luca, Prentice Hall, 1999.

6　[Highsmith2000]。

描述得详细和精确。

初探

项目一开始，开发人员和客户就开始讨论新的系统，以便搞清楚所有真正重要的特性。不过，他们不会试图确定所有的特性。随着项目的进展，客户会不断发现更多新的特性。这个过程一直持续，直到项目结束。

特性识别出来后，会被分解成一个或多个用户故事，这些用户故事会被写在索引卡上。除了故事的名字（比如Login, Add User, Delete User 或Change Password）之外，卡片上不需要再写其他内容。在这一阶段，我们不会试图捕捉细节，只是想要有个东西来提醒我们，让我们回忆起以前对这些特性的讨论。

开发人员共同对这些用户故事进行估算。估算是相对的，而非绝对的。在故事卡上写下一些"点数"来代表实现这个故事所需的相对时间。我们可能无法确定每个故事点代表的确切时间，但可以确定的是，实现8个点的用户故事所需要的时间是4个点的两倍。

技术预研、故事拆分和速率

过大或者过小的用户故事都不太容易估算。开发人员往往会低估那些大的故事而高估那些小的故事。太大的用户故事应该拆分成更小的故事，太小的用户故事应该和其他小的故事合并起来。

例如这个用户故事："用户能够安全地进行存款、取款和转账交易。"这是个很大的用户故事，很难进行估算，就算能估算，可能也不准确。不过，我们可以把它拆分成以下几个更容易估算的故事：

- 用户可以登录
- 用户可以退出
- 用户可以向其账户存款
- 用户可以从其账户取款

● 用户可以从其账户向其他账户转账

用户故事被拆分或者合并之后，应该重新对其进行估算。简单地对估算做加减法是不明智的。拆分和合并用户故事完全是为了使其大小适于准确估算。如果一个估算为25点的故事被分解成几个点数综合达到30点的故事，请不要感到惊讶。30是更准确的估算。

每周，都会实现一定数量的故事，这些已实现的故事的估算之和是一种度量，称为速率（velocity）。如果上周实现的故事的点数之和是42，那速率就是42。

三到四周后，我们就对我们的平均速率有了较好的了解。我们可以用它来预测接下来几周内可以完成多少工作。在XP项目中，跟踪速率是最重要的管理手段之一。

在项目初期，开发人员可能不太了解他们的速率。他们必须给出一个初始的猜测值，他们可以用感觉能带来最佳结果的任意方式进行猜测。此时对准确度的要求不是特别重要，所以他们不必花费过多的时间在上面。实际上，做到和SWAG（Scientific Wild-Assed Guess，凭经验和直觉大胆猜测）一样好就足够了。

发布计划

知道速率后，客户就了解了每个用户故事的成本及其商业价值和优先级。这可以让他们选出想要优先实现的用户故事。他们的选择并不是只依据优先级，有些很重要但成本高的故事可能会被推迟，而先去实现一些不那么重要但成本低很多的用户故事。诸如此类的选择就是业务决策，业务人员来决定哪些用户故事能带来最大利益。

开发人员和客户需要就项目的第一次发布日期达成共识，这个日期通常在2～4个月后。客户挑选出此次发布中想要实现的用户故事，并大致确定这些故事的实现顺序。客户挑出的用户故事数量不能超过当前速率的限制。由于初始速率不准确，所以这种选择也是粗略的。不过，此时的准确性并不重要。等速率更准确后，再对发布计划进行调整。

迭代计划

接下来，开发人员和客户一起决定迭代的大小：通常是一道两个星期的时间。同样，客户选出他们想在第一个迭代中完成的用户故事，挑出来的故事数量同样也不能超过当前速率的限制。

迭代中的用户故事完成顺序属于技术决策。开发人员以最具技术意义的顺序来实现这些用户故事。他们可以串行实现，完成一个之后再开发另一个，也可以把故事分摊之后并行开发，这完全由开发人员决定。

一旦迭代开始，客户就不得更改迭代中要实现的用户故事。客户可以自由地改变或者重新排序项目中的其他用户故事，开发人员正在实现的故事除外。

即便完不成所有用户故事，迭代也要在先前指定的日期结束。完成的故事的估算值会被统计出来，并计算出本轮迭代的开发速率。这个测量出的速率之后被用来计划下一轮迭代。规则非常简单，下轮迭代的计划速率由上轮迭代测量出来的速率决定。如果团队上轮迭代完成了 31 个用户故事点，那么下轮迭代就应该计划完成 31 个用户故事点。团队的整体速率就是每轮迭代 31 个用户故事点。

这样的速率反馈有助于保持计划与团队的实况同步。如果团队获得更多专业知识和工作技能，开发速率也会有相应的提升。如果有人离开团队，速率就会下降。如果系统架构向有利于开发的一面演进，开发速率就会上升。

定义"完成"

除非所有验收测试都通过，否则故事就不能算是完成。这些验收测试是自动执行的。验收测试是由客户、业务分析师、质量保证专家、测试人员甚至包括程序员，在每个迭代的开头一起编写的。这些测试定义了每个故事的细节，并且有着判断故事的表现如何的最终话语权。在下一章中，我们会更详细地讨论验收测试。

任务计划

在新一轮迭代开始时，开发人员和客户会共同制定计划。开发人员把用户故事分解成开发任务。一个任务就是一位开发人员花 4 ～ 16 小时实现的东西。开发人员在客户的帮助下对这些用户故事进行分析，并尽可能完整列举出所有任务。

可以在活动挂图、白板和其他便捷的介质上列出这些任务。接着，开发人员逐个认领他们感兴趣的任务，并估算出一个任意任务点数。[1]

开发人员可以认领任何类型的任务。精通数据库的人员不一定非得认领数据库相关的任务。如果愿意，精通 GUI 的人员也可以认领数据库相关的任务。尽管这种做法看上去并不高效，但后面你会看到针对这种情况有一种管理机制。这样做的好处显而易见，开发人员对项目整体了解得越多，团队就会越健康，越有见识。我们希望项目的知识能够传播给每一位团队成员，即便这些知识和他们的专业领域无关。

每位开发人员都知道自己在上轮迭代中所完成的任务点数，这个数字可以作为他们在下轮迭代中的个人预算。不会有人认领超出自己个人预算的点数。

任务的选择一直持续到所有的任务都被分配完毕，或者所有的开发人员都已经用完了他们的预算。如果还有任务没有分配出去，那么开发人员会共同协商，基于各自的专长交换相应的任务。如果这样做都分配不完所有任务，那么开发人员就要求客户从本轮迭代中移除一些任务或者用户故事。如果所有任务都已经被分配完，并且开发人员还有余力，可以向客户要求添加更多的用户故事。

在迭代进行到一半时，团队会召开一次会议。在这个时间点上，本次迭代安排的故事应该有半数已经被完成了。如果完成的故事数不过半，那么团队会设法重新分配剩余

1　多数开发人员发现，"理想编程时间"作为任务点数很好用。

的任务和职责，以保证在迭代结束时可以完成所有故事。如果不能进行重新分配，那么就需要把情况告知客户。客户可能会决定从迭代中去掉一个任务或故事。至少，客户会说出哪些任务和故事的优先级最低，以免开发者在上面浪费时间。

例如，假设本次迭代中客户选择了8个故事，总共有24个故事点，分解出了42个任务。在迭代的重点，我们期望已经完成了21个任务，也就是12个故事点。这12个故事点代表的是全部完成的故事。我们的目标是完成故事，而不仅仅是完成任务。如果在迭代结束时，完成了90%的任务，但没有一个故事是彻底完成的，那将是噩梦一般的场景。在迭代中点，我们希望看到整个用户故事有一半故事点已经完成了。

迭代

两周一轮迭代，每轮迭代结束时，团队会给客户演示当前可运行的程序，让客户对程序的界面、使用体验和性能进行评价。客户以新用户故事的方式提供反馈。

客户可以经常看到项目的进度，他们可以度量开发速率。他们可以预测团队工作的快慢，并且可以早早地安排高优先级的用户故事。简而言之，客户拥有所有的数据和控制权，可以按照他们的意愿管理项目。

跟踪

对于XP项目，跟踪和管理就是记录每次迭代的结果，然后使用这些结果预测后面几次迭代的内容。请看图3.1。这幅图称为"速率图"，通常出现在项目开发房间（war room）的墙上。

这幅图展示每周结束时一共完成了多少故事点（"完成"指的是通过自动化验收测试）。虽然每周之间存在一些差异，但这些数据还是清楚地表明这个团队每周大约能完成42个故事点。

接下来看图3.2。这幅燃尽图（burn down chart）展示了每一周过后还有多少点数需要在下一个主要里程碑或者下一次发布中完成。图中的坡度可以作为预测结束日期的合理依据。

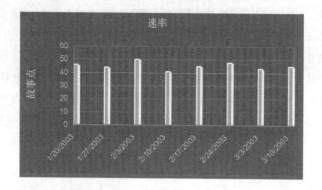

注意，燃尽图中表示故事点的柱状图的高度差和速度图中柱状图的高度并不相等。这可能是因为项目中添加了新的用户故事，也可能意味着开发人员重新估算了用户故事。

如果在项目开发房间的墙上有这两张图，那么所有人都可以浏览并且在几秒钟内了解项目状态。他们可以了解到何时会到达下一个主要里程碑，并了解到范围和估算有多少偏差。这两张图是 XP 以及所有敏捷方法的"灵魂"。最终都是为了生成可靠的管理信息。

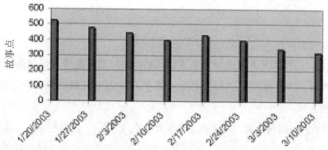

小结

经过一轮又一轮的迭代和发布，项目进入一种可预测的、舒适的开发节奏。每个人都知道要做什么以及何时去做。利益相关者经常都可以实实在在地看到项目的进展。他们看到的不是画满图表和写满计划的记事本，而是可以接触和感受到的可工作的软件，而且，他们还可以对软件提供自己的反馈。

开发人员看到的是合理的计划，这个计划基于他们自己的估算并且由他们自己度量出的速率来控制。他们选择自己想做的任务并确保高质量的工作成果。

管理人员从每次迭代中获取数据，他们用这些数据来控制和管理项目。他们不必采用强制、威胁或者恳求的方式去达到一个武断的、不切实际的目标。

听起来不切实际？非也！利益相关者对过程中的数据并不总是满意的，特别是刚开始的时候，使用敏捷开发并不意味着利益相关者就能得到他们想要的东西，只不过意味着他们可以控制团队以最小的代价获得最大的商业价值。

参考文献

[Beck1999] Beck, Kent, *Extreme Programming Explained: Embrace Change*. Reading, MA: Addison-Wesley, 1999.

[Cockburn2005] Alistair Cockburn, *Crystal Clear: A Human-Powered Methodolgy for Small Teams*, Addison-Wesley, 2005.

[Highsmith2000] Newkirk, James, and Robert C. Martin. *Extreme Programming in Practice*. Upper Saddle River, NJ: Addisono-Wesley, 2001.

[Newkirk2001] Highsmith, James A. *Adaptive Software Development: A Collaborative Approach to Managing Complex Systems*. New York: Dorset House, 2000.

第4章

测试

"烈火验真金，逆境磨意志。"

——卢修斯·塞尼加（公元前3年—公元65年）

写单元测试是种验证行为，更是一种设计行为。同样，它更是一种写文档的行为。写单元测试可以避免相当多的反馈环，尤其是与功能验证相关的反馈环。

测试驱动开发

假设我们遵循以下三条简单的规则。

　1.除非已经写了一个不能通过的单元测试，否则不写任何产品代码。

　2.只写能够正好导致测试不通过或者编译失败的单元测试就够了，无需更多。

　3.只写能够正好使失败的单元测试通过的产品代码就够了，无需更多。

如果遵循这些规则，我们就是在以非常短的迭代周期进行工作。我们只写刚好不能通过的单元测试，接着写正好能使得该单元测试通过的产品代码。我们以1到2分钟的节奏在这些步骤之间交替。

首先也是最显著的影响是程序中每个方法都有对应的测试来验证它的行为。这组测试对进一步开发起着兜底的作用。测试会告诉我们何时不小心破坏了一些既有功能。我们可以往程序中添加方法，也可以改变程序的结构，而无需担心在这个过程中破坏了什么重要的功能。测试告诉我们程序依然稳固如初，可以更加随心所欲地改进程序。

一个更重要但不太明显的影响是，先写测试，这样的行为迫使我们采用一种不同的视角，必须以一种有利于程序调用者的视角去观察我们要写的程序。因此，我们需要在关注程序功能的同时关注程序对外的接口。通过先写测试，我们设计出来的软件更加便于调用。

另外，通过先写测试，我们迫使自己设计出可测试的程序。把程序设计成便于调用和测试的样子非常重要。为了能够便于调用和测试，程序必须要解耦。因此，先写测试的行为强制我们将软件解耦。

先写测试的另一个重大好处是，测试可以作为一种宝贵的文档。测试会告诉你如何调用一个函数或者创建一个对象。测试是一组旨在帮助程序员搞清楚如何使用这些代码的范例程序。这个文档可编译、可执行，可以始终保持更新，绝不撒谎。

测试先行的设计的例子

最近，我写了一个名为"抓怪兽"（*Hunt the Wumpus*）[1]的程序，纯粹出于娱乐。这是一个简单的冒险游戏，玩家在洞穴中走动，设法在被怪兽吃掉前杀死它。洞穴中有一系列由通道相连的房间。每个房间都有通道通向东、南、西、北四个方向。玩家告诉计算机走哪个方向。

我为这个程序写的首批测试中，有一个是代码清单4.1中的 testMove。这个方法新

---

1 编注：《抓怪兽》（Hunt the Wumpus）是早期很重要的一个电脑游戏，基于一个简单的隐藏／搜索形式，有一个神秘的怪兽（Wumpus）潜行于一个由多个房间组成的网络中。玩家可以使用基于命令行的文字界面，通过输入指令来在房间中移动，或者沿着几个相邻房间中弯曲的路径射箭。有20个房间，每个房间与另外三个相连接，排列像一个正十二面体的顶点（或者是一个正二十面体的面）。可能的危险有超级蝙蝠（它会把玩家扔向任意位置）和怪兽。玩家从提示中推断出怪兽所在的房间，向房间内射箭。然而，如果射错了房间，就会惊动怪兽，导致玩家会被它吃掉。这款策略解密类游戏最初就读于达特茅斯学院的格里戈利·亚伯（Gregory Yob）用 Basic 写。该游戏的一个简化版后来也变成人工智能领域中描述（一种计算机程序）概念的经典例子。人工智能（AI）经常用来模拟玩家角色。

建了一个WumpusGame 对象，通过东面的通道连通房间4和房间5，我把玩家放在房间4中，发出了向东移动的命令，接着断言玩家应该在房间5中。

代码清单4.1

```
[Test]
public void TestMove()
{
  WumpusGame g = new WumpusGame();
  g.Connect(4,5,"E");
  g.GetPlayerRoom(4);
  g.East();
  Assert.AreEqual(5, g.GetPlayerRoom());
}
```

这段测试代码是在写WumpusGame 程序之前完成的。我采纳了 Ward Cunningham 的建议，按照我期望看到的方式写下这个测试。我相信，只要按照测试所暗示的结构写程序，就能通过测试。这种方法被称为"意图编程"（intentional programming）。在实现之前，先在测试中阐述意图，尽可能使其简单、易读。这种简单清晰能使程序有一个不错的结构。

意图编程很快启发我做出一个有趣的设计决策。测试代码中没有用到 Room 类。把一个房间连接到另一个房间，这个动作表达我的意图。看起来，我并不需要一个 Room 类来增强表达。相反，我可以只用整数来表示房间。

这看起来不够直观。毕竟，在你看来这个游戏都是关于房间的，在房间之间走动，找到房间中的东西，诸如此类的。那是不是意味着因为缺少Room类，我的意图所暗示的设计就有缺陷了呢？

我可以争辩说，在《抓怪兽》游戏中，连接（connection）这个概念比房间的概念重要得多。也可以说最初的测试指向了一个解决问题的好方法。我认为事实的确如此，但那并不是我想强调的重点。关键在于，测试在非常早的阶段就为我们阐明了一个重要的设计问题。先写测试的行为就是在各种设计决策中进行甄别的行为。

注意，测试向我们指出程序如何工作，我们大多数人都可以非常容易地根据这个简单的规格实现WumpusGame的4个已命名的方法。同样，命名并实现其他3个方向的命令也不难。如果以后我们想知道如何把两个房间连起来，或者怎么移向一个特定的方向移动，这个测试就可以直截了当地告诉我们该如何做。测试在这里的作用是描述程序，是一个可编译、可执行的文档。

隔离

在写产品代码之前，先写测试通常能暴露程序中应该解耦的地方。例如，图 4.1 展示了一个 Payroll 应用程序的简单 UML 图。Payroll 类使用 EmployeeDatabase 获取一个 Employee 对象，它要求 Employee 计算自己的薪水。接着，把计算结果传递给 CheckWriter 对象生成一张支票。最后，在 Employee 对象中记录支付信息，并将 Employee 对象写回数据库。

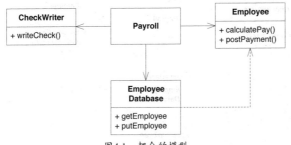

图4.1 耦合的模型

假设我们还没有写任何代码。到目前为止，这个图也是在经过快速的设计会议[1]之后，刚刚画到白板上的。现在我们需要写规定 Payroll 对象行为的测试，与这些测试相关的问题也很多。首先，要使用什么数据库呢？Payroll 对象需要从若干种类的数据库中读取数据。我们必须要在能够对 Payroll 类进行测试前，写一个功能完备的数据库吗？我们要把什么样的数据加载到数据库中呢？其次，我们如何验证打印出来的支票的正确性？我们无法写出一个自动化测试来观察打印机打印出来的支票并验证上面金额是否正确。

解决这些问题的方法就是使用 MOCK OBJECT [2] 模式，我们可以在 Payroll 类以及

1　[Mackinnon2000]

2　[Jeffries2001]

它的所有协作者之间插入接口，然后创建实现这些接口的测试桩（test stub）。

图4.2展示了这样的结构。现在，Payroll类使用接口同EmployeeDatabase、CheckWriter以及Employee进行通信，创建了3个实现了这些接口的MOCK OBJECT。PayrollTest会对这些MOCK OBJECT进行查询，检测Payroll对象是否对它们进行了正确的管理。

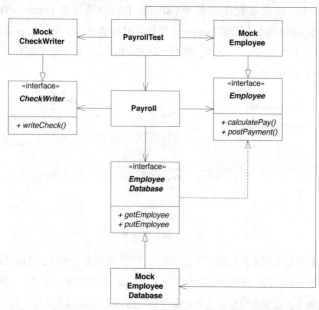

图4.2　利用Mock对象测试解耦之后的薪水支付模型

代码清单4.2展示了测试的意图。测试中创建了合适的MOCK OBJECT，并把它们传递给了Payroll对象，告诉Payroll对象为所有雇员支付薪水，接着要求MOCK OBJECT验证所有已开支票以及所有已记录支付信息是否正确。

代码清单4.2　TestPayroll

```
[Test]
public void TestPayroll()
{
```

```
MockEmployeeDatabase db = new MockEmployeeDatabase();
MockCheckWriter w = new MockCheckWriter();
Payroll p = new Payroll(db, w);
p.PayEmployees();
Assert.IsTrue(w.ChecksWereWrittenCorrectly());
Assert.IsTrue(db.PaymentsWerePostedCorrectly());
}
```

当然，这个测试检查的都是 Payroll 要用正确的数据调用正确的函数。它既没有真正地去检查支票的打印，也没有真正检查一个真实数据库的正确刷新。相反，它检查了 Payroll 在完全隔离的情况下应该具备的行为。

你可能好奇为什么需要 MockEmployee 类。看上去好像可以直接使用真实的 Employee 类。如果真是如此，我会毫不犹豫使用它。在本例中，我认为检查 Payroll 类的功能来说，Employee 类显得有点复杂了。

意外获得的解耦

对 Payroll 类的解耦是一件好事，我们因此可以切换不同种类的数据库和支票打印机，这种互换能力既是为了测试，也是为了应用的可扩展性。我觉得为了测试而进行解耦很有意思。显然，为了测试而对模块进行隔离的需要，迫使我们向着对整个程序结构都有利的方向进行解耦。在写代码前先写测试，这样做改善了设计。

本书中大部分的内容都是关于依赖管理方面的设计原则。这些原则在解耦类和包方面提供了一些指导和技巧。如果把这些原则作为单元测试策略的一部分来实践，会发现这些原则非常有用。单元测试在解耦方面起到了很多的推动和指导作用。

验收测试

作为验证工具，单元测试是必要的，但不够充分。单元测试是用来验证系统中小的要素可以按照期望的方式工作，但是它们没有验证系统作为一个整体工作时的正确性。它是用来验证系统中个别机制的白盒测试[1]（white-box test）。验收测试是用来验证系统满足客户需求的黑盒测试[2]（black-box test）。

验收测试是由不了解系统内部机制的人写的。客户可以直接写，或者由业务分析师、测试人员以及 QA（Quality Assurance）专家写。验收测试是自动实现的，通常使用一种特定的规格描述语言写，这种语言比较适合非技术人员进行阅读和使用。

验收测试是关于一个特性（feature）的最终文档。一旦客户写完验证一个特性的验收测试，程序员就可以阅读那些验收测试来真正理解这个特性。所以，正如单元测试作为系统内部结构的可编译运行的文档那样，验收测试则是作为系统特性的可编译执行的文档。简而言之，验收测试是真正的需求文档。

此外，先写验收测试的行为对系统的架构方面具有深远的影响。为了让系统具有可测试性，就必须在高级别的架构层面对系统解耦。例如，为了使验收测试无需通过用户界面（UI）就能访问业务规则，就必须解除用户界面和业务规则之间的耦合。

在项目迭代的初期，会受到用手工的方式进行验收测试的诱惑。但是，这样做会在迭代的初期就丧失了由自动化验收测试施加的对系统解耦的促进作用，所以是不明智的。最早开始迭代时，如果非常清楚需要自动化验收测试，那么你就会做出非常不同的架构权衡。并且，正如单元测试可以促使你在小的方面做出优良的设计决策一样，验收测试可以在大的方面促使你做出优良的架构决策。

再次考虑 Payroll 应用程序。在首轮迭代中，必须能够在数据库中增加和删除员工的数据，也必须能够为当前存在于数据库中的员工创建薪水的支票。还好，我们只需要处理领月薪的员工，其他种类的员工可以放在后面的迭代中处理。

我们还没有写过任何一行代码，也还没有进行丝毫的设计。现在正是开始思考验收测试的最佳时刻。再重申一遍，意图编程是一个很有用的工具。我们应该把验收测试写成期待中的样子，然后围绕这个结构来组织脚本语言和薪水支付系统。

我想让验收测试便于编写且易于改变。我想把它们放在一个协作工具中，并且可以

---

[1]　了解并依赖于被测试内部结构的测试。

[2]　不了解并依赖于被测试内部结构的测试。

通过内部网络进行访问，这样就可以随时运行。为此，我将使用开源的 FitNesse 工具[1]。在 FitNesse 中，可以以简单 Web 页面的形式来写每个验收测试，并从 Web 浏览器访问和运行。

图 4.3 展示了一个在 FitNesse 中编写的验收测试示例。在测试的第一步中，向薪水支付系统增加两个雇员，在第二步中，向他们支付工资。第三步是确保支票的书写正确。在这个例子中，我们假设正好扣 20% 的税。

显然，这种测试非常易于客户阅读和编写。但是请考虑一些它所隐含的系统结构。测试的头两个表格是薪水支付应用的功能。如果你想把薪水支付系统编写成一个可重用的框架，那么它们所对应的就是 API（应用编程接口）函数。事实上，为了使 FitNesse 能够调用这些函数，就必须写 API[2]。

First we add two employees.

Add employees.		
id	name	salary
1	Jeff Languid	1000.00
2	Kelp Holland	2000.00

Next we pay them.

Create paychecks.	
pay date	check number
1/31/2001	1000

Make sure 20% straight tax was removed.

Inspect paychecks.		
id	gross pay	net pay
1	1000	800
2	2000	1600

图4.3 示例验收测试

意外获得的架构

注意验收测试对薪水支付系统架构施加的影响。正是因为优先考虑了测试，我们才得到了薪水支付系统的 API 函数。显然，UI 将使用该 API 来完成其功能。同样请注意，支付支票的打印也必须与 Create Paychecks 函数解耦。这些都是好的架构决策。

小结

测试套件运行起来越简单，运行起来就越频繁。测试运行得越多，就会越快发现与测试

---

1 www.fitnesse.org
2 FitNesse 调用这些 API 函数的方式超出了本书的范围。如果想要获取更多信息，请参考 FitNesse 文档，也可以参见[Mugridge2005]

偏离的情况。如果能够一天多次运行所有的测试，系统失效的时间就绝不会超过几分钟。这是一个合理的目标。我们决不允许系统倒退。一旦测试可工作于某个级别上，就决不能让它退到更低的级别上。

然而，验证仅仅是写测试的好处之一。单元测试和验收测试都是一种文档形式，都是可以编译执行的，因此也是准确可靠的。此外，写测试所用的语言是明确的，便于读者阅读。程序员能够阅读单元测试，是因为单元测试是用他们的编程语言来写的。客户能够阅读验收测试，是因为验收测试是用客户自己设计的语言来写的。

也许，测试最重要的好处就是它对于架构和设计的影响。为了使一个模块或者应用程序具有可测试性，必须对它进行解耦。越是具有可测试性，耦合关系就越弱。全面考虑验收测试和单元测试的行为、对软件的结构有意义深远的积极影响。

参考文献

[Mackinnon2000] Mackinnon, Tim, Steve Freeman, and Philip Graig. Endo-Testing: Unit Testing With Mock Objects. *Extreme Programming Examined*. Addison-Wesley, 2001.

[Jeffries2001] Jeffries, Ron, et al., *Extreme Programming Installed*. Upper Saddle River, NJ: Addison-Wesley, 2001.

[Mugridge2005] Rick Mugridge and Ward Cunningham, *Fit for Developing Software: Framework for Integrated Tests*, Addison-Wesley, 2005.

第5章

重构

"在信息泛滥的世界，唯一稀缺的是注意力。"

——凯文·凯利（Keuin Kelly）

本章关于人类的注意力。本章阐述人们应该专注于手头的工作，并确保自己正在全力而为。本章要说明把事情做成和把事情做对之间的差别，阐明我们放入代码结构的价值。

在 Martin Fowler 的名著《重构》一书中，他对重构[1]（Refactoring）的定义为："在不改变代码外在行为的前提下对代码做出修改，从而改进代码内部结构的过程。"可是我们为什么要改进已经可工作的代码的结构呢？俗话说："没有坏，就不要修嘛！"

每个软件模块都有三项职责。第一项职责是它运行时所完成的功能。这是该模块得

---

1 [Fowler1999], p.xvi

以存在的原因。第二项职责是它要应对变化。几乎所有的模块在它们的生命周期中都要经历改动，开发者有责任保证这种改变应该尽可能地简单。一个难以改变的模块是有问题的，即便能够工作，也需要对它进行修正。第三项职责是要和读者进行沟通。对该模块不熟悉的开发人员应该能够轻松阅读并理解它。一个不能沟通的模块也是有问题的，同样需要修正。

怎样才能让软件模块易于阅读和修改呢？本书的大部分内容都是关于一些原则和模式的，使用这些原则和模式可以帮助你创建出更加灵活、具备适应性的软件模块。不过，要让软件模块易于阅读和修改，所需要的不仅仅是一些原则和模式。还需要你的注意力，需要纪律约束，需要创造美的激情。

素数产生程序：一个简单的重构示例

代码清单5.1是一段生成素数的程序。它是一个大函数，包含很多单个字母的变量名和辅助阅读的注释。

代码清单5.1　GeneratePrimes.cs（版本1）

```
/// <remark>
/// This class Generates prime numbers up to a user specified
/// maximum. The algorithm used is the Sieve of Eratosthenes.
///
/// Eratosthenes of Cyrene, b. c. 276 BC, Cyrene, Libya --
/// d. c. 194, Alexandria. The first man to calculate the
/// circumference of the Earth. Also known for working on
/// calendars with leap years and ran the library at
/// Alexandria.
///
/// The algorithm is quite simple. Given an array of integers
/// starting at 2. Cross out all multiples of 2. Find the
/// next uncrossed integer, and cross out all of its multiples.
/// Repeat until you have passed the square root of the
/// maximum value.
///
/// Written by Robert C. Martin on 9 Dec 1999 in Java
/// Translated to C# by Micah Martin on 12 Jan 2005.
///
```

```csharp
///</remark>

using System;

/// <summary>
/// author: Robert C. Martin
/// </summary>
public class GeneratePrimes
{
  ///<summary>
  /// Generates an array of prime numbers.
  ///</summary>
  ///
  /// <param name="maxValue">The generation limit.</param>
  public static int[] GeneratePrimeNumbers(int maxValue)
  {
    if (maxValue >= 2) // the only valid case
    {
      // declarations
      int s = maxValue + 1; // size of array
      bool[] f = new bool[s];
      int i;

      // initialize array to true.
      for (i = 0; i < s; i++)
        f[i] = true;

      // get rid of known non-primes
      f[0] = f[1] = false;

      // sieve
      int j;
      for (i = 2; i < Math.Sqrt(s) + 1; i++)
      {
        if (f[i]) // if i is uncrossed, cross its multiples.
        {
          for (j = 2 * i; j < s; j += i)
            f[j] = false; // multiple is not prime
        }
      }

      // how many primes are there?
```

```
    int count = 0;
    for (i = 0; i < s; i++)
    {
      if (f[i])
        count++; // bump count.
    }

    int[] primes = new int[count];

    // move the primes into the result
    for (i = 0, j = 0; i < s; i++)
    {
      if (f[i]) // if prime
        primes[j++] = i;
    }

    return primes; // return the primes
  }
  else // maxValue < 2
    return new int[0]; // return null array if bad input.
  }
}
```

为 GeneratePrimes 写的单元测试可以参见代码清单5.2。它采用一种统计学的方法，检查素数产生器能否产生0、2、3以及100以内的素数。在第一种情况下，应该没有素数。第二种情况下，应该只有一个素数，也就是2；在第三种情况下，应该有两个素数，分别是 2 和 3。在最后一种情况下，应该有25个素数，其中最后一个数是97。如果所有这些测试都通过了，那么我就可以认为素数产生器是正常运行的。我虽然怀疑这种做法并非万无一失，但也无法想象出一个测试都通过但函数却错误的合理场景。

代码清单5.2 GeneratePrimesTest.cs

```csharp
using NUnit.Framework;

[TestFixture]
public class GeneratePrimesTest
{
  [Test]
  public void TestPrimes()
  {
```

```
    int[] nullArray = GeneratePrimes.GeneratePrimeNumbers(0);
    Assert.AreEqual(nullArray.Length, 0);

    int[] minArray = GeneratePrimes.GeneratePrimeNumbers(2);
    Assert.AreEqual(minArray.Length, 1);
    Assert.AreEqual(minArray[0], 2);

    int[] threeArray = GeneratePrimes.GeneratePrimeNumbers(3);
    Assert.AreEqual(threeArray.Length, 2);
    Assert.AreEqual(threeArray[0], 2);
    Assert.AreEqual(threeArray[1], 3);

    int[] centArray = GeneratePrimes.GeneratePrimeNumbers(100);
    Assert.AreEqual(centArray.Length, 25);
    Assert.AreEqual(centArray[24], 97);
  }
}
```

重构

为了有助于重构程序，我使用了带有ReSharper重构加载项（来自JetBrains）的Visual Studio，使用这个工具让抽取方法以及重命名变量或类变得非常容易。

显然，我们需要把整体的函数拆分成3个独立的函数。第一个函数用于初始化所有变量并做好过滤所需的准备工作；第二个函数是执行真正的过滤任务；第三个函数是把过滤的结果加载到一个整型数组中。为了在代码清单5.3中更清晰地展现这个结构，我把这些函数抽取到3个独立的方法中，同时删掉了一些不必要的注释，并把类名改成了PrimeGenerator。更改后的代码仍然通过了所有测试。

提取这三个函数迫使我把该函数的一些局部变量提升成了类的静态域。我认为，这更清楚地表明了哪些变量是局部的以及哪些变量具有更大的作用域。

代码清单5.3　PrimeGenerator.cs（版本2）

```
///<remark>
/// This class Generates prime numbers up to a user specified
/// maximum. The algorithm used is the Sieve of Eratosthenes.
/// Given an array of integers starting at 2:
```

```
/// Find the first uncrossed integer, and cross out all its
/// multiples. Repeat until there are no more multiples
/// in the array.
///</remark>
using System;

public class PrimeGenerator
{
  private static int s;
  private static bool[] f;
  private static int[] primes;

  public static int[] GeneratePrimeNumbers(int maxValue)
  {
    if (maxValue < 2)
      return new int[0];
    else
    {
      InitializeSieve(maxValue);
      Sieve();
      LoadPrimes();
      return primes; // return the primes
    }
  }

  private static void LoadPrimes()
  {
    int i;
    int j;
    // how many primes are there?
    int count = 0;
    for (i = 0; i < s; i++)
    {
      if (f[i])
        count++; // bump count.
    }

    primes = new int[count];
    // move the primes into the result
    for (i = 0, j = 0; i < s; i++)
    {
      if (f[i]) // if prime
```

```
        primes[j++] = i;
    }
}

private static void Sieve()
{
    int i;
    int j;
    for (i = 2; i < Math.Sqrt(s) + 1; i++)
    {
        if (f[i]) // if i is uncrossed, cross its multiples.
        {
            for (j = 2 * i; j < s; j += i)
                f[j] = false; // multiple is not prime
        }
    }
}

private static void InitializeSieve(int maxValue)
{
    // declarations
    s = maxValue + 1; // size of array
    f = new bool[s];
    int i;

    // initialize array to true.
    for (i = 0; i < s; i++)
        f[i] = true;

    // get rid of known non-primes
    f[0] = f[1] = false;
}
```

InitializeSieve 函数有点乱，所以我在代码清单5.4中对它进行了大尺度的整理。首先把所有使用变量 s 的地方都替换成 f.length。然后，我改了3个函数的名字，让它们更具表达力。最后，我重新组织了一下 initializeArrayOfIntegers（也就是原先的initializeSieve）的内部结构，让它更容易阅读。更改后的代码仍然通过了所有测试。

代码清单 5.4　PrimeGenerator.cs（版本3，部分代码）

```csharp
public class PrimeGenerator
{
  private static bool[] f;
  private static int[] result;

  public static int[] GeneratePrimeNumbers(int maxValue)
  {
    if (maxValue < 2)
     return new int[0];
    else
    {
     InitializeArrayOfIntegers(maxValue);
     CrossOutMultiples();
     PutUncrossedIntegersIntoResult();
     return result;
    }
}

  private static void InitializeArrayOfIntegers(int maxValue)
  {
    // declarations
    f = new bool[maxValue + 1];
    f[0] = f[1] = false; //neither primes nor multiples.
    for (int i = 2; i < f.Length; i++)
      f[i] = true;
  }
}
```

　　接下来，我注意到crossOutMultiples，这个函数和其他一些函数中有许多像 if (f[i] == true) 这样的语句。这条语句用来检查 i 是否被筛选过，所以我把 f 重命名为 unCrossed。但这会带来像 unCrossed[i] = false 这样难看的语句。我发现双重否定会令人迷惑，所以把数组重命名为 isCrossed，并且更改了所有布尔值的含义。更改后的代码仍然通过了所有测试。

　　我去掉设置 isCrossed[0] 和 isCrossed[1] 为 true 的初始化语句，并确保方法中没有哪块儿访问 isCrossed 数组的索引会小于 2。我提取出crossOutMultiples 的内部循环，并将其命名为 crossOutMultiplesOf。同样，我也觉得 if (isCrossed[i] == false) 也让人迷惑，所以创建了一个名为 NotCrossed 的方法，把原来的 if 语句改成if（NotCrossed (i))。更改后的代码仍然通过了所有测试。

我在一个注释上花了点时间，这段注释解释了为何只需要遍历至数组长度的平方根。这引导我把计算部分抽取出来放到一个独立的函数中，其中可以一并放置说明性的注释。在写注释的时候，我意识到这个平方根是数组中任意整数的最大素因子。所以，我就按照这个含义给变量以及处理它的函数命了名。所有这些重构的结果都在代码清单5.5 中。更改后的代码仍然通过了所有测试。

代码清单 5.5 PrimeGenerator.cs（版本4部分代码）

```csharp
public class PrimeGenerator
{
  private static bool[] isCrossed;
  private static int[] result;

  public static int[] GeneratePrimeNumbers(int maxValue)
  {
    if (maxValue < 2)
      return new int[0];
    else
    {
      InitializeArrayOfIntegers(maxValue);
      CrossOutMultiples();
      PutUncrossedIntegersIntoResult();
      return result;
    }
  }

  private static void InitializeArrayOfIntegers(int maxValue)
  {
    isCrossed = new bool[maxValue + 1];
    for (int i = 2; i < isCrossed.Length; i++)
      isCrossed[i] = false;
  }

  private static void CrossOutMultiples()
  {
    int maxPrimeFactor = CalcMaxPrimeFactor();
    for (int i = 2; i < maxPrimeFactor + 1; i++)
    {
      if (NotCrossed(i))
```

```
    CrossOutputMultiplesOf(i);
  }
}

private static int CalcMaxPrimeFactor()
{
  // We cross out all multiples of p, where p is prime.
  // Thus, all crossed out multiples have p and q for
  // factors.  If p > sqrt of the size of the array, then
  // q will never be greater than 1.  Thus p is the
  // largest prime factor in the array and is also
  // the iteration limit.
  double maxPrimeFactor = Math.Sqrt(isCrossed.Length) + 1;
  return (int)maxPrimeFactor;
}

private static void CrossOutputMultiplesOf(int i)
{
  for (int multiple = 2 * i;
  multiple < isCrossed.Length;
  multiple += i)
    isCrossed[multiple] = true;
}

private static bool NotCrossed(int i)
{
  return isCrossed[i] == false;
}
}
```

最后一个要重构的函数是 putUncrossedIntegersIntoResult。这个函数有两部分，第一个是计算数组中没有被筛掉的整数的个数并创建了一个大小相同的数组存放结果；第二个是把那些没有被筛掉的整数移到结果数组中。我把第一部分抽取出来，放到了它自己的函数中，并做了其他一些清理工作。更改后的代码仍然通过了所有测试。

代码清单5.6　PrimerGenerator.cs（版本5，部分代码）

```
private static void PutUncrossedIntegersIntoResult()
{
  result = new int[NumberOfUncrossedIntegers()];
  for (int j = 0, i = 2; i < isCrossed.Length; i++)
```

```
  {
    if (NotCrossed(i))
      result[j++] = i;
  }
}

private static int NumberOfUncrossedIntegers()
{
  int count = 0;
  for (int i = 2; i < isCrossed.Length; i++)
  {
    if (NotCrossed(i))
      count++; // bump count.
  }
  return count;
}
```

最后检查

接下来，我对整个程序做了最后一轮检查，
从头到尾地读了一遍，几乎像读几何证明题
一样。这是非常关键的一步。到目前为止，
我们重构的都是代码片段。现在，我想看看
这些零散额部分结合在一起是否是一个有可
读性的整体。

　　首先，我意识到我并不喜欢initialize
ArrayOfIntegers 这个名字。实际上，初始
化的并不是一个整数数组，而是一个布尔数组。然而，改成 initializeArrayOfBooleans
也并没有什么明显改善。在这个方法中，真正要做的是保留所有相关的整数，以便接着过滤
掉其倍数，因此我把方法重命名为 uncrossIntegersUpTo。我同样意识到我也不喜欢 isCrossed
作为布尔数组的名字。因此把它重命名为 crossOut。更改后的代码仍然通过了所有测试。

　　有人可能会认为重命名这种工作比较琐碎，不过，借助于一个重构浏览器，将足以
应付这些调整，花的代价微乎其微。即使在没有重构浏览器的情况下，使用简单的搜索

和替换操作也可以轻松搞定。并且，测试可以极大程度地减少我们在无意识中破坏一些功能的可能性。

我不记得在写maxPrimeFactor的代码时怎么就犯了迷糊。哎呀！数组长度的平方根未必就是素数；那个方法没有计算出最大的素因子，说明性的注释完全是错误的。所以，我改写了该注释，使它能够更好地解释平方根背后的原理，并适当地重命名了所有的变量[1]。更改后的代码仍然通过了所有测试。

+1在那里究竟起到了什么作用？我当时肯定是有些偏执了。我担心具有小数位的平方根会转换为小一点的整数，以至于不能充当遍历的上限。但是这种做法是不必要的。真正的遍历上限是小于或者等于数组长度平方根的最大素数。我删掉了+1。

测试都通过了，但是最后的更改让我相当紧张。我理解平方根背后的原理，但我总觉得有一些临界情况没有考虑到。因此，我另外写了测试来检查 2 ~ 500 之间所产生的素数列表中不存在倍数。(参见代码清单5.8中的 testExhaustive 函数) 新的测试通过了，我的恐惧也得以纾解了。

代码的其他部分读起来相当优美。所以我觉得我们已经完成了重构。最后一版程序如代码清单5.7和代码清单5.8所示。

代码清单5.7 PrimeGenerator.cs (最终版)

```
///<remark>
/// This class Generates prime numbers up to a user specified
/// maximum.  The algorithm used is the Sieve of Eratosthenes.
/// Given an array of integers starting at 2:
/// Find the first uncrossed integer, and cross out all its
/// multiples.  Repeat until there are no more multiples
/// in the array.
///</remark>
using System;

public class PrimeGenerator
{
  private static bool[] crossedOut;
  private static int[] result;
```

---

1 在 Kent Beck 和 Jim Newkirk 重构该程序时，他们根本没有用平方根。Kent 认为平方根很难理解，并且从头到尾遍历数组的话，不会有测试失败。但是，我不能放弃对效率的考虑。这一点凸显了我的汇编语言功底。

```
public static int[] GeneratePrimeNumbers(int maxValue)
{
  if (maxValue < 2)
    return new int[0];
  else
  {
    UncrossIntegersUpTo(maxValue);
    CrossOutMultiples();
    PutUncrossedIntegersIntoResult();
    return result;
  }
}

private static void UncrossIntegersUpTo(int maxValue)
{
  crossedOut = new bool[maxValue + 1];
  for (int i = 2; i < crossedOut.Length; i++)
    crossedOut[i] = false;
}

private static void PutUncrossedIntegersIntoResult()
{
  result = new int[NumberOfUncrossedIntegers()];
  for (int j = 0, i = 2; i < crossedOut.Length; i++)
  {
    if (NotCrossed(i))
      result[j++] = i;
  }
}

private static int NumberOfUncrossedIntegers()
{
  int count = 0;
  for (int i = 2; i < crossedOut.Length; i++)
  {
    if (NotCrossed(i))
      count++; // bump count.
  }
  return count;
}

private static void CrossOutMultiples()
```

```
  {
    int limit = DetermineIterationLimit();
    for (int i = 2; i <= limit; i++)
    {
      if (NotCrossed(i))
        CrossOutputMultiplesOf(i);
    }
  }

  private static int DetermineIterationLimit()
  {
    // Every multiple in the array has a prime factor that
    // is less than or equal to the root of the array size,
    // so we don't have to cross off multiples of numbers
    // larger than that root.
    double iterationLimit = Math.Sqrt(crossedOut.Length);
    return (int)iterationLimit;
  }

  private static void CrossOutputMultiplesOf(int i)
  {
    for (int multiple = 2 * i;
    multiple < crossedOut.Length;
    multiple += i)
      crossedOut[multiple] = true;
  }

  private static bool NotCrossed(int i)
  {
    return crossedOut[i] == false;
  }
}
```

代码清单5.8　GeneratePrimesTest.cs（最终版）

```
using NUnit.Framework;

[TestFixture]
public class GeneratePrimesTest
{
  [Test]
  public void TestPrimes()
  {
```

```
    int[] nullArray = PrimeGenerator.GeneratePrimeNumbers(0);
    Assert.AreEqual(nullArray.Length, 0);

    int[] minArray = PrimeGenerator.GeneratePrimeNumbers(2);
    Assert.AreEqual(minArray.Length, 1);
    Assert.AreEqual(minArray[0], 2);

    int[] threeArray = PrimeGenerator.GeneratePrimeNumbers(3);
    Assert.AreEqual(threeArray.Length, 2);
    Assert.AreEqual(threeArray[0], 2);
    Assert.AreEqual(threeArray[1], 3);

    int[] centArray = PrimeGenerator.GeneratePrimeNumbers(100);
    Assert.AreEqual(centArray.Length, 25);
    Assert.AreEqual(centArray[24], 97);
}

[Test]
public void TestExhaustive()
{
    for (int i = 2; i < 500; i++)
        VerifyPrimeList(PrimeGenerator.GeneratePrimeNumbers(i));
}

private void VerifyPrimeList(int[] list)
{
    for (int i = 0; i < list.Length; i++)
        VerifyPrime(list[i]);
}

private void VerifyPrime(int n)
{
    for (int factor = 2; factor < n; factor++)
        Assert.IsTrue(n □ factor != 0);
}
}
```

小结

重构后的程序读起来比一开始要好得多，程序工作起来也更好一些。我对这个成果非常满意。程序变得更容易理解，因此也更容易修改。当然，程序结构中各部分之间互相隔离，也同样有利于更改。

你也许担心抽取出只调用一次的函数会对性能产生负面影响。我认为，在大多数情况下，提取出方法所增强的可读性是值得额外花费一笔微小的开销。不过，如果发生在深层内部循环，那将是一笔巨大的开销。我的建议是，先假设这种损失是可以忽略的，直到这个假设被证明是错误时为止。

把时间投入到重构中，值得吗？毕竟，程序一开始时就已经完成所需功能。我强烈推荐应该经常对自己所编写和维护的每一个模块进行重构。投入的时间比随后为自己和他人节省的时间要少得多。

重构就好比用餐后对厨房进行清洁整理工作。第一次不清理，你用餐会快一些。但由于不得不收拾碗碟和厨房，第二天做准备工作的时间就要更长一点。这会促使你再次放弃清洁工作。的确，如果跳过清洁工作，你每天都能很快用完餐，但是脏乱在一天天累积。最终，你得花大量的时间去寻找合适的烹饪器具，费力地凿掉碗碟上已经干结的食物残余，再逐一擦洗干净，以便下一次直接烹饪。饭是天天都要吃的，不及时清理，并不能真正加快做饭的速度。

重构的目的，正像在本章中描述的，是为了每天、每小时、每分钟都及时清洁代码。我们不想让脏乱累积起来，我们不想"凿掉并洗去"随着时间累积的"干结的"比特，我们想及时通过最小的努力就能够对我们的系统进行扩展和修改。要想具有这种能力，最主要的就是要保持代码的整洁。

关于这一点，我怎么强调都不过分。本书中所有的原则和模式对于脏乱的代码来说将没有任何价值。在学习原则和模式之前，首先学习写整洁的代码。

参考文献

[Fowler1999] Martin Fowler, *Refactoring: Improving the Design of Existing Code*, Addison-Wesley, 1999.

第6章

一次编程实践

"设计和编程都是人类活动，忘记这一点，将会失去一切。"
——比雅尼·斯特劳斯特鲁普（Bjarne Stroustrup），1991（C++之父）

为了演示敏捷编程实践，Bob Koss（RSK）和 Bob Martin（RCM）要在一个小的应用程序中使用结对编程的方法，你可以当一旁观者。我们会用测试驱动开发和大量的重构去创建这个应用。接下来的一幕是这两位 Bob 于 2000 年末在一家旅馆中实际编程情景的真实再现。

在创建这个应用的过程中，我们犯了很多错误。这些错误出现在代码、逻辑、设计以及需求这几个方面。在阅读本章时，你会看到我们围绕这几个方面所进行的活动：识别出错误和误解，然后处理他们。整个过程是混乱的，像所有人工参与的过程一样混乱。至于结果……嗯，令人吃惊的是，竟然从这样一个混乱的过程中诞生了秩序。

这个程序是计算保龄球比赛得分的，所以如果知道保龄球比赛的规则会有助于本章内容的理解。如果对保龄球比赛的规则不甚了解的话，可以查看章末的补充内容。

保龄球比赛

RCM：可以帮忙写一个保龄球的记分程序吗？

RSK：（自言自语："XP中结对编程的实践说过当有人请求帮助时，不可以说'不'。如果那个人是你的老板，那就更不能拒绝了。"）当然可以，Bob，非常高兴能帮你。

RCM：太好了，我想写一个记录保龄球联赛的应用程序。这个程序需要记录下所有的比赛、确定各团队的等级、确定每个周赛的优胜者和失败者，并且要准确地记录每场比赛的比分。

RSK：有意思。我以前是个很优秀的保龄球选手。这事儿看上去很有趣。你已经列出了一些用户故事，先从哪一个做起？

RCM：先从实现记录一次比赛成绩的功能开始吧！

RSK：好的。这具体是什么意思？这个用户故事的输入和输出是什么？

RCM：在我看来，输入只是投球（throw）的序列。一次投球就是一个整数，表明此次投球所击倒的球瓶的个数。输出就是每一轮（frame）的得分。

RSK：我假设你在这次练习中扮演客户的角色，那么你会希望看到什么形式的输入和输出呢？

RCM：对，我扮演的就是客户的角色。我们需要一个函数，调用它可以添加投球，还需要一个函数用来获取得分。差不多像这个样子：

```
ThrowBall(6);
ThrowBall(3);
Assert.AreEqual(9, GetScore())
```

RSK：好的，我们需要一些测试数据。我来画一张记分卡的草图（图6.1）。

图6.1 典型的保龄球比赛记分卡

RCM：这名选手发挥得很不稳定。

RSK：也可能是喝醉了，不过可以作为一个相当不错的验收测试用例。

RCM：我们还需要其他的验收测试用例，不过待会儿再考虑吧。该从哪里开始呢？要做
　　　一个系统设计吗？

RSK：我不介意用UML图来描述我们从记分卡中得到的一些问题域的概念。从中会发
　　　现一些候选对象，可以在随后的编码中使用。

RCM：(戴上他那顶强大的对象设计者的帽子) 好，显然，Game对象由10Frame对象组
　　　成，每个Frame对象可以包含 1 个、2 个或者3 个Throw对象。

RSK：好主意。我也是这么想的。我马上把它画出来（参见图6.2）。

```
┌────────┐   10  ┌────────┐  1..3  ┌────────┐
│  Game  │──────▶│ Frame  │───────▶│ Throw  │
└────────┘       └────────┘        └────────┘
```

图6.2 保龄球记分卡的UML图

RSK：好，来选取一个要测试的类。从依赖关系链的最末端开始，依次往前如何？这样
　　　测试会容易些。

RCM：当然，为什么不呢。我们来创建Throw类的测试用例。

RSK：(开始写代码)

```
//ThrowTest.cs--------------------------------
using NUnit.Framework;

[TestFixture]
public class ThrowTest
{
  [Test]
  public void Test???
}
```

RSK：你觉得 Throw 对象应该具有什么行为呢？

RCM：它保存着玩家所击倒的球瓶个数。

RSK：看吧，你刚刚只用了寥寥数语，可见它确实没做什么事情。我们大概得重新审视一下，关注具备实际行为的对象，而不是只是存储数据的对象。

RCM：嗯，你的意思是说 Throw 这个类可能不必存在？

RSK：是的，如果不具备任何行为，这个类能有多重要呢？我还不知道它是否应该存在。我只是觉得如果我们关注那些不仅仅只有 setter 和 getter 方法的对象，会更有效率。但是如果你想主导的话……（将键盘推到 RCM 面前。）

RCM：好吧，我们回溯到依赖链上的 Frame 类，看看能否在编写该类的测试用例时，驱动我们完成 Throw 类。（将键盘推到 RSK 面前。）

RSK：（想知道 RCM 是想让我进入死胡同然后教育我，还是确实同意我的观点）好的，新的文件，新的测试用例。

```
//FrameTest.cs--------------------------------
using NUnit.Framework;

[TestFixture]
public class FrameTest
{
  [Test]
  public void Test???
}
```

RCM：嗯嗯，这是我们第二次写这样的代码了。现在，你想到一些有趣的针对 Frame 类的测试用例了吗？

RSK：Frame 类可以显示得分，每次击倒的球瓶数目，以及是否有全中（Strike）或补中（Spare）等情况。

RCM：好的，给我看看代码。

RSK：（写代码中）

```
//FrameTest.cs-----------------------------
using NUnit.Framework;

[TestFixture]
public class FrameTest
{
  [Test]
  public void TestScoreNoThrows()
  {
    Framef = new Frame();
     Assert.AreEqual(0, f.Score);
  }
}
//Frame.cs----------------------------------
public class Frame
{
  public int Score
  {
    get { return 0; }
  }
}
```

RCM：好的，测试用例通过了，不过 Score 确实是个笨方法。如果向Frame中加入一次
投掷的话，这个测试就会失败。所以我们编写一个加入一些投球的测试用例，然
后检查得分。

```
//FrameTest.cs-------------------------------

[Test]
public void TestAddOneThrow()
{
  Frame f = new Frame();
  f.Add(5);
  Assert.AreEqual(5, f.Score);
}
```

RCM：编译通不过的。Frame 类中没有add方法。

RSK：我打赌你如果定义了这个方法，就会通过编译 ;-)

RCM：（写代码中）

```
//Frame.cs-------------------------------------
public class Frame
{
  public int Score
  {
    get { return 0 };
  }
  public void Add(Throw t)
  {
  }
}
```

RCM：（自言自语）这不可能编译得过，因为还没有写Throw类呢。

RSK：鲍勃，我俩聊聊。在测试中传给add方法的是一个整数，而该方法期待的是一个
　　 Throw对象。Add方法不能具有两种形式。在我们再次关注Throw以前，你能描
　　 述一下Throw类的行为吗？

RCM：哦！我甚至没有注意到我写的是f.add（5）。我应该写 f.add（new Throw（5）），
　　 但是那样太丑了，我其实真正想写的就是f.add（5）。

RSK：先不管是否优雅，我们暂且把美学的考量放到一边。鲍勃，你能描述一下Throw
　　 对象的行为吗？用二进制表示？

RCM：1011010111010100101。我不知道Throw是否具备一些行为，现在我觉得Throw就
　　 是int。不过，只要我们让Frame的add方法接收一个 int 参数就不必考虑这些了。

RSK：我觉得这样做的根本原因就是简单。真出问题了，再用一些复杂的办法。

RCM：同意。

```
//Frame.cs-------------------------------------
public class Frame
{
  public int Score
  {
    get { return 0};
  }
  public void Add(int pins)
```

```
        {
        }
    }
```

RCM：好，编译通过但是测试挂了。现在，我们来让测试通过。

```
//Frame.cs-------------------------------------
public class Frame
{
  private int score;
  public int Score
  {
    get { return score; }
  }
  public void Add(int pins)
  {
    score += pins;
  }
}
```

RCM：编译和测试都过了，不过都明显简化了。下一个测试用例是什么？

RSK：先休息一会儿吧？

--------------------------- 休息 ---------------------------

RCM：感觉不错。但 Frame.add 是个脆弱的函数。如果用11作为参数去调用它会怎么样呢？

RSK：如果发生了这种情况，会引发异常。但是谁会是这个函数的调用者呢？这段程序会成为数千人使用的应用框架吗？如果是那样，我们就不得不做一些防御措施。但是如果仅仅被你一个人使用，只要调用它时不传入11就好了。（暗笑）

RCM：有道理，余下的测试会捕获无效参数的情况。真出现问题再加进去也不迟。目前，add 函数还不能处理全中和补中的情况。我们编写一个测试用例来反映这种情况。

RSK：额……如果用 Add（10）来表达一次全中，那么 GetScore() 应该返回什么值呢？我不知道该怎么写这个断言，也许我们提出的问题是错的，又或者我们提问的对象错了。

RCM：如果调用了 Add（10），或者在调用了 Add（3）后又调用了 Add（7），那么随后调用 Frame 的 GetScore 方法是没有意义的。Frame 对象必须要根据随后几个 Frame 实例的得分才能计算出自己的得分。如果后面的 Frame 实例还不存在，那么它会返回一些丑陋的值，比如 −1。我不希望返回 −1。

RSK：确实，我也不喜欢 −1 这个点子。你刚刚引入了一个概念，说 Frame 之间要互相知晓，那么谁来持有这些不同的 Frame 对象呢？

RCM：Game 对象。

RSK：所以 Game 依赖 Frame，而 Frame 又反过来依赖 Game。我不喜欢这样。

RCM：Frame 不必依赖 Game，可以把它们放到一个链表中。每个 Frame 对象持有它前面和后面 Frame 的指针。要获取一个 Frame 的得分，该 Frame 会获取前一个 Frame 的得分；如果该 Frame 中有补中或者全中的情况，它会从后面 Frame 中获取所需得分。

RSK：好的，不过不太形象，我感觉有些模糊。写点代码来看看吧。

RCM：好，我们要先写一个测试用例。

RSK：是针对 Game 呢，还是另起一个针对 Frame 的呢？

RCM：我认为应该针对 Game，因为是 Game 构建了 Frame 并把它们互相连接起来的。

RSK：你是想停下现在手头上有关 Frame 的工作，跳转到 Game 上去吗？还是只是想要一个 MockGame 对象来完成 Frame 正常运转所需的工作呢？

RCM：停下 Frame 上的工作，转到 Game 上来吧。Game 的测试用例应当能证明我们需要一个 Frame 的链表。

RSK：我不确定如何证明这点，我得看看代码。

RCM：（敲代码）

```
//GameTest.cs-----------------------------------------
using NUnit.Framework;

[TestFixture]
public class GameTest
{
  [Test]
  public void TestOneThrow()
  {
```

```
      GameGame = new Game();
      game.Add(5);
      Assert.AreEqual(5, game.Score);
    }
  }
```

RCM：看上去合理吗？

RSK：当然合理，不过我还在找需要Frame链表的证据。

RCM：我也在找。我们先留着这些测试用例，看看会有什么结果。

```
      //Game.cs----------------------------------
      public class Game
      {
        public int Score
        {
          get { return 0; }
        }
        public void Add(int pins)
        {
        }
      }
```

RCM：好的，代码编译通过而测试失败了。现在我们要让测试通过。

```
      //Game.cs----------------------------------
      public class Game
      {
        private int score;
        public int Score
        {
          get { return score; }
        }
        public void Add(int pins)
        {
          score += pins;
        }
      }
```

RCM：测试过了，干得漂亮。

RSK：不错，不过我还在找需要Frame对象链表的充分证据。这是当时我们认为需要Game的原因。

RCM：是的，我也在找线索。我非常肯定一旦加进了有关补中和全中的测试用例，就必

　　　　须得构建出一组Frame对象，并且把它们串联到一个链表当中。不过，我不想过
　　　　早构建，除非有代码强烈驱动我们去做。

RSK：说得对。我们来继续逐步完成Game。再编写另一个表示两次投球但没有补中情
　　　　况的测试用例。

RCM：好的，现在应该都能通过。我们试试看。

```
//GameTest.cs--------------------------------

[Test]
public void TestTwoThrowsNoMark()
{
  GameGame = new Game();
  game.Add(5);
  game.Add(4);
  Assert.AreEqual(9, game.Score);
}
```

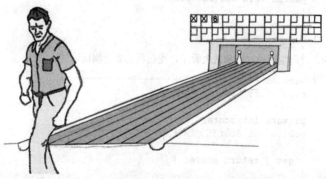

RCM：是的，测试通过了。现在，我们试试四次投掷但没有补中和全中的情况。

RSK：嗯，那个测试也会过的。但这不是我所期望的，我们可以一直添加投球数，甚至
　　　　根本不需要一个 Frame。但是，我们还没有考虑过补中和全中的情况，或许到
　　　　那时我们就会需要一个 Frame。

RCM：这个问题我也在考虑。不管怎样，看一下这个测试用例：

```
//TestGame.cs--------------------------------
[Test]
public void TestFourThrowsNoMark()
```

```
  {
    GameGame = new Game();
    game.Add(5);
    game.Add(4);
    game.Add(7);
    game.Add(2);
    Assert.AreEqual(18, game.Score);
    Assert.AreEqual(9, game.ScoreForFrame(1));
    Assert.AreEqual(18, game.ScoreForFrame(2));
  }
```

RCM：看上去合理吗？

RSK：我觉得合理。我忘记我们必须把每个Frame中的得分显示出来。啊，我把记分卡的草图纸当成可可的杯垫了。难怪我会忘记。

RCM：（叹气）好吧。首先我们给Game添加一个scoreForFrame方法让这个测试失败。

```
//Game.cs--------------------------------

public int ScoreForFrame(int frame)
{
  return 0;
}
```

RCM：太好了，编译通过，测试失败了。现在，我们怎么让测试通过？

RSK：我们可以定义Frame对象了，但是这个真的是测试通过的最简单的方法吗？

RCM：事实上并不是的。我们只需要在Game中创建一个整数的数组。每次调用Add就往数组中添加一个新的整数。每次调用ScoreForFrame只需要往前遍历这个数组然后计算出得分。

```
//Game.cs--------------------------------
public class Game
{
  private int score;
  private int[] throws = new int[21];
  private int currentThrow;

  public int Score
  {
    get { return score; }
  }
```

```
public void Add(int pins)
{
    throws[currentThrow++] = pins;
    score += pins;
}

public int ScoreForFrame(int frame)
{
    int score = 0;
    for (int ball = 0;
    frame > 0 && ball < currentThrow;
    ball += 2, frame--)
    {
        score += throws[ball] + throws[ball + 1];
    }

    return score;
}
}
```

RCM：(自鸣得意) 看，正常工作了。

RSK：为什么要用21这个魔数（magic number）呢？

RCM：那是保龄球游戏中可能的最大投掷数。

RSK：讨厌。让我猜猜，你年轻的时候是个Unix黑客，并且觉得把整个应用程序写成没人理解的一条语句很酷。

scoreForFrame方法需要重构，这样可以更好地理解它。但是在我们考虑重构之前，我先问个其他的问题。把这个方法放到Game中是最恰当的做法么？我认为Game违背了 SRP（单一职责原则）。它接收了投球数并且知道如何计算每轮的得分。你觉得增加一个Scorer对象如何？

RCM：(粗鲁地摆了一下手) 我不知道这个函数放在哪里；现在我感兴趣的就是让记分功能正常工作。完成所需的功能后，我们再来讨论SRP的价值。不过，我明白了你关于Unix黑客的槽点了；我们尝试简化一下那个循环。

```
public int ScoreForFrame(inttheFrame)
{
    int ball = 0;
    int score = 0;
```

```
for (int currentFrame = 0;
currentFrame < theFrame;
currentFrame++)
{
  score += throws[ball++] + throws[ball++];
}

return score;
}
```

RCM：好一点点了。不过score+=表达式有副作用。这里倒没有什么关系，因为两个加
法表达式的求值顺序没关紧要。（是这样吗？有没有可能两个自增运算符的优先
级要高于数组运算符呢？）

RSK：我认为我们可以做个试验来验证这里没有任何副作用，不过那个方法还不能处理补
中和全中的情况。我们应该继续让它更加可读些，还是进一步完善它的功能呢？

RCM：这种试验可能对于某些特定的编译器有意义，其他编译器可能会使用不同的求值
顺序。我不知道这里是否有问题，不过我们可以解除潜在的顺序依赖，然后增加
更多的测试用例完善功能。

```
public int ScoreForFrame(int theFrame)
{
  int ball = 0;
  int score = 0;
  for (int currentFrame = 0;
  currentFrame < theFrame;
  currentFrame++)
  {
    int firstThrow = throws[ball++];
    int secondThrow = throws[ball++];
    score += firstThrow + secondThrow;
  }

  return score;
}
```

RCM：好的，下一个测试用例，我们来试试补中的情况。

```
[Test]
public void TestSimpleSpare()
{
```

```
    GameGame= new Game();
}
```

RCM：我已经很烦总是写这个了。我们来重构下测试，把Game对象的创建放到SetUp
函数中吧。

```
//GameTest.cs-------------------------------
using NUnit.Framework;

[TestFixture]
public class GameTest
{
  privateGamegame;

  [SetUp]
  public void SetUp()
  {
    game = new Game();
  }

  [Test]
  public void TestOneThrow()
  {
    game.Add(5);
    Assert.AreEqual(5, game.Score);
  }

  [Test]
  public void TestTwoThrowsNoMark()
  {
    game.Add(5);
    game.Add(4);
    Assert.AreEqual(9, game.Score);
  }

  [Test]
  public void TestFourThrowsNoMark()
  {
    game.Add(5);
    game.Add(4);
    game.Add(7);
    game.Add(2);
    Assert.AreEqual(18, game.Score);
```

```
      Assert.AreEqual(9, game.ScoreForFrame(1));
      Assert.AreEqual(18, game.ScoreForFrame(2));
    }

    [Test]
    public void TestSimpleSpare()
    {
    }
}
```

RCM：好多了，现在我们来写补中的测试用例。

```
[Test]
public void TestSimpleSpare()
{
  game.Add(3);
  game.Add(7);
  game.Add(3);
  Assert.AreEqual(13, game.ScoreForFrame(1));
}
```

RCM：好的，那个测试用例挂了。我们现在需要让它通过。

RSK：我来写吧。

```
public int ScoreForFrame(int theFrame)
{
  int ball = 0;
  int score = 0;
  for (int currentFrame = 0;
  currentFrame < theFrame;
  currentFrame++)
  {
    int firstThrow = throws[ball++];
    int secondThrow = throws[ball++];

    int frameScore = firstThrow + secondThrow;

    // spare needs next frames first throw
    if (frameScore == 10)
      score += frameScore + throws[ball++];
    else
      score += frameScore;
  }
```

```
        return score;
    }
```

RSK：耶！测试通过了！

RCM：（抢过键盘）不错，不过在 frameScore == 10 这个分支下的不应该对变量 ball 递增。有个测试用例可以证明我的观点。

```
[Test]
public void TestSimpleFrameAfterSpare()
{
    game.Add(3);
    game.Add(7);
    game.Add(3);
    game.Add(2);
    Assert.AreEqual(13, game.ScoreForFrame(1));
    Assert.AreEqual(18, game.Score);
}
```

RCM：哈！看，测试失败了。现在如果我们把那个讨厌的额外递增操作去掉……

```
if (frameScore == 10)
    score += frameScore + itsThrows[ball]
```

RCM：呃……，还是失败了……应该是 score 方法出错了吧？我改下测试用例，用 ScoreForFrame（2）来测试下。

```
[Test]
public void TestSimpleFrameAfterSpare()
{
    game.Add(3);
    game.Add(7);
    game.Add(3);
    game.Add(2);
    Assert.AreEqual(13, game.ScoreForFrame(1));
    Assert.AreEqual(18, game.ScoreForFrame(2));
}
```

RCM：嗯……测试通过了。那个 score 属性肯定有问题。我们来看一下。

```
public int Score
{
    get { return score; }
}
```

```
public void Add(int pins)
{
  throws[currentThrow++] = pins;
  score += pins;
}
```

RCM：耶，果然是错的。score 方法仅仅返回了球瓶的总数，而不是正确的得分。score 要做的事情其实是针对当前的 Frame 调用 ScoreForFrame() 方法。

RSK：我们并不知道当前的 Frame 是几。我们给目前的测试都添加一条关于当前 Frame 是多少的消息。当然，每次一个。

RCM：好。

```
//GameTest.cs--------------------------------

[Test]
public void TestOneThrow()
{
  game.Add(5);
  Assert.AreEqual(5, game.Score);
  Assert.AreEqual(1, game.CurrentFrame);
}

//Game.cs----------------------------------

public int CurrentFrame
{
  get { return 1; }
}
```

RCM：好的，测试过了，但是没什么意义。我们写下一个测试用例。

```
[Test]
public void TestTwoThrowsNoMark()
{
  game.Add(5);
  game.Add(4);
  Assert.AreEqual(9, game.Score);
  Assert.AreEqual(1, game.CurrentFrame);
}
```

RCM：这个没啥意思，试试下一个。

```
[Test]
public void TestFourThrowsNoMark()
{
  game.Add(5);
  game.Add(4);
  game.Add(7);
  game.Add(2);
  Assert.AreEqual(18, game.Score);
  Assert.AreEqual(9,  game.ScoreForFrame(1));
  Assert.AreEqual(18, game.ScoreForFrame(2));
  Assert.AreEqual(2, game.CurrentFrame);
}
```

RCM：这个测试失败了。现在我们要让它通过。

RSK：我觉得这个算法很简单，因为每轮有两次投球，所以只要把投球的总数除以 2 就可以了。除非有全中的情况……不过，我们至今还没有考虑过全中的情况，所以这里也忽略掉吧。

RCM：(在+1和-1之间胡乱调整，直到可以正常工作) [1]

```
public int CurrentFrame
{
  get { return 1 + (currentThrow - 1) / 2; }
}
```

RCM：这不太令人满意。

RSK：如果不是每次都去计算它，会怎么样呢？如果每次投掷后去调整一个 currentFrame 的成员变量会如何？

RCM：不错，我们来试试。

```
//Game.cs----------------------------------

private int currentFrame;
private bool isFirstThrow = true;

public int CurrentFrame
{
  get { return currentFrame; }
}
```

1　Dave Thomas 和 Andy Hunt 称之为"基于巧合编程"（programming by coincidence）

```
public void Add(int pins)
{
  throws[currentThrow++] = pins;
  score += pins;

  if (isFirstThrow)
  {
    isFirstThrow = false;
    currentFrame++;
  }
  else
  {
    isFirstThrow=true;;
  }
}
```

RCM：好的，可以工作了。但是这也意味着当前轮指的是最近一次投掷所在轮，而不是下一次投掷所在轮。只要我们记住这一点，就没有问题。

RSK：我记忆力不好，所以我们把程序修改得更易读点。但是在调整前，我们先把代码从 add 中抽取出来，放到一个 AdjustCurrentFrame() 或者其他名字的私有成员函数中。

RCM：好的，听着不错。

```
public void Add(int pins)
{
  throws[currentThrow++] = pins;
  score += pins;
  AdjustCurrentFrame();
}

private void AdjustCurrentFrame()
{
  if (isFirstThrow)
  {
    isFirstThrow = false;
    currentFrame++;
  }
  else
  {
```

```
          isFirstThrow = true; ;
      }
  }
```

RCM：现在，我们把变量和方法的名字改得更清晰些。我们该如何命名currentFrame 呢？

RSK：我还挺喜欢这个名字的。但我认为对它递增的位置不对。在我看来，当前轮是正在投掷的所在轮。所以应该在该轮最后一次投球完毕后，才对它递增。

RCM：我同意。我们修改测试用例来体现这一点，然后再去修正AdjustCurrentFrame。

```
//GameTest.cs--------------------------------
[Test]
public void TestTwoThrowsNoMark()
{
  game.Add(5);
  game.Add(4);
  Assert.AreEqual(9, game.Score);
  Assert.AreEqual(2, game.CurrentFrame);
}
[Test]
public void TestFourThrowsNoMark()
{
  game.Add(5);
  game.Add(4);
  game.Add(7);
  game.Add(2);
  Assert.AreEqual(18, game.Score);
  Assert.AreEqual(9, game.ScoreForFrame(1));
  Assert.AreEqual(18, game.ScoreForFrame(2));
  Assert.AreEqual(3, game.CurrentFrame);
}

//Game.cs-----------------------------------

private int currentFrame = 1;

private void AdjustCurrentFrame()
{
  if (isFirstThrow)
  {
    isFirstThrow = false;
  }
```

```
    else
    {
      isFirstThrow = true;
      currentFrame++;
    }
  }
```

RCM：不错，可以工作了。现在我们为 CurrentFrame 写两个具有补中情况的测试用例。

```
[Test]
public void TestSimpleSpare()
{
  game.Add(3);
  game.Add(7);
  game.Add(3);
  Assert.AreEqual(13, game.ScoreForFrame(1));
  Assert.AreEqual(2, game.CurrentFrame);
}

[Test]
public void TestSimpleFrameAfterSpare()
{
  game.Add(3);
  game.Add(7);
  game.Add(3);
  game.Add(2);
  Assert.AreEqual(13, game.ScoreForFrame(1));
  Assert.AreEqual(18, game.ScoreForFrame(2));
  Assert.AreEqual(3, game.CurrentFrame);
}
```

RCM：通过了。现在，回到原来的问题上。我们要让 score 方法能够工作。现在可以让 score 去调用 ScoreForFrame（CurrentFrame - 1）。

```
[Test]
public void TestSimpleFrameAfterSpare()
{
  game.Add(3);
  game.Add(7);
  game.Add(3);
  game.Add(2);
  Assert.AreEqual(13, game.ScoreForFrame(1));
  Assert.AreEqual(18, game.ScoreForFrame(2));
```

```
        Assert.AreEqual(18, game.Score);
        Assert.AreEqual(3, game.CurrentFrame);
    }

    //Game.cs--------------------------------

    public int Score()
    {
        return ScoreForFrame(CurrentFrame - 1);
    }
```

RCM：TestOneThrow测试用例失败了，我们来看看。

```
    [Test]
    public void TestOneThrow()
    {
        game.Add(5);
        Assert.AreEqual(5, game.Score);
        Assert.AreEqual(1, game.CurrentFrame);
    }
```

RCM：只有一次投球，第一轮是不完整的。score方法调用了SoreForFrame（0）。这真是讨厌。

RSK：也许是，也许不是。这个程序是写给谁的？谁会去调用Score呢？我们假定不会针对不完整的一轮调用该方法合理吗？

RCM：是的，但是它让我觉得不舒服。为了解决这个问题，我们要从TestOneThrow测试用例中去掉Score？那是我们要做的吗？

RSK：可以这么做，甚至可以去掉整个 TestOneThrow 测试用例。它曾把我们引到了感兴趣的测试用例上。但现在还有实际用处吗？在所有其他测试用例中依然具有对于该问题的覆盖。

RCM：是的，我明白你的意思。好，删掉它。（编辑代码，运行测试，出现了绿色的指示条。）啊，好多了。现在我们最好来写全中的测试用例。毕竟，我们想看到所有这些Frame对象被构建成一个链表，对吧？（窃笑）

```
[Test]
public void TestSimpleStrike()
{
    game.Add(10);
    game.Add(3);
    game.Add(6);
    Assert.AreEqual(19, game.ScoreForFrame(1));
    Assert.AreEqual(28, game.Score);
    Assert.AreEqual(3, game.CurrentFrame);
}
```

RCM：好的，和预期一致，编译通过了，但测试失败了。现在要通过测试。

```
//Game.cs--------------------------------
public class Game
{
    private int score;
    private int[] throws = new int[21];
    private int currentThrow;
    private int currentFrame = 1;
    private bool isFirstThrow = true;

    public int Score
```

```
  {
    get { return ScoreForFrame(GetCurrentFrame() - 1); }
  }
  public int CurrentFrame
  {

    get { return currentFrame; }
  }
  public void Add(int pins)
  {
    throws[currentThrow++] = pins;
    score += pins;
    AdjustCurrentFrame(pins);
  }

  private void AdjustCurrentFrame(int pins)
  {
    if (isFirstThrow)
    {
      if (pins == 10) //Strike
        currentFrame++;
      else
        isFirstThrow = false;
    }
    else
    {
      isFirstThrow = true;
      currentFrame++;
    }
  }

  public int ScoreForFrame(int theFrame)
  {
    int ball = 0;
    int score = 0;
    for (int currentFrame = 0;
    currentFrame < theFrame;
    currentFrame++)
    {
      int firstThrow = throws[ball++];
      if (firstThrow == 10) //Strike
      {
```

```
        score += 10 + throws[ball] + throws[ball + 1];
      }
      else
      {
        int secondThrow = throws[ball++];

        int frameScore = firstThrow + secondThrow;

        // spare needs next frames first throw
        if (frameScore == 10)
          score += frameScore + throws[ball];
        else
          score += frameScore;
      }
    }
    return score;
  }
}
```

RCM：不错，不是特别难，我们来看看能否为一次满分比赛记分。

```
[Test]
public void TestPerfectGame()
{
  for (int i=0; i<12; i++)
  {
    game.Add(10);
  }
```

```
      Assert.AreEqual(300, game.Score);
      Assert.AreEqual(10, game.CurrentFrame);
    }
```

RCM：奇怪，它显示得分是330。怎么会是这样？

RSK：因为当前轮一直被累加到了12。

RCM：噢！我们得把它限定到10。

```
      private void AdjustCurrentFrame(int pins)
      {
        if (isFirstThrow)
        {
          if (pins == 10) //Strike
            currentFrame++;
          else
            isFirstThrow = false;
        }
        else
        {
          isFirstThrow = true;
          currentFrame++;
        }
        if (currentFrame > 10)
          currentFrame = 10;
      }
```

RCM：可恶，这次它说得分是270。怎么回事？

RSK：鲍勃，Score 方法把 SetCurrentFrame 减了1，所以它给出的是第9轮的得分，而不是第10轮的得分。

RCM：什么，你的意思是应该把当前 Frame 限定到11而不是10？我再试试。

```
      if (currentFrame >11)
        currentFrame =11;
```

RCM：好的，现在得到了正确的得分，但是却因为当前轮是11，而不是10失败了。烦人，当前轮真是一个难办的事情。我们希望当前轮指的是比赛者正在投掷的那一轮，但是在比赛结束时这意味着什么呢？

RSK：或许我们应该回到原先的观点，认为当前轮指的是最后一次投掷的那一轮。

RCM：或者，我们也许要提出最近的完整轮次这样一个概念？毕竟，在任何时间点上比赛的得分都是最近的完整轮次的得分。

RSK：一个完整轮指的是可以为之计算得分的轮次，对吗？

RCM：是的，如果一轮中有补中的情况，那么要在下球投掷之后这轮才算完整。如果一轮中有全中的情况，那么要在下两个球投掷之后这轮才算完成。如果一轮中没有上述两种情况出现，那么该轮中第二球投掷完毕后就算完成了。

等一会……我们正要让 score 属性可以工作，对吗？我们所需要做的就是在比赛结束时让 Score 调用 ScoreForFrame（10）。

RSK：你怎么知道比赛结束了呢？

RCM：如果 AdjustCurrentFrame 对 itsCurrentFrame 的增加超过 10，那么就是比赛结束了。

RSK：等等。你的意思是如果 CurrentFrame 返回了 11，比赛就算结束了。可程序现在就是这样工作的呀！

RCM：嗯，你的意思是我们应该修改测试用例，使之和程序一致？

```
[Test]
public void TestPerfectGame()
{
  for (int i=0; i<12; i++)
  {
    game.Add(10);
  }
  Assert.AreEqual(300, game.Score);
  Assert.AreEqual(11, game.CurrentFrame);
}
```

RCM：不错，测试通过了。可是我还是觉得不太舒服。

RSK：或许后面会有办法。现在，我发现了一个 bug。我来操作？（抢过键盘。）

```
[Test]
public void TestEndOfArray()
{
  for (int i = 0; i < 9; i++)
  {
    game.Add(0);
    game.Add(0);
  }
  game.Add(2);
```

```
game.Add(8); // 10thFramespare
game.Add(10); // Strike in last position of array.
Assert.AreEqual(20, game.Score);
}
```

RSK：嗯，没有失败。我以为既然数组的第21个元素是一个全中，计分程序会试图把数组的第22个和第23个元素的得分加进去。但是我猜它并没有这么做。

RCM：嗯，你还在想scorer对象呢？不管怎么说，我明白你的意思，但是由于 score 绝不会用大于10的参数去调用ScoreForFrame，所以这最后一次全中实际上没有被作为全中处理。只是为了上一轮补中的完整性才把它作为10分计算的。我们决不会越过数组的边界。

RSK：OK，我们把原先记分卡上的数据输入到程序中。

```
[Test]
public void TestSampleGame()
{
  game.Add(1);
  game.Add(4);
  game.Add(4);
  game.Add(5);
  game.Add(6);
  game.Add(4);
  game.Add(5);
  game.Add(5);
  game.Add(10);
  game.Add(0);
  game.Add(1);
  game.Add(7);
  game.Add(3);
  game.Add(6);
  game.Add(4);
  game.Add(10);
  game.Add(2);
  game.Add(8);
  game.Add(6);
  Assert.AreEqual(133, game.Score);
}
```

RSK：不错，测试通过了。你还能想到其他的一些测试用例吗？

RCM：是的，我们来多测试一些边界情况。这个怎么样：一个可怜的家伙投出了11次全中，但最后一次只击中了9个？

```
[Test]
public void TestHeartBreak()
{
  for (int i = 0; i < 11; i++)
    game.Add(10);
  game.Add(9);
  Assert.AreEqual(299, game.Score);
}
```

RCM：测试通过了。好的，再来测试一下第10轮是补中的情况？

```
[Test]
public void TestTenthFrameSpare()
{
  for (int i = 0; i < 9; i++)
    game.Add(10);
  game.Add(9);
  game.Add(1);
  game.Add(1);
  Assert.AreEqual(270, game.Score);
}
```

RCM：（高兴地盯着绿色的指示条）也通过了。我再也想不出更多的测试用例了，你呢？

RSK：我也想不出来了，我认为已经覆盖了所有的情况。此外，我实在想重构这个混乱的程序。我还是认为应该有 scorer 对象。

RCM：是的，ScoreForFrame方法确实很乱，想一下怎么改。

```
public int ScoreForFrame(int theFrame)
{
  int ball = 0;
  int score = 0;
  for (int currentFrame = 0;
  currentFrame < theFrame;
  currentFrame++)
  {
    int firstThrow = throws[ball++];
    if (firstThrow == 10) //Strike
    {
      score += 10 + throws[ball] + throws[ball + 1];
    }
    else
    {
      int secondThrow = throws[ball++];

      int frameScore = firstThrow + secondThrow;

      // spare needs next frames first throw
      if (frameScore == 10)
        score += frameScore + throws[ball];
      else
        score += frameScore;
    }
  }

  return score;
}
```

RCM：我很想把 else 子句抽取出来单独作为一个名为 HandleSecondThrow 的方法，但是因为它使用了 ball、firstThrow 以及 secondThrow 这些局部变量，所以不行。

RSK：我们可以把这些局部变量改成成员变量。

RCM：是的，这对于你认为的把记分部分剥离到 scorer 对象中去的看法又多了几分支持。OK，我们来试试。

RSK：(抢过键盘)

```
private int ball;
private int firstThrow;
private int secondThrow;

public int ScoreForFrame(int theFrame)
{
  ball = 0;
  int score = 0;
  for (int currentFrame = 0;
  currentFrame < theFrame;
  currentFrame++)
  {
    firstThrow = throws[ball++];
    if (firstThrow == 10) //Strike
    {
      score += 10 + throws[ball] + throws[ball + 1];
    }
    else
    {
      secondThrow = throws[ball++];

      int frameScore = firstThrow + secondThrow;

      // spare needs next frames first throw
      if (frameScore == 10)
        score += frameScore + throws[ball];
      else
        score += frameScore;
    }
  }

  return score;
}
```

RSK：可以工作。这样就可以把else子句剥离到它自己的函数中去。

```
public int ScoreForFrame(int theFrame)
{
  ball = 0;
  int score = 0;
  for (int currentFrame = 0;
  currentFrame < theFrame;
  currentFrame++)
```

```
        {
          firstThrow = throws[ball++];
          if (firstThrow == 10) //Strike
          {
            score += 10 + throws[ball] + throws[ball + 1];
          }
          else
          {
            score += HandleSecondThrow();
          }
        }

        return score;
      }

      private int HandleSecondThrow()
      {
        int score = 0;
        secondThrow = throws[ball++];

        int frameScore = firstThrow + secondThrow;

        // spare needs next frames first throw
        if (frameScore == 10)
          score += frameScore + throws[ball];
        else
          score += frameScore;
        return score;
      }
```

RCM：看看 ScoreForFrame 的结构！它的伪代码看上去像下面这样：

```
      if strike
        score += 10 + NextTwoBalls;
      else
        HandleSecondThrow.
```

RCM：如果我们把它改成这样呢？

```
      if strike
        score += 10 + NextTwoBalls;
      else if spare
        score += 10 + NextBall;
      else
```

```
score += TwoBallsInFrame
```

RSK：太棒了！这个就和保龄球的记分规则一模一样，对吧？好的，我们看看是否能够在实际的方法中落地这种结构。首先，我们来改变一下增加ball变量的方式，使得在上面三种情况中可以独立地对它进行操作。

```
public int ScoreForFrame(int theFrame)
{
  ball = 0;
  int score = 0;
  for (int currentFrame = 0;
  currentFrame < theFrame;
  currentFrame++)
  {
    firstThrow = throws[ball];
    if (firstThrow == 10) //Strike
    {
      ball++;
      score += 10 + throws[ball] + throws[ball + 1];
    }
    else
    {
      score += HandleSecondThrow();
    }
  }

  return score;
}

private int HandleSecondThrow()
{
  int score = 0;
  secondThrow = throws[ball + 1];

  int frameScore = firstThrow + secondThrow;

  // spare needs next frames first throw
  if (frameScore == 10)
  {
    ball += 2;
    score += frameScore + throws[ball];
  }
```

```
    else
    {
      ball += 2;
      score += frameScore;
    }
    return score;
}
```

RCM：(抢过键盘) 好的，现在我们移除 firstThrow 变量和 secondThrow 变量，并且把它们替换成合适的函数。

```
public int ScoreForFrame(int theFrame)
{
  ball = 0;
  int score = 0;
  for (int currentFrame = 0;
  currentFrame < theFrame;
  currentFrame++)
  {
    firstThrow = throws[ball];
    if (Strike())
    {
      ball++;
      score += 10 + NextTwoBalls;
    }
    else
    {
      score += HandleSecondThrow();
    }
  }

  return score;
}

private bool Strike()
{
  return throws[ball] == 10;
}

private int NextTwoBalls
{
  get { return (throws[ball] + throws[ball + 1]); }
```

```
  }
```

RCM：这一步搞定了，我们继续。

```
        private int HandleSecondThrow()
        {
          int score = 0;
          secondThrow = throws[ball + 1];
          int frameScore = firstThrow + secondThrow;

          // spare needs next frames first throw
          if (Spare())
          {
            ball += 2;
            score += 10 + NextBall;
          }
        else
          {
            ball += 2;
            score += frameScore;
          }
          return score;
        }

        private bool Spare()
        {
          return throws[ball] + throws[ball + 1] == 10;
        }

        private int NextBall
        {
          get { return throws[ball]; }
        }
```

RCM：好的，这个也搞定了。现在调整一下frameScore。

```
        private int HandleSecondThrow()
        {
          int score = 0;
          secondThrow = throws[ball + 1];

          int frameScore = firstThrow + secondThrow;

          // spare needs next frames first throwif ( IsSpare() )
```

```
        {
          ball += 2;
          score += 10 + NextBall;
        }
      else
        {
          score += TwoBallsInFrame;
          ball += 2;
        }
      return score;
    }

    private int TwoBallsInFrame
    {
      get { return throws[ball] + throws[ball + 1]; }
    }
```

RSK：鲍勃，你没有用一致的方法去增加ball变量。在补中和全中的例子中，你是在计分之前去增加它的，在TwoBallsInFrame的例子中，你却是在计算得分之后才增加它的。这样代码就依赖于这个顺序了！这是为什么？

RCM：不好意思，我应该解释一下的。我准备把递增操作放到Strike、Spare 和 TwoBallsInFrame 中。这样的话，它们就可以从 ScoreForFrame 方法中消失了，这个方法看上去就很像伪码形式了。

RSK：好的，再让你做几步。不过要记住，我可看着呢。

RCM：好的，现在没人使用 firstThrow、secondThrow 和 frameScore 了，可以去掉它们。

```
    public int ScoreForFrame(int theFrame)
    {
      ball = 0;
      int score = 0;
      for (int currentFrame = 0;
      currentFrame < theFrame;
      currentFrame++)
      {
        if (Strike())
        {
          ball++;
          score += 10 + NextTwoBalls;
        }
```

```
      else
      {
        score += HandleSecondThrow();
      }
   }

   return score;
}

private int HandleSecondThrow()
{
   int score = 0;
   // spare needs next frames first throw
   if ( Spare() )
   {
     ball += 2;
     score += 10 + NextBall;
   }
   else
   {
     score += TwoBallsInFrame;
     ball += 2;
   }
   return score;
}
```

RCM:（他的眼中映射出绿色的指示条的光）现在，因为唯一耦合这3种情况的变量是
   ball，而ball在每种情况下都是独立处理的，所以可以把这3种情况合并到一起。

```
public int ScoreForFrame(int theFrame)
{
   ball = 0;
   int score = 0;
   for (int currentFrame = 0;
     currentFrame < theFrame;
     currentFrame++)
   {
     if (Strike())
     {
       ball++;
       score += 10 + NextTwoBalls;
     }
     else if (Spare())
```

```
      {
        ball += 2;
        score += 10 + NextBall;
      }
      else
      {
        score += TwoBallsInFrame;
        ball += 2;
      }
    }

    return score;
  }
```

RSK：好，现在可以让 ball 增加的方式一致，并为这些方法起一些更清楚点的名字。

（抢过键盘）

```
    public int ScoreForFrame(int theFrame)
    {
      ball = 0;
      int score = 0;
      for (int currentFrame = 0;
      currentFrame < theFrame;
      currentFrame++)
      {
        if (Strike())
        {
          score += 10 + NextTwoBallsForStrike;
          ball++;
        }
        else if (Spare())
        {
          score += 10 + NextBallForSpare;
          ball += 2;
        }
        else
        {
          score += TwoBallsInFrame;
          ball += 2;
        }
      }

      return score;
```

```
  }
  private int NextTwoBallsForStrike
  {
    get { return (throws[ball + 1] + throws[ball + 2]); }
  }

  private int NextBallForSpare
  {
    get { return throws[ball + 2]; }
  }
```

RCM：看一下 ScoreForFrame 方法！这正是保龄球记分规则最简要的表达。

RSK：但是，鲍勃，Frame 对象的链表去哪里了？（窃笑，窃笑）

RCM：（叹气）我们被过度的图示设计迷惑了。我的天，3 个画在餐巾纸背面的小方框，Game、Frame 还有 Throw，看上去还是太复杂了，并且是完全错误的。

RSK：从 Throw 类开始就是错误的。应该先从 Game 类开始！

RCM：确实如此！所以，以后我们试着从最高层次开始往下进行。

RSK：（惊奇）自上而下设计！？！？！？

RCM：更正一下，是自上而下测试优先设计。坦白地说，我不知道这是不是一个好的规则。只是这次，它帮了我们。所以下次，我会再尝试一下看看会发生什么。

RSK：是的，不管怎么说，我们还有些重构工作需要做。ball 变量只是 ScoreForFrame 及其附属方法的一个私有迭代器（iterator）。它们都应当被移到另外一个对象中去。

RCM：哦，是的，就是你所说的 Scorer 对象。终究还是你对了，我们开始吧。

RSK：（抢过键盘，进行了几次小规模的代码更改，期间也运行了测试……）

```
//Game.cs--------------------------------
public class Game
{
  private int score;
  private int currentFrame = 1;
  private bool isFirstThrow = true;
  private Scorer scorer = new Scorer();

  public int Score
  {
    get { return ScoreForFrame(GetCurrentFrame() - 1); }
  }
```

```csharp
    public int CurrentFrame
    {
      get { return currentFrame; }
    }

    public void Add(int pins)
    {
      scorer.AddThrow(pins);
      score += pins;
      AdjustCurrentFrame(pins);
    }

    private void AdjustCurrentFrame(int pins)
    {
      if (isFirstThrow)
      {
        if (pins == 10) //Strike
          currentFrame++;
        else
          isFirstThrow = false;
      }
      else
      {
        isFirstThrow = true;
        currentFrame++;
      }

      if (currentFrame > 11)
        currentFrame = 11;
    }

    public int ScoreForFrame(int theFrame)
    {
      return scorer.ScoreForFrame(theFrame);
    }
  }

//Scorer.cs----------------------------------
public class Scorer
{
  private int ball;
  private int[] throws = new int[21];
```

```
private int currentThrow;
public void AddThrow(int pins)
{
  throws[currentThrow++] = pins;
}

public int ScoreForFrame(int theFrame)
{
  ball = 0;
  int score = 0;
  for (int currentFrame = 0;
  currentFrame < theFrame;
  currentFrame++)
  {
    if (Strike())
    {
      score += 10 + NextTwoBallsForStrike;
      ball++;
    }
    else if (Spare())
    {
      score += 10 + NextBallForSpare;
      ball += 2;
    }
    else
    {
      score += TwoBallsInFrame;
      ball += 2;
    }
  }

  return score;
}

private int NextTwoBallsForStrike
{
  get { return (throws[ball + 1] + throws[ball + 2]); }
}

private int NextBallForSpare
{
  get { return throws[ball + 2]; }
}
```

```
    private bool Strike()
    {
      return throws[ball] == 10;
    }

    private int TwoBallsInFrame
    {
      get { return throws[ball] + throws[ball + 1]; }
    }

    private bool Spare()
    {
      return throws[ball] + throws[ball + 1] == 10;
    }
  }
```

RSK：好多了。现在 Game 只追踪 Frame，而 Scorer 对象只计算得分。完全符合单一职责原则。

RCM：不管怎么样，确实好多了。你注意到 Score 变量已经没用了吗？

RSK：哈，你说得对，删掉它。（非常高兴地开始删除）

```
    public void Add(int pins)
    {
      scorer.AddThrow(pins);
      AdjustCurrentFrame(pins);
    }
```

RSK：不错。现在，我们可以整理 AdjustCurrentFrame 方法了吗？

RCM：可以。我们来看看它。

```
    private void AdjustCurrentFrame(int pins)
    {
      if (isFirstThrow)
      {
        if (pins == 10) //Strike
          currentFrame++;
        else
          isFirstThrow = false;
      }
      else
      {
```

```
    isFirstThrow = true;
    currentFrame++;
  }

  if (currentFrame > 11)
    currentFrame = 11;
}
```

RCM：好的，首先，把递增操作移到一个单独的函数中，并在该函数中把轮次限定到11轮。（哎，我还是不喜欢那个11）

RSK：鲍勃，11意味着游戏结束。

RCM：是的。呵。（抢过键盘，做了些改动，期间也运行了测试）

```
private void AdjustCurrentFrame(int pins)
{
  if (isFirstThrow)
  {
    if (pins == 10) //Strike
      AdvanceFrame();
    else
      isFirstThrow = false;
  }
  else
  {
    isFirstThrow = true;
    AdvanceFrame();
  }
}

private void AdvanceFrame()
{
  currentFrame++;
  if (currentFrame > 11)
    currentFrame = 11;
}
```

RCM：好一点了。现在我们把关于全中情况抽取到一个独立的函数中。（做了几步改进，每次改进都会运行测试）

```
private void AdjustCurrentFrame(int pins)
{
  if (isFirstThrow)
```

```
    {
      if (AdjustFrameForStrike(pins) == false)
        isFirstThrow = false;
    }
    else
    {
      isFirstThrow = true;
      AdvanceFrame();
    }
}

private bool AdjustFrameForStrike(int pins)
{
  if (pins == 10)
  {
    AdvanceFrame();
    return true;
  }
  return false;
}
```

RCM：真不错，现在，来看看那个11。

RSK：你真的不喜欢它，对吗？

RCM：是啊，看看Score属性。

```
public int Score
{
  get { return ScoreForFrame(GetCurrentFrame() - 1); }
}
```

RCM：这个 −1 怪怪的。我们只在这个方法中使用了CurrentFrame，可我们还得调整它的返回值。

RSK：可恶，你是对的。我们在这上面反复多少次了？

RCM：太多次了。但是现在好了。代码希望 CurrentFrame 表示的是最后一次投球所在轮次，而不是将要进行的投球所在轮次。

RSK：唉，这会破坏会破坏很多测试用例。

RCM：事实上，我觉得可以把CurrentFrame 从所有的测试用例中删掉，并把CurrentFrame 方法本身也删掉。因为没人会用到它。

RSK：好的，我明白你的意思。我来做。这就像让一匹瘸腿马从痛苦中解脱出来一样。

（拿过键盘）

```
//Game.cs--------------------------------
public int Score
{
  get { return ScoreForFrame(currentFrame); }
}
private void AdvanceFrame()
{
  currentFrame++;
  if (currentFrame > 10)
    currentFrame = 10;
}
```

RCM：哦，天哪，你是想说我们一直为之困扰这件事，其实解决方法就只是把限制从 11 改到 10 并且移走 −1。我的天。

RSK：是的，鲍勃叔，我们实在是不值得为之苦恼。

RCM：我很讨厌 AdjustFrameForStrike() 中的副作用。我想删掉它，这样如何？

```
private void AdjustCurrentFrame(int pins)
{
  if ((isFirstThrow && pins == 10) || (!isFirstThrow))
    AdvanceFrame();
  else
    isFirstThrow = false;
}
```

RSK：我喜欢这个主意，它也通过了测试，但是我不喜欢那个长长的 if 语句。这样如何？

```
private void AdjustCurrentFrame(int pins)
{
  if (Strike(pins) || (!isFirstThrow))
    AdvanceFrame();
  else
    isFirstThrow = false;
}

private bool Strike(int pins)
{
  return (isFirstThrow && pins == 10);
}
```

RCM：嗯嗯，很好。我们还可以更进一步。

```
private void AdjustCurrentFrame(int pins)
{
  if (LastBallInFrame(pins))
    AdvanceFrame();
  else
    isFirstThrow = false;
}

private bool LastBallInFrame(int pins)
{
  return Strike(pins) || (!isFirstThrow);
}
```

RSK：棒极了！

RCM：好的，看起来好像已经全部搞定了。我们来浏览一下整个程序，看它是否尽可能地简单和表意。

```
//Game.cs---------------------------------
public class Game
{
  private int currentFrame = 0;
  private bool isFirstThrow = true;
  private Scorer scorer = new Scorer();

  public int Score
  {
    get { return ScoreForFrame(currentFrame); }
  }

  public void Add(int pins)
  {
    scorer.AddThrow(pins);
    AdjustCurrentFrame(pins);
  }

  private void AdjustCurrentFrame(int pins)
  {
    if (LastBallInFrame(pins))
      AdvanceFrame();
    else
```

```
      isFirstThrow = false;
    }

    private bool LastBallInFrame(int pins)
    {
      return Strike(pins) || (!isFirstThrow);
    }

    private bool Strike(int pins)
    {
      return (isFirstThrow && pins == 10);
    }

    private void AdvanceFrame()
    {
      currentFrame++;
      if (currentFrame > 10)
        currentFrame = 10;
    }

    public int ScoreForFrame(int theFrame)
    {
      return scorer.ScoreForFrame(theFrame);
    }
}

//Scorer.cs--------------------------------
public class Scorer
{
  private int ball;
  private int[] throws = new int[21];
  private int currentThrow;
  public void AddThrow(int pins)
  {
    throws[currentThrow++] = pins;
  }

  public int ScoreForFrame(int theFrame)
  {
    ball = 0;
    int score = 0;
    for (int currentFrame = 0;
```

```
         currentFrame < theFrame;
         currentFrame++)
         {
           if (Strike())
           {
             score += 10 + NextTwoBallsForStrike;
             ball++;
           }
           else if (Spare())
           {
             score += 10 + NextBallForSpare;
             ball += 2;
           }
           else
           {
             score += TwoBallsInFrame;
             ball += 2;
           }
       }

     return score;
   }

 private int NextTwoBallsForStrike
 {
   get { return (throws[ball + 1] + throws[ball + 2]); }
 }

 private int NextBallForSpare
 {
   get { return throws[ball + 2]; }
 }

 private bool Strike()
 {
   return throws[ball] == 10;
 }

 private int TwoBallsInFrame
 {
   get { return throws[ball] + throws[ball + 1]; }
 }
```

```
  private bool Spare()
  {
    return throws[ball] + throws[ball + 1] == 10;
  }
}
```

RCM：OK，看起来确实不错。我想不出来还有什么需要做的了。

RSK：是的，确实不错。为了保险起见，我们查看一下测试代码。

```
//GameTest.cs-------------------------------
using NUnit.Framework;

[TestFixture]
public class GameTest
{
  privateGamegame;

  [SetUp]
  public void SetUp()
  {
    game = new Game();
  }

  [Test]
  public void TestTwoThrowsNoMark()
  {
    game.Add(5);
    game.Add(4);
    Assert.AreEqual(9, game.Score);
  }

  [Test]
  public void TestFourThrowsNoMark()
  {
    game.Add(5);
    game.Add(4);
    game.Add(7);
    game.Add(2);
    Assert.AreEqual(18, game.Score);
    Assert.AreEqual(9, game.ScoreForFrame(1));
    Assert.AreEqual(18, game.ScoreForFrame(2));
  }
```

```
[Test]
public void TestSimpleSpare()
{
  game.Add(3);
  game.Add(7);
  game.Add(3);
  Assert.AreEqual(13, game.ScoreForFrame(1));
}

[Test]
public void TestSimpleFrameAfterSpare()
{
  game.Add(3);
  game.Add(7);
  game.Add(3);
  game.Add(2);
  Assert.AreEqual(13, game.ScoreForFrame(1));
  Assert.AreEqual(18, game.ScoreForFrame(2));
  Assert.AreEqual(18, game.Score);
}

[Test]
public void TestSimpleStrike()
{
  game.Add(10);
  game.Add(3);
  game.Add(6);
  Assert.AreEqual(19, game.ScoreForFrame(1));
  Assert.AreEqual(28, game.Score);
}

[Test]
public void TestPerfectGame()
{
  for (int i = 0; i < 12; i++)
  {
    game.Add(10);
  }
  Assert.AreEqual(300, game.Score);
}

[Test]
public void TestEndOfArray()
```

```
{
  for (int i = 0; i < 9; i++)
  {
    game.Add(0);
    game.Add(0);
  }
  game.Add(2);
  game.Add(8); // 10thFramespare
  game.Add(10); // Strike in last position of array.
  Assert.AreEqual(20, game.Score);
}

[Test]
public void TestSampleGame()
{
  game.Add(1);
  game.Add(4);
  game.Add(4);
  game.Add(5);
  game.Add(6);
  game.Add(4);
  game.Add(5);
  game.Add(5);
  game.Add(10);
  game.Add(0);
  game.Add(1);
  game.Add(7);
  game.Add(3);
  game.Add(6);
  game.Add(4);
  game.Add(10);
  game.Add(2);
  game.Add(8);
  game.Add(6);
  Assert.AreEqual(133, game.Score);
}
[Test]
public void TestHeartBreak()
{
  for (int i = 0; i < 11; i++)
    game.Add(10);
  game.Add(9);
  Assert.AreEqual(299, game.Score);
```

```
            }

            [Test]
            public void TestTenthFrameSpare()
            {
              for (int i = 0; i < 9; i++)
                game.Add(10);
              game.Add(9);
              game.Add(1);
              game.Add(1);
              Assert.AreEqual(270, game.Score);
            }
          }
```

RSK：差不多覆盖了所有的情况。你还能想出其他有意义的测试用例吗？

RCM：想不出来了，我认为这是一套完整的测试用例集。从中去掉任何一个，都不好。

RSK：那我们就算是全部搞定了。

RCM：我也这么认为。非常感谢你的帮助。

RSK：别客气，这很有意思。

小结

完成本章后，我把它发布在 Object Mentor 的网站上[1]。许多人阅读后给出了自己的意见。有些人认为这篇文章不好，因为其中几乎没有涉及任何面向对象设计方面的内容。我认为这种回应很有趣。我们必须在每一个应用、每一个程序中都要进行面向对象的设计吗？这个程序就是一个不太需要面向对象设计的例子。这里的 Scorer 类稍微有点面向对象的味道，不过那也只是一个简单的分割（partitioning），而不是真正的OOD（面向对象的设计）。

另外有一些人认为确实应该有Frame类。有人创建了一个包含了Frame类的程序版本，那个程序比上面的所看到的要大得多，也复杂得多。

有些人觉得我们对UML有失公允。毕竟，在开始前我们没有做一个完整的设计。餐巾纸背面上有趣的UML小图（图6.2）不是一个完整的设计。其中没有包括顺序图

(sequence diagram)。我认为这种看法有点怪。就我而言，即使在图6.2 中加入了序列图，也不会促成我们抛弃Throw类和Frame类的想法。事实上，那样做反而会让我们觉得这些类是必需的。

如此说来，图示不重要吗？当然不是。不过，实际上，对于某些我所碰到的场景确实是不需要的。就本章中的程序而言，图示就没有任何帮助作用。它们甚至会分散我们的注意力。如果遵循这些图示，所得到的程序就会具有很多不必要的复杂性。你也许会说同样地我们也能得到一个非常易于维护的程序，但是我不同意这种说法。我们刚刚浏览的程序是因为易于理解所以才易于维护的，它里面没有不恰当的依赖关系，所以不会因之僵化（rigid）或脆弱（fragile）。

所以，如此说老，图示有时是不需要的。何时不需要呢？在没有验证它们的代码的时候就打算遵循它们，图示就是无益的。画图探究一个想法是没有错的。然后画了图之后，不应该假定这个图就是最佳设计。你会发现最佳设计是在你首先编写测试，小步前进时逐渐演进出来的。

作为对于这个结论的支持，在此附上艾森豪威尔将军的名言：“在准备战役时，我发现计划本身总是无用的，但是，做计划却是绝对有必要的。”

保龄球规则概述

在保龄球比赛中，比赛者把一个哈密瓜大小的球顺着一条窄窄的球道投掷10个球瓶。目标是要在每次投掷中击倒尽可能多的球瓶。

一局比赛由10轮组成。在每轮的开始，10个球瓶都是竖直摆放好的。比赛者可以投掷两次来尝试击倒所有的球瓶。

如果比赛者在第一次投掷中就击倒了所有的球瓶，则称之为“全中”（strike），并且本轮结束。

如果比赛者在第一次投掷中没有击倒所有的球瓶，但在第二次投掷中成功地击倒了所有剩余的球瓶，则称之为“补中”（spare）。

一轮中第二次投掷后，即使还没有被击中的球瓶，本轮也宣告结束。

全中轮的记分规则：10，加上下一轮两次投掷击倒的球瓶数，再加上上一轮的得分。

补中轮的记分规则：10，加上下一轮第一次投掷击倒的球瓶数，再加上上一轮的得分。

其他轮的记分规则：本轮中两次投掷所击倒的球瓶数，加上上一轮的得分。

如果第 10 轮为全中，那么比赛者可以再多投两次，以便完成对全中的记分。

同样地，如果第 10 轮为补中，那么比赛者可以再多投掷一次，以便完成对补中的记分。

因此，第 10 轮可以包含 3 次投掷而不只是 2 次。

1	4	4	5	6	/	5	/	✕		0	1	7	/	6	/	✕		2	/	6
5		14		29		49		60		61		77		97		117		133		

上面的记分卡展示一场虽然不太精彩，但具有代表性的比赛得分情况。

第 1 轮中，比赛者第一次投掷击倒了 1 个球瓶，第二次投掷又击倒了 4 个。于是第一轮的得分是 5。

第 2 轮中，比赛者第一次投掷击倒了 4 个球瓶，第二次投掷又击倒了 5 个。本轮中一共击倒了 9 个球瓶，再加上上一轮的得分，本轮的得分是 14。

第 3 轮中，比赛者第一次投掷击倒了 6 个球瓶，第二次投掷又击倒了剩余的所有木瓶，因而是一次补中。只有到下一次投掷后才能计算本轮的得分。

第 4 轮中，比赛者第一次投掷击倒了 5 个球瓶。此时可以完成第 3 轮的记分。第 3 轮的得分为 10，加上第 2 轮的得分（14），再加上第 4 轮中第一次击倒的球瓶数（5），结果是 29。第 4 轮的最后一次投掷是一次补中。

第 5 轮是全中。此时计算第 4 轮的得分为：29 + 10 + 10 = 49。

第 6 轮的成绩很不理想。第一次投掷球滚进了球道旁的槽中，没有击倒任何球瓶。第二次投掷仅击倒了一个球瓶。第 5 轮全中的得分为：49 + 10 + 0 + 1 = 60。

其余轮次的得分可以自行计算。

第 II 部分　敏捷设计

如果敏捷性（Agility）是指用微小增量的方式构建软件，那么究竟该如何设计软件呢？又如何保证软件具备灵活性、可维护性以及可重复使用的良好结构呢？如果用微小增量的方式构建软件，难道不是以重构之名，行许多无用的代码碎片和返工之实吗？难道不会因此忽视全局视图吗？

在敏捷团队中，全景和软件一起演化。在每次迭代中，团队改进系统设计，使设计尽可能适合于当前系统。团队不会花太多时间去预测未来的需求和需要，也不会试图在今天就构建一些基础设施去支撑那些未来他们认为会需要的特性。他们更愿意关注当前系统的结构，并使它尽可能得好。

这种做法并非要放弃构架或者设计，而是一种增量演化出系统最佳构架和设计的方式。同样也是一种保持设计和构架一直适合于不断增长和演化着的系统的方式。在敏捷开发中，设计和构架的过程是持续不断的。

我们如何知道软件设计的优劣呢？第 7 章中列举并描述了拙劣设计的症状。这些症状，或者是设计臭味，常常遍布整个软件结构。第7章演示了这些症状如何在软件项目中"累积成疾"，并描述了如何加以避免。

这些症状定义如下：

- 僵化（Rigidity）：设计难以改变。
- 脆弱（Fragility）：设计容易遭受破坏。
- 顽固（Immobility）：设计难以重用　　　　。
- 粘滞（Viscosity）：难以做正确的事情。
- 不必要的复杂（Needless Complexity）：过度设计。
- 不必要的重复（Needless Repetition）：滥用鼠标进行拷贝和粘贴。
- 晦涩（Opacity）：混乱的表达。

这些症状本质上和代码"臭味"（smell）相似，不过它们所处层次稍高一些。它们是弥漫在整个软件结构中的臭味，而不仅仅是一小段代码。

设计者的臭味是一种症状，是可以主观（在无法客观的情况下）进行度量的。这些臭味通常是因为违反了一个或者多个设计原则而引起的。第8章～第12章中描述了一些面向对象设计的原则，这些原则有助于开发人员消除拙劣设计的症状（也就是设计臭味），并帮助他们构建出最适合于当前特性集的设计。

这些原则如下。

- 单一职责原则（The Single Responsibility Principle，简称 SRP）
- 开放-封闭原则（The Open-Closed Principle，简称 OCP）
- 里氏替换原则（The Liskov Substiution Principle，简称 LSP）
- 依赖倒置原则（The Dependency Inversion Principle，简称 DIP）
- 接口隔离原则（The Interface Segregation Principle，简称 ISP）

这些原则是数十年软件工程经验来之不易的经验成果。它们不是某一个人的成果，而是许多开发人员和研究人员思想和著作的结晶。尽管在这里把它们表述成面向对象设计的原则，但是它们其实是软件工程中一直都存在的原则的特例罢了。

臭味和原则

设计中的臭味是一种症状，是可以主观（如果不能客观看待的话）进行度量的。这些臭味常常是由于违反了这些原则中的一个或者多个而造成的。例如，僵化性的臭味常常是由于缺乏对开放-关闭原则（OCP）的关注。

敏捷团队应用这些原则来去除臭味。当没有臭味时，他们不会应用这些原则。仅仅因为是个原则就无条件遵循的做法是错误的。这些原则不是在整个系统中随意喷洒的香水。过分遵循这些原则会导致不必要的复杂性（Needless Complexity）的设计臭味。

参考文献

[Fowler1999]Martin, Fowler. *Refactoring*. Addison-Wesley. 1999.

第7章

什么是敏捷设计

© Jennifer M. Kohnke

"按我的理解方式审查软件开发生命周期之后，我得出一个结论：
实际能满足工程设计标准的，惟有源代码清单。"

—— 李维斯（Jack Reeves）

1992年，李维斯（Jack Reeves）为*C++ Journal*杂志写了一篇题为"什么是软件设计？"的开创性文章[1]。在这篇文章中，Reeves 认为软件系统的源代码是它的主要设计文档。用来描述源代码的图示只是设计的附属物而不是设计本身。可以说，Jack 的论文是敏捷开发的先驱。

在随后的内容中，我们经常谈及"设计"。不要认为设计就是一组和代码分离的 UML 图。一组 UML 图也许描绘了设计的某些部分，但是它不是设计。软件工程的设计是一个抽象的概念。它和程序的轮廓（shape）、结构以及每一个模块、类和方法的具体形状及结构有关。可以使用各种不同的媒介（media）去描绘设计它，但是设计最终体

1　[Reeves1992] 这是一篇很棒的论文。我强烈推荐阅读。本书附录B中包含了这篇论文。

现为源代码。就本质而言，源代码就是设计。

设计臭味

如果足够幸运，你会在项目开始时就对预期系统有一个清晰的图景。系统的设计是存于你头脑中的一幅至关重要的图景。如果更幸运，在首次发布软件时，设计依旧保持清晰。

接着，事情开始变槽。软件像变质的肉一样开始"腐化"，并且这种腐化会随着时间的流失而蔓延和增长。"丑陋的烂疮和脓包"在代码中滋生，让代码变得越来越难维护。最终，即使只进行最简单的更改，也需要花巨大的努力，以至于开发人员和一线（front-line）管理人员强烈要求重新设计。

这样的重新设计很少是成功的。虽然设计师的出发点是好的，但他们发现，自己在射击的时候，靶子不停在动，自己其实正朝着一个移动靶射击。老系统不断地发展变化，而新的设计必须得跟上这些变化。就这样，甚至在首次发布前，新的设计中就累积了很多瑕疵和弊病。

设计的臭味：软件腐化的气味

当软件出现下面任何一种气味时，就表明软件正在腐化。

- 僵化（rigidity）
- 脆弱（fragility）
- 顽固（immobility）
- 粘滞（viscosity）
- 不必要的复杂（needless complexity）
- 不必要的重复（needless repetition）
- 晦涩（opacity）

僵化

僵化指的是难以对软件进行改动,即使是简单的改动也很难。如果一处改动会导致有依赖关系的模块产生连锁改动,就说明设计是僵化的。受到牵连而必须改动的模块越多,设计就越僵化。

大部分开发人员或多或少都遇到过这种情况。他们会被要求进行一个看似很简单的改动。他们看了下这个改动,并对所需的工作量做出了一个合理的估算。但是过了一会儿,当他们开始改动时,会发现这个改动带来的许多影响是他们不曾预料的。他们发现自己要在庞大的代码中搜寻这个变动,并且更改的模块的规模远超最初的估算。最后,变动所花费的时间也远超当初。当问及为何他们的估算如此不准确时,他们会重复软件开发人员惯用的悲叹:"它比我想象的要复杂得多!"

脆弱

脆弱是指在进行一处改动时,程序的许多地方都可能出现问题。出问题的地方常常和改动的地方没有概念上的关联。要修正这些问题,会引出更多的问题,使开发团队像一只狗转着圈不停追自己的尾巴一样,忙得团团转。

随着模块脆弱性的增加,改动越有可能引发意想不到的问题。这看起来很荒谬,但这样的模块很常见越有可能。这些模块需要不断地修补—,—它们是 bug 清单中的常客。开发人员知道需要对它们进行重新设计,(但是谁都不愿意去面对重新设计中的不确定性,所以只好修,结果可能越修越糟。

顽固

顽固是指设计中包含对其他系统有用的部分,但要把这些部分从系统中分离出来需要花相当大的努力,面临很大的风险。这样的情况令人遗憾,但非常常见。

粘滞

粘滞有两个表现形式：软件的粘滞和环境的粘滞。

在做改动时，开发人员通常会发现有很多种方法。其中一些方法会保持设计；另外一些则会破坏设计（也就是拼凑手法）。当可以保持系统设计的方法比hack手法更难应用时，就表明设计的粘滞性很高。做错事情是容易的，做对事情却很难。我们希望在软件设计中，可以容易地进行那些可以保持设计的变动。

当开发环境迟缓、低效时，就会产生环境的粘滞性。例如，如果编译时间很长，那么开发人员就会更倾向于做不会产生大量重新编译的改动，即使这些变动不再能够保持设计。如果源代码控制系统需要花几个小时去签入仅仅几个文件，那么开发人员就会更倾向做那些需要尽可能少签入的改动，而不管设计是否还能得以保持。

无论项目具有哪种粘滞性，其软件设计都很难保持。我们希望创建出易于保持和改进设计的系统和项目环境。

不必要的复杂

如果设计中有当前用不上的元素，就说明它包含不必要的复杂性。当开发人员预测需求的变化并在软件中预置潜在有变化的代码时，常常会出现这种情况。起初，这样做看起来像是好事。毕竟，为将来的变化做准备可以保持代码的灵活性，以免日后再进行痛苦的改动。

不幸的是，结果通常事与愿违。为过多的可能性做准备，会使设计中充斥着不会被用到的结构。某些准备也许会带来回报，但是绝大多数不会。与此同时，设计背负着这些不会被用到的部分，使软件变得复杂，并且难以理解。

不必要的重复

剪切（cut）和粘贴（paste）也许是很有用的文本编辑（text-editing）操作，但它们却是灾难性的代码编辑（code-editing）操作。构建软件系统的时候，会用到几十或几百段重复的代码块，这实在是太常见了。例如，Ralph需要写一些完成某项功能的代码。他浏览了一下认为可能可以完成类似工作的其他代码，找到一块合适的。他把那块代码拷贝到自己的模块中，并做了适当的修改。Ralph 不知道的是，他用鼠标复制的代码是 Todd 放在那里的，而 Todd 是从 Lilly 写的模块中刮取的。Lilly 是第一个完成这项功能的，但她认识到完成这项功能和完成另一项功能非常类似。她从别处找到一些完成那项功能的代码，剪切并粘贴到自己的模块中并做了必要的修改。

当同样的代码以稍稍不同的形式一再出现时，就表明开发人员忽视了抽象。对他们来说，发现所有的重复并通过适当的抽象进行清除可能没有那么高的优先级，但这样做会在很大程度上使系统更加易于理解和维护。

当系统中有重复的代码时，对系统进行改动会很困难。在一个重复的代码单元中发现的错误必须在每个重复单元中一一修复。不过，又因为每个重复单元都有一些微小的差别，所以修复的方式也不尽相同。

晦涩

晦涩性指的是模块难以理解。代码可以用清晰、富有表现力的方式来写，也可以用晦涩、费解的方式写。代码随着时间而演化，往往会变得越来越晦涩。为了使代码的晦涩程度保持最低，需要持续保持代码清晰和富有表现力。

当开发人员一开始写一个模块时，代码对他们而言也许是清晰的。这是因为他们专注于写代码，并且对代码非常熟悉。在熟悉程度减退以后，他们或许会回过头来再去看那个模块，并反思他们怎么会写出如此糟糕的代码。为了防止这种情况发生，开发人员必须站在代码阅读者的角度，齐心协力重构代码，让代码容易理解。同时，他们的代码也需要让其他人来评审。

为什么软件会腐化

在非敏捷环境中，软件设计之所以退化，是因为需求没有按照初始设计预见的方式变化。通常，这些改动都很急迫，而且做改动的开发人员对原始的设计哲学并不熟悉。因此，对设计的改动虽然行得通，但却以某种方式违反了原来的设计。随着改动的不断进行，设计积重难返，直到出现恶性肿瘤。

然而，我们不能因为设计的退化而责怪需求的变化。作为软件开发人员，我们非常了解需求会变化。事实上，我们大多数人都认识到需求是项目中最不稳定的因素。如果我们的设计因为持续、大量的需求变化而失败，表明我们的设计和实践本身就有缺陷。我们就必须设法找到一种方法，让设计能够灵活响应这种需求的变化，并应用一些实践来防止设计腐化。

敏捷团队靠变化而充满活力。团队几乎不进行预先（up-front）设计，因此，它不需要一个成熟的初始设计。他们更愿意保持系统设计整洁、简单并用许多单元测试和验收测试作为支援，以此来保证设计的灵活性和易于修改。团队利用这种灵活性持续地改进设计，保证每轮迭代后的系统设计都可以尽量满足需求。

Copy程序

一个熟悉的场景

观察设计的腐化过程有助于说明上述观点。举个例子，你的老板周一一大早找到你，要求你写一个从键盘读入字符并输出到打印机的程序。经过一番快速的思考，你断定不到10行代码就可以搞定。设计和编码的时间不会超过一个小时。考虑到跨职能团队的会议、质量培训会议、日常小组进度会以及当前3个正在处理的棘手问题，要完成这个程序要花大约一周的时间，如果下班后加班的话。不过，你总是习惯于把估算结果乘以3。

"需要3周的时间。"你告诉你老板。老板听后哼了一声，走开了，把任务留给了你。

初始设计

距离过程评审会议开始还有一小段时间，所以你决定为那个程序做一个设计。运用结构化的设计方法，你想出了一个结构图（图7.1）。

这个应用程序有3个模块或者叫子程序。Copy模块调用另外两个模块。Copy程序从Read Keyboard模块中获取字符并把字符传递给Write Printer模块。

你看了看设计，觉得不错。于是，你笑着离开办公室去参加评审会议。至少，你可以在会上眯一会儿。

星期二，为了能够完成 Copy 程序，你提前来到办公室。糟糕的是，有一个棘手的问题需要处理，你必须到实验室去帮忙调试问题。在午餐（你在下午3点才吃上）休息时，你终于开始写 Copy 程序的代码。如代码清单7.1所示。

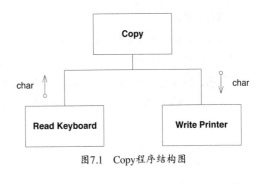

图7.1　Copy程序结构图

代码清单7.1　Copy程序

```
public class Copier
{
  public static void Copy()
  {
    int c;
    while ((c = Keyboard.Read()) != -1)
      Printer.Write(c);
  }
}
```

当你正准备保存这个程序时，才意识到有个质量会议已经开始了。你知道那是一个重要的会议，会上要讨论零缺陷的重要性。所以你狼吞虎咽地吃掉三明治，灌下可乐，然后直奔会场。

星期三，你又提前上班了，这次好像一切正常。你打开 Copy 程序的源代码，开始编译。瞧，首次编译就没有任何错误。巧的是，你老板临时安排你去参加一个有关激光打印机硒鼓保存必要性的会议。

星期四，北卡罗莱纳州洛基山城的一名技术人员打电话向你咨询了系统中一个比较难懂的组件的问题，你花4小时带他过了一遍远程调试和错误日志命令方面的内容。结束后，你得意地一笑，开始测试自己的 Copy 程序。第一次，它就运行起来了。同样巧的是，与你合作的新人刚刚删除了服务器上主要的源代码目录，你必须得找到最新的磁带备份进行恢复。最后一次完整备份是在三个月前进行的，并且你有94次增量备份需要在此基础上重建。

星期五，没有任何预先安排的工作。太好了，可以花一整天的时间把Copy程序成功地放进源代码控制系统。

当然，你的程序非常成功，被部署到全公司。你作为一流程序员的名声再次得到印证，成功所带来的荣誉感环绕着你。幸运的话，你今年或许能够产出30行代码呢！

需求在变化

几个月后，老板找到你，说希望Copy程序还能从纸带读取器中读取信息。你咬牙切齿，翻着白眼。你想知道人们为什么总是改变需求。你的程序不是为纸带读取器设计的！你警告老板，像这样的改变会破坏程序的优雅性。不过，老板的态度很坚决，他说用户有时确实需要从纸带读取器中读取字符。

你只好叹了口气，开始计划修改方案。你想在Copy函数中添加一个布尔参数。如果参数值是true，就从纸带读取器中读取信息。反之，就像以前一样从键盘读取信息。糟糕的是，现在已经有很多其他程序在使用Copy程序，你不能改动Copy程序的接口。改接口的话，需要花很长时间去重新编译和测试。单是系统测试工程师都会很痛恨你，更不要说配置控制组的那七个家伙了。过程控制部门会非常高兴地强制对所有调用了Copy的模块进行各种各样的代码评审。

看来，改变接口的方法是行不通了。那么如何才能让Copy程序知道它必须从纸带读取器中读取信息呢？当然是使用一个全局变量！你也会用最好用也最有用的C语言特性?: 操作符！结果如代码清单7.2所示。

代码清单7.2　Copy程序的第一次修改结果

```
public class Copier
{
  //remember to reset this flag
  public static bool ptFlag = false;
  public static void Copy()
  {
    int c;
    while((c=(ptFlag ? PaperTape.Read()
                     : Keyboard.Read())) != -1)
        Printer.Write(c);
```

```
   }
 }
```

想从纸带读取器中读入信息的调用者必须要把 ptFlag 设置成 true，然后，在调用
Copy 时，它会正确地从纸带读取器中读入信息。一旦 Copy 调用返回，调用者必须要重
置 ptFlag。否则，接下来的调用者就会错误地从纸带读取器而不是从键盘中读入信息。
为了提醒程序员记得重置这个标志，你添加了一行适当的注释。

再一次，你的程序一发布就受到一致好评。它甚至比上次更成功，一大群程序员望
穿秋水般地等着想用这个程序。生活真美好。

得寸进尺

几个星期后，老板（尽管这几个月内公司重组过3次，但他还是你的老板）告诉你，
客户有时希望Copy程序可以输出到纸带穿孔机上。（客户！他们总是毁坏你的设计。如
果没有客户，写软件就会变得容易得多。）你告诉老板不断变更会严重破坏设计的优雅
性。你警告他，如果以这种可怕的速度变动，那么在年底前，这个程序会变得无法维
护。老板心照不宣地点了点头，接着告诉你，即便如此，还是得改。

这次设计的变动和上一次相似。只不过需要另一个全局变量和 ?: 操作符！代码清单
7.3 展示了你的努力成果。

代码清单7.3 Copy程序的第二次修改结果

```
public class Copier
{
  //remember to reset these flags
  public static bool ptFlag = false;
  public static bool punchFlag = false;
  public static void Copy()
  {
    int c;
    while ((c = (ptFlag ? PaperTape.Read()
                        : Keyboard.Read())) != -1)
      punchFlag? PaperTape.Punch(c) : Printer.Write(c);
  }
}
```

尤其让你感到自豪的是，你还记得修改注释。但是，你仍然担心程序的结构。任何

对输入设备的再次变动肯定都会迫使你对 while 循环的条件判断进行彻底的重新构。也许，是时候考虑更新一下简历了。

期望变化

请读者自行判断前面所说的有多少是讽刺性的夸大之词。故事主要是想说明，程序设计在变化面前的退化速度有多快。Copy程序最初的设计简单优雅、但仅仅经历两次变动，它就已经表现出僵化、脆弱、顽固、不必要的复杂、不必要的重复以及晦涩等"臭味"。这种趋势肯定愈演愈烈，程序会变得混乱不堪。

我们可以坐下来袖手旁观，把一切责任推给需求发生了变化。我们可以抱怨，程序对最初的需求是设计良好的，之所以退化是因为后续需求发生了变化。然而，这种抱怨忽视了软件开发最重要的事实之一：需求总是在变化的。

记住，在大多数软件项目中，最不稳定的就是需求。需求始终处在一种持续变动的状态中。这是我们作为开发人员必须接受的事实！我们生活在一个需求不断变化的世界中，我们的工作是保证我们的软件能够经受得住那些变化。如果软件的设计由于需求变化而退化，说明我们还没有进入敏捷的境界。

Copy 程序的敏捷设计

采用敏捷开发后，一开始写的代码和代码清单7.1[1]中的完全一样。在老板要求敏捷开发人员让程序从纸带读取器中读入信息时，他们修改设计并使其可以灵活处理那一类需求变化。结果可能有点像代码清单7.4。

代码清单7.4 Copy的敏捷版本2

```
public interface Reader
{
    int Read();
}

public class KeyboardReader : Reader
{
```

---

1 实际上，测试驱动开发的实践很可能会促使设计足够灵活，可以无需改动就能满足老板的要求。不过，在这个例子中，我们会忽略这一点。

```
  public int Read() { return Keyboard.Read(); }
}

public class Copier
{
public static Reader reader = new KeyboardReader();
public static void Copy()
  {
    int c;
    while ((c = (reader.Read())) != -1)
      Printer.Write(c);
  }
}
```

团队并没有尝试对设计进行修修补补使其可以满足新的需求，而是趁此机会去改进设计，使其可以灵活处理未来的同类变动。从现在开始，无论何时，无论老板要求什么新的输入设备，团队都能在不至于使Copy程序退化的情况下做出响应。

团队遵循了开放-关闭原则（Open-Closed Principle，简称OCP），我们将在第9章学习它。这个原则指导我们设计出无需修改即可扩展的模块，这也是这个团队已经实施的。无需修改Copy程序，就可以给老板提供他想要每一种新的输入设备。

不过，值得注意的是，团队不是一开始设计该模块时就试图预测程序将如何变化。相反，他们尽可能以最简单的方法来写。知道需求最终确实变化之后，他们才开始相应修改模块的设计以适应那种变化。

有人认为他们只是完成了一半的工作。在保护自己免受不同输入设备的困扰时，他们也可以让自己免受不同输出设备的困扰。然而，团队实在不知道输出设备会不会变化。现在就添加额外的保护，没有任何实际上的意义。很明显，如果需要这种保护，以后可以非常方便地添加。因此，实在没有理由现在就加上。

敏捷开发人员如何知道要做什么

在前面的例子中，敏捷开发人员构建了一个抽象类（abstractclass）来保护自己免受输入设备变化带来的麻烦。他们是如何知道要那样做的呢？这和面向对象设计中的一个基本原则有关。

Copy程序最初的设计不太灵活，因为它的依赖关系在方向上有问题。再看一下图

7.1。请注意，Copy模块直接依赖于KeyboardReader和PrinterWriter。在这个应用程序中，Copy模块是一个高层级的模块。它指定了应用程序的策略，它知道怎样去拷贝字符。糟糕的是，它也依赖于键盘和打印机的底层细节。所以，底层细节如果发生变化，高层策略也会受到影响。

一旦暴露出这种不灵活性，敏捷开发人员就应该知道从Copy模块到输入设备的依赖关系需要按照第11章中的依赖倒置原则（DIP）倒置，使Copy模块不再依赖输入设备。于是，他们就应用STRATEGY模式（会在22章中讨论）来创建想要的倒置关系。

所以，简而言之，敏捷开发人员知道要做什么，是因为他们遵循了如下步骤。

1.他们按照敏捷实践检测到问题。

2.他们应用设计原则诊断出问题。

3.他们应用适当的设计模式解决了问题。

在软件开发中，这三个方面互相作用的过程就是设计。

保持尽可能好的设计

敏捷开发人员致力于保持设计尽可能恰当、整洁。这不是一个随便的或者暂时性的承诺。敏捷开发人员不是隔几周才清理一次设计。而是每天、每小时、甚至每分钟都要保持软件尽可能的整洁、简单和富有表现力。他们从来不说"我晚点再回过头来修复。"他们决不允许设计开始变味。

敏捷开发人员对待软件设计的态度和外科医生对待消毒过程的态度如出一辙。无菌环境是做外科手术的必要前提。没有消毒过程，病人被感染的风险会高到无法容忍的地步。敏捷开发人员对自己的设计也有同样的感觉。即使是最不起眼的异味，带来的风险也会高到无法容忍。

设计必须保持整洁、简单，并且，由于源代码是设计最重要的表达，所以它必须保持整洁。职业精神要求作为软件开发人员的我们，对待代码腐坏"变味"，要零容忍。

小结

如此说来，什么是敏捷设计呢？敏捷设计是一个过程，而不是一个事件。它是一个持续应用原则、模式以及实践来改进软件结构和可读性的过程。它致力于保持系统设计在任何时间都尽可能简单、整洁以及富有表现力。

在随后的章节中，我们会研究软件设计的一些原则和模式。在学习它们的时候，请记住，敏捷开发人员不会对一个庞大的、预先的设计应用那些原则和模式。相反，这些原则和模式会被应用在一轮轮迭代中，使代码及其表达的设计保持整洁。

参考文献

[Reeves1992]Reeves, Jack. What Is Software Design? *C++ Journal*, Vol. 2, No. 2. 1992. 网址为 http://www.bleading-edge.com/Publications/C++Journal/Cpjour2.htm.

第8章

单一职责原则（SRP）

"唯有佛陀，才必须承担传授玄机的职责……"

——布鲁尔（E. Cobham Brewer, 1810—1897）

《英语俚语与预言辞典》，（1898）

这条原则在Tom DeMarco[1]和Meilir Page-Jones[2]的著作中都讨论过。他们称之为"内聚性"（cohesion）。内聚性的定义：一个模块中各个元素之间的功能相关性。在本章中，我们稍微改变一下它的定义，把内聚性和引起一个模块或者类改变的作用力联系起来。

单一职责原则（Single-Responsibility Principle，SRP）

一个类有且只有一个变化原因。

考虑第6章中保龄球比赛的例子。在开发过程的大部分时间里，Game类一直具都两

1　[DeMarco1979], p. 310
2　[PageJones1988], p. 82

个不同的职责。一种职责是跟踪当前轮次（Frame）的比赛，另一种职责是计算比赛的得分。最后，RCM和RSK把这两个职责分离到两个类中。Game类保持跟踪每一轮比赛的职责，Scorer类负责计算比赛的得分。

为何要把这两个职责分离到独立的类中呢？因为每种职责都是变化的一个轴线（an axis of change），当需求发生变化时，该变化就会反映为类的职责的变化。如果一个类承担多个职责，就会有多个原因引起它发生变化。

如果一个类承担的职责过多，就等于把这些职责耦合到了一起。某一种职责的变化可能会削弱或者抑制这个类完成其他职责的能力。这种耦合会导致脆弱的设计，因为一旦有变化，设计会遭受到意想不到的破坏。

举个例子，考虑图8.1的设计。Rectangle类有两个方法，一个方法负责把矩形绘制到屏幕上，另一个方法计算矩形的面积。

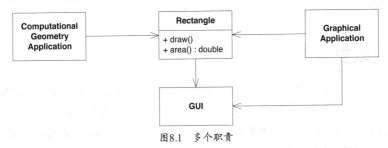

图8.1　多个职责

现在，有两个不同的应用程序使用了Rectangle类。一个是计算几何学。在几何形状的数学计算方面用Rectangle类提供帮助，但从来不会在屏幕上绘制矩形。另一个应用程序实际上是图形绘制，它可能也会做一些计算几何学方面的工作，但它一定会在屏幕上绘制矩形。

这个设计违背了单一职责原则（SRP）。Rectangle类具有两个职责：第一个职责提供了一个矩形几何形状的数学模型；第二个职责是把矩形绘制到一个图形化的用户界面上。

违背SRP导致了一些严重的问题。首先，我们必须在计算几何应用程序中包含GUI的代码。在.NET中，必须把GUI组件和计算几何应用一起构建和部署。

其次，如果GraphicalApplication的改变由于某些原因而导致了Rectangle的改变，会迫使我们重新构建、测试以及部署ComputationalGeometryApplication。如果忘记这么做，ComputationalGeometryApplication可能会以不可预测的方式失败。

一种较好的设计是把这两种职责分离到图8.2所示的两个不同的类中。这个设计把Rectangle类中进行计算的部分移到GeometryRectangl类中。现在，矩形绘制的方式的一旦发生改变，不会影响到ComputationalGeometryApplication。

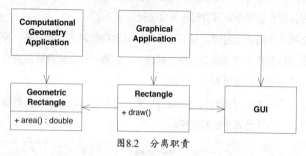

图8.2　分离职责

定义职责

在SRP的语境中，我们把职责定义为"变化的原因"（a reason for change）。如果有多个动机去改变一个类，那么这个类就有多个职责。有时，我们很难注意到这一点。我们习惯于以组（group）的形式去考虑职责。例如，考虑代码清单8.1中的Modem接口。大多数人认为这个接口看起来非常合理。该接口所声明的4个函数确实是调制解调器所具备的功能。

代码清单8.1　Modem.cs（违背了SRP）

```
public interface Modem
{
  public void Dial(string pno);
  public void Hangup();
  public void Send(char c);
  public char Recv();
}
```

然而，该接口却展示了两个职责。第一个是连接管理，第二个是数据通信。Dial方法和hangup方法进行调制解调器的连接管理，而send和recv方法处理通信数据。

　　这两个职责应被分开吗？这依赖于应用程序变化的方式。如果应用程序的变化影响连接管理方法的方法签名（signature），那么这个设计就有了僵化的"臭味"，因为调用send和recv的类必须跟着重新编译和部署的次数常常超过我们所的期望次数。在这种情况下，这两个职责应该分离，如图8.3所示。这样做可以避免客户端应用程序和这两个职责耦合在一起。

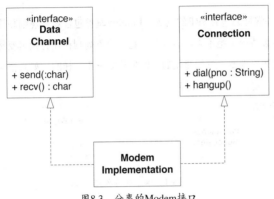

图8.3　分离的Modem接口

　　另一方面，如果应用程序的变化方式总是导致这两个职责同时变化，就不必分离它们。实际上，分离他们就会产生"不必要的复杂"这一臭味。

　　这里还有一个推论。变化的轴线当且仅当变化实际发生时才具有意义。如果没有征兆，应用SRP或者其他任何原则都是不明智的。

分离耦合的职责

请注意，在图8.3中，我把两个职责都耦合到ModemImplementation类中。这不是我所期望的，但可能是必要的。常常有一些和硬件或者操作系统相关的细节迫使我们不得不把我们不愿意耦合在一起的东西耦合到一起。至于应用的其余部分，通过分离它们的接口，我们已经解耦了概念。

我们可能会把ModemImplementation类看成拼凑的或者有瑕疵的类。不过请注意，所有的依赖都是从它这里发出的。谁也无需依赖这个类。除了main方法，谁也不需要知道它的存在。因此，我们已经把丑陋的部分藏了起来，不让它泄露出来，去污染应用的其他部分。

持久化

图8.4展示了一种常见的违背SRP的场景。Employee类包含业务规则和持久化控制。这两个职责在大多数情况下绝不应该混合在一起。业务规则往往会频繁变化，而持久化的方式却不会如此频繁地变。它们变化的原因也是完全不一样的。如果把业务规则和持久化子系统绑定在一起，简直是自讨苦吃。

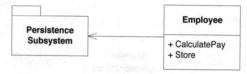

图8.4　耦合的持久化

幸运的是，正如我们在第4章看到的，TDD（测试驱动开发）常常能早早地在设计出现臭味之前就迫使我们分离这两个职责。不过，在测试不能迫使职责分离的情况下，僵化和脆弱的臭味会愈演愈烈，此时，要用外观（FACADE）、数据访问对象（DAO）和代理（PROXY）模式进行重构，分离这两个职责。

小结

SRP 是最简单的原则之一，也是最难应用的原则之一。把职责结合在一起，是我们自然而然的行为。但软件设计真正关注和要做的，主要是发现和分离职责。事实上，我们后面要论述的其余原则都会以这样或者那样的方式回到这个原则。

参考文献

[DeMarco1979]DeMarco, Tom. *Structured Analysis and System Specification*. Yourdon Press Computing Series. Englewood Cliff, NJ: 1979.

[PageJones1988]Page-Jones, Meilir. *The Practical Guide to Structured Systems Design, 2d ed*. Englewood Cliff, NJ: Yourdon Press Computing Series, 1988.

第9章

开/关原则（OCP）

© Jennifer M. Kohnke

> "两截门（Dutch Door）——（名词）被分成上下两部分的门，每
> 部分都可以独立开关。"

——《美国英语传统字典》（第4版），2000 年

  雅各布（Ivar Jacobson）说过："任何系统在其生命周期中都会发生变化。如果我们
期望开发出来的雅各布系统在第一版之后不会被抛弃，就必须牢记这一点。"[1]如此说来，
怎样的设计才能在面对需求的变化时保持稳定进而可以在第一版之后持续演进呢？梅耶
（Bertrand Meyer）[2]在 1988 年提出了现在为我们耳熟能详的开/关原则（The Open-Closed
Principle，简称OCP），为我们指明了道路。

---

1 [Jacobson92], p. 21

2 [Meyer1997]

开/关原则（Open/Closed Principle，OCP）

软件实体（类、模块和方法等）应该是可扩展的，但不可以修改。

如果程序中的一处修改会产生连锁反应而导致一系列相关模块的改动，那么设计就有僵化的臭味了。OCP建议我们应该对系统进行重构，以免以后类似的改动导致更多修改。如果正确应用OCP，那么日后只需要添加新的代码就可以完成此类修改，不需要改动已经正确运行的代码。这可能看上去像是可望而不可及的美梦。然而，事实上真的有一些相对简单且有效的策略可以让我们更接近梦想。

描述

遵循开/关原则设计出来的模块具有两个主要的特征。

1. **"对扩展开放"**（Open for extension）。

这意味着模块的行为是可以扩展的。一旦应用的需求发生变化，我们就可以对模块进行扩展，使其具备相应的新行为来响应变化。换句话说，我们可以改变模块的功能。

2. **"对修改关闭"**（Closed for modification）。

对模块的行为进行扩展时，不必改动模块的源代码或者二进制代码。模块的二进制可执行版本，无论是可链接的库、DLL 或者 .EXE 文件，都保持不变。

这两个特征看似互相矛盾。扩展模块行为的常用方式是修改模块的源代码。不允许修改的模块通常都被认为行为是固定的。

怎么可能在不改动模块源代码的情况下更改模块的行为呢？怎样才能在不改动模块的情况下改变它的功能呢？

答案是抽象。在 C#或者其他任何面向对象编程语言中，可以创建出稳固却能描述一组无限个可能行为的抽象体。这种抽象体就是抽象基类。这一组无限个可能行为则表现为可能的派生类。

模块可以操作一个抽象类。由于模块依赖于一个固定的抽象，所以它对更改可以是关闭的。同时，通过创建新的派生类，模块的行为也可以扩展。

图9.1展示了一个简单的并不遵循OCP的设计。Client 类和Server类都是具体的

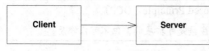

图9.1　不开放也不封闭的Client类

类。Client类直接使用Server类。如果希望 Client的对象使用不同的服务器对象，就必须更改Client类，重新指向新的服务器类。

图9.2展示了针对上述问题的遵循OCP的对应设计（通过使用STRATEGY模式，请参见第22章）。在这个设计中，ClientInterface 类是一个拥有抽象成员函数的抽象类。Client 类使用这个抽象类；然而，Client类的对象会使用派生的Server类的对象。如果Client类想要使用不同的服务器类，只需要从 ClientInterface 类派生一个新的类，而无需对Client类进行任何改动。

Client需要实现一些功能，它可以使用 ClientInterface 抽象接口描述那些功能。ClientInterface 的子类型可以自由运用任何方式去实现这个接口。因此，Client类中指定的行为就可以用创建ClientInterface子类型的方式进行扩展和更改。

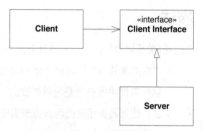

图9.2　STRATEGY（策略）模式：开放又封闭的Client

你可能不明白为什么我要把抽象接口命名成 ClientInterface。为什么不把它命名为 AbstractServer 呢？因为（我们后面会看到）抽象类与它们的客户的关系比实现它们的类更密切。

图9.3 展示了另一个可选的结构，它使用的是TEMPLATE METHOD模式（参见第22章）。Policy 类有一组实现了某种策略的具体公有函数。和图9.2中Client类的函数类似，这些策略方法使用了一些抽象接口描绘了一些要完成的功能。不同的是，在这个结构中，这些抽象接口是Policy类本身的一部分。在C#中，它们是抽象方法。这些函数在 Policy 的子类型中实现。这样，就可以通过新建Policy类的派生类的方式扩展和更改指定的行为。

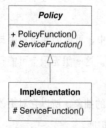

图9.3　模板方法（Template Method）模式：开放又封闭的基类

这两种模式是最常见的符合OCP的模式。应用它们，可以把一个功能的通用部分和它实现细节的部分清晰分离开来。

Shape应用程序

下面的例子在许多讲述OOD（面向对象的设计）的书中都有提及。它就是臭名昭著的Shape程序。它常常被用来展示多态的工作原理。不过，这次我们用它来阐述OCP。

我们有一个需要在标准GUI上绘制圆形和正方形的应用程序。圆形和正方形必须按特定的顺序绘制。我们将预先创建一个列表，由一组有序的圆形和正方形组成。然后，程序依次遍历该列表并绘制出每个圆形或正方形。

违反OCP

如果使用C语言并采用不遵循OCP的过程化方法，我们也许会用代码清单9.1中的方式解决这个问题。其中，我们看到有一组数据结构，它们的第一个成员都相同，但其余成员都不同。每个结构体中的第一个成员都是一个标识该结构是Circlre还是Square的类型码。DrawAllShapes函数遍历一个数组，这个数组是指向这些数据结构的指针，DrawAllShapes函数先检查类型码，然后调用对应的函数（DrawCircle或者DrawSquare）。

代码清单9.1 正方形/圆形问题的过程化解决方案

```
--shape.h-------------------------------- -
enum ShapeType { circle, square };
struct Shape
{
  ShapeType itsType;
};

--circle.h------------------------------- -
struct Circle
{
  ShapeType itsType;
  double itsRadius;
```

```
  Point itsCenter;
};
void DrawCircle(struct Circle*);

--square.h----------------------------------- -
struct Square
{
  ShapeType itsType;
  double itsSide;
  Point itsTopLeft;
};
void DrawSquare(struct Square*);

--drawAllShapes.cc--------------------------- -
typedef struct Shape *ShapePointer;
void DrawAllShapes(ShapePointer list[], int n)
{
  int i;
  for (i = 0; i < n; i++)
  {
    struct Shape*s = list[i];
    switch (s->itsType)
    {
      case square:
       DrawSquare((struct Square*)s);
      break;

      case circle:
       DrawCircle((struct Circle*)s);
      break;
    }
  }
}
```

DrawAllShapes 函数不符合 OCP，因为它对新的形状类型的添加是不封闭的。如果希望这个方法能够绘制包含着三角形的列表，就必须更改这个函数。事实上，每增加一种新的形状类型，我们都必须得更改这个函数。

当然，这只是一个简单的例子。在实际程序中，类似 DrawAllShapes 方法中的

switch语句会在应用程序的许多函数中重复出现，每个函数中的switch语句负责完成的工作差别微乎其微。这些函数中，可能有负责拖拽形状对象的，有负责拉伸形状对象的，有负责移动形状对象的，还有负责删除形状的，等等。在这样的应用程序中增加一种新的形状类型，就意味着要找出所有上述switch语句（或者链式 if/else 语句）的所有函数，并在每一处添加对新增形状类型的判断。

更糟糕的是，并不是所有的switch语句和if/else链都像DrawAllShapes方法中的switch语句那样有比较好的结构。更可能的场景是，为了"简化"本地决策，if语句中的判断条件由逻辑操作符组合而成，或者switch语句中的case子句会由逻辑操作符组合而成，在一些极端错误的实现中，可能会有一些函数对Square的处理和对Circle的处理一样。在这样的函数中，甚至根本就没有switch/case语句或者if/else链。这样，要发现和理解所有需要增加新形状类型的地方，恐怕就非常困难了。

同样，在进行上述改动时，我们必须要在 ShapeType enum中添加一个新成员。由于所有不同种类的形状都依赖于这个enum的声明，所以我们必须要重新编译所有的形状模块[1]。并且也要重新编译所有依赖于Shape类的模块。

因此，我们不但要改动源代码中的switch/case语句或者if/else链，也要改动所有使用了任意一种Shape数据结构的二进制文件（通过重新编译的方式）。更改二进制文件意味着必须要重新部署所有的程序集（assembly），DLL，共享库或者其他类型的二进制组件。给应用程序增加一种新的形状类型这样一个简单的操作，也会导致随后许多模块源代码、甚至是二进制模块或组件的连锁改动。可见，增加一种新的形状类型带来的影响是巨大的。

再来回顾一下，代码清单9.1中的解决方法是僵化的，这是因为增加Triangle会导致Shape、Square、Circle以及

---

[1] 在C/C++中，对enum的改变会导致持有该enum的变量在大小上的改变。所以，如果决定真的不需要重新编译其他的形状声明，一定要非常小心。

DrawAllShapes 都得重新编译和部署。这个解决方案也是脆弱的,因为很多 switch/case 或者 if/else 语句很难发现和理解。它还是牢固的,因为任何人想在其他的程序中重用 DrawAllShapes 方法,都得附带上 Square 和 Circle,即便那个程序并不需要它们。因此,代码清单9.1展示出了很多糟糕设计的臭味。

遵循OCP

关于square/circle问题,代码清单9.2展示了一个square/circle符合OCP的解决方案。在这个方案中,我们写了一个名为Shape的抽象类。这个抽象类仅有一个名为Draw的抽象方法。Circle 和 Square 都派生自 Shape 类。

代码清单9.2 Square/Circle问题的OOD解决方案

```
public interface Shape
{
  void Draw();
}

public class Square : Shape
{
  public void Draw()
  {
    //draw a square
  }
}

public class Circle : Shape
{
  public void Draw()
  {
    //draw a circle
  }
}

public void DrawAllShapes(IList shapes)
{
  foreach (Shape shape in shapes) shape.Draw();
}
```

可以看到，如果我们想要扩展代码清单9.2中的DrawAllShapes函数的行为，让它能够绘制一种新的形状，我们只需要增加一个新的 Shape 的派生类。DrawAllShapes 方法并不需要改动。这样 DrawAllShapes 就符合了OCP。无需改动自身的代码，就可以扩展它的行为。实际上，增加一个Triangle 类对于这里展示的任何模块完全没有影响。很明显，为了能够处理Triangle 类，必须要改动系统中的某些部分，但是这里所示的代码都无需改动。

在实际的应用程序中，Shape 类可能会有更多的方法。但是在应用程序中增加一种新的形状类型依然非常简单，因为所需要做的工作只是创建新的Shape类的派生类，并实现它所有的函数。我们再也不需要为了找出需要更改的地方，在应用程序的所有地方到处搜索。这个解决方案不再是脆弱的了。

同时，这个方案也不再是僵化的。在增加了一个新的形状类型时，现存的所有模块的源代码都不需要改动，并且已经存在的所有二进制模块也不需要重新构建（rebuild）。只有实际创建出来的派生自 Shape 的新类才必须被改动。通常情况下，创建派生自 Shape 的新类实例的工作要么发生在main方法或者被main方法调用的某些函数中，要么发生在main方法创建出的一些对象的方法里。[1]

最后，这个方案也不再是顽固的。现在，在任何应用程序中重用 DrawAllShapes 时，都无需再附带上 Square 和 Circle。因而，这个解决方案就不再具有前面提及的任何糟糕设计的特征。

这个程序是符合OCP的。我们通过增加新代码，而非更改现有代码的方式改动功能。因此，它不会引起形如不遵循OCP的程序那样的连锁改动。我们所需要的改动仅仅是增加新的模块，以及为了能够实例化新的类型对象而对 main 进行改动。

如果我们要求所有的Circle 必须在 Square 之前绘制，那么代码清单9.2中的 DrawAllShapes 函数会如何呢？ DrawAllShapes 函数无法对这种变化做到对修改封闭。要实现这种需求，我们必须更改 DrawAllShapes 的实现，让它能首先扫描列表中的Circle，然后再扫描所有的Square。

---

1 这种对象就是大家熟知的工厂对象，我们会在第29章中对此进行详述。

预测变化和"贴切的"结构

如果我们预测到了这种变化，那么就可以设计出一个抽象来隔离它。我们在代码清单 9.2 中所选定的抽象对于这种变化来说反倒是一种障碍。可能你会觉得奇怪：还有什么比定义一个 Shape 类，让 Square 类和 Circle 类从中派生出来更为贴切的结构呢？为何这个贴切的模型不是最优的呢？很明显，这个模型对于一个形状的顺序比形状类型具有更重要意义的系统来说，就不再是贴切的了。

这就导致了一个麻烦的结果，一般而言，无论模块是多么的"封闭"，都会存在一些无法封闭的变化。没有对于所有的情况都贴切的模型。

既然不可能完全关闭，那么就必须要有策略地对待这个问题。也就是说，设计人员必须对于他设计的模块应对哪种变化关闭做出选择。他必须先猜测出最有可能发生的变化种类，然后构造出抽象来隔离那些变化。

这需要设计人员具备一些从经验中获得的预测能力。有经验的设计人员希望自己对用户和应用领域都很了解，能够一次判断各种变化的可能性。然后，他可以让设计向着最有可能发生的变化的方向遵循 OCP 原则。

这一点不容易做到。因为它意味着要根据经验猜测应用程序在生产历程中有可能遭受的改动。如果开发人员猜测正确，他们就赢了；如果猜测错误，就会遭受失败。并且在大多数情况下，他们都会猜测错误。

同时，遵循 OCP 的代价也是昂贵的。创建恰当的抽象是要花费时间和精力的。那些抽象也增加了软件设计的复杂性，开发人员有能力处理的抽象数量是有限的。显然，我们希望把 OCP 的应用限定在可能发生的变化上。

我们如何知道哪种变化有可能发生呢？我们进行恰当的调查，提出恰当的问题，并且利用我们的经验和常识。然后，我们会一直等到变化发生时才采取行动。

放置"钩子"

我们如何隔离变化？在上个世纪，我们常常说的一句话是：我们会在我们认为可能发生变化的地方放置钩子（hook）。我们觉得这样做会让软件更加灵活一些。

然而，我们放置的钩子常常是错误的。更糟糕的是，即便这些钩子不会被用到，也必须要去支持和维护它们，从而产生了不必要的复杂性的臭味。这不是一件好事，我们不希望设计背负着许多不必要的抽象。通常，我们更愿意一直等到确实需要那些抽象时再把它放进去。

只上一次当

有句古老的谚语："上当一次，应该感到羞愧的人是你。再次上当，应该感到羞愧的人是我。"这也是一种有效的对待软件设计的态度。为了防止软件背负不必要的复杂性，我们会允许自己被愚弄一次。这意味着我们最初写代码时，假设变化不会发生。当变化发生时，我们就创建抽象来隔离以后发生的同类变化。简而言之，我们愿意被第一发子弹击中，然后我们会确保自己不再被同一支枪发射的其他子弹击中。

刺激变化

如果我们决定接受第一发子弹，那么子弹到来得越早、越快，对我们越有利。我们希望在开发工作展开不久就知道可能发生的变化。查明可能发生的变化所等待的时间越长，要创建正确的抽象就越困难。

因此，我们需要去刺激变化。我们已经在第2章中讲述的一些方法来完成这项工作。

- 我们先写测试。测试描绘了系统的一种使用方法。通过先写测试，我们迫使系统成为可测试的。在一个具有可测试性的系统中发生变化时，我们可以泰然处之。因为我们已经构建了使系统可测试的抽象。并且通常这些抽象中的许多都会隔离以后发生的其他种类的变化。

- 我们进行开发的迭代周期很短，一个周期是几天而不是几周。

- 我们在加入基础设施前就开发特性，并且经常性地把那些特性展示给利益相关者。

- 我们首先开发最重要的特性。

- 尽早地、经常性地发布软件。尽可能快、尽可能频繁地把软件展示给客户和用户。

使用抽象获得显式封闭性

第一发子弹已经击中我们，用户要求我们在绘制正方形之前先绘制所有的圆形。现在我们希望可以隔离以后所有的同类变化。

怎么才能让DrawAllShapes函数对于绘制顺序的变化是关闭的呢？请记住关闭是建立在抽象的基础之上的。因此，为了让 DrawAllShapes 对于绘制顺序的变化是关闭的，我们需要一种"顺序抽象体"。这个抽象体定义了一个抽象接口，通过这个抽象接口可以表示任何可能的排序策略。

一个排序策略意味着，给定两个对象，可以推导出应该先绘制哪一个。C#提供了这样的抽象。IComparable是一个接口，它只具有一个方法：CompareTo。这个方法以一个对象作为输入参数，当该接收消息的对象小于、等于、大于参数对象时，该方法分别返回-1、0、1。

代码清单9.3展示了Shape扩展了IComparable接口后的情况。

代码清单9.3　扩展了IComparable接口Shape类

```
public interface Shape : IComparable
{
  void Draw();
}
```

既然我们已经有了决定两个Shape对象的绘制顺序的方法，我们就可以对列表中的shape对象进行排序后依序绘制。代码清单9.4展示了C#的实现代码。

代码清单9.4　依序绘制的 DrawAllShapes 函数

```
public void DrawAllShapes(ArrayList shapes)
{
  shapes.Sort();
  foreach(Shape shape in shapes)shape.Draw();
}
```

这给我们提供了一种对Shape对象排序的方法，也让我们可以按照一定的顺序来绘制它们。但是我们仍然没有一个好的用于排序的抽象体。按照目前的设计，单个Shape对象应该重写CompareTo方法来指定顺序。这究竟是如何工作的呢？我们应该在 Circle.CompareTo 中编写一些什么代码，来保证Circle一定会先于Square绘制呢？请看代码清单9.5。

代码清单9.5 对Circle排序

```
public class Circle : Shape
{
  public int CompareTo(object o)
  {
    if(o is Square) return -1;
    else return 0;
  }
}
```

显然这个函数以及所有Shape类的派生类中的CompareTo函数都不遵循OCP。我们无法让这些方法对于新的Shape派生类做到关闭。每次创建一个新的Shape的派生类时，所有的CompareTo()函数都需要改动。[1]

当然，如果不需要创建新的Shape的派生类就没有问题了。然而，如果需要频繁创建Shape的新派生类，这个设计就会遭受沉重的打击。我们再次被第一发子弹击中。

使用"数据驱动"的方法获取封闭性

如果我们必须要让Shape的派生类之间互不知晓，可以使用表格驱动的方法。程序 9.6 展示了一种可能的实现。

代码清单9.6 表格驱动的形状类型的排序机制

```
/// <summary>
/// This comparer will search the priorities
/// hashtable for a shape's type.  The priorities
/// table defines the odering of shapes.  Shapes
/// that are not found precede shapes that are found.
/// </summary>
public class ShapeComparer : IComparer
{
  private static Hashtable priorities = new Hashtable();
  static ShapeComparer()
```

---

1 可以使用第35章中描述的ACYCLIC VISITOR模式来解决这个问题。不过，现在就展示这个解决方案还为时过早。第35章结束的时候，我会提醒你再回到这里。

```
    {
      priorities.Add(typeof(Circle), 1);
      priorities.Add(typeof(Square), 2);
    }

    private int PriorityFor(Type type)
    {
      if (priorities.Contains(type))
        return (int)priorities[type];
      else
        return 0;
    }
    public int Compare(object o1, object o2)
    {
      int priority1 = PriorityFor(o1.GetType());
      int priority2 = PriorityFor(o2.GetType());
      return priority1.CompareTo(priority2);
    }
  }

  public void DrawAllShapes(ArrayList shapes)
  {
    shapes.Sort(new ShapeComparer());
    foreach (Shape shape in shapes)
    shape.Draw();
  }
```

通过这种方法，我们成功地做到了在一般情况下 DrawAllShapes 函数对顺序问题的关闭，也让每个 Shape 类的派生类对于新的 Shape 派生类的创建或者基于类型的 Shape 对象排序规则的改变是封闭的。（例如，改变排序的顺序让 Square 必须最先绘制。）

对于不同 Shape 的绘制顺序的变化，唯一不关闭的部分就是表本身。可以把表放置在一个单独的模块中，和所有其他模块隔离，因此对于表的改动不会影响到其他任何模块。

小结

在许多方面，OCP 都是面向对象设计的核心所在。遵循这个原则可以带来面向对象技术所声称的巨大好处：灵活性、可重用性以及可维护性。然而，并不是说只要使用一种面向对象语言就是遵循了这个原则。对于应用程序中的每个部分都肆意地进行抽象也不是一个好主意。正确的做法是，开发人员应该仅仅对程序中呈现出频繁变化的那些部分进行抽象。**拒绝不成熟的抽象和抽象本身同等重要。**

参考文献

[Jaobson1992] Jacobson, Ivar, et al. *Object-Oriented Software Engineering*. Reading, MA: Addison-Wesley, 1992.

[Meyer1997] Meyer, Bertrand. *Object-Oriented Software Construction*, 2d ed. Upper Saddle River, NJ: Prentice Hall, 1997.

第10章

里氏替换原则（LSP）

© Jennifer M. Kohnke

OCP背后的主要机制是抽象（abstraction）和多态（polymorphism）。在静态类型语言中，比如 C++ 和 Java，支持抽象和多态的关键机制之一是继承（inheritance）。正是使用了继承，我们才可以创建基类的派生类，实现基类中的抽象方法。

是什么设计规则在支配着这种特殊的继承用法呢？最佳的继承层次的特征又是什么呢？怎样的情况会使我们创建的类层次结构掉进不符合OCP的陷阱中呢？这些正是里氏（Liskov）替换原则要解答的问题。

Liskov 替换原则（LSP）

子类型（subtype）必须能够替换掉它们的基类（base type）。

里斯科夫（Barbara Liskov）[1]首次写下这个原则是在1988年[2]：

这里需要如下替换性质：如果对于每个类型S的对象o1，都存在一个类型T的对象o2，使得在所有针对T编写的程序P中，用o1替换o2后，程序P的行为功能不变，则S是T的子类型。

想想违反该原则的后果，LSP的重要性就不言而喻了。假设有一个函数f，它的参数为指向某个基类B的指针或者引用。同样假设有B的某个派生类D，如果把D的对象作为B类型传递给f，会导致f出现错误的行为。那么D就违反了LSP。显然，D对于f来说是脆弱的。

写f的人会尝试在D中放一些测试，以便把D的对象传递给f时，可以让f具有正确的行为。这种判断违反了OCP，因为此时f对于B的所有的派生类都不再是关闭的。这样的判断是一种代码臭味，它是缺乏经验的开发人员（或者，更糟的，匆忙的开发人员）在违反了LSP时所产生的结果。

违反LSP的情形

我们先来看一个简单的例子。违反LSP常常会导致以明显违反OCP的方式使用运行时类型检查（RTTI, Run-Time Type Information）。这种方式常常显式使用一个 if 语句或if/else链确定一个对象的类型，以便能够选择针对该类型的正确行为。参考代码清单10.1。

代码清单10.1　违反LSP导致违反了OCP

```
struct Point { double x, y; }

public enum ShapeType { square, circle };
```

---

1 编注：Barbara Liskov（1939—　　），2008年图灵奖得主，对编程语言和系统设计的实践和理论基础的贡献，特别是在数据抽象、容错和分布式计算方面。20世纪70年代早期，她发明了两种计算机语言：CLU（一种支持数据抽象的面向对象编程语言）和Argus（一种分布式程序实现的高级语言）。这些研究成果成为现代编程语言的基础，支撑起整个现代应用软件行业，对每种主流汇编语言产生了深远的影响，如C++、Java、Python、Ruby和C#等。1993年，她与亚裔女科学家周以真一起提出里氏替换原则，这是程序设计中另一个广泛应用的成果。该原则已经成为面向对象最重要的原则之一。

2 [Liskov1988]

```
public class Shape
{
  private ShapeType type;
  public Shape(ShapeType t) { type = t; }

  public static void DrawShape(Shape s)
  {
    if (s.type == ShapeType.square) (s as Square).Draw();
    else if (s.type == ShapeType.circle) (s as Circle).Draw();
  }
}

public class Circle : Shape
{
  private Point center;
  private double radius;

  public Circle() : base(ShapeType.circle) { }
  public void Draw() {/* draws the circle */}
}

public class Square : Shape
{
  private Point topLeft;
  private double side;

  public Square() : base(ShapeType.square) { }
  public void Draw() {/* draws the square */}
}
```

很显然，代码清单10.1中的DrawShape函数违反了OCP。它必须知道Shape类所有的派生类，并且每次创建一个从Shape类派生的新类都必须要更改它。确实，很多人肯定都认为这种函数的结构是对良好的设计的亵渎。那么是什么促使程序员编写出这样的函数呢？

假设 Joe 是一名工程师。他学习过面向对象的技术，并且认为多态的开销多得难以忍受[1]。因此，他定义了一个没有任何抽象方法的Shape类。Square类和Circle类从Shape类派生出来，并且具有 Draw() 函数，但是没有重写（override）Shape 类中的方法。因

1　在一个具有相当速度的计算机中，每个方法调用的开销是1ns的数量级，所以Joe的观点不对。

为Circle类和Square类不能替换Shape类，所以DrawShape函数必须检查输入的Shape对象，确定它的类型，接着调用正确的Draw函数u。

Square类和Circle类不能替换Shape类其实是违反了LSP，这种违反又迫使DrawShape函数违反了OCP，因而，对LSP的违反也潜在地违反了OCP。

更微妙的违反情形

当然，还有更不容易察觉的违背OCP的例子。考虑一个使用了代码清单10.2中描述的Rectangle类的应用程序。

代码清单10.2　Rectangle类

```
public class Rectangle
{
  private Point topLeft;
  private double width;
  private double height;

  public double Width
  {
    get { return width; }
    set { width = value; }
  }

  public double Height
  {
    get { return height; }
    set { height = value; }
  }
}
```

假设这个应用程序运行得很好，并被安装在许多地方。和任何成功的软件一样，用户的需求会不时地发生变化。某一天，用户要求在矩形之外再添加操作正方形的功能。

我们经常说继承是IS-A（是一个）的关系。也就是说，如果一个新类型的对象被认为和一个已有类的对象之间存在IS-A的关系，那么这个新对象的类应该派生自已有对象的类。

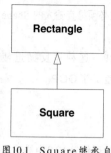

图10.1 Square 继承自
Rectangle

从一般意义上讲，一个正方形就是一个矩形。因此，把 Square 类看成 Rectangle 类的派生类是合乎逻辑的。参见图 10.1。

IS-A 这种关系的用法有时被认为是面向对象分析（Object-oriented analysis，简称 OOA）的基本技术之一。一个正方形是一个矩形，所以 Square 类就应该派生自 Rectangle 类。不过，这种想法会带来一些微妙但极为值得重视的问题。一般来说，这些问题在实际编写代码之前很难预见。

我们首先注意到的问题是，Square 类并不同时需要成员变量 Height 和 Width。但是 Square 仍会从 Rectangle 中继承它们。显然这是浪费。在许多情况下，这种浪费是无关紧要的。但是，如果我们必须要创建成百上千个 Square 对象（比如，在 CAD/CAE 程序中复杂的电路的每一个元器件的管脚都得绘制成一个正方形），浪费的程度将是巨大的。

假设目前我们并不十分关心内存效率。从 Rectangle 派生 Square 也会产生其他一些问题。Square 会继承 Width 和 Height 方法。这两个方法对于 Square 来说是不合适的，因为正方形的长和宽是相等的。这是表明存在问题的重要标志。不过这个问题是可以避免的，我们可以按照如下方法重写 Width 和 Height：

```
public new double Width
{
  set
  {
    base.Width = value;
    base.Height = value;
  }
}

public new double Height
{
  set
  {
    base.Height = value;
```

```
    base.Width = value;
  }
}
```

现在，当设置Square对象的宽时，它的长也会相应地改变；当设置长时，宽也会随之改变。这样，就保持了Square要求的不变性。Square对象是在严格数学意义下的正方形。

```
Square s = new Square();
s.SetWidth(1); // Fortunately sets the height to 1 too.
s.SetHeight(2); // sets width and height to 2. Good thing.
```

但是考虑下面这个函数：

```
void f(Rectangle r)
{
  r.SetWidth(32); // calls Rectangle.SetWidth
}
```

如果我们向这个函数传递一个指向Square对象的引用，这个Square对象就会被破坏，因为它的长没有随之改变。这显然违反了LSP。以 Rectangle 的派生类的对象作为参数传入时，函数f 不能正确运行。错误的原因是 Rectangle 中没有把 SetWidth 和 SetHeight 声明为virtual，因此这两个函数不是多态的。

这个错误很容易修正，只要把设置方法属性声明为virtual即可。但是，如果新派生类的创建会导致我们改变基类，这就常常意味着设计是有缺陷的。当然也违反了OCP。也许有人会反驳说，真正的设计缺陷是忘记把 SetWidth 和 SetHeight 声明为virtual的，而我们刚刚已经做了修正。可是，这很难让人信服，因为设置一个长方形的长和宽是非常正常的操作。如果不是预见到有Square的存在，我们凭什么要把这两个函数声明为virtual呢？

尽管如此，假设我们接受这个理由并修正这些类。修正后的代码如代码清单10.3所示。

代码清单10.3 自治的Rectangle类和Square类

```
public class Rectangle
{
  private Point topLeft;
  private double width;
```

```
    private double height;

    public virtual double Width
    {
      get { return width; }
      set { width = value; }
    }

    public virtual double Height
    {
      get { return height; }
      set { height = value; }
    }
  }

public class Square : Rectangle
{
    public override double Width
    {
      set
      {
        base.Width = value;
        base.Height = value;
      }
    }

    public override double Height
    {
      set
      {
        base.Height = value;
        base.Width = value;
      }
    }
  }
```

真正的问题

现在 Square 和 Rectangle 看起来都能够工作。无论对 Square 对象进行什么样的操作，它都和数学意义上的正方形保持一致。同样，无论对 Square 对象进行什么样的操作，它都和数学意义上的长方形保持一致。此外，你也可以把 Square 传递到接收 Rectangle 的函数中，而 Square 依然保持正方形的特性，与数学意义上的定义一致。

　　这样看来这个设计似乎是自洽且正确的。可是，这一结论是错误的。一个自洽的设计未必就和它所有的用户程序相容。比如下面的这个函数 g：

```
void g(Rectangle r)
{
  r.Width = 5;
  r.Height = 4;
  if(r.Area() != 20)
    throw new Exception("Bad area!");
}
```

这个函数认为传递进来的一定是 Rectangle，并调用了它的 Width 和 Height 两个成员。对于 Rectangle 而言，这个函数运行正确。但是如果传递进来的是 Square 对象就会发生异常。所以，真正的问题在于，**函数 g 的编写者假设改变 Rectangle 的宽不会导致其长的改变**。

　　很显然，改变一个长方形的宽不会影响它的长这一假设是合理的！然而，并不是所有可以作为 Rectangle 传递的对象都满足这个假设。如果把一个 Square 类的实例传递给像 g 这样做了该假设的函数，那么这个函数就会出现错误的行为。函数 g 对于 Square/Rectangle 层次结构而言是脆弱的。

　　函数 g 的表现说明，有一些使用 Rectangle 对象的函数不能正确地操作 Square 对象，对于这些函数而言，Square 不能替换 Rectangle，因此 Square 和 Rectangle 之间的关系违反了 LSP。

　　有人会对函数 g 中存在的问题进行争辩，他们认为，写函数 g 的人不能假设宽和长是独立变化的。函数 g 的编写者不会同意这种说法的。函数 g 以 Rectangle 作为参数，并且确实有一些不变性和原理说明明显适用于 Rectangle 类，其中一个的不变性就是长和宽可以独立变化。函数 g 的编写者完全可以对这个不变性进行断言。倒是 Square 的编写者违反了这一性质。

　　真正有趣的是，Square 的编写者没有违反 Square 的不变性。但是让 Square 派生自 Rectangle 恰恰违反了 Rectangle 的不变性。

有效性并非本质属性

LSP 让我们得出了一个非常重要的结论：**一个模型，如果孤立地看，并不具有真正意义上的有效性**。模型的有效性只能通过它的客户程序体现。例如，如果孤立地看，最后那个版本的 Rectangle 和 Square 是自洽的也是有效的。但是如果程序员对基类做了合理的假设，那么从他们的角度，这个模型就是有问题的。

在考虑一个特定设计是否恰当的时候，不能完全孤立地来看这个解决方案。必须要根据该设计的使用者所做出的合理假设来审视它[1]。

有谁知道设计的使用者会做出什么样的合理假设呢？大多数这样的假设都很难预测。事实上，如果试图去预测所有的假设，我们所得到的系统可能会充斥着不必要的复杂性的臭味。因此，像所有其他原则一样，通常最好的方法是只预测那些最明显的违反了 LSP 的情况，并推迟其他的预测假设，直到嗅到相关脆弱性的臭味时，再去处理它们。

IS-A 是关于行为的

那么究竟是怎么回事呢？Square 和 Rectangle 这个显然合理的模型为什么会有问题？毕竟，Square 不也是 Rectangle 吗？难道它们之间不存在 IS-A 关系吗？

和写 g 函数的人关注点不同！正方形可以是长方形，但是从 g 的角度来看，Square 对象绝对不是 Rectangle 对象。为什么？因为 Square 对象的行为方式和函数 g 所期望的 Rectangle 对象的行为方式不相容。从行为方式的角度出发，Square 不是 Rectangle，对象的行为才是软件真正所关注的问题。LSP 清楚地指出，OOD 中 IS-A 的关系是就**行为方式**而言的，这些行为是可以进行合理假设的，也是被客户程序所依赖的。

---

[1] 这些合理的假设常常以断言的形式出现在为基类写的单元测试中。这又是一个需要实践测试驱动开发的好理由。

基于契约的设计

许多开发人员可能会对"合理假设"的行为这一概念感到惴惴不安。怎样才能知道客户真正的要求呢？有一种技术可以让这些合理的假设明确下来，从而支持LSP。这种技术就是**基于契约设计**（Design By Contract，简称 DBC）。Bertrand Meyer 对此做过详细的阐述[1]。

使用 DBC，写类的人显式地表达出对于这个类的契约。客户端的代码可以通过契约获悉可以依赖的行为方式。契约是通过为每一个方法声明前置条件（preconditions）和后置条件（postconditions）制定的。要让一个方法得以执行，前置条件必须为真。执行完毕后，这个方法要保证后置条件为真。

设置Rectangle.Width方法的后置条件可以看成下面这样的形式：

```
assert((width == w) && (height == old.height));
```

在这个例子中，old 是 Width 被调用之前 Rectangle 的值。按照 Meyer 的阐述，派生类的前置条件和后置条件的规则是："**在重新声明派生类中的方法（routine，例程）时，只能使用相等或者更弱的前置条件来替换原始的前置条件，只能使用相等或者更强的后置条件来替换原始的后置条件。**"[2]

换句话说，当通过基类的接口使用对象时，用户只知道基类的前置条件和后置条件。因此，派生类对象不能期望这些用户遵从比基类更强的前置条件。也就是说，他们必须接受基类可以接受的一切。同时，派生类必须和基类的所有后置条件一致。也就是说，它们的行为方式和输出不能违反基类已经确立的任何限制。基类的用户不能被派生类的输出干扰。

显然，Square.Width setter 的后置条件比Rectangle.Width setter 的后置条件弱一些[3]，因为它不服从（Height == old.Height）这条约束。因此，Square的Width属性违反了基类定下的契约。

1　[Meyer1997], p. 331

2　[Meyer1997], p. 573

3　术语"弱"是一个容易混淆的概念，如果X没有遵从Y的所有约束，那么X就比Y弱。X所遵从的新约束的数目是无关紧要的。

某些语言，比如 Eiffel，对前置条件和后置条件有直接的支持。你只需要声明它们，运行时系统会去检验它们。C#中没有此项特性。在 C#中，我们必须自己考虑每个方法的前置条件和后置条件，并确保没有违反 Meyer 规则。此外，在注释中为每个方法注明前置条件和后置条件是非常有帮助的。

在单元测试中制定契约

契约也可以制定在单元测试中。通过彻底地测试一个类的行为，单元测试让类的行为更加清晰。客户端代码的作者会去查看这些单元测试，这样他们就可以知道对于即将使用的类应该做出哪些合理的假设。

一个实际的例子

对于正方形和长方形的讨论已经够多了。LSP 在实际的软件开发中能否发挥作用呢？来看一个案例，它是我几年前做的一个项目。

动机

20 世纪 90 年代初，我购买了一个第三方类库，其中包含有一些容器类[1]。这些容器和 Smalltalk 中的 Bags 和 Sets 略有关系。这些容器中有两个 Set 的变体和两个类似的 Bag 变体。第一个变体是"有界的"（bounded），它是基于数组实现的。第二个变体是"无界的"（unbounded），它是基于链表实现的。

BoundedSet 的构造函数指定了它能够容纳的元素的最大数目。BoundedSet 内部定义了一个数组来为这些元素预先分配了空间。因此，如果 BoundedSet 创建成功了，那么就可以确信它一定具有足够的存储空间。由于 BoundedSet 是基于数组的，所以是非常快速的。在正常操作期间，也不会发生内存分配动作。并且由于内存是预先分配的，所以可以确信对于 BoundedSet 的操作不会耗尽堆空间（heap）。另一方面，由于BoundedSet 很少会完全使用预先分配的所有空间，所以存在内存使用方面的浪费。

另一方面，UnboundedSet对于它可以容纳的元素的数目没做限制。只要还有可用的堆内存，UnboundedSet 就可以继续接受元素。因此，它是非常灵活的。同时，它也可以

1　使用的开发语言是C++，当时标准容器类还没有出现。

节约内存，因为它仅仅为目前容纳的元素分配内存。另外，由于在正常的操作期间必须要分配和归还内存，所以速度较慢。最后，还存在一个危险，那就是对它进行的正常操作可能会耗尽堆空间。

我不喜欢这些第三方类的接口。我不希望自己的应用程序代码依赖于这些容器类，因为我觉得以后会用更好的来替换它们。因此，我把它们包装在我自己的抽象接口下，如图 10.2 所示。

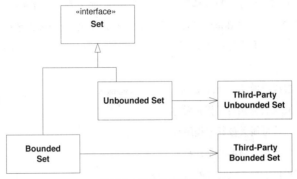

图10.2　容器适配器层

我创建了一个名为 Set 的接口，提供了 Add，Delete 以及 IsMember 这几个抽象函数。如代码清单10.4[1]所示。这个结构统一了第三方集合类的两个变体：无界的变体和有界的变体，让我们通过一个公共的接口访问它们。这样，客户端就可以接受类型为 Set 的参数而不用关心实际使用的 Set 是哪种变体。参见代码清单10.5 中的 PrintSet 函数。

代码清单10.4　抽象 Set 类

```
public interface Set
{
  public void Add(object o);
  public void Delete(object o);
  public bool IsMember(object o);
}
```

1　为了易于.NET程序员理解，在这里把原来的代码转换成了C#。

代码清单 10.5　PrintSet

```
void PrintSet(Set s)
{
  foreach(object o in s) Console.WriteLine(o.ToString());
}
```

不用关心当前使用的 Set 的具体类型，这是一个极大的优点。这意味着程序员可以在每个具体的情况中选择所需要的 Set 种类，但不会影响到客户函数。在内存紧张而速度不是关键因素时，程序员可以选择 UnboundedSet，或者在内存充裕而速度是决定性因素时，程序员可以选择 BoundedSet。客户函数通过基类 Set 的接口来操纵这些对象，因此也就不必关心使用的是哪种 Set 了。

问题

我想在该层次中增加一个 Persistent-Set。一个持久化集合是指可以把元素写入流中，然后后续可能会被其他程序从流中读取回来的集合。遗憾的是，我唯一能够访问的提供了持久化功能的第三方容器是不可用的。它只接受抽象基类 PersistentObject 的派生对象。我创建的集成层次如图 10.3 所示。

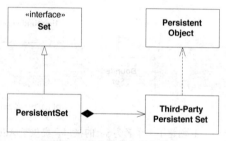

图 10.3　持久化集合继承层次

请注意，PersistentSet 包含了一个第三方持久化集合（Third Party Persistent Set）的实例，它把所有的方法都委托给了该实例。这样，如果调用了 PersistentSet 的 Add 方法，它就简单地把该调用委托给第三方持久化集合中包含的对应方法。

从表面上看着好像没有问题。其实则隐藏着一个别扭的设计问题。加入到第三方持久化集合的元素必须得继承 PersistentObject。由于 PersistentSet 只是把调用委托给了第三方持久化集合，所以任何要加入 PersistentSet 的元素也必须继承自 PersistentObject。但是 Set 接口没有这样的限制。

当客户程序向基类 Set 中添加元素时，它不能确保该 Set 实际上是不是一个 PersistentSet。因此，客户程序没有办法知道它加入的元素是否应该从 PersistentObject

派生。

　　考虑代码清单10.6中PersistentSet.Add()的代码。从这一代码中可以明显看出，如果客户企图向PersistentSet中添加不是从PersistentObject派生的对象，将会发生运行时错误。转型会抛出异常。但是抽象基类Set的所有现存客户都不会预计到调用Add时会抛出异常。由于Set的派生类会导致这些函数出现错误，所以对类层次所做的这种改动违反了LSP。

代码清单10.6　PersistentSet.Add方法

```
void Add(object o)
{
  PersistentObject p = (PersistentObject)o;
  thirdPartyPersistentSet.Add(p);
}
```

　　这是个问题吗？当然是。那些以前传递Set的派生类对象时根本没有问题的方法，现在传递过来PersistentSet对象时却会引发运行时错误。调试这种问题很困难，因为这个运行时错误发生的地方距离实际的逻辑错误很远。逻辑错误可能是由于把PersistentSet传递给了一个方法，也可能是由于向PersistentSet加入的对象不是继承自PersistentObject。无论哪种情况，实际发生逻辑错误的地方可能距离调用add方法的地方差个十万八千里呢！找到问题很难，解决问题更难。

不符合LSP的解决方案

　　怎么解决这个问题呢？几年前，我是通过约定（convention）的方式解决的，也就是说我并没有在代码中解决这个问题。我约定不让PersistentSet和PersistentObject暴露给整个应用程序。它们只能被一个特定的模块使用。该模块负责从持久化存储设备读取所有容器，也负责把所有容器写入到持久化存储设备。在写入容器时，该容器的内容先被复制到对应的PersistentObject的派生对象中，再加入到PersistentSet中，然后存入流中。从流中读取到容器时，过程是相反的。先把信息从流中读到PersistentSet，再把PersistentObject从PersistentSet中移出并复制到常规（非持久化）的对象中，然后再加入到常规的Set中。

　　这个解决方案看上去可能限制性太强了，但是我当时能想到的唯一一个可以不让

PersistentSet 对象出现在那些想要往其中添加非持久化对象的函数接口中的办法。此外，这也解除了应用程序的其余部分对整个持久化概念的依赖。

这个解决方案奏效了吗？并没有。有些没有理解这个约定的重要性的开发人员，在应用程序的多个地方违反了这个约定。这就是使用约定的问题，要不断地跟每位开发人员解释。如果某位开发人员没有弄清或者不同意这个约定，那么这个约定就会被违反。而这一次违反就会导致整个应用程序结构的妥协。

符合LSP的解决方案

现在该如何解决这个问题呢？我承认 PersistentSet 和 Set 之间不存在IS-A的关系，它不应该派生自 Set。因此我会分离这个层次结构，但不是完全的分离。Set和 PersistentSet 之间有一些公有的特性。事实上，仅仅是add方法导致了LSP原则的失效。因此，我创建了一个层次结构，其中 Set 和 PersistentSet 是兄弟关系（sibling），统一在一个包含测试成员关系、遍历等操作的抽象接口下（图 10.4）。这就可以对 PersistentSet 对象进行遍历以及测试是否其成员等操作。但是它不能够把不是派生自 PersistentObject 的对象添加到 PersistentSet 中。

用提取公共部分的方法代替继承

另一个有趣并且有迷惑性质的继承案例是 Line 和 LineSegment的例子[1]。考察下代码清单10.7和代码清单10.8。最初看到这两个类时，会觉得它们之间具有自然的继承关系。LineSegment需要Line中声明的每一个成员变量和成员方法。此外，LineSegment 新增了一个自己的成员函数Length，并且覆写了isOn函数。但是这两个类还是以一种微妙的方式违反了LSP。

---

[1] 尽管这个例子和Square/Rectangle例子相似，但它来自一个真实的应用程序，并且受一些实际问题的影响，需要进行讨论。

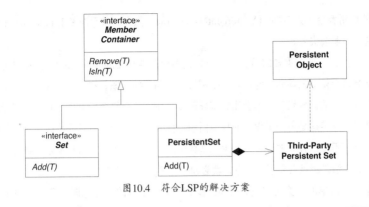

图10.4　符合LSP的解决方案

代码清单10.7　Line.cs

```
public class Line
{
  private Point p1;
  private Point p2;

  public Line(Point p1, Point p2){this.p1=p1; this.p2=p2;}

  public Point P1 { get { return p1; } }
  public Point P2 { get { return p2; } }
  public double Slope { get {/*code*/} }
  public double YIntercept { get {/*code*/} }
  public virtual bool IsOn(Point p) {/*code*/}
}
```

代码清单10.8　LineSegment.cs

```
public class LineSegment : Line
{
  public LineSegment(Point p1, Point p2) : base(p1, p2) {}

  public double Length() { get {/*code*/} }
  public override bool IsOn(Point p) {/*code*/}
}
```

Line 的使用者可以认为和该 Line 具有线性（colinear）关系的所有点都在 Line 上。例如，由 YIntercept 属性返回的点就是线和 y 轴的交点。由于这个点和线具有线性关系，

Line 的使用者会认为 IsOn（YIntercept()）== true。然而，对于许多 LineSegment 的实例，这条声明会失效。

这为什么是一个重要的问题呢？为什么不简单地让 LineSegment 自 Line 派生并凑合着忍受这个微妙的问题呢？这是一个需要进行判断的问题。在大多数情况下，接受一个多态行为中的微妙错误都不会比试着修改设计使之完全符合 LSP 更为有利。接受缺陷而不是追求完美这是一个工程上的权衡问题。好的工程师知道何时妥协比追求完美更有利。不过，不应该轻易放弃遵循 LSP。总是保证子类可以代替它的基类是一种管理复杂性的有效方法。一旦放弃了这一点，就必须单独考虑每个子类。

有一个简单的方案可以解决 Line 和 LineSegment 的问题，该方案也阐明了一个 OOD 的重要工具。如果既要使用类 Line 又要使用类 LineSegement。那么可以把这两个类的公共部分提取出来作为一个抽象基类。代码清单 10.9 ~ 代码清单 10.11 展示了把 Line 和 LineSegement 的公共部分提取出来作为一个抽象的基类 LinearObject。

代码清单 10.9　LinearObject.cs

```
public abstract class LinearObject
{
  private Point p1;
  private Point p2;

  public LinearObject(Point p1, Point p2)
  { this.p1 = p1; this.p2 = p2; }

  public Point P1 { get { return p1; } }
  public Point P2 { get { return p2; } }

  public double Slope { get {/*code*/} }
  public double YIntercept { get {/*code*/} }

  public virtual bool IsOn(Point p) {/*code*/}
}
```

代码清单 10.10　Line.cs

```
public class Line : LinearObject
{
  public Line(Point p1, Point p2) : base(p1, p2) {}
```

```
  public override bool IsOn(Point p) {/*code*/}
}
```

代码清单10.11　LinearSegment.cs

```
public class LineSegment : LinearObject
{
  public LineSegment(Point p1, Point p2) : base(p1, p2) {}

  public double GetLength() {/*code*/}
  public override bool IsOn(Point p) {/*code*/}
}
```

LinearObject既代表了 Line 又代表了 LineSegement。它提供了两个子类的大部分的功能和数据成员。其中不包括抽象的 IsOn 方法。LinearObject 的使用者不得假设他们知道正在使用的对象的长度。这样，他们就可以接受 Line 或者 LineSegment 而不会出现任何问题。此外，Line 的使用者也根本不必去处理 LineSegment 的情况。

提取公共部分是一个有效的工具。如果两个子类中具有一些公共的特性，那么很可能稍后出现的其他类也会需要这些特性。关于提取公共部分，Rebecca Wirfs-Brock、Brian Wilkerson 以及 Lauren Wiener 是这样说的：

如果一组类都支持一个公共的职责，那么它们应该从一个公共的超类（superclass）继承该职责。

如果公共的超类还不存在，那么就创建一个，并把公共的职责放入其中。毕竟，这样一个类的有用性是确定无疑的——你已经展示了一些类会继承这些职责。然而稍后对系统的扩展也许会加入一个新的子类，该子类很可能会以新的方式来支持同样的职责。此时，这个新创建的超类可能会是一个抽象类[1]。

代码清单10.12 展示了一个类 Ray 是如何以不曾预料到的方式使用LinearObject的属性（attribute）的。Ray 可以替换 LinearObject，并且 LinearObject 的使用者在处理 Ray 时不会有任何问题。

1　[Wirfs-Brock1990], p.113

代码清单10.12　Ray.cs

```
public class Ray : LinearObject
{
    public Ray(Point p1, Point p2) : base(p1, p2) {/*code*/}
    public override bool IsOn(Point p) {/*code*/}
}
```

启发式规则和习惯用法

有一些简单的启发规则可以提供一些有关违反LSP的提示。这些规则都和用某种方式从它的基类中去除一些功能的派生类有关。完成的功能少于其基类的派生类通常是不能替换其基类的,因此就违反了LSP。

考察一下代码清单10.13。在 Base 中实现了函数f。不过,在 Derived 中,函数f 是退化 (degenerate) 的。也许,写Derived 的人认为函数f 在 Derived 中没有用处。遗憾的是,Base 的使用者不知道他们不应该调用 f,因此就出现了一个替换违规。

代码清单10.13　派生类中的一个退化方法

```
public class Base
{
    public virtual void f() {/*some code*/}
}

public class Derived : Base
{
    public override void f() { }
}
```

在派生类中存在退化的方法并不意味着违反了LSP,但是当出现了这种情况时,还是值得注意一下的。

小结

OCP是OOD 中很多说法的核心。如果这个原则应用得有效,应用程序就会具有更多的可维护性、可重用性以及健壮性。LSP 是让OCP 成为可能的主要原则之一。正是子类型的可替换性才使得使用基类类型的模块在无需修改的情况下就可以扩展。这种可替换性必须是开发人员可以隐式依赖的东西。因此，如果没有显式地强制基类类型的契约，那么代码就必须良好并明显地表达出这一点。

术语IS-A的含义过于宽泛不能作为子类型的定义。子类型的正确定义是"可替换的"，这里的可替换性可以通过显式或者隐式的契约来定义。

参考文献

[Betrand 1997] Meyer, Bertrand. *Object-Oriented Software Construction, 2d ed.* Upper Saddle River, NJ: Prentice Hall, 1997.

[Rebeca 1990] Wirfs-Brock, Rebecca, et al. *Designing Object-Oriented Software.* Englewood Cliffs, NJ: Prentice Hall, 1990.

[Bendara 1998] Lskov, Barbara. *Data Abstraction and Hierarchy.* SIGPLAN Notices, 23, 5 (May 1998).

第11章

依赖倒置原则（DIP）

© Jennifer M. Kohnke

> "决不能再让国家的重大利益依赖于那些会动摇人类薄弱意志的众多可能性。"
>
> ——汤福德爵士（Sir Thomas Noon Talfourd，1795—1854）

依赖倒置原则（Dependency-Inversion Principle，DIP）

 A. 高层次的模块不应该依赖低层次的模块。两者都应该依赖抽象。

   B. 抽象不应该依赖于细节，细节应该依赖于抽象。

  这些年来，有许多人问我为什么要在这条原则的名字中使用"倒置"这个词。因为传统的软件开发方法，比如结构化分析和设计，总是倾向于创建一些高层模块依赖低层以及模块、策略（policy）依赖细节的软件结构。实际上，这些方法的目的之一就是要定义子程序的层次结构，这些层次结构描述了高层模块如何调用低层模块。图7.1中Copy程序的初始设计就是这种层次的一种典型示例。一个设计良好的面向对象的程序，其依赖层次结构相对于传统的过程式方法设计出的通用结构就是被"倒置"了的。

  请考虑下如果高层模块依赖低层模块意味着什么。高层模块包含着一个应用程序中重要的决策和业务模型。正是这些高层模块才使得其所在的应用程序有别于其他应用程序。然而，如果这些高层模块依赖于低层模块，那么对低层模块的改变会直接影响高层模块，从而迫使它们依次变更。

这种情形是非常荒谬的！本来应该是高层包含策略设置的模块去影响低层包含细节实现的模块。包含高层业务规则的模块应该优先并独立于包含细节实现的模块。无论如何，高层模块都不应该依赖低层模块。

另外，我们更希望能够重用的是高层包含策略设置的模块。我们已经非常擅长用子程序库的形式来重用低层模块。一旦高层模块依赖于低层模块，那么在不同的上下文中重用高层模块就会变得非常困难。但是，如果高层模块独立于低层模块，那么高层模块的重用就可以非常容易。这是框架设计的核心原则。

层次化

Booch说："所有结构良好的面向对象的架构都有清晰的层次定义，每个层次通过一个定义良好的、受控的接口向外提供一组内聚的服务[1]。"对这个陈述的简单理解可能会导致设计者设计出类似图11.1的结构。图中，高层次的 Policy 层次使用了低层次的 Mechanism 层，而 Mechanism 层又使用了更细节的 Utility 层。这看起来是似乎是正确的，然而它存在着一个潜藏的错误特征——Policy 层对于其下一直到 Utility 层的改动都是敏感的。**这种依赖关系是传递的**。Policy 层依赖于某些依赖于 Utility 层的层。因此，Policy 层依次依赖于 Utility 层。这是非常不妙的。

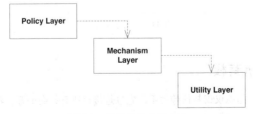

图11.1　简化的层次化方案

1　[Booch1996], p. 54

　　图 11.2 展示了一个更合理的模型。每一个较高层次都为所需要的服务声明了一个抽象接口，较低的层次实现了这些抽象接口，每个高层次的类都通过该抽象接口使用下一层，这样高层就不依赖于底层。低层次反而依赖于在高层中声明的抽象服务接口。这不仅解除了 PolicyLayer 对于 UtilityLayer 的传递性依赖，甚至还解除了 PolicyLayer 对 MechanismLayer 的依赖。

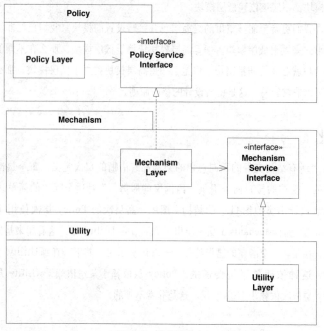

图11.2　倒置的层次

倒置的接口所有权

请注意，这里倒置的不仅仅是依赖关系，它也是接口所有权的倒置。我们通常会认为工具库应该拥有它们自己的接口。但是当应用了 DIP 时，我们发现往往是客户拥有抽象接口，而它们的服务者从这些抽象接口派生。

这就是著名的好莱坞原则："Don't call us, we'll call you."[1]低层模块实现了在高层次模块中声明并被高层次模块调用的接口。

通过这种倒置的所有权，PolicyLayer就不会受 MechannismLayer 或者 UtilityLayer 的任何改动所影响。而且，PolicyLayer 可以在定义了符合 PolicyServiceInterface 的任何上下文中重用。这样，通过倒置这些依赖关系，我们创建了一个更灵活、更持久、更易改变的结构。

这里所说的所有权仅仅指的是接口是随着拥有它们的客户程序发布的，而非实现它们的服务器程序。接口和客户程序位于同一个包或者库中，这就迫使服务器程序库或者包依赖于客户程序库或者包。

当然，有时我们不想让服务器程序依赖于客户程序，尤其是在有多个客户程序但服务器却仅有一份的时候。在这种情况下，客户程序必须得遵循于服务接口，并把它发布到一个独立的包中。

依赖于抽象

对于DIP有一个简化但仍然非常有效的解释，是这样一个简单的启发式规则："依赖于抽象。"这是一个简单的陈述，这条启发式规则建议不应该依赖于具体类，也就是说，程序中所有的依赖关系都应该终止于抽象类或者接口。

- 任何变量都不应该持有指向具体类的引用。
- 任何类都不应该从具体类派生。
- 任何方法都不应该重写其基类中任何已经实现的方法。

当然，每个程序中都会有违反该启发规则的情况。有时必须要创建具体类的实例，而创建这些实例的模块将会依赖它们[2]。此外，该启发规则对于那些虽然具体但却稳定（nonvolatile）的类来说似乎不太合理。如果一个具体类不太改变，并且也不会创建其他类似的派生类，那么依赖于它并不会造成什么损害。

---

1 [Sweet1985]
2 实际上，如果可以通过字符串来创建类，就有一些方法可以解决这个问题。在C#中，这样做是可行的。还有在其他一些语言中，也可以使用该方法。在这些语言中，可以把具体类的名字作为配置数据传给程序。

比如，在大多数系统中，描述字符串的类都是具体的。在 Java 中，表示字符串的是具体的类 String。这个类是稳定的，也就是说，它不太会改变。因此，直接依赖于它不会造成损害。

然而，我们在应用程序中所编写的大多数具体类都是不稳定的。我们不想直接依赖于这些不稳定的具体类。通过把它们隐藏到抽象接口的背后，可以隔离这种不稳定性。

这并不是一种完美的解决方案。大多数时候，如果一个不稳定类的接口必须要变时，这种改变一定会影响到表示该类的抽象接口。这种变化破坏了由抽象接口维系的隔离性。

由此可知，该启发规则对问题的考虑有点简化了。另一方面，如果看得更远一些，认为是由客户端的类来声明它们所需要的服务接口，那么仅当客户端需要时才会对接口进行改变。这样，改变实现了抽象接口的类就不会影响到客户端。

一个简单的DIP例子

依赖倒置可以应用于任何存在一个类向另一个类发送消息的地方。例如，Button 对象和 Lamp 对象之间的情形。

Button 对象感知外部环境的变化。当接收到 Poll 消息时，它会判断是否被用户"按下"。它不关心是通过什么感知机制进行的。有可能是 GUI 上的一个按钮图标，也可能是一个能够用手指按下的真正的按钮，甚至可能是一个家庭安全系统中的运动检测器。Button 对象可以检测到用户是在激活还是关闭它。

Lamp 对象会影响外部环境。当接收到 TurnOn 消息时，它会显示亮灯。当接收到 TurnOff 消息时，它会把灯光熄灭。具体的物理机制并不重要。它可以是计算机控制台的 LED，也可以是停车场的水银灯，甚至是激光打印机中的激光。

该如何设计一个用 Button 对象控制 Lamp 对象的系统呢？图 11.3 展示了一个不成熟的设计。Button 对象接收 Poll 消息，判断按钮是否被按下，接着简单地给 Lamp 对象发送 TurnOn 或者 TurnOff 消息。

图11.3 简化的Button模型和Lamp模型

为什么说它是不成熟的呢？考虑一下对应这个模型的C#代码，如代码清单11.1所示）。请注意，Button 类直接依赖于 Lamp 类。这个依赖关系意味着当 Lamp 类改变时，Button 类会受到影响。此外，想要重用 Button 来控制一个 Motor 对象是不可能的。在这个设计中，Button 控制着 Lamp 对象，并且也只能控制 Lamp 对象。

代码清单11.1 Button.cs

```csharp
public class Button
{
  private Lamp lamp;
  public void Poll()
  {
    if (/*some condition*/)
      lamp.TurnOn();
  }
}
```

这个方案违背了 DIP。应用程序的高层策略没有和低层实现分离。抽象没有和具体的实现分离。没有分离，高层策略就自动地依赖于低层模块，抽象就自动依赖于具体的细节了。

找出底层抽象

什么是高层策略呢？它是应用背后的抽象，是那些不随具体细节的改变而改变的真理。它是系统内部的系统一，一它是隐喻（metaphor）。在 Button/Lamp 的例子中，背后的抽象是检测用户的开/关指令并将指令传给目标对象。用什么机制检测用户的指令呢？无关紧要！目标对象是什么呢？同样无关紧要！这些都是不会影响到抽象的具体细节。

通过倒置对 Lamp 对象的依赖关系，可以改进图11.3 中的设计。在图11.4 中，可以看到 Button 现在和一个称为 ButtonServer 的接口关联起来了。ButtonServer 接口提供

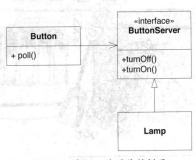

图11.4 对Lamp应用依赖倒置

了一些抽象方法，Button 可以使用这些方法来开启或是关掉一些东西。Lamp 实现了 ButtonServer 接口。这样，Lamp 现在依赖于 ButtonServer，而不是被 Button 所依赖。

图 11.4 中的设计可以让 Button 控制那些愿意实现 ButtonServer 接口的任何设备。这就赋予了我们极大的灵活性。同时也意味着 Button 对象能够控制将来要创建的对象。

不过，这个方案对那些需要被 Button 控制的对象提出了一个约束，它们必须要实现 ButtonServer 接口。这不太好，因为这些对象可能也要被 Switch 对象或者其他对象控制。

通过倒置依赖关系，让 Lamp 依赖于其他类而不是被其他类依赖，结果我们让 Lamp 依赖到了一个其他的具体细节 —— Button。我们确实做到了吗？

Lamp 的确依赖于 ButtonServer，但 ButtonServer 没有依赖于 Button。任何知道如何去操作 ButtonServer 接口的对象都能够控制 Lamp。因此，这个依赖关系只是名字上的依赖，我们可以通过给 ButtonServer 起一个更通用一点的名字（比如 SwitchableDevice）来修正这一点。也可以确保把 Button 和 SwitchableDevice 放置在两个不同的库中。这样对 SwitchableDevice 的使用就不包含对 Button 的使用了。

在本例中，接口没有所有者。这是一个有趣的情形，接口可以由许多不同的客户使用，并由许多不同的服务者实现。这样，接口就需要独立存在，而不属于任何一方。在 C# 中，可以把它放在一个单独的命名空间和库中[1]。

1　在 Smalltalk，Python 或者 Ruby 这样的动态语言中，接口完全不必作为显示的源码实体存在。

熔炉示例

下面来看一个更有意思的例子。假如有一款控制熔炉调节器的软件。这款软件可以从一个 I/O 通道中读取当前的温度，并通过向另一个 I/O 通道发送命令指示暖炉开或关。算法结构看起来如代码清单11.2所示。

代码清单11.2　一个温度调节器的简易算法

```
const byte TERMOMETER = 0x86;
const byte FURNACE = 0x87;
const byte ENGAGE = 1;
const byte DISENGAGE = 0;

void Regulate(double minTemp, double maxTemp)
{
  for (; ; )
  {
    while (in(THERMOMETER) > minTemp)
    wait(1);
    out(FURNACE, ENGAGE);
    while (in(THERMOMETER) < maxTemp)
    wait(1);
    out(FURNACE, DISENGAGE);
  }
}
```

算法的高层次意图是清楚的，但是实现代码中却夹杂着许多低层细节。这段代码根本不可能在不同的控制软件中重用。

由于代码很少，所以这样做不会造成太大的损害。不过，即使这样，算法失去重用性也是很可惜的。我们更愿意倒置这种依赖关系，结果如图11.5 所示。

图中显示Regulate 函数接收了两个参数，这两个参数的类型都是接口。Thermometer 接口可供读取，而 Heater 接口可以打开和关闭。Regulate 算法需要的就是这些。它的实现如代码清单11.3 所示。

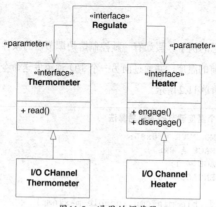

图11.5 通用的调节器

代码清单11.3 通用的调节器

```
void Regulate(Thermometer t, Heater h, double minTemp, double maxTemp)
{
  for(;;)
  {
    while (t.Read() > minTemp)
      wait(1);
    h.Engage();
    while (t.Read() < maxTemp)
      wait(1);
    h.Disengage();
  }
}
```

这样就倒置了依赖关系，让高层的调节策略不会依赖于任何温度计或者熔炉的特定细节。这个算法具备很好的重用性。

小结

传统的过程化程序设计创建出的依赖关系结构，策略是依赖于细节的。这是非常糟糕的，因为这样会让策略受到细节改变的影响。面向对象的程序设计倒置了这种依赖关系结构，它让细节和策略都依赖于抽象，并且常常是客户端拥有服务接口。

事实上，这种依赖关系的倒置正是良好的面向对象设计的特征所在。使用哪种语言编写程序无关紧要，如果程序的依赖关系是倒置的，它就有面向对象的设计。如果程序的依赖关系没有倒置，那么它就有过程化的设计。

依赖倒置原则是实现许多面向对象技术所宣称的好处的基本低层机制。它的正确应用对于创建可重用的框架而言是必需的。同时，它对于构建在变化面前富有弹性的代码也是非常重要的。由于抽象和细节彼此隔离，所以代码也非常易于维护。

参考文献

[Grady1996]Booch, Grady. *Object Solutions*. Menlo Park, CA: Addison-Wesley, 1996.

[Gamma1995]Gamma, et al. *Design Patterns*. *Reading*, MA: Addison-Wesley, 1995.

[Rihard1985]Sweet. Richard E. *The Mesa Programming Environment*. SIGPLAN Notices, 20(7)(July 1985): 216-229.

第12章

接口隔离原则（ISP）

这个原则是用来处理"胖"（fat）接口的缺点。如果类的接口不是内聚（cohesive）的，就可以说这是一个"胖"接口。换句话说，这些接口可以分解成多组方法。每一组方法服务于不同的客户端程序。因此，一些客户端可以使用某一组成员函数，而另一些客户端可以使用其他组的成员函数。

ISP 承认存在一些对象，它们确实需要非内聚的接口；但是，ISP 不建议客户端程序把这些对象作为单一的类存在。相反，客户端程序看到的应该是多个具有内聚接口的抽象基类。

接口污染

假如有一个安全系统。在这个系统中，有一些Door对象，它们可以被加锁或者解锁，并且这些Door对象知道自己是开着的还是关着的，参见代码清单12.1。这个Door编码成一个接口，这样，客户程序就可以使用那些符合Door接口的对象，而不需要依赖于Door的特定实现。

代码清单12.1 安全系统中的Door

```
public interface Door
{
  void Lock();
  void Unlock();
  bool IsDoorOpen();
}
```

现在，假设有这样一个实现，TimedDoor，如果门开着的时间过长，它就会发出警报声。为了做到这一点，TimeDoor 对象需要和另一个名为 Timer 的对象交互，见代码清单12.2。

代码清单12.2　Time 对象

```
public class Timer
{
  public void Register(int timeout, TimerClient client)
  {/*code*/}
}
public interface TimerClient
{
  void TimeOut();
}
```

　　如果一个对象希望得到超时通知，它可以调用 Timer 的 Register 函数。该函数有两个参数，一个是超时时间，另一个是指向 TimerClient 对象的引用，其 TimeOut 函数会在超时发生时被调用。

　　我们怎样把 TimerClient 类和 TimedDoor 类联系起来，才能在超时发生时通知到 TimedDoor 中相应的代码呢？有几个方案可供选择。图12.1展示了一个简单的解决方案。其中 Door 继承了 TimeClient，因此 TimedDoor 也就继承了 TimeClient。这就保证了 TimerClient 可以把自己注册到 Timer 中，并且可以接收到 TimeOut 的消息。

　　这个做法的问题是，现在 Door 类依赖于 TimerClient 了。可是并不是所有的 Door 都需要定时功能。事实上，最初的 Door 抽象和定时功能没有任何关系。如果创建了无需定时功能的 Door 的派生类，那么这些派生类中就必须提供 TimeOut 方法的退化实现，这就有可能违反 LSP。此外，使用这些派生类的应用程序即使不使用 TimerClient 类的定义，也必须要引入它。这样就有了不必要的复杂性和不必要的重复性这两种臭味。

　　这是一个接口污染的例子，这种症状

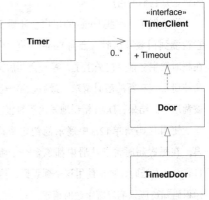

图12.1　位于继承层次顶层的 TimerClient

在C#、C++、Java 这样的静态类型语言中很常见。Door 的接口被一个它不需要的方法污染了。在 Door 的接口中单独加入这个方法只是为了能给它的一个子类带来好处。如果持续这样做的话，那么每次子类需要一个新方法时，这个方法就会被加到基类中去，这会进一步污染基类的接口，让它"胖"下去。

此外，每一次基类中添加一个方法时，派生类就必须实现这个方法（或者允许默认实现）。事实上，有一种特定的相关实践，可以让派生类无需实现这些方法，这种实践的做法是把这些接口合并为一个基类，并在这个基类中提供接口中方法的退化实现。不过按照我们前面所学，这种实践违反了LSP，会带来维护和重用方面的问题。

分离客户端就是分离接口

Door接口和TimerClient接口供完全不同的客户端使用。Timer 使用了 TimerClient 接口，而操作门（door）的类使用了Door接口。既然客户端程序是分离的，那么接口也应该分离。为什么这样做呢？因为客户端程序对它使用的接口施加了作用力。

我们考虑软件中带来变化的作用力时，通常考虑的都是接口的变化会怎样影响它们的使用者。例如，如果TimerClient的接口改变了，我们会关心TimerClient的用户要做出什么样的改变。然而，还有从另一个方向施加来的作用力。有的时候，迫使接口改变的，正是它们的用户。

举个例子，有些Timer的用户会注册多次超时请求。比如对于TimedDoor而言，当它检测到门被开启时，会向Timer发送一个Register消息，请求一次超时通知。可是，在超时发生之前，门关上了，等一会儿后又被再次开启。这就导致在原先的超时发生前又注册了一次新的超时请求。最后，第一次的超时发生时，TimedDoor的TimeOut方法被调用了。结果，Door错误地发出了警报。

使用代码清单12.3中展示的约定俗成的手法（convention），可以修正前面的错误。在每次超时请求注册中都包含一个唯一的timeOutId码，并在调用TimerClient的TimeOut方法时，再次使用这个标识码。这样TimerClient的每个派生类就可以根据这个标识码知道应该响应哪个超时请求。

代码清单12.3 使用ID的Timer类

```
public class Timer
{
  public void Register(int timeout,
                       int timeOutId,
                       TimerClient client)
  {/*code*/}
}

public interface TimerClient
{
  void TimeOut(int timeOutID);
}
```

显然，这个改变会影响到TimerClient的所有用户。但由于缺少TimeOutId是一个必须要改正的错误，所以我们接受这种改变。然而，对于图12.1中的设计，这个修正还会影响到Door以及Door的所有客户端程序。这是僵化性和粘滞性的臭味。为什么TimerClient中的一处bug会影响到那些Door的派生类的客户端程序呢？而且它们还不需要定时功能。如果程序中一部分的更改会影响到程序中完全和它无关的其他部分，那么更改的代价和后果就变得无法预测，并且带来的风险也会急剧增加。

接口隔离原则（Interface Segregation Principle，ISP）

客户端程序不应该被迫依赖它们不需要的方法。

当客户端程序被迫依赖它们不使用的方法时，那么这些客户程序就面临着由于这些未使用方法的改变所带来的变更。这无意间导致了所有客户程序之间出现耦合。换句话说，当一个客户端程序依赖于一个类，这个类包含了当前客户不需要，而其他的客户程序又确实需要的方法。那么当其他客户要求这个类改变时，就会影响到这个客户程序。我们应该尽可能避免这样的耦合，所以要分离接口。

类接口和对象接口

再次考虑一下TimedDoor。它有着两个隔离的接口，分别被两个独立的客户Timer和Door

的用户使用。由于两个接口的实现操作同样的数据，所以这两个接口必须在同一个对象中实现，所以我们该如何遵循ISP呢？我们如何隔离那些必须放在一起的接口呢？

　　这个问题的答案基于这样的事实，就是一个对象的客户端程序不需要通过这个对象的接口来访问。相反，它们可以通过委托或者该对象的基类来访问。

通过委托来分离接口

一种解决方案是创建一个派生自TimerClient的对象，并把对该对象的请求委托给TimedDoor。图12.2展示了这样的方案。

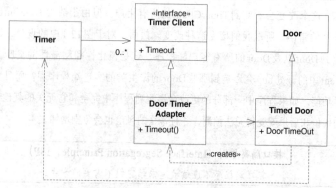

图12.2　Door Timer的适配器

　　当TimedDoor想要往Timer中注册一个超时请求时，它会创建出一个DoorTimerAdapter然后将其注册到Timer中。当Timer对象发送一条TimeOut的消息给DoorTimerAdapter的时候，DoorTimerAdapter就会把这条消息委托给TimedDoor。

　　这种解决方案符合ISP原则，并且也避免了Door的客户端程序和Timer之间的耦合。即便对Timer进行如代码清单12.3的改变，Door的客户端程序也不会受影响。并且，TimedDoor也不必拥有像TimerClient一样的接口。DoorTimerAdapter可以把TimerClient接口**转换**成TimedDoor接口。所以，这是一个非常通用的解决方案，见代码清单12.4。

代码清单12.4 TimedDoor.cs

```
public interface TimedDoor : Door
{
  void DoorTimeOut(int timeOutId);
}

public class DoorTimerAdapter : TimerClient
{
  private TimedDoor timedDoor;

  public DoorTimerAdapter(TimedDoor theDoor)
  {
    timedDoor = theDoor;
  }

  public virtual void TimeOut(int timeOutId)
  {
    timedDoor.DoorTimeOut(timeOutId);
  }
}
```

不过，这个解决方案还是有点不太优雅。它让我们每次注册一个超时请求时，都要创建一个新的对象。并且，处理委托需要一些很小但并非零开销的运行时间和内存的开销。对于一些应用领域，比如嵌入式实时控制系统，运行时和内存开销真的需要锱铢必较，以至于这种开销成了一个值得关注的问题。

使用多重继承隔离接口

图12.3和代码清单12.5展示了如何使用多重继承来达到ISP的目标。在这个模型中，TimerDoor同时继承了Door和TimerClient。尽管这两个基类的客户端程序都可以使用TimedDoor，但是实际上却不再依赖于TimedDoor本身。这样，它们就可以通过隔离的接口使用同一个对象了。

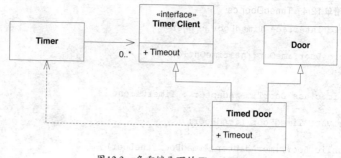

图12.3 多重继承下的 Timed Door

代码清单 12.5 TimedDoor.cpp

```
public interface TimedDoor : Door, TimerClient
{
}
```

通常，我会优先选择这个解决方案。只有当DoorTimerAdapter对象所做的转换是必需的或者不同的时候会需要不同的转换时，我才会选择图12.2 中的方案而非图12.3 中的方案。

ATM 用户界面的例子

现在我们来假设一个更有意义的例子：传统的自动取款机（ATM）问题。ATM 需要一个非常灵活的用户界面。它的输出信息需要被转换成许多不同的语音。输出的信息可能会被显示在屏幕，或者布莱叶盲文书写板上，又或者通过语言合成器说出来（图12.4）。显然，创建一个抽象基类就可以实现这种需求，这个基类中具有用来处理所有不同的消息的抽象方法，同时这些消息会被呈现在界面上。

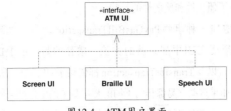

图12.4 ATM用户界面

同样可以把每一个ATM可以执行的不同交易封装成不同的Transaction的派生类。这样，我们可能会得到DepositTransaction，WithdrawalTransaction和TransferTransaction。每个类都调用UI的方法。例如，为了要求用户输入希望存储的金额，DepositTransaction对象会调用UI类中的RequestDepositAmount方法。同样，为了让用户输入要想转账的金额，TransferTransaction对象会调用UI类中的RequestTransferAmount方法。如图12.5所示。

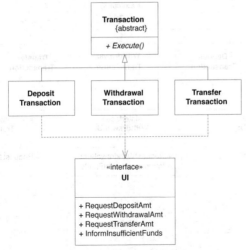

图12.5 ATM交易继承层次

请注意，这正好是ISP教导我们应该避免的情况。每一笔交易所使用的UI方法，其他的类都不会使用。这样，对于任何一个Transaction的派生类的改动都会迫使对UI做出相应的改动。这些又会影响到其他所有Transaction的派生类以及所有依赖UI接口的类。这样的设计就有了僵化性和脆弱性的臭味。

例如，如果要增加一种事物PayGasBillTransaction，为了处理该事物想要显示的特定消息，就必须要在UI中加入新的方法。糟糕的是，由于DepositTransaction、WithdrawalTransaction以及TransferTransaction都依赖于UI接口，所以它们都需要重新编译。更糟糕的是，如果这些交易都作为不同的程序集中的组件部署的话，那么这些程序集都必须得重新部署，即使它们的逻辑没有做过任何改动。你闻到粘滞的臭味了吗？

通过将UI接口分解成像DepositUI，WithdrawUI还有TransferUI这样的单独接口，就可以避免这种不恰当的耦合。最终的UI接口可以对这些单独的接口进行多重继承。图12.6和代码清单12.6展示了这种模型。

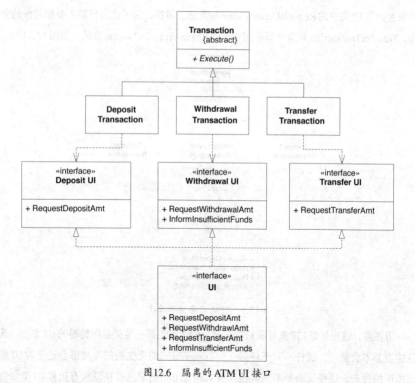

图12.6 隔离的 ATM UI 接口

每次创建一个新的Transaction派生类时，抽象接口UI就需要增加一个相应的基类。并且因此UI接口及其所有的派生类都必须改变。不过，这些类并没有被广泛使用。事实上，可能只有main或者那些启动系统并创建具体UI实例之类的过程在用它们。所以，增加新的UI基类所带来的影响被降到最低。

代码清单12.6 分离的ATM UI接口

```
public interface Transaction
{
  void Execute();
}

public interface DepositUI
{
  void RequestDepositAmount();
}

public class DepositTransaction : Transaction
{
  privateDepositUI depositUI;
  public DepositTransaction(DepositUI ui)
  {
    depositUI = ui;
  }

  public virtual void Execute()
  {
    /*code*/
    depositUI.RequestDepositAmount();
    /*code*/
  }
}

public interface WithdrawalUI
{
  void RequestWithdrawalAmount();
}

public class WithdrawalTransaction : Transaction
{
  private WithdrawalUI withdrawalUI;
```

```
public WithdrawalTransaction(WithdrawalUI ui)
{
  withdrawalUI = ui;
}

public virtual void Execute()
{
  /*code*/
  withdrawalUI.RequestWithdrawalAmount();
  /*code*/
}
}

public interface TransferUI
{
  void RequestTransferAmount();
}

public class TransferTransaction : Transaction
{
  private TransferUI transferUI;

  public TransferTransaction(TransferUI ui)
  {
    transferUI = ui;
  }

  public virtual void Execute()
  {
    /*code*/
    transferUI.RequestTransferAmount();
    /*code*/
  }
}

public interface UI : DepositUI, WithdrawalUI, TransferUI
{
}
```

仔细检查12.6的程序，会发现这个遵守ISP的解决方案有一个问题，这个问题在 TimedDoor 的例子中并不明显。请注意，每个交易都必须以某种方式知晓它的特定的

UI 版本。DepositTransaction 必须知晓 DepositUI，WithdrawalTransaction 必须知晓 WithdrawalUI 等。在代码清单12.6中，我让每笔交易在构造时都传入一个指向特定于它的 UI 的引用，从而解决了这个问题。注意，这样可以让我使用代码清单12.7中的惯用法（idiom）。

代码清单12.7 接口初始化惯用法

```
UI Gui; // global object;

void f()
{
  DepositTransaction dt = new DepositTransaction(Gui);
}
```

虽然很方便，但是它要求每笔交易都有一个指向对应 UI 的引用成员。在C#中，一种比较有诱惑力的做法是把所有的UI组件放到一个单一类中。代码清单12.8展示了这种做法。不过，这种做法有一个负面效果，那就是UIGlobals依赖于DepositUI、WithdrawalUO 以及 TransferUI。这意味着如果一个模块使用任何一个 UI 接口，那么该模块就会传递地依赖于所有的 UI 接口，而这正是LSP告诫我们要避免的。当更改任何一个UI接口时，会迫使所有实用UIGlobals的模块重新编译。UIGlobals类把我们千辛万苦分离开的接口重新合在一起了！

代码清单12.8 把全局变量包装在一个类中

```
public class UIGlobals
{
public static WithdrawalUI withdrawal;
public static DepositUI deposit;
public static TransferUI transfer;
  static UIGlobals()
  {
    UI Lui = new AtmUI(); // Some UI implementation
    UIGlobals.deposit = Lui;
    UIGlobals.withdrawal = Lui;
    UIGlobals.transfer = Lui;
  }
}
```

现在，假设有一个既要访问 DepositUI 又要访问 TransferUI 的函数 g。我们想把这两个 UI 作为参数传入这个函数。这个函数的原型怎么写呢？

是像下面这样写？

```
void g(DepositUI depositUI, TransferUI transferUI)
```

还是像这样写？

```
void g(UI ui)
```

后一种形式（单参数形式）来写这个函数的诱惑力是很强的。毕竟，我们知道在前一种形式（多参数形式）下，两个参数引用的是同一个对象。而且，如果使用多参数形式，它的调用看起来像这样：

```
g(ui, ui);
```

这看起来有点违背常理。

　　无论是否有悖常理，多参数形式通常都是优先于单参数形式的。单参数形式迫使函数 g 依赖于 UI 中的每一个接口。这样，如果 withdrawalUI 发生了改动，函数 g 和 g 的所有客户端程序都会受到影响。这比 g (ui, ui) 更有悖常理。此外，我们不能保证传入函数 g 的两个参数**总是**引用相同的对象。也许以后，接口对象会因为某些原因而分离。函数 g 并不需要知道所有的接口都被合并到单个的对象中这样的事实。因此，对于这样的函数，我更喜欢使用多参数形式。

　　客户端程序常常可以通过它调用的服务方法来进行分组。这种分组方法可以为每个组而不是为每个客户端程序创建隔离的接口。这极大地减少了服务需要实现的接口数量，同时也避免让服务依赖于每个客户端类型。

　　有时候，不同的客户组调用的方法会有重叠。如果重叠部分较少，那么组的接口应该保持分离，公用函数应该在所有重叠的接口中声明。服务端类会从这些接口中继承公用函数，但是只实现它们一次。

　　在维护面向对象应用程序时，常常会改变现有的类和组件的接口。通常这些改变都会造成巨大的影响，并且迫使系统的绝大部分需要重新编译和部署。这种影响可以通过为现存的对象添加新接口的方式来规避，而不是去改变已经存在的接口。原有接口的客户、如果想访问新接口中的方法，可以通过对象去询问该接口，如代码清单12.9所示。

代码清单12.9

```
void Client(Service s)
{
  if(s is NewService){
  NewService ns = (NewService)s;
  // use the new service interface
  }
}
```

　　每个原则在应用时都必须避免过度使用。如果一个类具有数百个不同的接口，其中一些接口是根据客户程序分离的，另一些是根据版本分离的。那么这个类是难以琢磨的，这种难以琢磨性事很可怕的。

小结

胖类（fat class）会导致它的客户端程序之间出现古怪而且有害的耦合关系。当一个客户端程序要求这个胖类进行一处改动时，会影响到所有其他的客户端程序。因此，客户端程序应该仅仅依赖于它们实际调用的方法。通过把胖类的接口分解成多个特定于客户端程序的接口，就可以实现这个目标。每个特定于客户端程序的接口仅仅声明它的特定客户端或客户端组所调用的那些方法。接着，这个胖类就可以继承所有特定于客户端程序的接口，并实现它们。这就解除了客户端程序和它们没有调用的方法之间的依赖关系，让客户端程序之间互相独立。

参考文献

[GOF1995]Gamma, et al. *Design Patterns*. Reading, MA: Addison-Wesley, 1995.

第13章

C#程序员UML概述（C#语言）

Angela Brooks

统一建模语言（UML）是一种用于绘制软件概念图的图形符号。我们可以用它来绘制关于问题领域、备选软件设计以及已完成软件实现的图示。《UML精粹》一书中把这三个级别称为**概念级、规格说明级和实现级**[1]。本书将关注后两个级别。

规格说明级和实现级的图示与源代码之间有很强的关联。实际上，规格说明级图示的目的就是要能够转换成源代码。同样，实现级图示是要描绘已有的源代码。因此，这两个级别的图示必须得遵循某些规则和语义。这样的图示非常明确并且有着大量的规范。

另一方面，概念级的图示和源代码之间没有很强的关联。它们更多是和人的语言相关的。概念级的图示可以作为一种速记方法，用于描绘存在于人类问题领域中的概念和抽象。因此，它们不必遵循强的语义规则，其含义可以是模糊的，通过解释来确定。

以这个句子为例：狗是动物。我们可以创建出用于表示这个句子的概念级别的UML

1　[Fowler1999].

图，如图13.1所示。

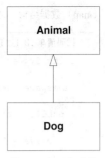

这幅图描绘了两个通过泛化（generalization）关系联系起来的实体：Animal和Dog。Animal是Dog的泛化，Dog是Animal的特例。这就是图例所表达的全部内容，除此之外，再无其他。我们可以说我们的宠物狗Sparky是动物，或者说狗这个物种属于动物类。图例的内容通过解释来确定。

然而，同样的图例如果处于规格说明或实现级别，就有着明确的多个含义：

图13.1　UML概念图

```
public class Animal {}
public class Dog : Animal {}
```

这段代码把Animal和Dog定义为通过**继承**关系联系起来的类。规格说明模型中描绘了**程序的部分内容**，而概念模型中却没有提及任何关于计算机、数据处理或者程序的内容。

遗憾的是，图示本身并不能反映出它们处在哪个级别。错误地识别图示所处的级别是程序员和分析师之间产生严重误解的根源。概念级的图示没有也不应该去说明源代码。描述问题解决方案的规格说明级图示不必和描述问题本身的概念图示有什么相像之处。

本书中剩余的所有图示都是规格说明和实现级别的，并尽可能地附上对应的源代码。上图就是我们所看到的最后一幅概念级图示。

接下来，要对主要的UML图示进行简单介绍。之后，你就能够理解和绘制大部分的常用UML图示了。其中，我们没有提及那些精通UML所需的细节和形式方面的内容，这些内容将在后续章节中介绍。

UML包含3种主要的图示：静态图（static diagram）描述类、对象、数据结构以及它们之间的关系，藉此展现软件元素之间那些不变的逻辑结构；动态图（dynamic diagram）展示软件实体在运行过程中如何变化，它描述的是执行流程或者描述实体如何对状态进行改变。物理图（physical diagram）展示了软件实体不变的物理结构，它描述了诸如源文件、库、二进制文件、数据文件等物理实体以及它们之间的关系。

请看代码清单13.1中的代码。这段程序实现了一个基于简单的二叉树算法的映射

（map）数据结构。请先熟悉这段代码，然后查看后面的图示。

代码清单 13.1　TreeMap.cs

```csharp
using System;

namespace TreeMap
{
  public class TreeMap
  {
    private TreeMapNode topNode = null;

    public void Add(IComparable key, object value)
    {
      if (topNode == null)
        topNode = new TreeMapNode(key, value);
      else
        topNode.Add(key, value);
    }

    public object Get(IComparable key)
    {
      return topNode == null ? null : topNode.Find(key);
    }
  }

  internal class TreeMapNode
  {
    private static readonly int LESS = 0;
    private static readonly int GREATER = 1;
    private IComparable key;
    private object value;
    private TreeMapNode[] nodes = new TreeMapNode[2];

    public TreeMapNode(IComparable key, object value)
    {
      this.key = key;
      this.value = value;
    }

    public object Find(IComparable key)
    {
      if (key.CompareTo(this.key) == 0) return value;
```

```csharp
    return FindSubNodeForKey(SelectSubNode(key), key);
  }

  private int SelectSubNode(IComparable key)
  {
    return (key.CompareTo(this.key) < 0) ? LESS : GREATER;
  }

  private object FindSubNodeForKey(int node, IComparable key)
  {
    return nodes[node] == null ? null : nodes[node].Find(key);
  }

  public void Add(IComparable key, object value)
  {
    if (key.CompareTo(this.key) == 0)
      this.value = value;
    else
      AddSubNode(SelectSubNode(key), key, value);
  }

  private void AddSubNode(int node, IComparable key, object value)
  {
    if (nodes[node] == null)
      nodes[node] = new TreeMapNode(key, value);
    else
      nodes[node].Add(key, value);
  }
  }
}
```

类图

　　图13.2中的类图（class diagram）展示了程序中主要的类和关系。TreeMap类具有名为Add和Get的公有方法，并在变量topNode中持有对TreeMapNode的引用。每个TreeMapNode都在其名为nodes的某种容器中持有对另外两个TreeMapNode实例的引用。每个TreeMapNode实例在其名为key和value的变量中持有对另外两个实例的引用。其中key变量持有对实现了IComparable接口的实例的引用，value变量则只是持有对某

些对象的引用。

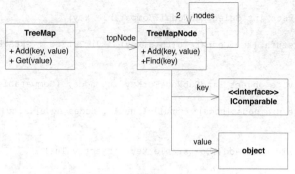

图13.2　TreeMap类图

第19章将仔细研究类图的细节。现在，你只需要知道如下一些内容。

● 矩形表示类，箭头表示关系。

● 在本图中，所有的关系都是关联（association）关系。关联是简单的数据关系，
其中一个对象或者持有对另外一个对象的引用，或者调用了其方法。

● 关联上的名字映射为持有该引用的变量名。

● 一般来说，和箭头相邻的数字表示该关系所包含的实例个数。如果数字大于1，
就意味着是某种容器（通常是数组）。

● 类图标中可以分成多个格间（compartment）。通常，最上面的格间存放类的名
字。其他的格间中描述函数和变量。

● «interface» 用来说明IComparable是一个接口。

● 这里显示的大部分符号都是可选的。

　　请仔细查看这幅图，并把它和代码清单13.1中的代码关联起来。请注意关联关系是
如何与实例变量对应起来的。例如，从TreeMap到TreeMapNode的关联称为topNode，
其对应于TreeMap中的topNode变量。

对象图

图13.3是一个对象图。它展示了在系统执行的某个特定时刻的一组对象和关系。可以把它看作是一个内存快照。

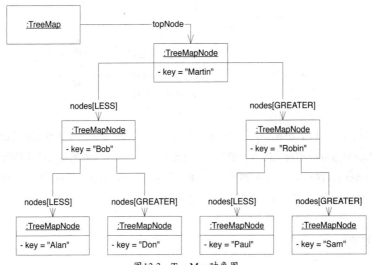

图13.3　TreeMap对象图

在这幅图中，矩阵图标表示对象。这一点可以通过它们名字下的下划线来辨别。冒号后面的名字是对象所属的类的名字。注意，每个对象的下层格间中显示的是该对象key变量的值。

对象之间的关系成为链，通过13.2中的关联导出。请注意，链是针对nodes数组中的两个数组单元命名的。

顺序图

图13.4是一个顺序图。它描绘了TreeMap的Add方法是如何实现的。

人形线条图表示一个未知调用者。这个调用者调用了TreeMap对象的Add方法。

如果topNode变量为null，TreeMap就创建一个新的TreeMapNode对象并把它赋给topNode。否则，TreeMap就向topNode发送Add消息。

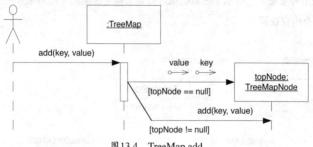

图13.4　TreeMap.add

方括号中的布尔表达式称为监护条件（guard）。它们指示出应该选择哪条路径。终结在TreeMapNode图标上的消息箭头表示对象构造。带有小圆圈的箭头称为数据标记（data token）。在本例中，它们描述了对象构造的参数。TreeMap下面的窄矩形条称为激活（activation）。它表示add方法执行了多少时间。

协作图

图13.5是一个协作图，描绘了TreeMap.Add中topNode不为null的情况。协作图包含顺序图中所包含的同样的信息。不过，顺序图的目的是清楚地表达出消息的顺序，而协作图则是为了清楚地表达出对象之间的关系。

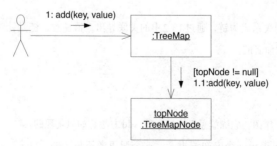

图13.5　TreeMap.Add一种情况的协作图

对象被称为链（link）的关系连接起来。只要一个对象可以向另外一个对象发送消息，就存在链关系。在链之上传递的正是消息本身。它们的表示为小一些的箭头。消息上标记有消息名称、消息顺序号以及任何使用的监护条件。

带点的顺序号表示调用的层次结构。TreeMap.Add函数（消息1）调用了TreeMapNode.Add函数（消息1.1）。因此，消息1.1是消息1所调用的函数发送的第一条消息。

状态图

UML可以非常全面地表示有限状态机。图13.6只展示了其中非常小的子集。

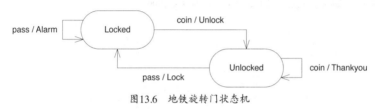

图13.6　地铁旋转门状态机

图13.6展示的是一个地铁旋转门的状态机。它有两个状态，分别是Locked和Unlocked。可以向这个机器发送两个事件。coin事件表示用户向旋转门中投入了一枚硬币。pass事件表示用户已经通过了旋转门。

图中的箭头称为迁移（transition）。其上标记有触发迁移的事件以及该迁移执行的动作。当一个迁移被触发时，会导致系统的状态发生改变。

我们可以把图13.6翻译成如下自然语言描述。

● 如果在Locked状态收到coin事件，就迁移到Unlocked状态并调用Unlock函数。

● 如果在Unlocked状态收到pass事件，就迁移到Locked状态并调用Lock函数

● 如果在Unlocked状态收到coin事件，就保持在Unlocked状态并调用Thankyou函数。

● 如果在Locked状态收到pass事件，就保持在Locked状态并调用Alarm函数

对于理解系统的行为方式，状态图非常有用。通过状态图，我们可以研究系统在未预料到的情形下该如何动作，比如：当用户在没有正当理由的情况下投入一枚硬币后，

接着又投入另一枚硬币。

小结

本章中的图示对大多数场合来说足够了。大部分程序员在了解这么多UML知识之后足以应付实际工作的需要了。

参考文献

[Fowler1999]Martin Fowler with Kendall Scott, *UML Distilled: A Brief Guide to the Standard Object Modeling Language*, 2d ed., Addison-Wesley, 1999.

第14章

使用UML

Angela Brooks

在探索UML的细节之前，我们先要讲讲何时以及为何使用它。UML的误用和滥用已经对软件项目造成了太多的危害。

为什么建模

工程师为何要建模型？航天工程师为何要建飞行器模型？结构工程师又为何要建桥梁模型？建这些模型的目的是什么呢？

工程师建模型的目的是为了知道他们的设计是否可行。航天工程师建飞行器模型并把它们放到风洞中是想知道它们是否能够飞行。结构工程师建桥梁模型是想知道它们是否能够不倒。建筑师建建筑模型是想知道他们的客户是否喜欢这些建筑的样子。建模型就是想要弄清楚某些东西是否可行。

这意味着，模型必须是可测试的。如果不能对模型应用一些可测试的标准，那么建模型毫无用处。如果模型不能被评估，那么这个模型就没有任何价值。

航天工程师为何不直接造飞机，然后试飞呢？结构工程师为何不是直接建大桥，然后看看它是否能够不倒？答案很简单，飞机和桥梁比模型造价高多了。当模型比构建的真实实体便宜很多时，我们就会用模型来研究设计。

为什么要建软件模型

UML 图是可测试的吗？与其表示的软件相比，它创建和测试起来更便宜一些吗？针对这两个问题，我们无法像航天工程师以及结构工程师那样得出明显的答案。在测试 UML 图方面，没有严格的标准，我们可以查看，评估，并应用一些原则和模式，但评估最终仍然是主观的。绘制 UML 图确实要比写软件的代价要小一些，但并没有小多少。事实上，时常出现更改源代码比更改图示更容易的情况。那么，在什么情况下使用 UML 是有意义的呢？

如果 UML 没有使用价值，我就不会写这几章内容了。不过，UML 确实很容易被误用。当我们有一些确定的东西需要测试，并且使用 UML 要比使用代码测试起来代价更低一些时，就使用 UML。比如，我有一个关于某个设计的想法。我想知道团队中的其他开发人员是否觉得它是一个好想法。于是，我就在白板上画一幅 UML 图，然后问团队成员有什么看法。

写代码之前是否应该做好详细设计

为何建筑师、航天工程师以及结构工程师都要绘蓝图呢？因为一个建筑师的设计图要拿给五个甚至更多人来建房子。几十个航天工程师绘制的设计图需要拿给几千人去造飞机。在绘制蓝图时，不需要挖地基、浇灌混凝土或者安装窗户。简而言之，先期做建筑设计的代价比不设计直接建的代价低很多。丢弃错误的设计不会付出多少代价，但拆除有问题的建筑却要花更大的代价。

同样，这些问题在软件领域也是不明显的。绘制UML图比写代码成本更低根本不明显。事实上，许多项目团队在图示上花的时间已经远远超过了写代码。丢弃图示比丢弃代码成本更低，同样不明显。因此，我们根本无法搞清楚在写代码之前先做详细UML设计到底是不是一个划算的选择。

有效使用UML

很明显，建筑工程、航天工程以及其他结构工程并没有为软件开发提供一个清晰的隐喻。我们不能像其他工程学科使用蓝图和模型那样轻率地使用UML（请参见附录B）。那么，我们该在什么情况下使用UML呢？

在和他人交流以及帮助解决设计问题方面，图示最有用。重要的一点是，图示的详细程度应该只是达成目标所需的。你可以绘制有很多花里胡哨的装饰的图示，但那是一种损害生产力的做法。请保持图示简单，整洁。UML图不是源代码，不要用来声明所有方法、变量和关系。

与他人交流

使用UML在软件开发者间交流设计构想是非常方便的。一小组开发者站在一块白板前可以完成许多工作。如果你有一些想法需要和他人进行交流，UML是非常有用的。

UML有助于交流清晰的设计想法。比如，图14.1中的图示就非常清楚。我们可以看到LoginPage继承自Page类，并使用了UserDatabase。很明显，类HttpRequest和HttpResponse都是LoginPage所需要的。我们很容易就可以想象出一组开发人员站在一块白板前讨论着一幅类似图示的场景。事实上，图示非常清晰地表达了代码结构。

另一方面，在交流算法细节方面，UML并不是非常合适。请考虑代码清单14.1中的简单冒泡排序代码。使用UML来表达这个简单的模块能得不到令人满意的结果。

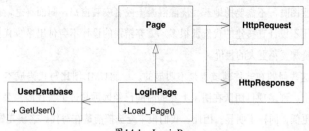

图 14.1 LoginPage

图 14.2 展示了一个粗略但笨重的结构，其中没有反映出任何有趣的细节。图 14.3 并不比代码更易读，绘制起来也要难得多。在这些方面，UML 还需要很多改进。

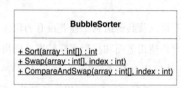

图 14.2 BubbleSorter

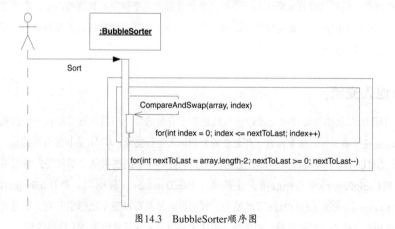

图 14.3 BubbleSorter 顺序图

代码清单 14.1 BubbleSorter.cs

```
public class BubbleSorter
```

```
  {
    private static int operations;

    public static int Sort(int[] array)
    {
      operations = 0;
      if (array.Length <= 1)
        return operations;
      for (int nextToLast = array.Length - 2;
        nextToLast >= 0; nextToLast--)
      for (int index = 0; index <= nextToLast; index++)
        CompareAndSwap(array, index);
      return operations;
    }

    private static void Swap(int[] array, int index)
    {
      int temp = array[index];
      array[index] = array[index + 1];
      array[index + 1] = temp;
    }

    private static void CompareAndSwap(int[] array, int index)
    {
      if (array[index] > array[index + 1])
        Swap(array, index);
      operations++;
    }
  }
```

脉络图

在创建大型系统的结构脉络图（road map）
方面，UML也很有用，这种脉络图可以使
得开发人员快速找到类与类之间的依赖关
系，并提供一份关于整个系统结构的参考。

例如，在图14.4中，很容易看出
Space对象含有PolyLine。PolyLine由许多

继承自 LinearObject 的 Line 组成的，LinearObject 包含两个 Point。在代码中找这样的结构是很乏味的。但在脉络图中，这个结构一眼就能看出来。

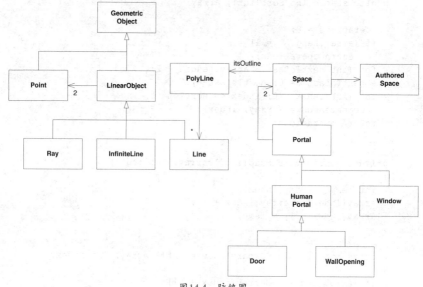

图 14.4　脉络图

这样的脉络图是很有用的教学工具。任何团队成员都要能够立即在白板上画出这样一幅图来。事实上，图 14.4 中的图就是我基于对十年前曾经开发的一个系统的记忆绘制出来的。图中记录了每个开发者为了有效工作必须牢记的知识。因此，花很大代价去创建和保存这类文档在很大程度上是没有太大意义的。最好还是把它们绘制在白板上。

项目结束文档

要编写需要保存的设计文档，最佳时机是在项目结束时，并把它作为团队的最后一项工作。这种文档会精确地反映出设计的状态，对后继团队非常有用。

不过，仍有一些问题需要注意。UML 图必须得经过仔细考虑。我们不需要厚达几千页的顺序图！我们想要的是那些描述系统关键要点的少量重要图示。充斥着大量混乱不堪、纠缠在一起的令人迷惑的线条和框框的UML图，是无法理解的（图14.5）。

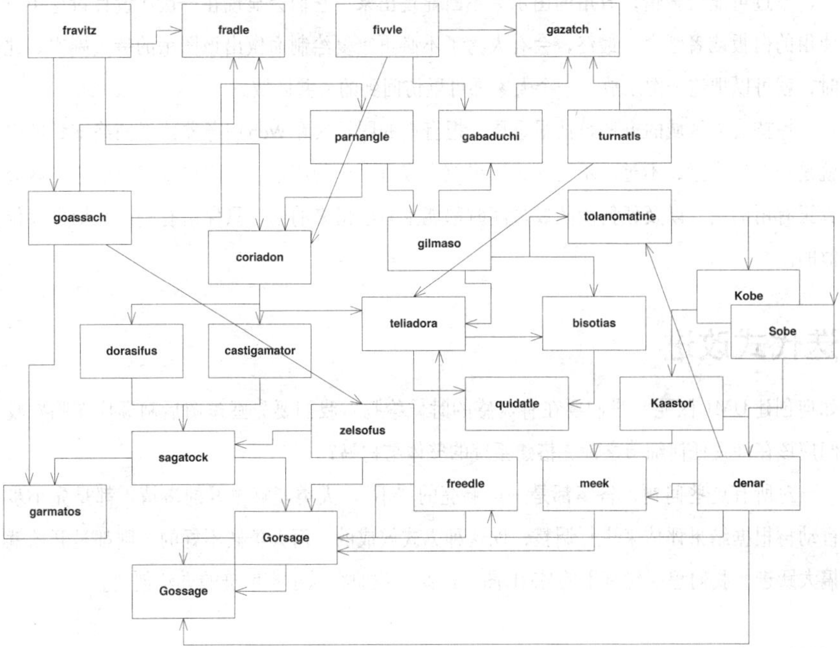

图14.5 一个糟糕相当常见的例子

要保留的和要丢弃的

请养成丢弃UML图的习惯。最好能够养成不在可以持久保存的介质上绘制它们的习惯。在白板或者纸上绘。白板上的，经常会被擦掉，纸上的，经常会被丢掉。不要经常使用CASEX或者绘图程序。这种工具有其使用的时机，大部分UML图都不应该长期存在。

有些图示保存起来是有用的，比如那些表达系统中公共设计方案的图示，记录有难以从代码中识别出来的复杂协议的图示。这些图示提供了系统中不常提及部分的脉络图。它们以一种比代码更好的表达方式记录了设计师的意图。

不要去搜这种图示；一看就能分辨出来。不要试图预先创建出这些图示。你可以猜测，不过可能会猜错。有用的图示会不断显现出来。它们会显现在一次次设计讨论中所使用的白板或者纸上。最终，会有人为了不必再重复绘制而做出该图示的持久副本。此时，就可以把这个图示放在一个大家都可以访问的公共区域。

保持公共区域的方便整洁很重要。把有用的图示放在 Web 服务器或者网络知识库中就是一个好主意。不过，不要在让那里放上成百上千的图示。一定要以审慎的态度区分真正有用的图，以及任何团队成员随时都能重新绘出来的图。只保留有较高长期保存价值的。

迭代式改进

如何创建 UML 图呢？我们要在有灵感的时候绘吗？我们要先画类图后画顺序图吗？我们应该在涉及任何细节之前先搭建系统的整体结构吗？

对所有这些问题，答案都是一声响亮的"不"。人类能够做好的事情，都是先小步行动再根据结果评估来进行调整，以这种方式做成的。而人类做不好的，则都是开始就搞大跃进。我们想创建有用的 UML 图。因此，我们将以小步前进的方法创建。

行为优先

我喜欢从行为开始。如果认为 UML 有助于我思考一个问题，我就会先绘制一幅有关问题的简单顺序图或者协作图。以手机的控制软件为例。软件是如何完成电话呼叫的呢？

我们可以想象软件检测着每一次按键，并向控制拨号的某个对象发送消息。因此，我们绘制出一个 Button 对象和一个 Dialer 对象以及 Button 向 Dialer 发送的多条 digit 消息（图 4.6）。星号表示多条。

图 14.6　一幅简单的顺序图

当 Dialer 收到一条 digit 消息时，会做什么呢？嗯，它得把这个数字显示在屏幕上。这样的话，它也许会向 Screen 对象发送 displayDigit 消息（图 14.7）。

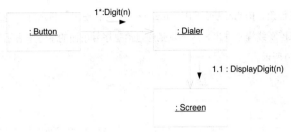

图14.7 图14.6（续）

接下来，Dialer最好能让扬声器发出声音。因此，我们得让它向Speaker对象发送tone消息（图14.8）。

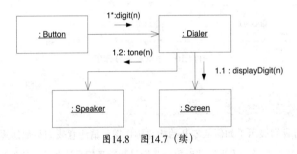

图14.8 图14.7（续）

在某个时刻，用户会按下Send按钮，表示号码已经拨完。此时，我们得让手机无线通信装置去连接手机网络并把拨打的电话号码传递出去（图14.9）。

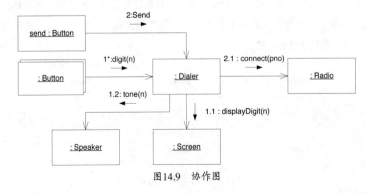

图14.9 协作图

一旦建立连接，Radio就可以让Screen点亮"正在使用"指示灯。这条消息无疑得从一个不同的控制线程中发出，这一点是通过消息序号前面的字母来表示的。最终的协作图如图14.10所示。

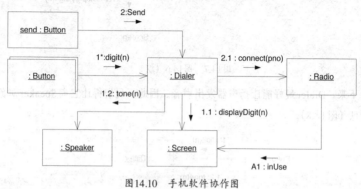

图14.10　手机软件协作图

检查结构

这个小练习向我们展示了如何从零开始构建协作图。请注意我们是如何逐步新建对象的。我们无法提前知道会出现这些对象；我们只知道我们得让某些事情发生，于是就新建对象来完成这些事情。

现在，在继续下一步之前，我们得检查一下这幅协作图对代码结构意味着什么。于是，我们新建了一个类图（图14.11）来补充该协作图。这个类图中包含了协作图中每个对象的类以及每个链的关联。

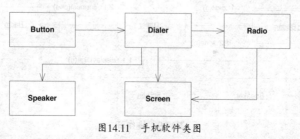

图14.11　手机软件类图

如果熟悉UML，就会发现我们忽略了聚集和组合。这是有意的。要有充足的时间来考虑是否需要应用这些关系。

对我来说，当前最重要的事情是分析依赖关系。为什么Button要依赖于Dialer呢？如果想到这一点，就会发现问题。我们来看看对应的代码：

```
public class Button
{
  private Dialer itsDialer;
  public Button(Dialer dialer)  {itsDialer = dialer;}
  ...
}
```

我不希望Button的源代码提及Dialer的源代码。Button是一个可以用于许多不同上下文的类。例如，我可以用Button类来控制手机上的on / off开关或菜单按钮或其他控制按钮。如果我将Button绑定到Dialer，就无法将Button代码重用于其他用途。

我可以通过在Button和Dialer之间插入一个接口来解决此问题，如图14.12所示。图中，我们看到每个Button都有指定的标记。当检测到按钮已被按下时，Button类将调用ButtonListener接口的buttonPressed方法并传递标记。这样就解除了Buttonon和Dialer的依赖关系，使得Button几乎可以在需要接收按键消息的任何地方使用。

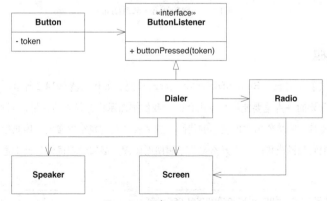

图14.12　隔离Button和Dialer

请注意，这个改动并没有对图14.10中的动态图造成任何影响。对象完全一样，只是类发生了改变。

不幸的是，现在我们让Dialer知道了Button。为什么Dialerexpect希望从ButtonListener获得其输人？为什么要在其中有一个名为buttonPressed的方法？Dialergot与Button有什么关系？

我们可以通过使用一些小适配器来解决此问题，并消除所有不合理的东西（图14.13）。ButtonDialerAdapter实现ButtonListener接口，接收buttonPressed方法，并将digit（n）消息发送到Dialer。传给Dialer的digit保存在适配器中。

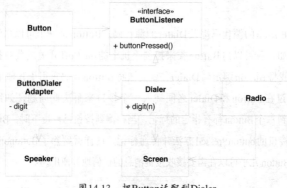

图14.13　把Button适配到Dialer

想象代码

我们可以很容易想象出ButtomDialerAdapter的代码。如代码清单14.2所示，在使用图示时非常重要的一点是要能够想象出代码。我们把图示作为代码的速记，而不是替代。如果在画图时不能想象出它所表示的代码，那么就是在构建空中楼阁。停止绘图，想一想该如何把它翻译成代码。千万不要为了画图而画图。必须时刻确保自己知道正在表达什么代码。

代码清单14.2　ButtonDialerAdapter.cs

```csharp
public class ButtonDialerAdapter : ButtonListener
{
```

```
private int digit;
private Dialer dialer;
public ButtonDialerAdapter(int digit, Dialer dialer)
{
  this.digit = digit;
  this.dialer = dialer;
}

public void ButtonPressed()
{
  dialer.Digit(digit);
}
}
```

图示的演化

请注意，我们在图14.13中所做的改动使得自图14.10开始的动态模型都变得无效。动态模型对子适配器一无所知。我们现在来更改。

图14.14展示了图示是如何以一种迭代的方式共同演化的。首先从一点点动态关系开始。然后探索其静态关系。根据一些好的设计原则来更改静态关系。接着返回去改进动态图。

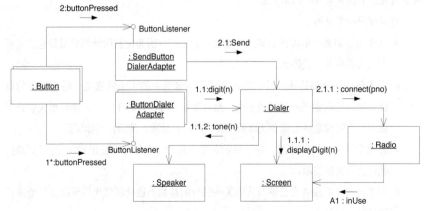

图14.14　向动态模型中增加适配器

　　这些步骤中的每一步都很不起眼。我们不想在动态图上投入超过 5 分钟的时间而不去考虑其静态结构。我们不想在改进静态结构上面花超过 5 分钟的时间而不去考虑其对动态行为造成的影响。我们更愿意以非常短的周期来一起演化这两种图示。

　　请记住，我们很可能是在一块白板前做这些的，并且很可能不会记录下所做的工作。我们不想非常规范或者非常精确。事实上，前面图中包含的图示已经比正常情况下更精确和规范一些。使用白板的目的不是为了让消息序号中的每个点都正确，而是让站在白板前的每个人都能理解讨论的内容，是为了赶快停止讨论，开始写代码。

何时以及如何绘制图示

绘制 UML 图可能非常有用，但也可能完全是在浪费时间。使用 UML 可能是一个好的决策，也可能是一个糟糕的决策。这依赖于你使用它的方式和程度。

何时要画图，何时不要画图

不要硬性规定"必须图示一切"。这样的规则还不如没有规则。大量项目时间和精力会被浪费在绘制没人会看的图示上面。

　　可以画图的情况如下。

- 几个人都需要理解设计的某个特定部分的结构，因为他们同时都要用到它。一旦所有人都理解，就停止。
- 你希望团队能够达成一致，但是有两个或者更多的人不同意某个特定元素的设计。把讨论限定在一个时间盒内，然后选择一种决策的手段，比如投票或者公平裁判。在时间盒终止或者能够做出决策时，就结束。然后，擦掉图示。
- 你想尝试一个设计想法，并且图示有助于思考。当你可以使用代码完成思考时，就停止。丢掉图示。
- 你要向其他人或者自己解释代码某些部分的结构当通过浏览代码可以更好地进行解释时，就停止。
- 接近项目的尾声，并且客户要求要把图示作为一部分文档提供给他们。

不要画图的情况如下。

- 过程要求。

- 不画图会有负罪感或者认为这是好的设计师要做的事情。好的设计师是要写代码的。他们只有在必要时才画图。

- 为了在编码前创建出面面俱到的设计阶段文档。这种文档基本上没有任何价值，却耗费了大量的时间。

- 为了方便其他人编码，真正的软件架构师是要为自己的设计编码的。

CASE工具

UML CASE工具可能非常有用，但也可能是昂贵的垃圾收集器。在决定购买并部署UML CASE工具时，一定要非常小心。

- 难道UML CASE工具没有使得画图变得更容易一些吗？没有，它们使得画变得图更加困难了。要想熟练掌握工具，需要一个很长的学习曲线，即使掌握了，工具也相对更笨重，而白板则非常易于使用。开发者通常都已经非常熟悉白板。即使不熟悉，也基本上没有什么学习曲线。

- 难道UML CASE工具并没有使得大团队在协作绘图方面更容易一些吗？有些情况下确实更容易。不过，绝大多数开发者和开发项目都不需要产出如此数量和复杂性的图示，多到需要一个自动协作系统来协调。无论如何，都应该先用一个手工系统，当其显现出不堪负荷，并且此时唯一的选择就是自动化时，才是考虑购买UML图绘制协调系统的最好时机。

- 难道UMLCASE工具并没有使得代码生成更加容易吗？画图，生成代码，然后使用生成的代码，所涉及的工作量之和很可能不比直接写代码的成本更低。如果说有收益的话，也不会是一个数量级，甚至不会是2倍。开发者知道如何编辑文本、使用IDE。从图示生成代码听起来像是个好主意，但我很希望你在大把花钱之前先度量一下生产力方面的提升。

- 那些本身就是IDE并且可以同时显示代码和图示的CASE工具如何呢？这些工具

确实很酷。不过，总是显示UML图并没有多大意义。修改代码时图示会相应改变或者修改图示时代码会相应改变，实际上并不会带来多少帮助。坦白讲，我更愿意花钱买专注于更好地帮助我处理程序而不是图示的IDE，同样，在决定投入大笔资金之前，请先度量生产力的提高。

简而言之，三思而后行。给团队装备一套昂贵的CASE工具也许有好处，但在购买这些很可能无人问津的东西之前，请先通过实验来验证它的好处。

那么，文档呢

好的文档对任何项目来说都是必不可少的。缺少了它们，团队就会迷失在代码的海洋中。另一方面，充斥着大量错误的文档则更糟糕，因为即使有所有这些造成混乱和误导的纸质文档，仍然会迷失在代码的海洋中。

文档必须得写，但必须得慎重写。哪些不需要文档和哪些需要文档，选择很重要。复杂的通信协议需要文档。复杂的关系模型需要文档。复杂的可重用框架需要文档。但是，所有这些东西都不需要数百页的UML图。软件文档应该简明扼要。软件文档的价值和多少成反比。

对于一个工作在一百万行代码上的12人项目团队来说，我会把需要持久保持的文档总页数控制在25～200之间，我偏爱更少的篇幅。这些文档包括重要模块高层结构的UML图、关系模型的ER（实体联系）图、一两页的系统构建说明、测试指导和源码控制指令性文字等。我会把这些文档放到wiki[1]或者一些协作式写作工具中，方便团队中的每个人浏览并在需要时进行搜索和更改。

需要投入大量的工作才能把文档变小变薄，不过，这些工作是值得的。人们一般会阅读小的文档，不愿意读上千页的大部头。

小结

几个人可以站在白板前借助于UML来思考设计问题。这种图应该以非常短的周期迭代

---

[1] 一种基于web的协作式文档创作工具。请参见http://c2.com and http://fitnesse.org。

创建。最好能够先探索动态情景，然后再确定其静态结构。有一点很重要，就是要用不超过5分钟的短迭代周期来演化动态图和静态图。

UML CASE工具在某些情况下是有用的。对常规的开发团队来说，这些工具更可能会成为障碍而不是帮助。如果觉得自己需要一个UML CASE工具，特别是一个集成进IDE的工具，请先做一些生产力方面的实验。三思而后行。

UML是一个工具，不是最终结果。作为一个工具，它可以帮助思考和交流设计。如果少量使用，它会带给你巨大的好处。如果过度使用，它会浪费你大量的时间。使用UML时，少即是好。

第15章

状态图

Angela Brooks

针对描述有限状态机（FSM），UML提供了一套丰富的符号。在本章中，我们将对其中最有用的部分进行介绍。FSM对各类软件的编写都非常有用。GUI、通信协议以及任何基于事件系统，我都会用FSM。遗憾的是，我发现很多开发者对FSM的概念并不熟悉，因此失去了很多可以简化设计的良机。在本章中，我要尽一己之力改善这种情况。

基础知识

图15.1展示了一个简单的状态迁移图（STD），该图描绘了控制用户登录到系统的FSM。圆角矩形表示状态。上层格间中放置每个状态的名字。下层格间中放的是一些特定动

作，表示进入或者退出该状态时要做什么。比如，当进入Prompting for Login状态时，就会触发showLoginScreen动作。当退出该状态时，会触发hideLoginScreen动作。

状态之间的箭头线称为"迁移"，上方都标记有触发该迁移的事件的名字。有些迁移上面还标记有当该迁移被触发时要执行的动作。比如，如果在Prompting for Login状态收到login事件，就会迁移到Validateing User状态并触发validateUser动作。

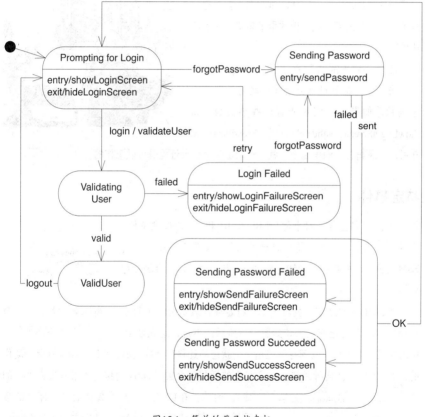

图15.1　简单的登录状态机

图中左上角的实心圆称为初始伪状态。FSM从这个伪状态开始，根据变迁规则进行运转。因此，状态机一开始就迁移到 Prompting for Login 状态。

我 在 Sending Password Failed 和 Sending Password Succeeded 状态外面画了一个超状态（superstate），因为这两个状态都对 OK 事件作出反应并都迁移到 Prompting for Login 状态。我不想画两个完全一样的箭头线，因此用了超状态这个便捷手段。

这个 FSM 非常清楚地表达出登录过程的工作方式，并把该过程分解成一些易于理解的小函数。如果我们实现所有这些小函数，如 showLoginScreen、validateUser 以 及 sendPassword 并用图中逻辑把它们串起来，就能够确定这个登录过程是可以工作的。

特定事件

状态图标下方包含一对事件/动作。entry 和 exit 是标准事件，不过如果需要，也可以提供自己的事件，如图 15.2 所示。当 FSM 在该状态中收到这叫特定事件中的某一个时，就会触发对应的动作。

State
entry/entryAction exit/exitAction myEvent1/myAction1 myEvent2/myAction2

图 15.2 UML 的状态和特定事件

在 UML 出现之前，我习惯于把特定事件表示为一个起止在相同状态上的迁移箭头，如图 15.3 所示。不过，这在 UML 中的含义稍有不同。任何导致退出一个状态的迁移都会触发 exit 动作（如果有退出动作的话）。同样，任何导致进入一个状态的迁移都会触发 entry 动作（如果有进入动作的话）。因此，在 UML 中，一个像图 15.3 中那样的自反迁移不仅会触发 myAction，还会触发 exit 和 entry 这两个动作。

图 15.3 自反迁移

超状态

正如你在图15.1的登录FSM中看到的那样，当许多状态以同样的方式响应某些同样的事件时，使用超状态就非常方便。你可以绘制一个包围这些相似状态的超状态，迁移箭头线从超状态而不是其中的单独状态开始绘制即可。因此，图15.4中的两个图是等价的。

通过显式画出起始于子状态的迁移，可以重写超状态迁移。因此，在图15.5中，状态s3的pause迁移就重写了Cancelable超状态的默认pause迁移。在这种意义上，超状态更像是基类。子状态能够以和派生类重写其基类方法同样的方式重写其超状态的迁移。不过，过度引申这个类比并不明智。超状态和子状态之间的关系实际上和继承关系是不等价的。

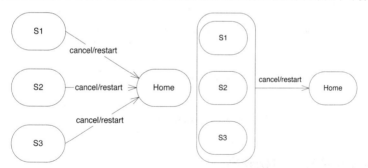

图15.4 迁移：多个单独状态和超状态

超状态可以有和常规状态一样的entry、exit以及特定事件，图15.6展示了一个超状态和子状态都有exit,和entry动作的FSM。当它从Some State迁移到Sub状态时，FSM首先触发enterSuper动作，接着触发enterSub动作。同样，当它从Sub2退出迁移到Some State时，FSM先触发exitsub2动作，然后触发exitSuper动作。不过，从Sub到

Sub2的e2迁移只会触发exitSub和enterSub2，因为这个迁移并没有退出超状态。

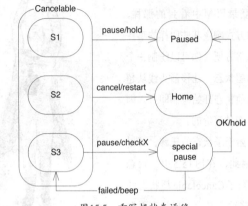

图15.5 重写超状态迁移

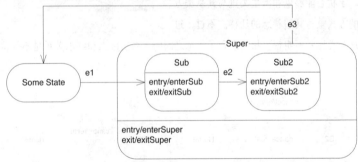

图15.6 entry和exit动作的层次式触发

初始伪状态和结束伪状态

图15.7展示了两个UML中常用的伪状态，FSM以从初始伪状态迁移出来而开始存在。从初始伪状态的迁移是不能带有事件的，因为这个事件就是状态机的

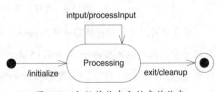

图15.7 初始伪状态和结束伪状态

创建。不过，这个迁移可以带有动作。这个动作将作为FSM创建完成后触发的第一个动作。

同样，FSM以迁移到结束伪状态而消亡。这个结束伪状态实际上是永远不可能的。迁移到结束伪状态所带的任何动作都将成为该FSM所触发的最后动作。

使用FSM图示

我发现，像这样的图非常有助于理解那些行为已知子系统的状态机。不过，大部分适合FSM的系统，其行为是无法预知的。这些系统的行为会随着时间出现和演化。图示不适合那些频繁变化的系统。布局和间距方面的问题会损害图示，有时会阻止设计者对设计做出必要的更改。对重新格式化图示的恐惧会阻止他们添加必需的类或者状态，导致他们采用一种不至于影响到图示布局的次优解决方案。

另一方面，文本则是一种非常灵活的应对变化的手段。布局根本就不是问题，总有地方来增加新的文本行。因此，对于那些演化的系统，我会以文本文件的方式创建状态迁移表（STT），而不是STD。考虑图15.8中的地铁旋转门STD，很容易把它表示成STT，如表15.1所示。

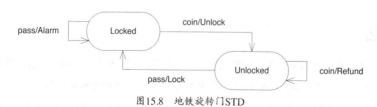

图15.8 地铁旋转门STD

表15.1 地铁旋转门STT

Current State	Event	New	State Action
Locked	coin	Unlocked	Unlock
Locked	pass	Locked	Alarm
Unlocked	coin	Unlocked	Refund
Unlocked	pass	Locked	Lock

　　STT是一个具有4列的简单表格。表的每一行表示一个迁移。对照一下图中的每个迁移箭头线，你会发现表中的行包含箭头线的两个端点以及相应的事件和动作。可以用下面的句子模板来理解STT："如果在Locked状态，收到coin事件，就迁移到Unlocked状态并调用Unlock函数。"

　　这个表格很容易转换成一个文本文件：

```
Locked      coin      Unlocked      Unlock
Locked      pass      Locked        Alarm
Unlocked    coin      Unlocked      Refund
Unlocked    pass      Locked        Lock
```

　　这16个单词包含FSM的所有逻辑。

　　SMC（状态机编译器）是我在1989年写的一个简单的编译器，它读进STT并产生出实现该逻辑以产生出多种语言的代码。在第36章讨论STATE模式时，我们会详细研究SMC。SMC可以从www.ohjcctmentomMii资源区免费获取。

　　以这种方式创建和维护FSM要比维护图示容易得多，并且自动生成代码也节省了大量的时间。因此，虽然图示在帮助思考或者向他人介绍FSM时非常有用，但对开发来说，文本格式要方便得多。

小结

有限状态机是一种强大的软件组织思想。UML在FSM可视化方面提供了丰富的符号支持。不过，在开发和维护FSM方面，采用文本语言通常比图形更容易一些-

　　UML状态图符号比我在这里介绍的丰富得多。你还可以应用其他一些伪状态、图标和构件。不过，我鲜少发现它们是有用的。本章介绍的是我用过的全部符号。

第16章

对象图

Angela Brooks

　　有时，呈现出系统在某个特定时刻的状态是非常有用的。和一个正在运行系统的快照类似，UML对象图展示了在一个给定时刻获取到的对象和属性，

即时快照

不久前，我参与开发了一个应用程序，用户可以使用该应用程序在GUI上绘制出楼层的规划图。程序中有表示房间、门、窗户及墙洞的数据结构，如图16.1所示。虽然图中显示了有哪些可用的数据结构，却没有准确指明在任一给定时刻建立的对象和关系。

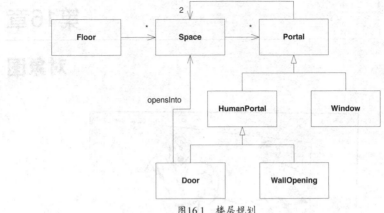

图16.1 楼层规划

　　假设程序的一个用户画了两个房间：一个厨房和一个餐厅，通过一个墙洞连接起来。厨房和餐厅都有一个对外的窗户。餐厅还有一个对外开放的门。图16.2中的对象图描绘了这个场景。这幅图中展示了系统中的对象以及这些对象连接的其他对象。图中把 kitchen 和 lunchRoom 显示为 Space 的不同实例，并展示了这两个房间是如何通过一个墙洞连接起来的。Outside 表示为 Space 的另外一个实例。图中还展示了所有其他必需的关系和对象。

　　需要展示系统在某个特定时刻或者某个特定状态下的内部结构时，像这样的对象图是很有用的。对象图展示了设计者的意图。它描绘了某些类和关系将要被使用的方式。它有助于展示系统是如何随着各种输入而变化的。

　　请小心，对象图务必谨慎使用。在过去的10年中，我所绘制的这类对象图不超过12个。在大部分情况下，是不需要的。当需要时，它们又是必不可少的，这也是我把它们包含在本书中的原因。不过，你很少需要用到它们，千万不要假设系统中

的每个场景甚至每个系统都需要用到对象图。

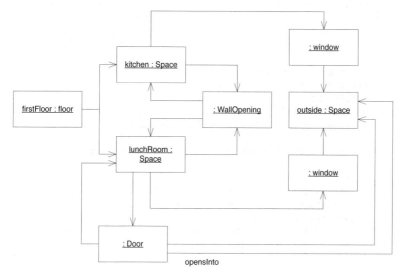

图16.2 餐厅和厨房

主动对象

在多线程的系统中，对象图也非常有用。比如，请考虑代码清单16.1中的SocketServer代码。这段程序实现了一个简单的框架，该框架允许你写socket服务器而无需关心那些和socket相关的讨厌的线程和同步问题。

代码清单16.1 SocketServer.cs

```
using System.Collections;
using System.Net;
using System.Net.Sockets;
using System.Threading;

namespace SocketServer
{
  public interface SocketService
```

```
{
  void Serve(Socket s);
}

public class SocketServer
{
  private TcpListener serverSocket = null;
  private Thread serverThread = null;
  private bool running = false;
  private SocketService itsService = null;
  private ArrayList threads = new ArrayList();

  public SocketServer(int port, SocketService service)
  {
    itsService = service;
    IPAddress addr = IPAddress.Parse(1"27.0.0.1");
    serverSocket = new TcpListener(addr, port);
    serverSocket.Start();
    serverThread = new Thread(new ThreadStart(Server));
    serverThread.Start();
  }

  public void Close()
  {
    running = false;
    serverThread.Interrupt();
    serverSocket.Stop();
    serverThread.Join();
    WaitForServiceThreads();
  }

  private void Server()
  {
    running = true;
    while (running)
    {
      Socket s = serverSocket.AcceptSocket();
      StartServiceThread(s);
    }
  }

  private void StartServiceThread(Socket s)
```

```csharp
  {
    Thread serviceThread =
    new Thread(new ServiceRunner(s, this).ThreadStart());
    lock (threads)
    {
      threads.Add(serviceThread);
    }
    serviceThread.Start();
  }

  private void WaitForServiceThreads()
  {
    while (threads.Count > 0)
    {
      Thread t;
      lock (threads)
      {
        t = (Thread)threads[0];
      }
      t.Join();
    }
  }

  internal class ServiceRunner
  {
    private Socket itsSocket;
    private SocketServer itsServer;

    public ServiceRunner(Socket s, SocketServer server)
    {
      itsSocket = s;
      itsServer = server;
    }

    public void Run()
    {
      itsServer.itsService.Serve(itsSocket);
      lock (itsServer.threads)
      {
        itsServer.threads.Remove(Thread.CurrentThread);
      }
      itsSocket.Close();
```

```
    }

    public ThreadStart ThreadStart()
    {
      return new ThreadStart(Run);
    }
  }
}
```

这段代码的类图如图 16.3 所示。它看起来并没有什么特别之处，并且从类图中很难看出这段代码的意图。图中展示了所有的类和关系，但没有以某种方式传达出更关键的场景。不过，看一下图 16.4 中的对象图。该图对结构的表达比类图好得多。如图 16.4 所示，SocketServer 持有 serverThread，并且 serverThread 运行在一个名为 Server 的代理中，serverThread 负责创建所有的 ServiceRunner 实例。

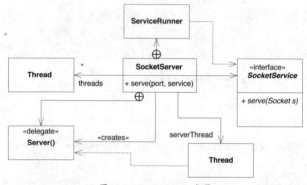

图 16.3　SocketServer 类图

请注意围绕 Thread 实例的粗体边框。具有粗体边框的对象代表主动对象（active object），主动对象管理着一个控制线程。它们有用来控制线程的方法，比如 Start，Abort 和 Sleep 等。在这幅图中，所有的主动对象都是 Thread 的实例，因为所有处理都是在代理中完成的，而 Thread 实例则持有对这些代理的引用。

对象图的表现力比类图强一些，因为这个特定应用的结构是在运行时构建起来的。在这种情况下，结构更多是关于对象的而不是类。

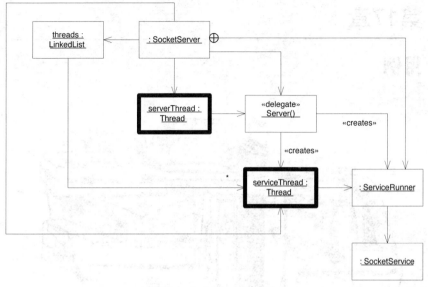

图16.4 SocketServer对象图

小结

对象图提供了系统在某个特定时刻的状态快照。这是一种有用的描述系统的方法，当系统的结构是动态构建起来而不是由其静态的类结构决定时，更是如此。不过，应该对画太多的对象图保持警惕。在大部分情况下，它们都可以从相应的类图中直接推导出来，所以并不是特别有用。

第17章

用例

用例的思路非常好，却被过度复杂化了。我总是看到一些开发团队围坐在一起，讨论用例该如何写。一般来说，这种团队更多的是在关注形式而非内容。他们在前置条件、后置条件、主参与者、辅助参与者以及一堆根本不重要的事情上争论不休。

使用用例真正的窍门就是保持用例简单。不要担心用例的格式；简单把它们写在空白纸、字处理器的空白页或空白的索引卡片上就行了。不要担心所有的细节。细节只有到了很后期才有用。不必为记录所有的用例而烦恼，因为那是一项不可能完成的任务。

关于用例，有一点要牢记：明天，它们将会变化。不管你多么努力地记录它们，不管你在记录细节方面多么地一丝不苟，不管你考虑地多么全面，不管你在研究和分析需求上投入了多少精力：明天，它们都要变化。

如果有些东西明天会变化，那么就不必在今天就记录下它的细节。事实上，你要做的就是把细节的记录推迟到最后一刻。可以请把用例看作是即时需求。

写用例

请注意本节的标题。我们是要写用例，而不是要画它们。用例不是图示。用例是从一个特定视角进行编写的关于行为需求的文本描述。

"等等！"你喊道，"我知道UML中有用例图，我见过。"

不错，UML中确实有用例图。不过从这些图中你根本看不出任何有关用例的内容。它们根本不包含任何关于行为需求的信息，而这正是用例该记录的内容。UML中的用例图记录的完全是其他一些东西。

用例是对系统行为的描述。该描述是从用户用系统来完成一些特定工作的视角编写的。用例记录了系统响应单个用户刺激所经历的可视事件序列。

可视事件指的是用户能够看得到的事件。用例根本不用描述那些看不见的行为，也不描述那些看不到的系统机制。它们只描述用户能够看得到的东西。

用例通常分为两部分。第一部分为基本流程（primary course）。在这部分中，我们描述在一切正常的情况下系统是如何响应用户刺激的。

例如，下面是销售终端系统的一个典型用例。

卖出商品

1.收银员在扫描仪上划过商品，扫描仪读取UPC码。

2.商品的价格、描述以及当前价格总数出现在朝向顾客的显示器上。价格和描述也出现在收银员的屏幕上。

3.价格和描述打印在收银条上。

4.系统发出可以听到的"确认"声以通知收银员UPC码正确读取。

这就是一个用例的基本流程。不需要任何更复杂的东西。事实上，如果用例不是一会儿就要实现，那么即使是上面这几个简单的步骤可能也过于详细了。如果用例不需要在几天或者一周内就要实现，我们是不希望记录这种细节的。

如果不记录下用例的细节，如何对它进行估算呢？你可以去问利益相关者有关细节的内容，不必把它记录下来。这会为你提供进行粗略估算所需要的信息。既然要去询问利益相关者一些细节方面的内容，为什么不把它们记录下来呢？因为明天，细节将会变化。难道变化不会影响到估算吗？会影响，不过对大量的用例来说，这些影响会相互抵消。过早记录下细节是完全不划算的。

如果我们现在不记录用例的细节，那要记录什么呢？如果不写下一些东西，我们又如何得知存用例呢？记下用例的名称即可。在电子表格或者文档中保持用例名字的代码清单。更好的做法是，把用例的名称写在索引卡片上，保存在一起，等临近实现时再填入细节。

备选流程

有些细节关注的是那些出错的情况。在和利益相关者交谈期间，你会希望谈论一些出问题的场景之后，随着越来越接近用例的实现时间，你会越来越多地考虑这些备选流程。备选流程是用例基本流程的补充。它们可以按照如下方式编写。

无法读取 UPC 码

如果扫描仪无法读取 UPC 码，系统应该发出"重新扫描"声音，以通知收银员再试一次。

如果试三次仍然失败，收银员就要手工输入 UPC 码。

没有 UPC 码

如果商品上没有 UPC 码，收银员应该手工输入价格。

这些备选流程非常得有趣，因为它们提供了存在其他用例的线索，而这些用例可能是利益相关者一开始没有识别出来的。在本例中，能够手工输入 UPC 或者价格显然是必要的。

其他东西呢

参与者、辅助参与者、前置条件、后置条件以及其他东西是怎么回事呢？不必担心所有这些东西。对绝大多数系统而言，都不必知道这些内容。当需要了解更多的用例知识时，可以阅读 Alistair Cockburn 关于这个主题的权威著作。现在，在练习跑步之前先学会走路吧。请先掌握怎么写简单的用例。当你精通这些之后（也就是已经成功地在项目中使用了），才可以非常小心、克制地采用一些更为复杂的技术。但是，一定要记住，不要空想，不要闭门造车。

用例图

在所有 UML 图中，用例图是最令人迷惑也是最没有用处的。我建议，除了系统边界图，其他所有图都可以忽略。

图17.1展示了一幅系统边界图。大矩形是系统边界。矩形内的所有东西都是将要开发的系统的组成部分。矩形外面是操作该系统的参与者（actor）。参与者是处于系统外部，向系统施予刺激。一般来讲，参与者都是人。不过，也可以是其他系统，甚至设备，比如实时时钟。

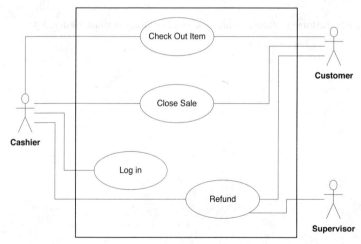

图17.1　系统边界图

边界矩形内部是用例：内部带有名称的椭圆。在参与者及其所触发的用例之间有线相连。不要使用箭头线：没有人真正知道箭头的方向是什么意思。

这幅图基本上没什么用处。它几乎没有包含对程序员有用的信息，不过可以作为一张不错的封面，附在提供给利益相关者的报告上。

用例关系就是有些"当时看起来不错的主意"。我建议主动忽略它们。它们不会为用例增加任何价值，也无助于对系统的理解，它们会成为大量诸如到底使用 «extends» 还是 «generalization» 这样无休止争论的根源。

小结

本章很短。这是合适的，因为本章的主题本身比较简单。你对用例的态度一定要保持这种简洁性。如果陷入用例复杂性的黑暗面，就会被它牢牢控制。运用原力，保持用例的简单化。

参考文献

[Cockburn2001]Alistair Cockburn, *Writing Effective Use Casest*. Addison-Wesley, 2001.

　　顺序图是UML用户最常绘制的动态模型。正如你所期望的，UML提供了大量迷人的东西，足以使你画出让人完全无法理解的图示。在本章中，我们要介绍这些迷人的好东西并试图说服你在使用它们时要保持高度的克制。

　　我曾经为一个团队做过咨询，这个团队决定对每个类的每个方法创建顺序图。请不要这样做，这简直是浪费时间。当你需要立即向某个人解释一组对象的协作方式或者当自己想要把这种协作关系可视化时，才使用顺序图。请把顺序图当作一种偶尔用来以磨练分析技能的工具，不要把它们作为"刚需"文档。

基础知识

我第一次学习绘制顺序图是在1978年。当时，我和老友兼同事James Grenning，一起做一个涉及复杂通信协议的项目，该协议用于由调制解调器连接起来的计算机之间的通信，他向我展示了顺序图。我在这里介绍的和当年他教给我的非常接近，这些内容足以帮助你绘制绝大多数顺序图。

对象、生命线、消息及其他

图18.1展示了一幅典型的顺序图。其顶部显示了协作中涉及的对象和类。对象的名字下面有下划线，类没有。左边的人形线条图（参与者）表示一个匿名对象。它是协作中来来往往的所有消息的源和接收者。不是所有顺序图都有这样的匿名参与者，不过许多都是这样的。

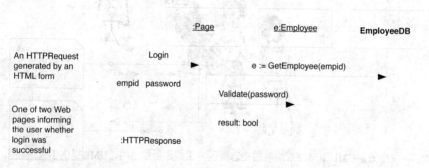

图18.1　典型的顺序图

　　从对象到参与者垂下来的虚线称为"生命线"（life line）。从一个对象发送到另一个对象的消息显示为两条生命线之间的箭头线。每条消息都标记有消息的名称。参数要么出现在消息名称后面的括号中，要么和数据标记相邻（尾端带有小圆圈的箭头）。时间轴是垂直方向的，消息出现的位置越低，就发送越晚。

Page对象生命线上的细条小矩形称为"激活"。激活是可选的，大部分图示都不需要。激活表示一个函数执行的时间。在本例中，它显示Login函数的运行时长。那两个从激活图标出发向右的消息是由Login方法发送的。没有标注的虚箭头线表示Login函数返回到参与者并传回返回值。

请注意GetEmployee消息中e变量的使用。它代表着GetEmployee的返回值。还要注意，Employee对象的名字也是e。你猜对了：它们是同一个对象。GetEmployee的返回值就是指向Employee对象的引用。

最后注意，因为EmployeeDB是一个类，因此其名称下方没有下划线。这意味着GetEmployee只能是个静态方法。因此，我们希望EmployeeDB的代码如代码清单18.1所示。

代码清单18.1 EmployeeDB.cs

```
public class EmployeeDB
{
  public static Employee GetEmployee(string empid)
  {
    ...
  }
  ...
}
```

创建和析构

可以用图18.2中所示的约定来在顺序图中表示一个对象的创建。画一条终结于要创建的对象而不是其生命线上的不带标注的消息。我们希望ShapeFactory按照代码清单18.2那样实现。

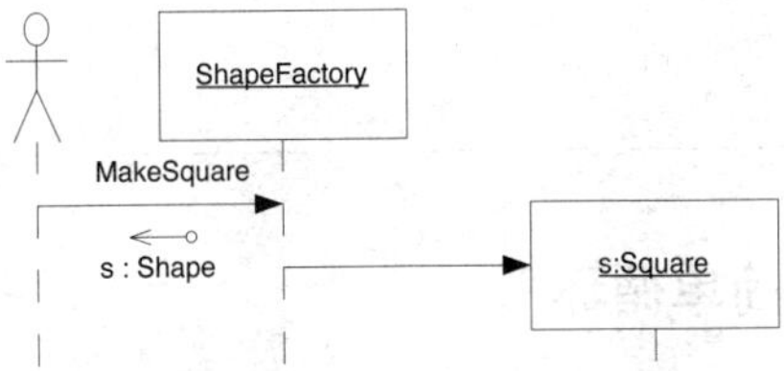

图18.2 创建一个对象

代码清单18.2 ShapeFactory.cs

```
public class ShapeFactory
{
  public Shape MakeSquare()
  {
    return new Square();
  }
}
```

在C#中，我们无需显式地销毁对象。垃圾回收器会替我们完成所有的显式析构工作。不过，在很多情况下，我们希望能够清晰地表达出我们已经用完一个对象，可以把它交给垃圾回收器了。

图18.3展示了如何用UML来表示这一点。要释放的对象的生命线比正常的短，并且尾部有一个大大的X。终结到X的消息表示要把该对象释放给垃圾回收器。

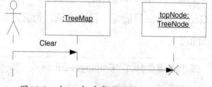

图18.3 把一个对象释放给垃圾回收器

代码清单18.3展示了我们所期望的和这幅图对应的实现。注意，Clear方法把topNode变量设置为null。因为topNode是持有该treeNode实例引用的唯一对象，所以treeNode会释放给垃圾回收器。

代码清单18.3 TreeMap.cs

```
public class TreeMap
{
  private TreeNode topNode;
  public void Clear()
  {
    topNode = null;
  }
}
```

简单循环

可以在UML图中画出一个简单的循环，方法是在需要重复发送的消息周围画一个框。

在该框的某个地方（通常是右下角）放置一对中括号，其中包含着循环条件。请参见图18.4。

图18.4 简单循环

这是一个有用的符号约定。但是，试图在顺序图中表示算法是不明智的。顺序图应该用来揭示对象之间的连接，而不是一个算法的详细细节。

时机和场合

不要绘制像图18.5那样具有大量对象和消息的顺序图。没人能够理解，也没人愿意看。这是一种巨大的时间浪费。相反，请学习如何绘制出那种记录你想做的事情要点的小一些的顺序图。每个顺序图都应该在一页之内，为解释文本留下足够的空间。不要为了能够在一页显示而把图标缩得特别小。

同样，不要绘制出成百上千张顺序图。如果顺序图太多，就没人会去看了。找出所有场景的公共部分，并把精力集中在那上面。对于UML图而言，共同点要比差异重要得多。使用图形来展示公共的主题和实践。不要使用图示来文档化每一个小细节。如果真的需要画一幅顺序图来描述消息的流程，就要简洁，有节制。尽可能少画顺序图。

首先，问一下自己顺序图是否真正必要。通常，代码要更加易于交流，并且更加经济一些。举个例子，代码清单18.4展示了Payroll类可能的代码。这段代码非常具有表达力，并且是无需解释的。我们无需顺序图就可以理解它，因此也无需画顺序图。如果代码可以清楚地自我表达，图示就是冗余的，就是浪费。

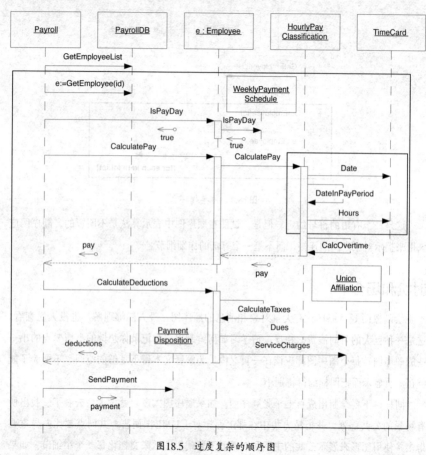

图18.5 过度复杂的顺序图

代码清单18.4 Payroll.cs

```csharp
public class Payroll
{
    private PayrollDB itsPayrollDB;
}
```

```
private PaymentDisposition itsDisposition;
public void DoPayroll()
{
  ArrayList employeeList = itsPayrollDB.GetEmployeeList();
  foreach (Employee e in employeeList)
  {
    if (e.IsPayDay())
    {
      double pay = e.CalculatePay();
      double deductions = e.CalculateDeductions();
      itsDisposition.SendPayment(pay - deductions);
    }
  }
}
```

真的能用代码来描述系统的某个部分吗？事实上，这应该成为开发人员和设计师的一个目标。团队应该致力于创建出具有表达力、易读的代码。代码越是能够自己表述，你就越不需要图示，整个项目就会越好。

其次，如果觉得顺序图是必要的，问一下自己是否能够把它分成一小组场景。例如，我们可以把图18.5中的大顺序图分解成几个小一些的、更加易读的顺序图。考虑一下图18.6中的小场景，是不是很好理解呢？

最后，思考一下你想描绘的东西。你在试图展示一个像图18.6中计算小时工资那样的低层操作细节吗？或者，你在试图展示像图18.7中那样的系统全局流程的高层视图吗？一般来讲，高层图示要比低层图示更有用一些。高层图示有助于读者联想到系统。它们所揭示的共性要多于差异。

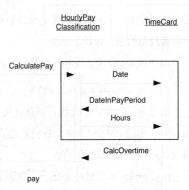

图18.6　一个小场景

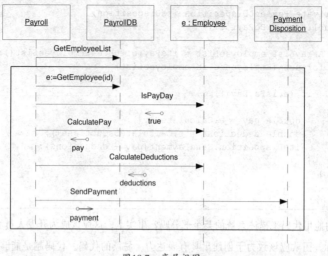

图18.7　高层视图

高级概念

循环和条件

我们可以绘制出一幅顺序图来完整地说明一个算法。图18.8展示了计算工资的算法，其中含有规范的循环和if语句。

payEmployee消息前有一个循环表达式，如下所示：

```
*[foreach id in idList]
```

星号表示这是一个迭代；消息会被重复发送直到中括号中的监护（guard）表达式为false。虽然UML中有关于监护表达式的特定语法，我觉得，最好使用能够暗指迭代器或者foreach的类C#伪码。

payEmployee消息终止在一个激活矩形上，该矩形和第一个矩形相接触，但有所偏移。这表示现在有同一个对象的两个函数在执行。因为payEmployee消息是循环的，因此第二次激活也是循环的，于是从它出发的所有消息都是该循环的一部分。

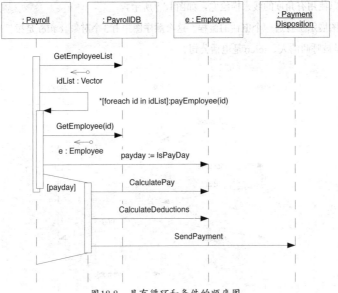

图18.8 具有循环和条件的顺序图

请注意靠近[payday]监护条件的激活矩形。它表示一个if语句。仅当该监护条件为true时，第二个激活才能获取控制。因此，如果isPayDay返回true，就会执行calculatePay、calculateDeductions和sendPayment；否则，它们不会被执行。

虽然顺序图可能可以描绘一个算法的所有细节，但我们不能因此就认为可以随意地按照这种方式描绘所有的算法。使用UML来描绘算法是非常笨拙的。代码清单18.4中的代码是一种更好的表达算法的方式。

耗费时间的消息

通常，我们不会考虑从一个对象向外外一个对象发送消息所花的时间。在大多数OO语言中，这几乎都是瞬时的。这也是我们水平绘制消息线的原因：发送消息不花任何时间。但是，在有些情况中，发消息是要花时间的。我们试图发的消息可能会跨越网络边界，或者在调用方法和执行方法之间，系统中的控制线程可能会终止。在这种情况下，我们可以使用有角度的线来描绘它，如图18.9所示。

该图展示了打通一个电话的流程。这个顺序图有3个对象。caller是拨打电话的人。callee是被呼叫的人。telco是电话公司。

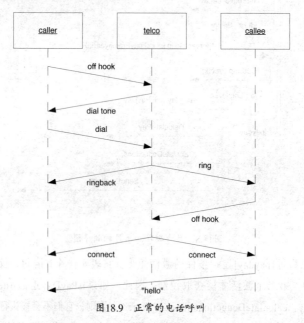

图18.9　正常的电话呼叫

从话机上拿起听筒会向telco发送摘机（off-hook）消息，telco以拨号音（dial tone）作为响应。收到拨号音后，caller就会拨打callee的电话号码。作为响应，telco会让callee振铃，并向caller播放回铃音（ringback tone）。callee听到振铃后，拿起话机。telco建立起连接callee说"喂"，电话呼叫成功建立。

然而，还有另外的一种可能可以说明这种图的用处。仔细查看看图18.10。请注意，开始时该图和上图完全一样。不过，就在电话振铃之前，callee摘机拨打电话。caller此时和callee连接在一起，但是每一方都不知道。caller在等待一句"喂"，而callee在等待着拨号音callee最终沮丧地挂了电话，caller则听到了拨号音。

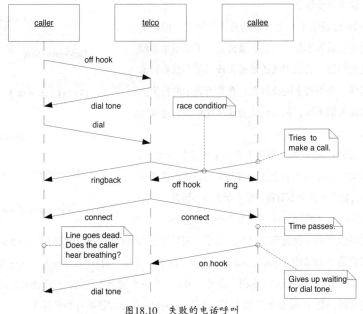

图18.10 失败的电话呼叫

图18.10中的两条箭头线的交叉点成为竞争条件。当两个异步的实体可以同时调用不相容的方法时，就会出现竞争条件。在我们的例子中，telco调用了ring操作，而callee却摘了机。在这一刻，所有实体所理解的系统状态是不同的。Caller正在等待"喂"，telco认为它的工作已经完成了，而caller在等待拨号音。

软件系统中的竞争条件非常难以发现和调试。在发现和诊断竞争条件方面，这些图示是有帮助的。通常，一旦发现了竞争条件，在解释给他人时，图示是很用的，

异步消息

当向个对象发送消息时，通常要等到接收消息的对象完成执行后，发送消息的对象才重新获取控制权。像这样的消息称为同步消息。但是，在分布式或者多线程系统中，发送消息的对象可以立即要回控制权，而接收消息的对象则在另外一个控制线程中执行。这

种消息称为异步消息。

图18.11展示了一个异步消息。请注意，图中的箭头都是开放而不是实心的。请回顾一下本章中的所有其他顺序图。它们中画的都是同步（实心箭头）消息。这样一个箭头上的微妙差异在其所表示的行为上竟有如此大的不同，你可以认为这是优雅的，也可以认为这很荒谬。

图18.11 异步消息

图18.12 原有异步消息方式更好

以前的UML版本使用半个箭头来表示异步消息，如图18.12所示。这在视觉上要容易分辨得多。读者的视线很快就会被这个不对称的箭头所吸引。因此，即使它已经被UML 2.0所废弃，我仍然继续使用这个约定。

代码清单18.5和代码清单18.6展示了对应于图18.11的代码。代码清单18.5展示了针对代码清单18.6中AsynchronousLogger类的单元测试。请注意，LogMessage方法在把消息放到队列中后就立即返回。此外，消息是在一个完全不同的由构造函数启动的线程中处理的。TestLog类通过如下方式来确定logMessage方法的行为是异步的：首先检查消息是否被放入队列但没有处理，然后把处理器交给其他线程，最后检验消息被处理过并且从队列中去除。

这只是异步消息的一种可能实现。还有其他的实现方式。一般来讲，如果调用者期望所调用的操作在执行之前就返回，那么我们就把这个消息表示为异步消息。

代码清单18.5 TestLog.cs

```csharp
using System;
using System.Threading;
using NUnit.Framework;

namespace AsynchronousLogger
{
  [TestFixture]
  public class TestLog
  {
    private AsynchronousLogger logger;
```

```
private int messagesLogged;

[SetUp]
protected void SetUp()
{
  messagesLogged = 0;
  logger = new AsynchronousLogger(Console.Out);
  Pause();
}

[TearDown]
protected void TearDown()
{
  logger.Stop();
}

[Test]
public void OneMessage()
{
  logger.LogMessage("one message");
  CheckMessagesFlowToLog(1);
}

[Test]
public void TwoConsecutiveMessages()
{
  logger.LogMessage("another");
  logger.LogMessage("and another");
  CheckMessagesFlowToLog(2);
}

[Test]
public void ManyMessages()
{
  for (int i = 0; i < 10; i++)
  {
    logger.LogMessage(string.Format("message:{0}", i));
    CheckMessagesFlowToLog(1);
  }
}

private void CheckMessagesFlowToLog(int queued)
```

```
            {
                CheckQueuedAndLogged(queued, messagesLogged);
                Pause();
                messagesLogged += queued;
                CheckQueuedAndLogged(0, messagesLogged);
            }

        private void CheckQueuedAndLogged(int queued, int logged)
        {
            Assert.AreEqual(queued,
                logger.MessagesInQueue(),"queued");
                Assert.AreEqual(logged,
                logger.MessagesLogged(),"logged");
        }

        private void Pause()
        {
            Thread.Sleep(50);
        }
    }
}
```

代码清单 18.6 AsynchronousLogger.cs

```
using System;
using System.Collections;
using System.IO;
using System.Threading;

namespace AsynchronousLogger
{
    public class AsynchronousLogger
    {
        private ArrayList messages =
            ArrayList.Synchronized(new ArrayList());
        private Thread t;
        private bool running;
        private int logged;
        private TextWriter logStream;

        public AsynchronousLogger(TextWriter stream)
        {
```

```
    logStream = stream;
    running = true;
    t = new Thread(new ThreadStart(MainLoggerLoop));
    t.Priority = ThreadPriority.Lowest;
    t.Start();
}

private void MainLoggerLoop()
{
    while (running)
    {
        LogQueuedMessages();
        SleepTillMoreMessagesQueued();
        Thread.Sleep(10); // Remind me to explain this.
    }
}

private void LogQueuedMessages()
{
    while (MessagesInQueue() > 0)
        LogOneMessage();
}

private void LogOneMessage()
{
    string msg = (string)messages[0];
    messages.RemoveAt(0);
    logStream.WriteLine(msg);
    logged++;
}

private void SleepTillMoreMessagesQueued()
{
    lock (messages)
    {
        Monitor.Wait(messages);
    }
}

public void LogMessage(String msg)
{
    messages.Add(msg);
```

```
      WakeLoggerThread();
   }

   public int MessagesInQueue()
   {
      return messages.Count;
   }

   public int MessagesLogged()
   {
      return logged;
   }

   public void Stop()
   {
      running = false;
      WakeLoggerThread();
      t.Join();
   }

   private void WakeLoggerThread()
   {
      lock (messages)
      {
         Monitor.PulseAll(messages);
      }
   }
}
}
```

多线程

异步消息隐含着多个控制线程。我们可以
通过在每个消息名称上标记上线程标识符
来 UML 图中展示多个不同的控制线程,
如图 18.13 所示。

　　请注意,消息名上都有一个标识符作
为前缀,比如:后面跟有冒号的 T1.这个

标识符就是发出该消息的线程的名称。在图中，T1线程创建并操作AsynchronousLogger对象。名为T2线程运行在Log对象之中，完成消息日志工作。

　　正如你看到的那样，线程标识符不必对应于代码中的名称。代码清单18.6中没有把日志线程命名为T2。线程标识符主要是为图示服务的。

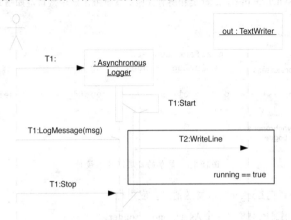

图18.13　多个控制线程

主动对象

有时，我们想要表示一个具有独立内部线程的对象。这种对象就是大家都知道的主动对象。它们显示为加粗的边框，如图18.14所示。

　　主动对象控制和实例化自己的线程。对主动对象的方法则没有任何限制。它们的方法可以运行在自己的线程中，也可以运行在调用者的线程中。

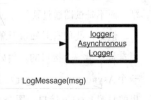

图18.14

向接口发送消息

AsynchronousLogger类只是一种记录消息日志的方法。如果想让我们的应用程序能够用多种不同的日志记录器，怎么办？我们会创建一个Logger接口，其中声明LogMessage方法，并使AsynchronousLogger类和所有其他实现都继承这个接口，如图18.15所示。

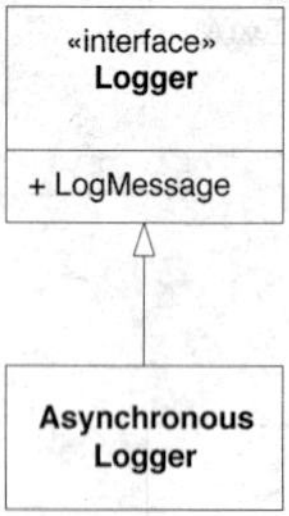

```
interface Logger {
  void LogMessage(string msg);
}
public class AsynchronousLogger : Logger {
...
}
```

图18.15　简单的日志记录器设计

应用程序将向Logger接口发送消息。应用程序并不知道接受消息的对象是一个AsynchronousLogger。如何在顺序图中表示这种情况呢？

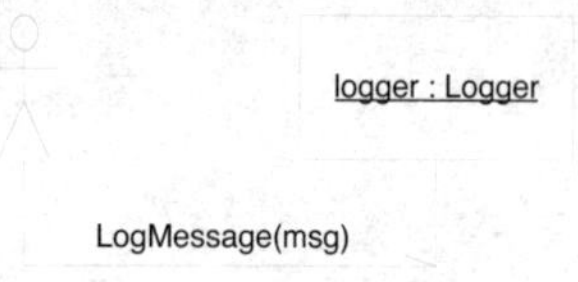

图18.16展示了一种明显的方法。只要命名一个接口对象，使用它画图即可。这种做法看起来好像违背了规则，因为接口是不可能有实例的。不过，在这里我们想要表达的仅仅是logger对象遵循Logger类型，而不是试图通过某种方式实例化一个接口。

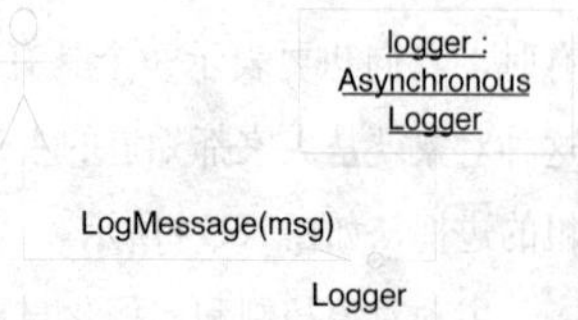

但是，我们有时知道对象的类型，并很想显示出消息是发给一个接口的。例如，我们知道已经创建了一个AsynchronousLogger对象，但仍想显示应用使用的只是Logger接口，图18.17展示了如何表示这一点，我们在对象的生命线上使用了接口棒棒糖图标。

logger : Logger

LogMessage(msg)

图18.16　向接口发送消息

logger :
Asynchronous
Logger

LogMessage(msg)

Logger

图18.17　通过接口向其派生类型发送消息

小结

正如我们已经看到的那样，顺序图是一种表达面向对象应用中消息流程的利器，我们也给出了忠告：非常容易被误用和滥用。

偶然在白板上画幅顺序图是非常有用的。在一片小纸片上画五六幅顺序图来表示子系统中最公共的交互方式，也是非常有价值的。另一方面，那些有上千幅顺序图的文档，其价值很可能还不如画这些图所用的纸。

20世纪90年代最大的软件开发谬误之一，就是认为在写代码之前开发人员应该画出所用方法的顺序图。这常常被证明是巨大的时间浪费。请不要这样做。

相反，请把顺序图当成工具，并按照其设计意图使用。在白板前用它们来实时地与其他人进行沟通。在简短的文档中使用它们来记录系统中的那些核心、重要的协作。

就顺序图而言，尽量慎用。总是可以在需要的时候再画。

第19章

类图

Angela Brooks

　　UML类图可以用来表示类的静态内容以及它们之间的关系。在类图中，我们可以显示出类的成员变量和成员函数以及类之间的继承和引用关系。简而言之，可以描绘出类之间所有源码级的依赖关系。

　　这很有价值。在评估系统的依赖结构方面，使用图示要比使用源代码简单得多。图示使特定的依赖结构无所遁形。我们可以看到依赖环，可决定如何以最好的方法解除。可以看到何时抽象类依赖于具体类，可决定重新调整依赖路径。

基础知识

类

图19.1展示了最简单的类图。名为Dialer的类表示为一个简单的矩形。这幅图表达的就是其右边的代码。

```
public class Dialer
{
}
```

图19.1 类图标

这就是最常用的类的表示方法。大多数图示中的类有一个名称用于清楚表达所要做的事情就足够了。

类图标可以分割成多格。顶格用于存放类的名字；第二格用于存放类的变量；第三格用于存放类的方法。图19.2展示了这些格及其对应的代码。

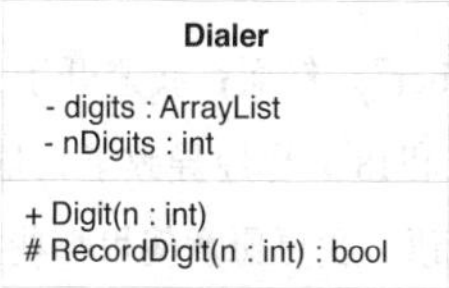

```
public class Dialer
{
    private ArrayList digits;
    private int nDigits;
    public void Digit(int n);
    protected bool RecordDigit(int n);
}
```

图19.2 分格表示的类图标以及对应的代码

注意类图标中变量和函数名前面的符号。短横线（-）表示private；井号（#）表示protected；加号（+）表示public。

变量和函数参数的类型显示在变量和参数名后面的冒号之后。同样，函数的返回值显示在函数后面的冒号之后。

像这样的细节有时是有用的，但不应该经常使用。UML图不适合在其中声明变量和函数。这种声明最好放在源代码中。仅当这些修饰符号对图示的意图必不可少时，才用。

关联

通常，类之间的关联表示的是那些持有对其他对象引用的实例变量。例如，图19.3展示了 Phone 和 Button 之间的关联。箭头的方向表示 Phone 持有对 Button 的引用。箭头旁边的名字就是实例变量的名字。箭头旁边的数据表示持有引用的数量。

```
public class Phone
{
    private Button itsButtons[15];
}
```

图19.3 关联

在图 19.3 中，15 个 Button 对象和 Phone 对象相连。图 19.4 展示了没有数量限制的情况。一个 PhoneBook 对象和多个 PhoneNumber 对象相连（星号表示许多）。在 C# 中，这通常是用 ArrayList 或者其他集合实现的。

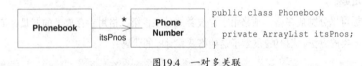

```
public class Phonebook
{
    private ArrayList itsPnos;
}
```

图19.4 一对多关联

我本可以说"一个 Phonebook 含有许多 PhoneNumber"。然而；我避开了"有"这个单词。我是有意这样做的。OO 中常用的动词 HAS-A 和 IS-A 已经导致了大量的误解，这令人十分遗憾。现在，不要指望我会使用这些常用术语。我更愿意使用那些描述软件中所发生的事件的术语，比如"连接到"。

继承

在 UML 中，使用箭头要非常小心。图 19.5 说明了原因。指向 Employee 的箭头表示继承[1]。如果在画箭头时比较粗心，可能难以分辨出你想要表达的是继承还是关联。为了清楚起见，我总是把继承关系画成纵向的，关联关系画成横向的。

UML 中的所有箭头都是指向源代码依赖的方向。由于是 SalariedEmployee 类使用了 Employee 这个名字，

---

1 实际上，它表示的是泛化关系，不过对于 C# 程序员来说，这个差别不重要。

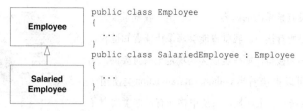

图19.5 继承

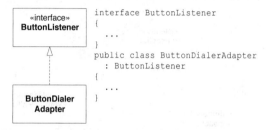

图19.6 实现关系

所以箭头就指向Employee。因此，在UML中，继承箭头指向基类。

UML有一个特殊的符号用于表示C#类和C#接口之间的继承关系。如图19.6所示，它是一个虚线继承箭头[1]。在后面的图示中，你可能会发现我忘记把指向接口的箭头画成虚线。我建议你在白板上作图时，也不要把箭头画成虚线，那样太浪费时间了。

图19.7展示了表达同样信息的另外一种方法。接口可以画成棒棒糖的形状，放在实现它的类上面。在COM设计中，我们经常会看到这种符号。

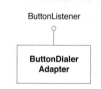

图19.7 棒棒糖状接口表示

类图示例

图19.8展示了一个ATM系统的部分简单类图。这幅图很有趣，有趣之处在于图中显

---

[1] 这称为"实现关系"。它不仅仅只是意味着简单的接口继承，不过这个差异超出了本书覆盖的范围，甚至可能超过了任何以写代码谋生的人所能够理解的范围。

示出的以及没有显示出的内容。可以看出,我费了很大的劲儿才标记出所有接口。我觉得能够确保让读者知道我打算让哪些类称为接口,哪些类成为实现是至关重要的。例如,从图中可以很快看出WithdrawalTransaction类使用了CashDispenser接口。很明显,系统中移动有一些类实现了CashDispenser,不过,在这幅图中,我们不关心是哪个类。

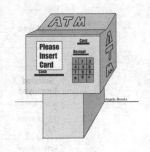

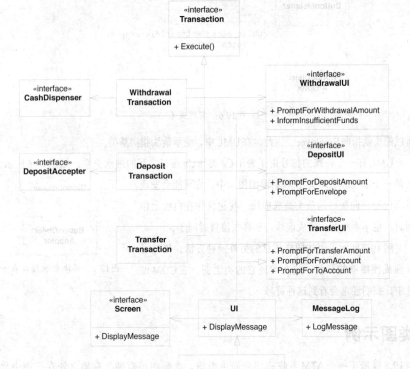

图19.8 ATM类图

注意，我没有详细描绘各个UI接口中的方法。当然，WithdrawalUI所需要的方法比图中显示的两个多。PromptForAccount和InformCashDispenserEmpty这两个方法又如何呢？把这些方法放入图中会使图变得混乱。通过提供一些具有代表性的方法，我要向读者传递设计思路。这才是真正必要的。

同样，注意横向关联和纵向继承约定。这有助于对这些类型完全不同的关系进行区分。如果没有一个像这样的约定，将很难从纠结在一起的图示中梳理出其内涵。

注意我是如何将图分成三个不同区域的。事务及其动作在图的左侧，各种UI接口都在右侧，UI实现在底部。另外注意，这些区域之间的连接被限制在最低程度并且是规则的。一方面，图中有三个关联关系，都有一致的指向。另一方面，图中有三个继承关系，都合并到一条线上。这种分组和连接方式有助于读者看到清晰一致的图示。

在看这幅图时，你应该能够设想出代码。代码清单19.1中的代码和你想象的UI实现接近吗？

代码清单19.1　UI.cs

```
public abstract class UI :
WithdrawalUI, DepositUI, TransferUI
{
  private Screen itsScreen;
  private MessageLog itsMessageLog;

  public abstract void PromptForDepositAmount();
  public abstract void PromptForWithdrawalAmount();
  public abstract void InformInsufficientFunds();
  public abstract void PromptForEnvelope();
  public abstract void PromptForTransferAmount();
  public abstract void PromptForFromAccount();
  public abstract void PromptForToAccount();

  public void DisplayMessage(string message)
  {
    itsMessageLog.LogMessage(message);
    itsScreen.DisplayMessage(message);
  }
}
```

细节

在 UML 的类图中，可以加入许多细节和修饰。在大多数情况下，这些细节和修饰都是不应该加入的。不过，有时它们却是有用的。

类的衍型

类的衍型（class stereotypes）出现在一对书名号[1]中，通常位于类名的上方。之前已经见过它们。图 19.8 中的 «interface» 符号就是一个类的衍型。C#程序员可以使用两个标准的衍型：«interface» 和 «utility»。

　　«interface» 标记为这种衍型的类的所有方法都是抽象方法，都不能实现。此外，标记为 «interface» 的类不能有任何实例变量，只能包含静态变量。这和C#的接口完全一致。请参见图 19.9。

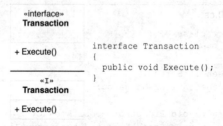

图 19.9　«interface» 类的衍型

　　我经常在白板上画接口图，如果按照规范的衍型标识进行绘制将会非常麻烦。因此，我经常用图 19.9 的下面部分所示的速记手法来使画图变得容易一些。虽然不属于标准 UML，但要方便得多。

　　«utility» «utility» 类的所有方法和变量都是静态的。Booch 习惯于称这些类为工具类[2]，如图 19.10 所示。

1　这种引号看起来像双尖括号« »。但是，它们不是两个小于号和两个大于号。如果使用的字符不正确，UML 的检查系统会报错。

2　[Booch94], p.186

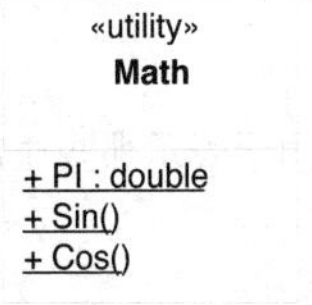

```
«utility»          public class Math
  Math             {
                       public static readonly double PI =
+ PI : double                            3.14159265358979323;
+ Sin()                public static double Sin(double theta){...}
+ Cos()                public static double Cos(double theta){...}
                   }
```

图19.10 «utility»的类衍型

如果愿意，可以创建自己的衍型。我经常用 «persistent»、«C-API»、«struct» 和 «function» 这样的衍型。只需要确保读图示的人能够理解你所创建的衍型。

抽象类

在UML中，表示一个类或者方法是抽象的有两种方式。可以把其名称写成斜体的或者使用{abstract}属性。图19.11展示了这两种方式。

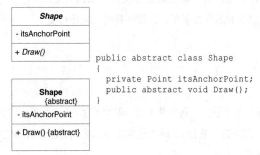

```
public abstract class Shape
{
    private Point itsAnchorPoint;
    public abstract void Draw();
}
```

图19.11 抽象类

在白板上书写斜体有些困难，而写{abstract}属性又显得冗长。因此，当我需要在白板上表示一个抽象类或者方法时，就会用图19.12中显示的约定。这同样不属于标准UML，但在白板上书写时非常方便[1]。

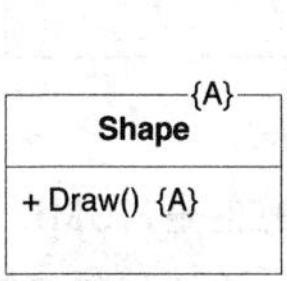

图19.12 抽象类的非正式表示

---

[1] 或许会有人记得Booch符号。Booch符号最棒的特点之一就是方便，是专门为白板设计的符号。

属性

像{abstract}这样的属性（property）可以添加到任何类中，用于表示那些通常不属于类本身的额外信息。可以随时创建自己的属性。

属性被写成以逗号分割的名字/值对列表，像下面这样：

```
{author=Martin, date=20020429, file=shape.cs, private}
```

上面例子中的属性不属于UML标准。属性不必特定于代码，可以包含任何你喜欢的元数据。{abstract）属性是UML中所定义的唯一一个通常被程序员认为有用的属性。

没有值的属性被认为具有布尔值true。{abstract}和{abstract = true}具有同样的含义。属性写在类名的右下方，如图19.13所示。

图19.13　属性

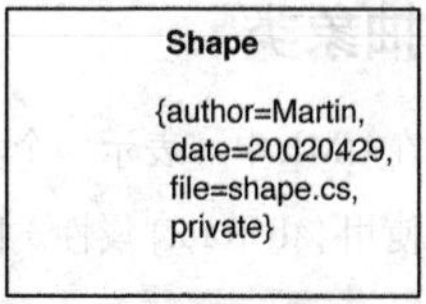

除了{abstract}属性，我不知道属性还有什么别的用处。就我个人而言，画UML图这么多年，还没有找到任何非得要用类属性的地方。

聚合

聚合（aggregation）是关联的一种特殊形式，暗含整体/部分关系。图19.14展示了如何绘制和实现聚合。请注意，从图19.14中的实现中，我们无法分辨出它和关联关系的区别。它只是一种暗示。

```
public class Whole
{
  private Part itsPart;
}
```

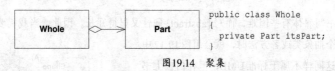

图19.14　聚集

糟糕的是，UML并没有提供关于这种关系的严格定义。这导致了很多混乱，因为每个程序员和分析师都会采用自己所喜欢的定义。因此，我从来不使用这种关系，并且我推荐你也不要用。事实上，这种关系差点被从UML 2.0中去除。

UML为我们提供了一个非常简单的关于聚合的硬性规定：整体不能属于其组成部

分。因此，实例之间不能形成环形的聚合关系。一个单独对象不能成为自身的聚合；两个对象不能相互之间聚合，三个对象不能形成一个聚合环等。请参见图19.15。

我不认为这是一个非常有用的定义。我多久才会有兴趣确定实例之间形成的是一个有向无环图呢？不是很经常。因此，我觉得这种关系在我画的各种图中没有什么用处。

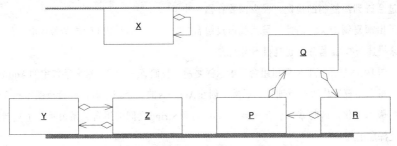

图19.15 实例间的非法聚集环

组合

组合（composition）是聚合的一种特殊形式，如图19.16所示。请再次注意，其实现和关联关系是无法辨别的。但是，这次是因为这种关系在C#程序中不会被大量使用。不过，C++程序员会大量使用。

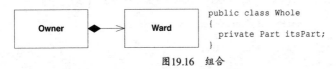

```
public class Whole
{
    private Part itsPart;
}
```

图19.16 组合

适用于聚合的规则同样也适用于组合。实例之间不能存在环形组合。一个所有者不能成为自己的所有物。但是，UML提供了大量关于组合的定义。

● 一个所有物实例不能同时被两个所有者拥有。图19.17中的对象图是非法的。不过，请注意，其对应的类图是合法的。一个所有者可以把对所有物的所有权转交给另外一个所有者。

● 所有者负责所有物的生存期。如果所有者析构了，其所有物必须随着它一起析

构。如果所有者被复制了，其所有物必
须随着它一起复制。

在C#中，析构发生在幕后，由垃圾回收器
来完成，因此，很少需要管理对象的生存期。
不过会碰到深复制的情况，很少需要在图示中
展示出深复制语义。因此，虽然我用过组合关
系来描述一些C#程序，也是很不常见的。

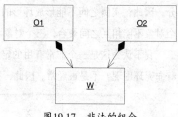

图19.17　非法的组合

图19.18展示了如何使用组合来表示深复制。我们有一个包含很多字符串的Address
类。每个字符串代表一行地址。显然，创建Address的一个副本时，会希望副本独立于
原始版本变化。这时就需要深复制。Address和String之间的组合关系表示出了复制必
须是深层的[1]。

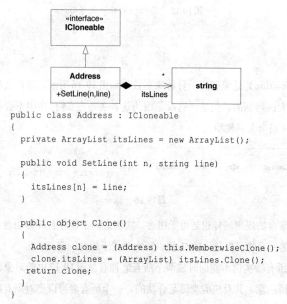

```csharp
public class Address : ICloneable
{
  private ArrayList itsLines = new ArrayList();

  public void SetLine(int n, string line)
  {
    itsLines[n] = line;
  }

  public object Clone()
  {
    Address clone = (Address) this.MemberwiseClone();
    clone.itsLines = (ArrayList) itsLines.Clone();
   return clone;
  }
}
```

图19.18　隐含着深复刻的组合关系

1　练习：为何只要克隆itsLines集合就行了？为什么不必克隆实际的字符串实例？

多重性

对象可容纳其他对象的数组或者集合，也可在不同的实例变量中容纳许多其他同类对象。在 UML 中，可通过在关联的远端放置一个**多重性**（multiplicity）表达式来表示这一点。多重性表达式可以是简单的数字、范围或者两者的组合。例如，图 19.19 展示的是一个多重性为 2 的 BinaryTreeNode。

```
public class BinaryTreeNode
{
  private BinaryTreeNode leftNode;
  private BinaryTreeNode rightNode;
}
```

图19.19 简单的多重性

下面是一些允许的多重性格式：

- 数字：元素的确切数目
- 或 0..*：Zero to many
- 0..1：0 个或者 1 个，在 C# 中，常常用可空的引用来实现
- 1..*：1 个到多个
- 3..5：3 ~ 5 个
- 0, 2..5, 9..*——不好看，但却合法

关联衍型

可在关联上标注衍型来改变其含义。图 19.20 展示了我最常用的一些衍型。

«create» 衍型表示关联关系的目的方是由源创建的，这意味着源创建出目的并把它传给系统的其他部分。在这个例子中，我展示了一个典型的工厂。

当源类创建了一个目的类的实例，并在一个局部变量中持有该实例时，可以使用 «local» 衍型。这意味着创建出来的实例的生存期就在创建它的成员函数的作用域之内。因此，该实例不会被任何实例变量持有，也不会以任何方式在系统中传递。

«parameter» 衍型表示源类通过某个成员函数的参数获取对目标实例的访问权。这

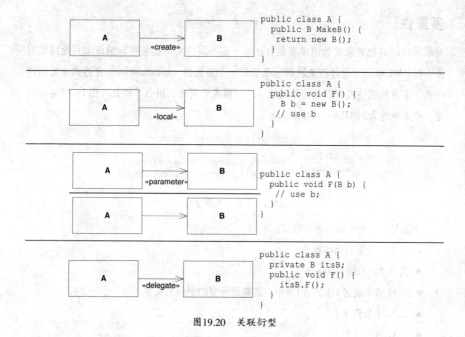

图 19.20 关联衍型

同样意味着，一旦成员函数返回，源就和该对象没有任何关系。目的对象没有保存在实例变量中。

如图所示，虚依赖箭头线是一种常用且方便的参数表示惯用法。和 «parameter» 衍型相比，我通常会优先使用它。

当源类把一个成员函数调用转交给目标时，可以使用 «delegate» 衍型。许多设计模式都用了这种技术：PROXY、DECORATOR 以及 COMPOSITE[1]。我经常使用这些模式，我觉得这个符号很有用。

嵌套类

在 UML 中，嵌套类表示为一个带有十字圆圈的关联关系，如图 19.21 所示。

1 [GOF1995], pp.163, 175, 207

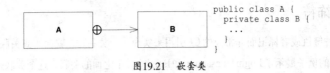

```
public class A {
   private class B {
      ...
   }
}
```

图19.21 嵌套类

关联类

虽然多重性关联告诉我们源和许多目标实例相连,但从图中无法看出使用的是哪种容器类。可以通过使用关联类来描绘出这一点,如图19.22所示。

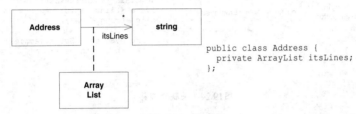

```
public class Address {
   private ArrayList itsLines;
};
```

图19.22 关联类

关联类展示了一个特定的关联是如何实现的。在图中,它们显示为通过虚线和关联相连接的常规类。作为C#程序员,我把这解释为源类包含对关联类的引用,关联类又包含对目标对象的引用。

关联类也可以是那些为了能够持有其他对象实例而编写的类。有时,这些类用来施加业务规则。例如,在图19.23中,Company类通过EmployeeContract持有许多Employee实例。坦白讲,我从来不觉得这种符号特别有用。

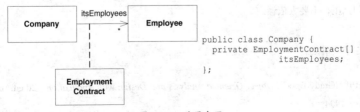

```
public class Company {
   private EmploymentContract[]
                     itsEmployees;
};
```

图19.23 聘用合同

关联修饰符

当通过某种键值或者标记而非常规的 C# 引用来实现一个关联时，就会用到关联修饰符。图 19.24 中的例子展示了 LoginTransaction 和 Employee 中之间的关联。这个关联是通过一个名为 empid 的成员变量促成的，这个成员变量持有关于 Employee 的数据库键值。

我认为这个符号基本没有什么用处。有时，使用它可以方便地展示出一个对象通过数据库或者字典键值和另外一个对象关联在一起。不过，更重要的是，要让所有看图示的人都能够知道如何使用这个修饰符去访问对象。从符号中无法明显地看出这一点。

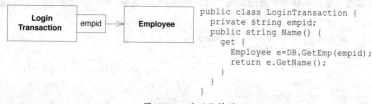

```
public class LoginTransaction {
  private string empid;
  public string Name() {
    get {
      Employee e=DB.GetEmp(empid);
      return e.GetName();
    }
  }
}
```

图 19.24　关联修饰符

小结

UML 包含有许多小组件、修饰符以及其他小巧复杂的东西。UML 的内容相当庞大，以至于你可以花大量的时间把自己修成一个 UML 语言律师，并能够完成所有律师能够完成的工作：编写出所有人都无法理解的文档。

在本章中，我避免了 UML 中的大多数神秘、复杂的特性。不过，我展示了 UML 中我用的部分特性。我希望在讲解这些知识的同时，重点阐述的是极简主义的价值观。尽量少用 UML，不要太依赖它。

参考文献

[**Booch1994**]Grady Booch, *Object-Oriented Analysis and Design with Applications*, 2d ed.Addison-Wesley, 1994.

[**GOF1995**]Erich Gamma, Richard Helm, Ralph Johnson, and John Vlissides, *Design Pat-terns: Elements of Reusable Object-Oriented Software*, Addison-Wesley, 1995.

第20章

咖啡的启示

过去十几年，我一直在给专业软件开发人员讲课，主题是面向对象的设计。课程分为上午的讲座和下午的练习。练习时，我将班级划分为小组，让他们用UML解决设计问题。第二天早上，我们选择一个或两个小组在白板上展示他们的解决方案，然后对他们的设计进行评论。

这些课程我已经教了上百遍，我注意到一些学生所犯的共性设计错误。在本章中，首先介绍几个最具共性的错误，并阐述它们为什么是错误的以及如何纠正。接下来，以一种我认为非常优雅的调和了所有设计约束力的方式来解决问题。

Mark IV型专用咖啡机

在第一天上午的OOD课程中，我会介绍类、对象、关系、方法和多态等概念的基本定义，同时也会介绍一些 UML 的基础知识。这样，学生可以学到一些面向对象设计的基础概念、词汇和工具。

下午，我会向大家布置练习：设计控制简易咖啡机的软件。我给他们的规格说明书如下[1]。

规格说明书

Mark IV 型专用咖啡机一次可以做 12 杯咖啡。使用者把过滤器放在支架上，在其中装入研磨好的咖啡，然后把支架推到容器中。接着，使用者向滤水器中倒入 12 杯水并按下冲煮（Brew）按钮。水一直加热到沸腾。不断产生的水蒸气压力使水喷洒在咖啡粉末上，形成的水滴通过过滤器流入到咖啡壶中。咖啡壶由一个保温盘进行长期保温，仅当壶中有咖啡时，保温盘才进行工作。如果在水还在向咖啡粉喷洒，就从保温盘上拿走咖啡壶，水流停止，以便煮好的咖啡不会溅在保温盘上。以下是需要监控的硬件设备。

- 加热器的加热元件。可以开和关。
- 保温盘的加热元件。可以开和关。
- 保温盘传感器。它有 3 个状态：warmerEmpty、potEmpty 和 potNotEmpty。
- 加热器传感器，用来判断是否有水。它有两个状态：boilerEmpty 和 boilerMotEmpty。
- 冲煮按钮。这个瞬时按钮启动冲煮流程它有一个指示灯，当冲煮流程结束时亮，表示咖啡已经煮好。
- 减压阀门，在开启时可以降低加热器中的压力。压力的降低会阻止水流向过滤器。该阀门可以开启和关闭。

Mark IV 咖啡机的硬件已经设计完成，目前正处于开发阶段。硬件工程师其至还为我们提供了一个底层的 API，这样我们就不必写任何和比特位打交道的 I/O 驱动代码了。这些接口函数的代码如代码清单 20.1 所示。不要觉得这段代码看起来奇怪，别忘了，它是由硬件工程师来写的。

1　这个问题摘自我的第一本书：[Martin1995]，p. 60.

代码清单20.1　CoffeeMakerAPI.cs

```csharp
namespace CoffeeMaker
{
  public enum WarmerPlateStatus
  {
    WARMER_EMPTY,
    POT_EMPTY,
    POT_NOT_EMPTY
  };

  public enum BoilerStatus
  {
    EMPTY, NOT_EMPTY
  };

  public enum BrewButtonStatus
  {
    PUSHED, NOT_PUSHED
  };

  public enum BoilerState
  {
    ON, OFF
  };

  public enum WarmerState
  {
    ON, OFF
  };

  public enum IndicatorState
  {
    ON, OFF
  };

  public enum ReliefValveState
  {
    OPEN, CLOSED
  };

  public interface CoffeeMakerAPI
  {
```

```
/*
 * This function returns the status of the warmer-plate
 * sensor. This sensor detects the presence of the pot
 * and whether it has coffee in it.
 */

WarmerPlateStatus GetWarmerPlateStatus();
/*
 * This function returns the status of the boiler switch.
 * The boiler switch is a float switch that detects if
 * there is more than 1/2 cup of water in the boiler.
 */

BoilerStatus GetBoilerStatus();
/*
 * This function returns the status of the brew button.
 * The brew button is a momentary switch that remembers
 * its state. Each call to this function returns the
 * remembered state and then resets that state to
 * NOT_PUSHED.
 *
 * Thus, even if this function is polled at a very slow
 * rate, it will still detect when the brew button is
 * pushed.
 */
BrewButtonStatus GetBrewButtonStatus();
/*
 * This function turns the heating element in the boiler
 * on or off.
 */

void SetBoilerState(BoilerState s);
/*
 * This function turns the heating element in the warmer
 * plate on or off.
 */

void SetWarmerState(WarmerState s);
/*
 * This function turns the indicator light on or off.
 * The indicator light should be turned on at the end
 * of the brewing cycle. It should be turned off when
```

```
 * the user presses the brew button.
 */

void SetIndicatorState(IndicatorState s);
 /*
 * This function opens and closes the pressure-relief
 * valve. When this valve is closed, steam pressure in
 * the boiler will force hot water to spray out over
 * the coffee filter. When the valve is open, the steam
 * in the boiler escapes into the environment, and the
 * water in the boiler will not spray out over the filter.
 */
 void SetReliefValveState(ReliefValveState s);
  }
}
```

如果你想接受挑战，那就停止往下看，自己试着设计这个软件。请记住，你是在为一个简单的嵌入式实时系统设计软件。我期望我的学生能够给出一组类图、顺序图和状态图。

常见的丑陋方案

图20.1展示了到目前为止我的学生所做出的最常见的方案。在这幅图中，位于中心的CoffeeMaker类被一些控制各种设备的底层类包围。CoffeeMaker包含有一个Boiler、一个WarmerPlate、一个Button和一个Light。Boiler包含有一个BoilerSensor和一个BoilerHeater。WarmerPlate包含有一个PlateSensor和一个PlateHeater，.还有两个基类Sensor和Heater，分别作为Boiler和WarmerPlate的元件的父类。

对于初学者，很难意识到这个结构是多么的丑陋。该图隐藏着一些非常严重的错误。其中有许多只有到你开始写针对这个设计的代码时才会注意到。到那时，你会发现写出的代码是多么荒谬。

不过，在我们开始关注设计本身的问题之前，先来看看这幅UML图在创建方式上有哪些问题。

缺少方法

图20.1暴露出来的最大问题就是其中完全没有任何方法。我们要编写的是程序，而程序中心就是行为！这幅图中的行为在哪里呢？

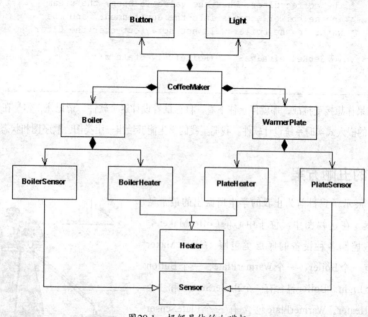

图20.1　超级具体的咖啡机

当设计者创建出没有方法的图示时，他们也许不是根据行为对软件进行划分的。不基于行为的划分基本上都是严重错误的。正是系统的行为为我们提供了第一个关于应该如何划分系统的线索。

水蒸气类

如果考虑一下Light类应该具有的方法，就会发现这个设计所作的划分是多么的糟糕。显然，Light对象应该能够被打开或关掉。因此，我们会把On()和Off()方法放进

Light类中，这些函数实现出来会是什么样子呢？请参考代码清单20.2。

代码清单20.2 Light.cs

```csharp
public class Light {
  public void On() {
    CoffeeMaker.api.SetIndicatorState(IndicatorState.ON);
  }

  public void Off() {
    CoffeeMaker.api.SetIndicatorState(IndicatorState.OFF);
  }
}
```

Light类有几个地方很奇怪。首先，它没有任何成员变量。这有些不寻常，因为对象通常都会具有某种要操作的状态。此外，On()和Off()方法只是简单地把工作委托给CoffeeMakerAPI的SetIndicatorState方法。显然，Light类只不过是一个调用转换器，没有做任何有用的事情。

Button类、Boiler类和WarmerPlate类具有同样的问题。它们都只是一些把一种调用格式转换成另外一种格式的适配器。事实上，完全可以把它们从设计中去掉而不会引起CoffeeMaker类的逻辑发生任何改变。CoffeeMaker类完全可以直接调用CoffeeMakerAPI而不是使用这些适配器。

通过研究这些类的方法和代码，我们已经把那些在图20.1中占有重要位置的类，降格为没有多少存在必要的纯粹的占位符。因此，我称它们为"水蒸气类"。

虚构的抽象

请注意图20.1中的基类：Sensor和Heater。上一节的内容应该已经使你确信这两个类的子类都只是水蒸气类，那么这两个基类本身又如何呢？表面看来，它们似乎很有存在的意义。但是，它们的派生类看起来则完全没有存在的必要。

抽象是非常微妙的东西。作为人，我们可以随处看到它们，但是有很多抽象是不适合变成基类的。尤其是在这个设计中，根本不需要任何基类。只要问问谁是用户，就会明白这一点。

系统中所有类都没有使用Sensor和Heater类。如果没有任何类使用它们，它们还有存在的意义吗？有时，如果基类能够为子类提供一些公共的代码，我们也许还能容忍其没有任何使用者，但是，这两个基类并不具有任何代码，最多具有一些抽象的方法。比如代码清单20.3中的Heater接口。一个仅仅含有抽象方法并且不具有任何使用者的类，完全是一个无用的类。

代码清单20.3 Heater.cs

```
public interface Heater {
  void TurnOn();
  void TurnOff();
}
```

Sensor类（代码清单20.4）更糟糕！和Heater一样，它只有抽象方法并且没有使用者。更糟糕的是，它仅有的方法的返回值是不明确的。Sense()方法返回的是什么呢？在BoilerSensor中，它有两个可能的返回值，但是在WarmerPlateSensor中，它有三个可能的返回值。简而言之，我们无法再接口中指明Sensor的契约。我们只能说传感器会返回int。这种做法会造成很多问题。

代码清单20.4 Sensor.cs

```
public interface Sensor {
  int Sense();
}
```

这个设计是这样得出的：我们读一遍规格说明书，发现了一些可能的名词，对它们之间的关系做了一些推断，然后就基于这些推理画出了一幅UML图。如果我们同意把这些决策作为架构，并根据它们来进行实现，我们最终得到的就是一个被一些水蒸气类包围的全能的CoffeeMaker类。我们完全可以用C来写！

上帝类

大家都知道上帝类并不怎么样。我们不希望把系统中所有的智能都集中在单独一个对象或者函数上。OOD的目标之一就是对把系统的行为进行划分并分布到多个类和函数上。然而，有很多对象模型看起来进行了行为分布的，其实含有大量带有伪装的上帝类。图20.1就是一个好例子。乍一看，好像确实有很多类有着有意义的功能的，但当我

们开始写实现这些类的代码时，就会
发现其中只有一个CoffeeMaker类有
一些有意义的行为，其余所有的类要
么太抽象，要么太空洞。

改进方案

咖啡机问题是一个有趣的抽象练
习。大多数刚开始学习OO的开发者都
会对结果感到惊讶。

解决这个问题（乃至任何问题）
的技巧是：后退一步，把问题的本质与其细节分离开。忘掉加热器、阀门、传感器等所
有的小细节，聚焦于根本问题。什么是根本问题？那就是如何煮咖啡？

如何煮咖啡？最简单、最常见的方法是把热水然后倒在研磨好的咖啡上，并把冲泡
好的咖啡液体收集在某种器皿中。热水从哪里来？从HotWaterSource来。把咖啡存放在
什么地方？存放在ContainmentVessel中[1]。

这两个是抽象类吗？HotWaterSource的行为能够在软件中实现吗？软件能够控制所
做的工作吗？如果我们考虑一下Mark IV的部件，就可以想象得到加热器、阀门以及加
热传感器在充当HotWaterSource的角色。HotWaterSource负责把水加热并注入到研磨好
的咖啡上，形成溶液流入ContainmentVessel中。我们还可以想象到保温盘以及其传感
器在充当ContainmentVessel的角色。它负责保持咖啡的温度，并让我们知道容器中是
否留有咖啡。

如何使用UML图来描绘呢？图20.2展示了一种可能的做法。HotWaterSource和
ContainmentVessel都表示为类，通过咖啡流关联起来。

这种关联是OO初学者常犯的一个错误。该关联是基于问题中的一些物理关系而非
软件控制行为做出的。咖啡从HotWaterSource流入ContaimnentVessel，和这两个类之

---

1 这个名字非常适合于我喜欢冲煮的那种咖啡。

间的关联完全无关。

例如，如果通向容器的热水流的开始和停止是由ContainmentVessel通知HotWater-Source进行的，会怎样呢？图20.3展示了这种情况。请注意，ContainmentVessel给HotWaterSource发送了Start消息。这意味着图20.2中的关联关系是反向的HotWaterSource，根本不必依赖于ContainmentVessel。相反，是ContainmentVessel依赖于HotWaterSource。

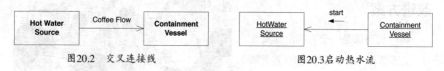

图20.2 交叉连接线   图20.3 启动热水流

我们从中了解到一点：关联是对象之间消息发送的路径。关联和物理实体的流向没有任何关系。热水从热水器流向咖啡壶并不意味着应该存在一个从Hotwatersource到ContainmentVessel的关联。

我把这个特定的错误称为"交叉连接线"，因为类之间的连接线是由逻辑和物理领域相互交叉形成的。

咖啡机的用户界面

应该可以明显看出我们的咖啡机模型中缺少一些东西。虽然有Hotwatersource和ContainmentVessel，但还没有提供任何方法使得人可以和我们的系统进行交互。系统必须得在某种程度上听从来自于人的命令。同样，系统必须能够向其主人报告自己的工作状态。当然，Mark Ⅳ有专门服务于这个目的的硬件。按钮和指示灯就是用户界面。

因此，我们向咖啡机模型中增加一个UserUnterface类。这样，我们就有了3个类，它们彼此交互，在使用者的指示下产出咖啡。

好，有了这3个类，那么它们的实例是如何通信的呢？让我们来观察几个用例，看看是否可以找出这些类的行为。

用例1：使用者按下了冲煮按钮

哪个对象负责检测使用者已经按下冲煮按钮这种情况呢？显然，肯定是Userinterfaice对象。

那么当冲煮按钮被按下时，这个对象应该做些什么呢？

我们的目的是启动热水流。然而，在此之前，最好确保ContainmentVessel已经做好接咖啡的准备了，同时，也最好确保HotWaterSource已经准备就绪。对照一下Mark IV，就知道我们要确保热水器中已经加满水，咖啡壶是空的并且已经放在保温盘上。

因此，UserInterface对象首先要向HotWaterSource和ContainmentVessel发送消息，问它们是否已经准备好，如图20.4所示。

只要询问结果中有一个为false，就拒绝冲煮咖啡。UserInterfaee对象负责通知使用者请求被拒绝。在Mark IV中，可以通过闪烁几次指示灯来表达这个意思

如果询问结果都为true，就启动热水流。UserInterface对象应该向HotWaterSource发送Start消息。接着，HotWaterSource就开始启动产生热水流所需要的工作。在Mark IV中，它会关闭阀门，开启热水器。图20.5中展示了完整的场景。

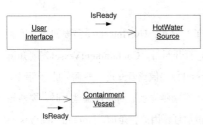

图20.4 按下冲煮按钮，检查是否就绪

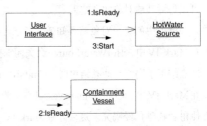

图20.5 按下冲煮按钮，完整的场景

用例2：接收器皿没有准备好

在Mark IV中，我们知道在煮咖啡时，使用者可以把咖啡壶从保温盘上拿走。哪个对象负责检测咖啡壶已经被拿走了呢？当然是ContainmentVessel。Mark IV的需求告诉我们，当发生这种情况时，必须得中断咖啡流。因此，ContainmentVessel必须能够告诉HotWaterSource停止加热水。同样，当咖啡壶被重新放回后，它必须能够告诉HotWaterSource再次启动热水。图20.6增加了这些新方法。

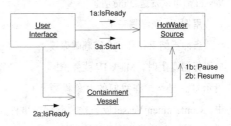

图20.6 热水流的中止和恢复

用例3：冲煮完成

在某个时刻，我们将结束咖啡的冲煮，关掉热水。哪个对象知道何时咖啡煮好了呢？在Mark IV中，加热器中的传感器会告诉我们其中的水已经用完了，这样HotWaterSource就会检测到咖啡冲煮结束。但是，我们不难想象到那种由ContainmentVessel来检测冲煮结束的咖啡机。例如，如果咖啡机接在水管上，可以不断供水会怎样？如果有一个微波产生器对通过管道流向绝热器皿的水进行加热会怎样？如果该器皿有一个龙头，使用者可以通过它来获取咖啡会怎样？在本例中，器皿中的传感器会检测到器皿已经满了，热水应该被关掉。

这里的要点是，对于抽象形式的HotWaterSource和ContainmentVessel，两者都不是检测冲煮结束的绝对候选者。我的解决方案是，忽略这个问题。我将假设每个对象都可以告诉其他对象冲煮结束了。

模型中的哪个对象需要知道冲煮已经结束了？显然，UserInterface需要知道，因为在Mark IV中，HotWaterSource会关闭加热器，打开阀门。ContainmentVessel需要知道冲煮结束了吗？在冲煮结束时，ContainmentVessel需要做或者知道一些额外的事情吗？在Mark IV中，ContainmentVessel在检测到一个空咖啡壶被放回到保温盘上时，要通知使用者咖啡已经喝完。这会导致Mark IV关掉指示灯。因此，是的，ContainmentVessel需要知道冲煮已经结束。事实上，基于同样的理由，UserInterface应该在冲煮开始时向ContainmentVessel发送Start消息。图20.7展示了这些新消息。请注意，在图中HotWaterSource或Containment-Vessel都可以发送Done消息。

图20.7　检测咖啡何时冲煮结束

用例4：咖啡喝完了

当冲煮结束并且一个空咖啡壶被放回保温盘上时，Mark IV就会关掉指示灯。显然，在我们的对象模型中，ContainmentVessel应该检测到这个事件。它得向UserInterface发送一个Complete消息。图20.8展示了完整的协作图。

根据这幅图，我们可以画出一幅具有相同关联关系的类图。这幅图很平常，如图20.9所示。

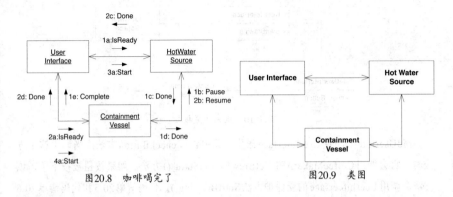

图20.8 咖啡喝完了 图20.9 类图

实现抽象模型

我们的对象模型划分得相当好。模型中有三个不同的职责区域，每一个看起来都是以一种平衡的方式收发消息。其中没有出现上帝对象，也没有出现任何空洞的类。

到目前为止，一切还都不错，但是如何根据这个结构实现Mark IV呢？只要实现了这三个类的方法去调用CoffeeMakerAPI就行了吗？如果这样做，会非常可惜！我们已经找到了煮咖啡的第一性原理。如果我们现在就把它和Mark IV捆绑在一起，那将是一个非常令人遗憾的糟糕设计。

实际上，我现在要制定一个规则。我们所创建的三个类都绝对不能知道关于Mark IV的任何信息。这就是依赖倒置原则（DIP）。我们不允许系统中高层的咖啡制作策略依赖于低层的实现。

那么，接下来我们如何开始Mark IV的实现呢？让我们再次看一下所有的用例。不过，这次是从Mark IV的视角进行的。

用例1：使用者按下冲煮按钮

UserInterface是如何知道冲煮按钮被按下的呢？显然，它必须要调用CoffeeMakerAPI。GetBrewButtonStatus()函数。它应该在哪里调用这个函数呢？我们已经决定

UserInterface类是不能够知道CoffeeMakerAPI的。那么这个调用应该放在哪里呢？

根据DIP，把这个调用放在UserInterface的派生类中。图20.10展示了详细的情况。

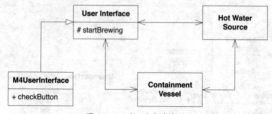

图20.10　检测冲煮按钮

MdUserInterface从UserInterface派生，其中含有checkButton方法。当调用这个方法时，它会调用CoffeeMakerAPI.GetBrewButtonStatus()方法。如果按钮被按下了，该方法会调用UserInfcerface的受保护方法StartBrewing()。代码清单20.5和代码清单20.6展示了实现代码。

代码清单20.5　M4UserInterface.cs

```
public class M4UserInterface : UserInterface
{
  private void CheckButton()
  {
    BrewButtonStatus status =
    CoffeeMaker.api.GetBrewButtonStatus();
    if (status == BrewButtonStatus.PUSHED)
    {
      StartBrewing();
    }
  }
}
```

代码清单20.6　UserInterface.cs

```
public class UserInterface
{
  private HotWaterSource hws;
  private ContainmentVessel cv;
  public void Done() { }
  public void Complete() { }
```

```
protected void StartBrewing()
{
  if (hws.IsReady() && cv.IsReady())
  {
    hws.Start();
    cv.Start();
  }
}
```

你也许会感到奇怪，为什么要创建一个受保护的StartBrewing()方法呢？为何不在M4UserInterface中直接调用Start()函数呢？原因很简单，但是很重要。IsReady()测试以及随后对HotWaterSource和ContainmentVessel的Start()方法的调用都是高层的策略，都应该归属于UserInterface类。无论我们是不是在实现Mark IV，这段代码都是有效的，因此不应该和对应于Mark IV的派生类耦合在一起。这是另外一个单一职责原则（SRP）的实例。你将看到我在这个例子中会不断做出同样的区分。我会尽量把代码放在高层类中。我只把那些必须得和Mark IV关联在一起的代码放入派生类中。

实现IsReady()方法

如何实现HotWaterSource和ContainmentVessel的IsReady()方法呢？显然，它们应该都只是抽象方法，因此这两个类也都是抽象类。相应的两个派生类 HotWaterSource 和M4ContainmentVessel会通过调用合适的CoffeeMakerAPI函数进行实现。图20.11展示了新的结构，代码清单20.7和代码清单20.8展示了这两个派生类的实现。

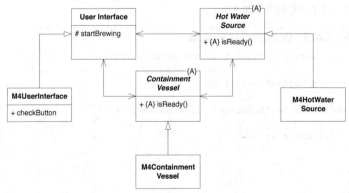

图20.11　实现IsReady()方法

代码清单 20.7   M4HotWaterSource.cs
```
public class M4HotWaterSource : HotWaterSource
{
  public override bool IsReady()
  {
    BoilerStatus status =
    CoffeeMaker.api.GetBoilerStatus();
    return status == BoilerStatus.NOT_EMPTY;
  }
}
```

代码清单 20.8   M4ContainmentVessel.cs
```
public class M4ContainmentVessel : ContainmentVessel
{
  public override bool IsReady()
  {
    WarmerPlateStatus status =
    CoffeeMaker.api.GetWarmerPlateStatus();
    return status == WarmerPlateStatus.POT_EMPTY;
  }
}
```

实现 Start() 方法

HotWaterSource 的 Start() 方法只是一个抽象方法，M4HotWaterSource 会实现该方法去调用 CoffeeMakerAPI 中关闭阀门以及开启加热器的函数。在编写这些函数的过程中，我开始厌烦不停地写一些类似 CoffeeMaker.api.XXX 这样的结构，因此同时也做了一些重构。结果如代码清单 20.9 所示。

代码清单 20.9   M4HotWaterSource.cs
```
public class M4HotWaterSource : HotWaterSource
{
  private CoffeeMakerAPI api;

  public M4HotWaterSource(CoffeeMakerAPI api)
  {
    this.api = api;
  }
```

```
public override bool IsReady()
{
  BoilerStatus status = api.GetBoilerStatus();
  return status == BoilerStatus.NOT_EMPTY;
}

public override void Start()
{
  api.SetReliefValveState(ReliefValveState.CLOSED);
  api.SetBoilerState(BoilerState.ON);
}
}
```

ContainmentVessel 的 Start() 方法要稍微有意思一些。M4ContainmentVessel 只需要做一件事：记住系统的工作状态。在后面我们会看到，把咖啡壶放到保温盘上或者从保温盘上拿走咖啡壶时，这个状态会使系统做出正确的反应。代码清单20.10展示了代码。

代码清单20.10 M4ContainmentVessell.cs

```
public class M4ContainmentVessel : ContainmentVessel
{
  private CoffeeMakerAPI api;
  private bool isBrewing = false;

  public M4ContainmentVessel(CoffeeMakerAPI api)
  {
    this.api = api;
  }

  public override bool IsReady()
  {
    WarmerPlateStatus status = api.GetWarmerPlateStatus();
    return status == WarmerPlateStatus.POT_EMPTY;
  }

  public override void Start()
  {
    isBrewing = true;
  }
}
```

调用M4UBerInterface.CheckButton

系统的控制流是如何运转到调用CoffeeMakerAPI.GetBrewButtonStatus()函数的地方的？为此，系统的控制流是如何运转到可以检测任何传感器的地方的？

许多试图解决这个问题的团队都卡在这里。有些团队不想假设咖啡机中有一个多线程操作系统，因此他们采用了一个轮询传感器的方法。有些团队则不想考虑轮询，因此希望有一个多线程系统。我见过某些团队在这个问题上争论了一个多小时。

在这些团队争论一段时间后，我指出了他们的错误：选择线程还是轮询，并不是问题的关键完全无关的问题。这个决策可以在最后一刻作出，对设计没有任何影响。因此，最好总是假设消息都是可以异步发送的，就像有独立的线程一样，把使用轮询还是线程的决策推迟到最后一刻。

到目前为止，我们的设计一直假设控制流会以某种方式异步到达M4UserInterface对象，让M4UserInterface可以调用CoffeeMakerAPI.GetBrew-ButtonStatus()。现在，让我们假设系统运行在一个不支持线程的小平台上的情况，这意味着我必须得使用轮询。该如何做呢？

请考虑一下代码清单20.11中的Pollable接口。这个接口只有一个Poll()方法。如果M4UserInterface实现了这个接口，且Main()程序就留在一个循环中，不停地一遍又一遍地调用这个方法，结果会如何呢？控制流会不断地进入M4UserInterface，我们就可以检测冲煮按钮了。

代码清单20.11　Pollable.cs

```
public interface Pollable
{
    void Poll();
}
```

事实上，我们可以把这个模式应用到M4的全部三个派生类中。每一个都有自己需要检测的传感器。因此，我们可以让所有M4的派生类都继承Pollable并在Main()中调用它们，如图20.12所示。

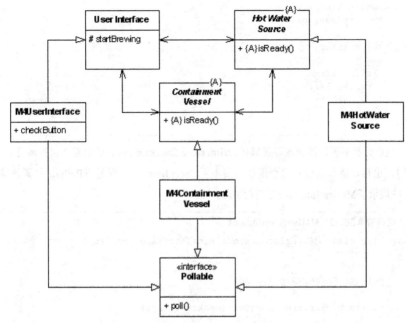

图20.12 轮询式咖啡机

代码清单20.12展示了Main函数的可能代码。它被放在一个名为M4CoffeeMaker的类中。Main()函数创建了api的实现版本,接着创建出3个M4组件。然后,它调用各个组件的Init()方法把它们组合在一起。最后,它进入一个无限循环,在其中依次调用每个组件的Poll()方法。

代码清单20.12 M4CoffeeMaker.cs

```
public static void Main(string[] args)
{
  CoffeeMakerAPI api = new M4CoffeeMakerAPI();
  M4UserInterface ui = new M4UserInterface(api);
  M4HotWaterSource hws = new M4HotWaterSource(api);
  M4ContainmentVessel cv = new M4ContainmentVessel(api);

  ui.Init(hws, cv);
```

```
hws.Init(ui, cv);
cv.Init(hws, ui);

while (true)
{
  ui.Poll();
  hws.Poll();
  cv.Poll();
}
}
```

现在，我们可以清楚地看到M4UserInterface.CheckButton ()函数是如何被调用的，同时，也可以清楚地看到这个函数其实不叫CheckButton()，而是叫Poll()。代码清单20.13展示了M4UserInterface目前的实现。

代码清单20.13　M4UserInterface.cs

```
public class M4UserInterface : UserInterface, Pollable
{
  private CoffeeMakerAPI api;

  public M4UserInterface(CoffeeMakerAPI api)
  {
    this.api = api;
  }

  public void Poll()
  {
    BrewButtonStatus status = api.GetBrewButtonStatus();
    if (status == BrewButtonStatus.PUSHED)
    {
      StartBrewing();
    }
  }
}
```

完成咖啡机练习

前几小节中使用的思考方法完全可以应用于咖啡机的其他组件之中。结果如代码清单20.14到代码清单20.21所示。

代码清单20.14 UserInterface.cs

```csharp
using System;

namespace CoffeeMaker
{
  public abstract class UserInterface
  {
    private HotWaterSource hws;
    private ContainmentVessel cv;
    protected bool isComplete;

    public UserInterface()
    {
      isComplete = true;
    }

    public void Init(HotWaterSource hws, ContainmentVessel cv)
    {
      this.hws = hws;
      this.cv = cv;
    }

    public void Complete()
    {
      isComplete = true;
      CompleteCycle();
    }

    protected void StartBrewing()
    {
      if (hws.IsReady() && cv.IsReady())
      {
        isComplete = false;
        hws.Start();
        cv.Start();
      }
    }

    public abstract void Done();
    public abstract void CompleteCycle();
  }
}
```

代码清单20.15　M4UserInterface.cs

```csharp
using CoffeeMaker;

namespace M4CoffeeMaker
{
  public class M4UserInterface : UserInterface
                  , Pollable
  {
    private CoffeeMakerAPI api;

    public M4UserInterface(CoffeeMakerAPI api)
    {
      this.api = api;
    }

    public void Poll()
    {
      BrewButtonStatus buttonStatus = api.GetBrewButtonStatus();
      if (buttonStatus == BrewButtonStatus.PUSHED)
      {
        StartBrewing();
      }
    }

    public override void Done()
    {
      api.SetIndicatorState(IndicatorState.ON);
    }

    public override void CompleteCycle()
    {
      api.SetIndicatorState(IndicatorState.OFF);
    }
  }
}
```

代码清单20.16　HotWaterSource.cs

```csharp
namespace CoffeeMaker
{
  public abstract class HotWaterSource
  {
```

```csharp
    private UserInterface ui;
    private ContainmentVessel cv;
    protected bool isBrewing;

    public HotWaterSource()
    {
      isBrewing = false;
    }

    public void Init(UserInterface ui, ContainmentVessel cv)
    {
      this.ui = ui;
      this.cv = cv;
    }

    public void Start()
    {
      isBrewing = true;
      StartBrewing();
    }

    public void Done()
    {
      isBrewing = false;
    }

    protected void DeclareDone()
    {
      ui.Done();
      cv.Done();
      isBrewing = false;
    }

    public abstract bool IsReady();
    public abstract void StartBrewing();
    public abstract void Pause();
    public abstract void Resume();
  }
}
```

代码清单 20.17　M4HotWaterSource.cs

```csharp
using System;
```

```csharp
using CoffeeMaker;

namespace M4CoffeeMaker
{
  public class M4HotWaterSource : HotWaterSource
                      , Pollable
  {
    private CoffeeMakerAPI api;

    public M4HotWaterSource(CoffeeMakerAPI api)
    {
      this.api = api;
    }

    public override bool IsReady()
    {
      BoilerStatus boilerStatus = api.GetBoilerStatus();
      return boilerStatus == BoilerStatus.NOT_EMPTY;
    }

    public override void StartBrewing()
    {
      api.SetReliefValveState(ReliefValveState.CLOSED);
      api.SetBoilerState(BoilerState.ON);
    }

    public void Poll()
    {
      BoilerStatus boilerStatus = api.GetBoilerStatus();
      if (isBrewing)
      {
        if (boilerStatus == BoilerStatus.EMPTY)
        {
          api.SetBoilerState(BoilerState.OFF);
          api.SetReliefValveState(ReliefValveState.CLOSED);
          DeclareDone();
        }
      }
    }

    public override void Pause()
    {
```

```
      api.SetBoilerState(BoilerState.OFF);
      api.SetReliefValveState(ReliefValveState.OPEN);
    }

    public override void Resume()                      •
    {
      api.SetBoilerState(BoilerState.ON);
      api.SetReliefValveState(ReliefValveState.CLOSED);
    }
  }
}
```

代码清单20.18 ContainmentVessel.cs

```
using System;

namespace CoffeeMaker
{
  public abstract class ContainmentVessel
  {
    private UserInterface ui;
    private HotWaterSource hws;
    protected bool isBrewing;
    protected bool isComplete;

    public ContainmentVessel()
    {
      isBrewing = false;
      isComplete = true;
    }

    public void Init(UserInterface ui, HotWaterSource hws)
    {
      this.ui = ui;
      this.hws = hws;
    }

    public void Start()
    {
      isBrewing = true;
      isComplete = false;
    }
```

```
    public void Done()
    {
      isBrewing = false;
    }

    protected void DeclareComplete()
    {
      isComplete = true;
      ui.Complete();
    }

    protected void ContainerAvailable()
    {
      hws.Resume();
    }

    protected void ContainerUnavailable()
    {
      hws.Pause();
    }
    public abstract bool IsReady();
  }
}
```

代码清单 20.19　M4ContainmentVessel.cs

```
using CoffeeMaker;

namespace M4CoffeeMaker
{
  public class M4ContainmentVessel : ContainmentVessel
                          , Pollable
  {
    private CoffeeMakerAPI api;
    private WarmerPlateStatus lastPotStatus;

    public M4ContainmentVessel(CoffeeMakerAPI api)
    {
      this.api = api;
      lastPotStatus = WarmerPlateStatus.POT_EMPTY;
    }
```

```
public override bool IsReady()
{
  WarmerPlateStatus plateStatus =
  api.GetWarmerPlateStatus();
  return plateStatus == WarmerPlateStatus.POT_EMPTY;
}

public void Poll()
{
  WarmerPlateStatus potStatus = api.GetWarmerPlateStatus();
  if (potStatus != lastPotStatus)
  {
    if (isBrewing)
    {
      HandleBrewingEvent(potStatus);
    }
    else if (isComplete == false)
    {
      HandleIncompleteEvent(potStatus);
    }
    lastPotStatus = potStatus;
  }
}

private void
HandleBrewingEvent(WarmerPlateStatus potStatus)
{
  if (potStatus == WarmerPlateStatus.POT_NOT_EMPTY)
  {
    ContainerAvailable();
    api.SetWarmerState(WarmerState.ON);
  }
  else if (potStatus == WarmerPlateStatus.WARMER_EMPTY)
  {
    ContainerUnavailable();
    api.SetWarmerState(WarmerState.OFF);
  }
  else
  { // potStatus == POT_EMPTY
    ContainerAvailable();
    api.SetWarmerState(WarmerState.OFF);
```

```
        }
    }

    private void
    HandleIncompleteEvent(WarmerPlateStatus potStatus)
    {
        if (potStatus == WarmerPlateStatus.POT_NOT_EMPTY)
        {
            api.SetWarmerState(WarmerState.ON);
        }
        else if (potStatus == WarmerPlateStatus.WARMER_EMPTY)
        {
            api.SetWarmerState(WarmerState.OFF);
        }
        else
        { // potStatus == POT_EMPTY
            api.SetWarmerState(WarmerState.OFF);
            DeclareComplete();
        }
    }
  }
}
```

代码清单 20.20 Pollable.cs

```
using System;

namespace M4CoffeeMaker
{
  public interface Pollable
  {
    void Poll();
  }
}
```

代码清单 20.21 CoffeeMaker.cs

```
using CoffeeMaker;

namespace M4CoffeeMaker
{
  public class M4CoffeeMaker
  {
```

```
public static void Main(string[] args)
{
  CoffeeMakerAPI api = new M4CoffeeMakerAPI();
  M4UserInterface ui = new M4UserInterface(api);
  M4HotWaterSource hws = new M4HotWaterSource(api);
  M4ContainmentVessel cv = new M4ContainmentVessel(api);

  ui.Init(hws, cv);
  hws.Init(ui, cv);
  cv.Init(ui, hws);

  while (true)
  {
    ui.Poll();
    hws.Poll();
    cv.Poll();
  }
}
}
}
```

这个设计的好处

尽管问题本身非常简单，但是这个设计仍然展示了一些非常好的特征。图20.13展示了类的结构。我用线条把其中的3个抽象类圈了起来。这些类涵盖了咖啡机系统的概要策略。请注意，和该线条交叉的所有依赖关系都是指向圈内的。圈中的类没有依赖于任何圈外的类。因此，抽象得以和细节隔离开。

抽象类根本不知道按钮、指示灯、阀门、传感器以及其他任何咖啡机的实现细节。这些抽象类的派生类完全是基于这些细节来实现的。

请注意，这3个抽象基类可以在许多不同种类的咖啡机中重用。我们很容易在一个连接到水管并且使用大容器和龙头的咖啡机上使用。看起来，我们好像也可以把它们用在咖啡自动贩卖机上。事实上，我认为我们可以把它们用在自动煮茶设备，甚至堡汤设备中。这种高层策略和细节的隔离正是面向对象设计的本质。

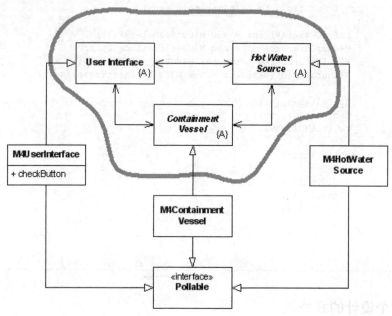

图20.13 咖啡机系统组件

这个设计的来源

我可不是简单地坐下来，花一天工夫就直截了当做出这个设计的。事实上，在1993年时，我做出的第一个关于咖啡机的设计看起来非常像图20-1。但是，此后针对该问题，我又多次写了程序，并且在课堂上反复使用它作为练习。因此，这个设计是随着时间逐步提炼出来的。

这段代码是用代码清单20.22中的单元测试以测试优先的方式写出来的。虽然我是基于图20.13中的结构来写的代码，不

过，我是增量完成的，每次一个失败的测试用例。

　　我并不确信测试用例是完备的。如果这不是一个示例程序，我会做更详尽的测试用例分析。但是，对于这本书来说，我觉得这种分析有些大材小用的嫌疑。

代码清单20.22　TestCoffeeMaker.cs

```
using M4CoffeeMaker;
using NUnit.Framework;

namespace CoffeeMaker.Test
{
  internal class CoffeeMakerStub : CoffeeMakerAPI
  {
    public bool buttonPressed;
    public bool lightOn;
    public bool boilerOn;
    public bool valveClosed;
    public bool plateOn;
    public bool boilerEmpty;
    public bool potPresent;
    public bool potNotEmpty;

    public CoffeeMakerStub()
    {
      buttonPressed = false;
      lightOn = false;
      boilerOn = false;
      valveClosed = true;
      plateOn = false;
      boilerEmpty = true;
      potPresent = true;
      potNotEmpty = false;
    }

    public WarmerPlateStatus GetWarmerPlateStatus()
    {
      if (!potPresent)
        return WarmerPlateStatus.WARMER_EMPTY;
      else if (potNotEmpty)
        return WarmerPlateStatus.POT_NOT_EMPTY;
      else
```

```
      return WarmerPlateStatus.POT_EMPTY;
}

public BoilerStatus GetBoilerStatus()
{
  return boilerEmpty ?
  BoilerStatus.EMPTY : BoilerStatus.NOT_EMPTY;
}

public BrewButtonStatus GetBrewButtonStatus()
{
  if (buttonPressed)
  {
    buttonPressed = false;
    return BrewButtonStatus.PUSHED;
  }
  else
  {
    return BrewButtonStatus.NOT_PUSHED;
  }
}

public void SetBoilerState(BoilerState boilerState)
{
  boilerOn = boilerState == BoilerState.ON;
}

public void SetWarmerState(WarmerState warmerState)
{
  plateOn = warmerState == WarmerState.ON;
}

public void
SetIndicatorState(IndicatorState indicatorState)
{
  lightOn = indicatorState == IndicatorState.ON;
}

public void
SetReliefValveState(ReliefValveState reliefValveState)
{
  valveClosed = reliefValveState == ReliefValveState.CLOSED;
}
```

```
}

[TestFixture]
public class TestCoffeeMaker
{
  private M4UserInterface ui;
  private M4HotWaterSource hws;
  private M4ContainmentVessel cv;
  private CoffeeMakerStub api;

  [SetUp]
  public void SetUp()
  {
    api = new CoffeeMakerStub();
    ui = new M4UserInterface(api);
    hws = new M4HotWaterSource(api);
    cv = new M4ContainmentVessel(api);
    ui.Init(hws, cv);
    hws.Init(ui, cv);
    cv.Init(ui, hws);
  }

  private void Poll()
  {
    ui.Poll();
    hws.Poll();
    cv.Poll();
  }

  [Test]
  public void InitialConditions()
  {
    Poll();
    Assert.IsFalse(api.boilerOn);
    Assert.IsFalse(api.lightOn);
    Assert.IsFalse(api.plateOn);
    Assert.IsTrue(api.valveClosed);
  }

  [Test]
  public void StartNoPot()
  {
```

```
    Poll();
    api.buttonPressed = true;
    api.potPresent = false;
    Poll();
    Assert.IsFalse(api.boilerOn);
    Assert.IsFalse(api.lightOn);
    Assert.IsFalse(api.plateOn);
    Assert.IsTrue(api.valveClosed);
  }

  [Test]
  public void StartNoWater()
  {
    Poll();
    api.buttonPressed = true;
    api.boilerEmpty = true;
    Poll();
    Assert.IsFalse(api.boilerOn);
    Assert.IsFalse(api.lightOn);
    Assert.IsFalse(api.plateOn);
    Assert.IsTrue(api.valveClosed);
  }

  [Test]
  public void GoodStart()
  {
    NormalStart();
    Assert.IsTrue(api.boilerOn);
    Assert.IsFalse(api.lightOn);
    Assert.IsFalse(api.plateOn);
    Assert.IsTrue(api.valveClosed);
  }

  private void NormalStart()
  {
    Poll();
    api.boilerEmpty = false;
    api.buttonPressed = true;
    Poll();
  }

  [Test]
```

```csharp
public void StartedPotNotEmpty()
{
  NormalStart();
  api.potNotEmpty = true;
  Poll();
  Assert.IsTrue(api.boilerOn);
  Assert.IsFalse(api.lightOn);
  Assert.IsTrue(api.plateOn);
  Assert.IsTrue(api.valveClosed);
}

[Test]
public void PotRemovedAndReplacedWhileEmpty()
{
  NormalStart();
  api.potPresent = false;
  Poll();
  Assert.IsFalse(api.boilerOn);
  Assert.IsFalse(api.lightOn);
  Assert.IsFalse(api.plateOn);
  Assert.IsFalse(api.valveClosed);
  api.potPresent = true;
  Poll();
  Assert.IsTrue(api.boilerOn);
  Assert.IsFalse(api.lightOn);
  Assert.IsFalse(api.plateOn);
  Assert.IsTrue(api.valveClosed);
}

[Test]
public void PotRemovedWhileNotEmptyAndReplacedEmpty()
{
  NormalFill();
  api.potPresent = false;
  Poll();
  Assert.IsFalse(api.boilerOn);
  Assert.IsFalse(api.lightOn);
  Assert.IsFalse(api.plateOn);
  Assert.IsFalse(api.valveClosed);
  api.potPresent = true;
  api.potNotEmpty = false;
  Poll();
```

```
    Assert.IsTrue(api.boilerOn);
    Assert.IsFalse(api.lightOn);
    Assert.IsFalse(api.plateOn);
    Assert.IsTrue(api.valveClosed);
}

private void NormalFill()
{
  NormalStart();
  api.potNotEmpty = true;
  Poll();
}

[Test]
public void PotRemovedWhileNotEmptyAndReplacedNotEmpty()
{
  NormalFill();
  api.potPresent = false;
  Poll();
  api.potPresent = true;
  Poll();
  Assert.IsTrue(api.boilerOn);
  Assert.IsFalse(api.lightOn);
  Assert.IsTrue(api.plateOn);
  Assert.IsTrue(api.valveClosed);
}

[Test]
public void BoilerEmptyPotNotEmpty()
{
  NormalBrew();
  Assert.IsFalse(api.boilerOn);
  Assert.IsTrue(api.lightOn);
  Assert.IsTrue(api.plateOn);
  Assert.IsTrue(api.valveClosed);
}

private void NormalBrew()
{
  NormalFill();
  api.boilerEmpty = true;
  Poll();
```

```
    }

    [Test]
    public void BoilerEmptiesWhilePotRemoved()
    {
      NormalFill();
      api.potPresent = false;
      Poll();
      api.boilerEmpty = true;
      Poll();
      Assert.IsFalse(api.boilerOn);
      Assert.IsTrue(api.lightOn);
      Assert.IsFalse(api.plateOn);
      Assert.IsTrue(api.valveClosed);
      api.potPresent = true;
      Poll();
      Assert.IsFalse(api.boilerOn);
      Assert.IsTrue(api.lightOn);
      Assert.IsTrue(api.plateOn);
      Assert.IsTrue(api.valveClosed);
    }

    [Test]
    public void EmptyPotReturnedAfter()
    {
      NormalBrew();
      api.
      potNotEmpty = false;
      Poll();
      Assert.IsFalse(api.boilerOn);
      Assert.IsFalse(api.lightOn);
      Assert.IsFalse(api.plateOn);
      Assert.IsTrue(api.valveClosed);
    }
  }
}
```

面向对象过度设计

这个例子对教学有很多好处。它短小、易于理解并且展示了如何应用面向对象设计原则来管理依赖和分离关注点。但从另一方面来说，它的短小也意味着这种分离带来的好处可能成效比极低。

如果把Mark Ⅳ开发机实现为一个有限状态机，我们会发现它有7个状态和18个迁移。我们可以使用18行的SMC代码来表示该状态机。轮询传感器的简单主循环也就是十几行代码，有限状态机要调用的动作函数也在几十行代码左右。简而言之，我们可以用一页代码来实现整个程序。

如果不算上测试代码，咖啡机的面向对象实现有5页代码。我们无法对这种悬殊做出合理的解释。在大型应用中，依赖管理和关注点分离带来的好处明显超过面向对象设计的成本。但是在这个例子中，情况却可能刚好相反。

参考文献

[Beck2002]Kent Beck, *Test-Driven Development*, Addison-Wesley, 2002.

[Martin1995]Robert C. Martin, *Designing Object-Oriented C++ Applications Using the Booch Method*, Prentice Hall, 1995.

第III部分 案例学习：薪水支付系统Payroll

© Jennifer M. Kohnke

在接下来的几章中，我们要开始进行本书中第一个大型的项目案例分析。前面我们学习了软件设计相关的实践和原则，也探讨了软件设计的本质，同时还讨论了软件的测试和计划。现在，是时候做一些真正的项目实践了。

在接下来的几章中，将讨论薪水支付系统的设计和实现。我会先为大家介绍该系统的基本规格说明书。随着该系统的设计和实现，我们会逐渐用到多个软件设计模式。其中包括命令模式（COMMAND）、模板方法模式（TEMPLATE METHOD）、策略模式（STRATEGY）、单例模式（SINGLETON）、空对象模式（NULLOBJECT）、工厂模式（FACTORY）和外观模式（FACADE）等设计模式。这些设计模式也是接下来几章要讨论的重点。在第26章中，我们将完成薪水支付系统的设计和实现。

这个案例可以采用以下方法阅读。

- 按章节顺序阅读，首先学习相关的设计模式，然后了解它们如何用于解决薪水支付系统中的问题。
- 如果你已经了解设计模式并且暂时不想再复习了，可以直接跳到第26章开始阅读。
- 首先阅读第26章，完成第26章的阅读之后，再回过头来阅读与第26章所用设计模式相关的章节。
- 逐渐阅读第26章，当第26章中谈到一个你不熟悉的设计模式时，就通读一下描述这个设计模式的相关章节，之后再回到第26章的阅读中，以此往复。

当然，以上阅读方法也只是建议，你不一定非要遵循上述规则。你也可以找到最适合自己的阅读方法。

薪水支付系统Payroll的基本规格说明书

以下是我们与客户讨论该系统时所作的一些记录。（第26章也提供了这些记录）

该系统包含公司内所有员工信息的数据库以及与该员工相关的其他数据，比如工作考勤卡数据等。该系统可以用来为每位员工支付薪水，且该系统必须按照指定的方法准时的为员工支付正确数额的薪水。同时，最终为员工支付的薪水中应该扣除各种应有的代扣款项。

- 一些员工是钟点工。在这部分员工的数据库记录中，有一个字段用来记录他们每小时的薪水。他们每天都需要提交工作考勤卡，该工作考勤卡记录了他们的工作日期和工作时长。如果他们每天工作超过 8 小时，那么超出 8 小时的时长将按正常时薪的 1.5 倍支付薪水。每周五向这部分员工支付薪水。
- 一些员工以固定月薪支付薪水。每月的最后一天会为这部分员工支付薪水。在这部分员工的数据库记录中，有一个字段用来记录他们的月薪。
- 还有一些员工从事销售类的工作，那么将根据他们的销售情况为他们支付佣金。他们需要提交销售凭证，其中需记录销售时间和金额。在他们的数据库记录中，有一个字段用来记录他们的佣金率。每两周的周五向他们支付佣金。
- 员工可以自由选择薪水的支付方式。他们可以选择把薪水支票邮寄到他们指定的地址；可以把薪水支票暂时保管在出纳人员那里随时支取；也可以选择将薪水直接存入他们指定的银行账户。

● 一些员工是公司的工会人员。在他们的数据库记录中有一个字段记录了他们每周应付的会费，同时他们的会费会从他们的薪水中扣除。此外，工会也可能会不时地评估个别工会成员的服务费。这些服务费是由工会每周提交的，必须从相应员工的下一笔薪水中扣除。

● 薪水支付系统会在每个工作日运行一次，并在当天向需要支付薪水的员工支付薪水。薪水支付系统内记录了员工的薪水发放日期，因此，薪水支付系统将计算从为员工最后一次支付薪水到指定日期之间所需支付的薪水。

练习

继续阅读之前，如果你能自己先设计一下这个薪水支付系统，将对接下来的学习颇有益处。你也许想画一些初始的UML图。更进一步，你也可能会采用测试优先的方法先实现几个用例，并应用我们前面所学的软件设计原则和实践，尝试创建一个平衡的、良好的软件设计。记住我们的咖啡机！

如果你打算尝试这个练习，那么请看接下来的用例。当然，也可以先跳过它们，这些用例也会在薪水支付案例分析章节中再次出现。

用例 1：添加新员工

通过 AddEmp 事务，可以添加新员工。该事务包含员工的姓名、地址和为其分配的员工编号。该事务有如下三种结构：

```
1.  AddEmp <EmpID>"<name>""<address>" H <hrly-rate>
2.  AddEmp <EmpID>"<name>""<address>" S <mtly-slry>
3.  AddEmp <EmpID>"<name>""<address>" C <mtly-slry> <comm-rate>
```

在创建一个员工记录时，已为其所有字段进行了正确的赋值。

● **异常情况：** 在这次事务操作中，事务的结构存在错误。

如果事务的结构不正确，则在错误消息中将它打印出来，并且不会执行任何操作。

用例 2：删除员工

收到 DelEmp 事务请求时，员工信息将被删除。该事务的结构如下：

```
DelEmp <EmpID>
```

收到该事务后，将删除对应员工 ID 的员工记录。

● 异常情况：无效或未知的 EmpID

如果 <EmpID> 字段的结构不正确，或者填写的不是一个有效的 EmpID，则以错误信息的形式将它打印出来，并且不会执行任何其他操作。

用例 3：登记考勤卡

收到 TimeCard 事务请求后，系统将创建考勤卡记录并将其与相应的员工关联起来。

```
TimeCard <Empld> <date> <hours>
```

● 异常情况 1：所关联的员工不是钟点工

系统会在错误信息中将它打印出来，并且不进行其他的操作。

● 异常情况 2：事务的结构存在错误

系统会在错误信息中将它打印出来，并且不进行其他的操作。

用例 4：登记销售凭证

收到 SalesReceipt 事务请求后，该系统将创建新的销售凭证记录并将其与相应的员工关联。

```
SalesReceipt <EmpID> <date> <amount>
```

● 异常情况 1：所关联的员工不是销售类员工，不通过佣金方式结算薪水系统会以错误信息的形式中将它打印出来，并且不进行其他的操作。

● 异常情况 2：事务的结构存在错误

系统会以错误信息的形式将它打印出来，并且不进行其他的操作。

用例 5：登记工会服务费

收到这类事务请求后，系统将创建工会服务费记录并将其与相应工会成员关联。

```
ServiceCharge <memberID> <amount>
```

● 异常情况：事务的结构错误

如果事务的结构出现错误，或者 <memberID> 所填写的员工不是工会成员，那么会以错误信息的形式打印该事务的信息。

用例 6：更改员工信息

收到此事务后，系统将更改相应员工的详细信息。该事务有如下几种结构：

```
ChgEmp <EmpID> Name <name>                      更改员工姓名
ChgEmp <EmpID> Address <address>                更改员工地址
ChgEmp <EmpID> Hourly <hourlyRate>              更改为钟点工类型员工，并设
                                                置时薪
ChgEmp <EmpID> Salaried <salary>                更改为以固定月薪支付薪水的
                                                员工，并设置月薪
ChgEmp <EmpID> Commissioned <salary> <rate>     更改为按佣金支付薪水的销售
                                                类员工，并设置佣金率
ChgEmp <EmpID> Hold                             设置薪水支付的方式为由出纳
                                                人员保管
ChgEmp <EmpID> Direct <bank> <account>          设置薪水支付方式为直接转账到
                                                银行账户
ChgEmp <EmpID> Mail <address>                   设置薪水支付方式为邮寄薪水
                                                支票
ChgEmp <EmpID> Member <memberID> Dues <rate>    员工加入工会，且设置会费
ChgEmp <EmpID> NoMember                         员工离开工会
```

● 异常情况：事务错误

如果事务的结构不正确，或者 <EmpID> 填写的员工不存在，或者 <memberID> 填写的员工已经属于工会成员了，则在错误信息中打印适当的错误信息，并且不进行其他的操作。

用例 7：运行薪水支付系统

收到 Payday 事务请求后，该系统会查找应该在指定日期支付薪水的所有员工。然后，系统会计算应该付给他们多少金额的薪水，并根据他们所选择的支付方式支付薪水。

```
Payday <date>
```

第21章

命令模式和主动对象模式

"没有人天生就有命令和凌驾于其同胞之上的权力。"

——狄德罗（Denis Diderot）[1]

在多年来描述的所有设计模式中，命令（COMMAND）模式在我看来是最简单、最优雅的。不过我们会看到，命令模式的简单性是带有欺骗性的，而且命令模式的使用范

1　编注：德尼·狄德罗(1713—1784)，法国启蒙思想家、哲学家、戏剧家和作家，百科全书派代表人物，毕业于法国巴黎大学。主编《科学、美术与工艺百科全书》时，写了1000多个哲学和史学词条，监制了3000多幅插图，这部百科全书的编写前后经历了21年。

围几乎是没有边界的。

如图21.1所示，命令模式看起来简单到令人想笑。即使在查看代码清单21.1之后，似乎也并不会减轻这种印象。这看起来似乎很荒谬，因为命令模式仅有一个只有一个方法的接口。

图21.1 命令模式

代码清单21.1 Command.cs

```
public interface Command
{
  void Execute();
}
```

但事实上，命令模式跨越了一条十分有趣的界线，而所有有趣的复杂性都汇聚在这条界线的交叉处。大多数类都封装一组方法和一组相关联的变量。但命令模式没有这么做，它只封装一个没有任何变量的函数。

在严格面向对象的术语中，这种做法是会遭到抗议的，因为它有功能分解的味道。它将函数提升到类的层面。这简直是对面向对象的亵渎！然而，就在这两种思维范式碰撞之后，有趣的事情出现了。

简单的命令模式

几年前，我在一家大型复印机厂商做咨询顾问。当时，我在帮他们公司其中一个开发团队设计和实现一款嵌入式实时软件，用来驱动新型复印机的内部工作。一个偶然的机会，我们发现可以用命令模式来控制硬件设备。于是，我们便构建了如图29.2所示的层次结构。

这些类的作用是显而易见的。在调用RelayOnCommand的Execute()方法时，它就会打开继电器。在调用MotorOffCommand实例的Execute()方法时，它就会关闭发动机。发动机或继电器的地址作为构造函数的参数传递到对象中。

有了这样的结构，现在我们可以将Command对象传入系统中，并调用相应的Execute()方法，而不用明确知道它们代表着什么种类的Command。这样便会带来一些有趣的简化。

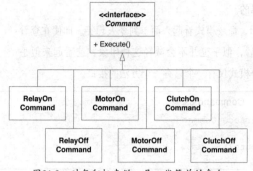

图21.2 对复印机来说，是一些简单的命令

该系统是由事件驱动的。继电器的开或关，发动机的启动或停止，离合器的连接或断开，都依据系统中某些特定事件的发生而发生相应的改变。大多数事件都是由传感器检测到的。例如，当光学传感器确定一张纸已经到达其传送路径中的某个位置时，就需要连接指定的离合器。如图21.3 所示，我们可以通过将合适的Clutchoncommand 绑定到控制那个光学传感器的对象上来实现这一点。

| Sensor | → | Command |

这种简单的结构有一个巨大的优势。 图21.3 命令将由传感器所驱动

Sensor并不知道它该做什么，但只要检测到对应事件的发生，就会简单调用与之绑定的Command对象的Execute()方法。这也就意味着Sensor并不需要知道某一个单独的离合器或者继电器，也不需要知道纸张传送路径的机械结构。它们的功能变得非常简单。

当某个传感器检测到一个事件后，涉及到决定要关闭哪个继电器的复杂性就被转移到一个初始化函数中。在系统初始化的某个时刻，每一个Sensor对象都和正确的Command对象进行绑定。这样就可以把所有的连接关系（Sensor和Command之间的逻辑关系）放在一个地方，并从系统的主体逻辑中抽离出来。事实上，也可以用一个简单的文本文件来描述Sensor和Command之间的绑定关系。这样一来，系统在初始化时就可以读取这个文本文件并正确构建出该系统。因此，系统的连接关系可以独立于系统来确定，并且也可以在不重新编译系统的前提下对系统内的绑定关系进行调整。

通过对命令这一概念的封装，这个模式解除了系统内的逻辑互联关系和实际连接的

外部设备之间的耦合。这是一个了不起的好处。

字母I到哪里去了

.NET社区习惯于在接口名称前加一个大写字母I。在前面的例子中，接口Command按照习惯应该命名为ICommand。虽然有很多.NET惯例是很好的，并且在大多数情况下本书也都遵循它们，但作者并不喜欢这个约定。

通常情况下，用一个正交的概念去污染某个东西的名字并不是个好主意，更不用说这个正交的概念可能变化。比如，如果我们认为ICommand应该是一个抽象类而不是一个接口时会怎样呢？那时我们必须找到所有对ICommand的引用并把它们都改成Command吗？我们必须重新编译和部署所有受到影响的程序集[1]吗？

现在是21世纪了，我们有智能的IDE，轻点一下鼠标，就会告诉我们一个类是否是一个接口。匈牙利命名法的最后残留也该寿终正寝了。

事务操作

命令模式的另一个常见用途是事务的创建和执行，这一用途在薪水支付系统中也十分有用。例如，假想我们正在写一款软件，如图21.4所示，这款软件需要维护员工数据库。用户对该数据库可以执行很多操作，他们可以添加新员工、删除老员工或者更新员工的信息。

当用户想要添加一名新员工时，必须提供要添加新员工时需要的所有信息，只有这样才能添加成功。在对该信息进行操作前，系统需要验证该信息在语法和语义上的正确性。采用命令模式可以帮助完成这项工作。Command对象用来存储未验证的数据，实现其数据验证方法并实现最终执行事务操作的方法。

例如，如图21.5所示，AddEmployeeTransaction类和Employee类有相同的数据字段，还有一个指向 PayClassification 对象的指针。这些数据字段和对象来自于用户创建

1　构成.NET应用程序部署、版本控制、重用激活范围和安全权限的基本单元，采用可执行文件（.exe）或动态链接库文件（.dll）的形式。

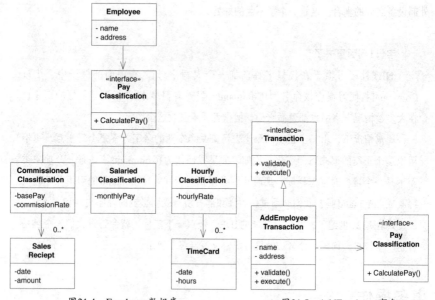

图21.4 Employee数据库　　　　　图21.5 AddEmployee事务

新用户时所指定的信息。

　　validate方法检查所有数据字段并确保它们都是有意义的。它会检查数据在语义和语法上的正确性。该方法甚至可以检查这次事务操作中的数据和数据库中数据的一致性问题。例如，它必须保证添加的员工是新的员工，不是数据库中原有的员工。

　　execute 方法使用验证过的信息来更新数据库。在我们这个简单的例子中，AddEmployeeTransaction 对象将创建一个新的 Employee 对象并初始化它的数据成员。PayClassification 对象会被移动或者复制到 Employee 对象中。

实体上的解耦和时间上的解耦

这种方法对用户获取数据的代码、验证和操作该数据的代码以及业务对象本身实现了很好的解耦，这给我们带来了很多好处。例如，可能有人希望从某个 GUI 对话框中获取用于添加新员工的数据。但如果这个 GUI 对话框的代码中同时掺杂该事务操作的数据验证和执行的代码，那真的是糟透了。这种强耦合会使数据的验证和执行代码无法在其他接口中使用。通过将数据的验证和执行代码分离到 AddEmployeeTransaction 类中，我们就在实体上解除了代码和数据获取接口之间的耦合关系。更重要的是，我们也对业务实体本身和能够操作数据库的代码进行了解耦。

时间上的解耦

我们也采用了不同的方式来对数据的验证和执行代码进行解耦。一旦获取到数据，就没有理由要求立即调用数据的验证和执行方法。事务操作对象可以保存在一个列表中，以后再进行数据的验证和执行。

假设我们有一个数据库，该数据库要求对数据的更改只能发生在夜里 0 点至 1 点之间，其他时间数据保持不变。如果只能等到夜里 0 点，再匆匆忙忙在 1 点前执行所有数据验证和执行的代码，那真的是糟透了。如果可以提前输入所有的命令，并当场对数据进行验证，然后在午夜 0 时自动触发数据执行的代码，这样就非常方便。命令模式使之成为了可能。

UNDO()方法

如图 21.6 所示，我们在命令模式中加入了 undo() 方法。如果 Command 派生类的 Execute() 方法可以记录其操作的细节，那么 undo() 方法就可以用来撤销这些操作，使系统恢复到初始状态。

假如我们有一个应用程序，用户通过这个程序可以在屏幕上画各种几何图形。在该应用的工具栏中，有"画圆形""画正方形"和"画矩形"按钮，用户可以通过这些按钮

画出对应形状的几何图形。假如用户点击"画圆形"
按钮，应用程序就会创建一个 DrawCircleCommand
命令对象，并调用该对象的 Execute() 方法。之后，
DrawCircleCommand 对象就会在绘图窗口中追踪用

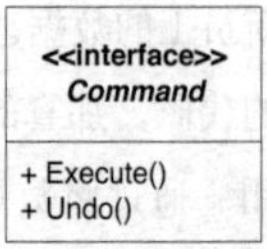

图21.6　命令模式的Undo变体

户的鼠标轨迹，并等待用户点击鼠标。只要用户点击了鼠标，该对象就会以点击鼠标
的那一点作为圆心，以用户鼠标移动轨迹的距离为半径画圆。用户再次点击鼠标时，
DrawCircleCommand 将结束画圆的动作，并将完成绘制的圆形对象添加到当前显示在
绘图窗口中的几何图形列表当中。同时，它还会将新绘制的圆形对象的 ID 属性存储在
某个私有变量中，并以返回值的形式从 Execute() 方法中返回。然后，该程序就会将已
经结束绘制的 DrawCircleCommand 对象压入已完成命令堆栈的栈顶。

之后，假如用户在工具栏中点击了"Undo"按钮，系统就会从已完成命令的栈
中弹出栈顶Command对象，并调用该对象的 undo() 方法。在收到 undo() 方法后，
DrawCircleCommand 对象会从当前绘图窗口的几何图形列表中删除和私有变量中存储
的 ID 所匹配的圆形。

通过命令模式，我们几乎可以在任何应用程序中实现撤销操作，而且，undo 方法的
实现代码和 undo 方法的调用代码通常也会一起出现。

主动对象模式

主动对象模式（ACTIVE OBJECT）[Lavender96] 是我最喜欢的命令模式。它是实现多线
程控制的老技术。它也以多种形式用于为成千上万的工业系统提供简单的多任务核心。

这个模式的想法其实很简单。如代码清单21.2 和代码清单21.3 所示，
ActiveObjectEngine 对象维护了一个Command对象的链表。用户可以向该对象添加新
的命令，也可以执行它的 Run() 方法。Run() 函数只是简单遍历链表，执行和去除每一
个命令。

代码清单21.2　ActiveObjectEngine.cs

```
using System.Collections;
```

```
public class ActiveObjectEngine
{
  ArrayList itsCommands = new ArrayList();

  public void AddCommand(Command c)
  {
    itsCommands.Add(c);
  }

  public void Run()
  {
    while (itsCommands.Count > 0)
    {
      Command c = (Command)itsCommands[0];
      itsCommands.RemoveAt(0);
      c.Execute();
    }
  }
}
```

代码清单21.3 Command.cs

```
public interface Command
{
  void Execute();
}
```

这虽然看起来不会给人留下很深刻的印象，但如果链表中的Command对象克隆了自己，并把这个Command克隆对象又放回链表中，会发生什么呢？这个链表就永远不会为空，且run()方法也永远不会返回了。

现在考虑下代码清单21.4所示的测试用例。它创建了一个叫 SleepCommand 的对象，其中，它向 SleepCommand 的构造函数中传递1000 ms的延迟，并把 SleepCommand 加入到 ActiveObjectEngine 中。在调用 run() 后，它将等待指定的毫秒数。

代码清单21.4 TestSleepCommand.cs

```
using System;
using NUnit.Framework;
```

```
[TestFixture]
public class TestSleepCommand
{

  private class WakeUpCommand : Command
  {
    public bool executed = false;
    public void Execute()
    {
      executed = true;
    }
  }

  [Test]
  public void TestSleep()
  {
    WakeUpCommand wakeup = new WakeUpCommand();
    ActiveObjectEngine e = new ActiveObjectEngine();
    SleepCommand c = new SleepCommand(1000, e, wakeup);
    e.AddCommand(c);
    DateTime start = DateTime.Now;
    e.Run();
    DateTime stop = DateTime.Now;
    double sleepTime = (stop - start).TotalMilliseconds;
    Assert.IsTrue(sleepTime >= 1000,
      "SleepTime" + sleepTime +" expected > 1000");
    Assert.IsTrue(sleepTime <= 1100,
      "SleepTime" + sleepTime +" expected < 1100");
    Assert.IsTrue(wakeup.executed,"Command Executed");
  }
}
```

　　再来详细看下这个测试用例。SleepCommand 的构造函数包含3个参数。第一个参数是用毫秒表示的延时时间，第二个参数是该命令将要运行的 ActiveObjectEngine 对象，第三个参数是另一个命令对象，名为 wakeup。该测试用例的主要意图是 SleepCommand 会等待指定数目的毫秒，然后执行 wakeup 命令。

　　代码清单21.5 展示了 SleepCommand 的实现。在该命令执行时，会先检查它是否曾经执行过。如果没有执行过，它就会记录当前的开始时间。如果指定的延时时间还没有结束，就会把自己添加到 ActiveObjectEngine 中，如果已经过了指定的延时时间，结束它就会把 wakeup 命令对象添加到 ActiveObjectEngine 中。

代码清单 21.5　SleepCommand.cs

```csharp
using System;

public class SleepCommand : Command
{
  private Command wakeupCommand = null;
  private ActiveObjectEngine engine = null;
  private long sleepTime = 0;
  private DateTime startTime;
  private bool started = false;

  public SleepCommand(long milliseconds, ActiveObjectEngine e,
  Command wakeupCommand)
  {
    sleepTime = milliseconds;
    engine = e;
    this.wakeupCommand = wakeupCommand;
  }

  public void Execute()
  {
    DateTime currentTime = DateTime.Now;
    if (!started)
    {
      started = true;
      startTime = currentTime;
      engine.AddCommand(this);
    }
    else
    {
      TimeSpan elapsedTime = currentTime - startTime;
      if (elapsedTime.TotalMilliseconds < sleepTime)
      {
        engine.AddCommand(this);
      }
      else
      {
        engine.AddCommand(wakeupCommand);
      }
    }
  }
```

```
  }
}
```

可将这个程序与正在等待一个事件的多线程程序进行类比。当多线程程序中的一个线程在等待事件时，通常会调用一些操作系统调用阻塞该线程，直到事件发生。在代码清单21.5 中的程序并没有阻塞，相反，如果它所等待的事件（（elapsedTime.TotalMilliseconds）< sleepTime）没有发生，就只是简单地将自己添加回 ActiveObjectEngine 中。

通过采用该技术的变体来构建多线程系统，已经是并且一直是一种常见的实践。这种类型的线程被称为 run-to-completion 任务（RTC），因为每一个 Command 实例在下一个 Command 实例运行前会一直运行，直到完成。RTC 的名字代表着该Command 实例不会阻塞。

所有一运行就必须完成的Command对象也赋予 RTC 线程一些有趣的优势，即它们会共享同样的运行时堆栈。与传统多线程系统中的线程不同，没有必要为 RTC 线程提前定义或分配一个独立的运行时堆栈。这在有大量线程的内存受限系统中有强大的优势。

继续来看我们的程序示例，代码清单21.6 展示了一个简单的程序，它使用了 SleepCommand 对象并展示了其多线程的行为。该程序称为 DelayedTyper。

注意，这里的 DelayedTyper 实现了 Command 接口。它的 execute 方法只是简单打印了在构造时传入的字符并检查它的 stop 标志。如果未设置该标志，就调用 delayAndRepeat。delayAndRepeat 方法使用构造时传入的延迟构造了一个SleepCommand 对象，然后将构造后的SleepCommand 对象添加到 ActiveObjectEngine 中。

代码清单21.6　DelayedTyper.cs

```csharp
using System;

public class DelayedTyper : Command
{
  private long itsDelay;
  private char itsChar;
  private static bool stop = false;
  private static ActiveObjectEngine engine =
    new ActiveObjectEngine();

  private class StopCommand : Command
```

```
  {
    public void Execute()
    {
      DelayedTyper.stop = true;
    }
  }

  public static void Main(string[] args)
  {
    engine.AddCommand(new DelayedTyper(100, '1'));
    engine.AddCommand(new DelayedTyper(300, '3'));
    engine.AddCommand(new DelayedTyper(500, '5'));
    engine.AddCommand(new DelayedTyper(700, '7'));

    Command stopCommand = new StopCommand();

    engine.AddCommand(
      new SleepCommand(20000, engine, stopCommand));
    engine.Run();
  }

  public DelayedTyper(long delay, char c)
  {
    itsDelay = delay;
    itsChar = c;
  }

  public void Execute()
  {
    Console.Write(itsChar);
    if (!stop)
      DelayAndRepeat();
  }

  private void DelayAndRepeat()
  {
    engine.AddCommand(
      new SleepCommand(itsDelay, engine, this));
  }
}
```

该Command对象的行为很容易预测。实际上，它会在一个循环中挂起，重复打印出指定的字符，并等待指定的延迟时间。设置 stop 标志后，就退出该循环。

　　DelayedTyper的main函数创建了几个DelayedTyper实例并把它们放入ActiveObjectEngine中，每一个实例都有自己独立的字符和延迟时 间。接着创建了一个SleepCommand 对象，并在一段时间后设置 stop 标志。运行该程序后会打印由"1""3""5"和"7"组成的字符串。如果再次运行该系统，会产生相似但有差别的字符串。以下是两个有代表性的运行结果：

```
135711311511371113151131715131113151731111351113711531111357...
135711131513171131511311713511131151731113151131711351113117...
```

　　这些字符串之所以不同，是 CPU 时钟和实际时钟不完全同步所造成的。这种不确定行为也是多线程系统的一个标志。

　　同时，不确定行为也是祸患、烦恼和痛苦的根源。任何从事过嵌入式实时系统开发的人都知道，要想调试不确定性行为，真的非常难。

小结

命令模式的简单性掩盖了它的多功能性。命令模式有很多美妙的用途，包括数据库事务、设备控制、多线程核以及 GUI 程序中执行／撤销操作。

　　有人认为，命令模式不符合面向对象编程范式，因为它更强调函数而不是类。这也许是真的，但在实际的软件开发中，有用要胜过理论，命令模式可以非常有用。

参考文献

[GOF1995]Gamma, et al. *Design Patterns*. Reading, MA: Addison-Wesley, 1995.

[Lavnder1996]Lavender, R. G., and D. C. Schmidt. Active Object: An Object Behavioral Pattern For Concurrent Programming, in "*Pattern Languages of Program Design*" (J. O. Coplien, J. Vlissides, and N. Kerth, eds.) . Reading, MA: Addison-Wesley, 1996.

第22章

模板方法模式和策略模式：继承和委托

© Jennifer M. Kohnke

"业精于勤。"

——韩愈，《进学解》

早在20世纪90年代初期，也就是面向对象的发展初期，我们都很着迷于面向对象中的继承。面向对象中的继承关系也因此有着深远的影响。有了继承，我们就可以基于对象之间的差异来编程。也就是说，假如给定一个类几乎完成了大部分的需求，那么我们可以创建一个它的子类，并且只需改变我们不需要的部分。这样，我们就可以通过继承来重用代码！通过继承，可以建立起软件架构中的层次关系，其中每一层都可以重用其上层的代码。这真的为我们打开了通向新世界的大门！

就像大多数的新世界一样，它最终也被证明有些不切实际。到了1995年，人们才逐渐意识到，继承很容易被过度使用，并且这样的过度使用还有非常高的代价。Gamma，Helm，Johnson 和 Vlissides 甚至还强调："**要优先采用对象组合而不是类的继承**[1]。"因此，我们也逐渐减少了对继承的使用，而是更多改用组合或者委托。

本章主要讲解两个模式，它们概括了继承和委托之间的区别。模板方法模式和策略模式可以解决类似的问题，并且两者通常可以换用。只不过模板方法模式使用继承来解决这类问题，而策略模式则采用委托来解决。

模板方法模式和策略模式都解决了从具体上下文中分离出通用算法的问题。在软件设计中，我们会经常遇到这样的需求。现在，我们有一个通用的算法，为了保证符合依赖倒置原则（DIP），我们希望这个通用的算法不要依赖于具体的实现。相反，我们更希望这个通用的算法和具体的实现都依赖于抽象。

模板方法模式

回想你写过的所有程序，其中许多可能都有如下的基本主循环结构。

```
Initialize();
while (!Done()) // main loop
{
  Idle();       // do something useful.
}
Cleanup();
```

首先，我们对应用程序进行初始化。然后，我们进入到主循环中，在主循环中完成需要做的任何工作，可能会处理GUI相关事件，也可能会处理数据库相关的数据记录。当最终这些工作完成的时候，就会退出该循环并进行一些清理的工作。

这种结构的程序非常常见，我们可以用 Application 类将它封装起来，这样我们就可以在新程序中重用这个类了，这样就意味着我们再也不用写这个循环结构了[2]。

如代码清单22.1所示，这个程序中包含一个标准程序中的所有必备元素。其中，初

1　[GOF1995], p. 20
2　我也实现了这个类，还想把它卖给你，哈哈！

始化了TextReader和TextWriter。并且有一个主循环会先从Console.In中读取摄氏度并打印出转换后的摄氏度。最后，打印一条程序退出消息。

代码清单22.1 FtoCRaw.cs

```csharp
using System;
using System.IO;

public class FtoCRaw
{
  public static void Main(string[] args)
  {
    bool done = false;
    while (!done)
    {
      string fahrString = Console.In.ReadLine();
      if (fahrString == null || fahrString.Length == 0)
        done = true;
      else
      {
        double fahr = Double.Parse(fahrString);
        double celcius = 5.0 / 9.0 * (fahr - 32);
        Console.Out.WriteLine("F={0}, C={1}", fahr, celcius);
      }
    }
    Console.Out.WriteLine("ftoc exit");
  }
}
```

这个程序完全符合主循环结构。它首先进行一些初始化的工作，然后执行循环中的所有工作，最后执行一些清理工作并退出。

我们可以使用模板方法模式将这个基本结构从ftoc程序中分离出来。模板方法模式将所有通用的代码放入抽象基类的实现方法中。该实现方法会获取所有的通用算法，但将所有的实现细节都交给该基类的抽象方法。

如代码清单22.2所示，可将主循环结构放在一个抽象基类中并将该类命名为Application。

代码清单22.2　Application.cs

```
public abstract class Application
{
  private bool isDone = false;

  protected abstract void Init();
  protected abstract void Idle();
  protected abstract void Cleanup();
  protected void SetDone()
  {
    isDone = true;
  }

  protected bool Done()
  {
    return isDone;
  }

  public void Run()
  {
    Init();
    while (!Done())
      Idle();
    Cleanup();
  }
}
```

该类描述了一个通用的主循环结构应用程序。我们可以在Run函数中看到主循环，也可以看到所有工作都交给抽象方法init，idle和cleanup来实现。init方法主要负责所需完成的初始化工作，idle方法主要执行程序的主逻辑，并且该方法会循环执行直到setDone方法被调用。Cleanup方法主要用来在程序退出前做所有的清理工作。

如代码清单22.3所示，我们可以通过继承Application类并实现对应的抽象方法来重写ftoc类。

代码清单22.3　FtoCTemplateMethod.cs

```
using System;
using System.IO;
```

```
public class FtoCTemplateMethod : Application
{
  private TextReader input;
  private TextWriter output;

  public static void Main(string[] args)
  {
    new FtoCTemplateMethod().Run();
  }

  protected override void Init()
  {
    input = Console.In;
    output = Console.Out;
  }

  protected override void Idle()
  {
    string fahrString = input.ReadLine();
    if (fahrString == null || fahrString.Length == 0)
      SetDone();
    else
    {
      double fahr = Double.Parse(fahrString);
      double celcius = 5.0 / 9.0 * (fahr - 32);
        output.WriteLine("F={0}, C={1}", fahr, celcius);
    }
  }

  protected override void Cleanup()
  {
    output.WriteLine("ftoc exit");
  }
}
```

可以很清晰地看到老版本的ftoc程序是如何适配到模板方法模式的。

模式滥用

这时你可能在想："他是认真的么？难道他真的希望我在所有的新程序中都用

Application类？看起来它并没有为我带来任何好处，反而使问题变得复杂化了。"

我之所以选择这个例子，是因为它足够简单，并且足够为我们展示模板方法模式的运行机制了。从另一方面来说，我并不推荐将ftoc程序写成这个样子。

同时，这也是模式滥用的一个很好的例子。在特定的场景中使用模板方法模式是很荒谬的，它会使程序变得很复杂并且异常庞大。将每个应用程序的主循环以一种通用的方式封装起来，刚开始这个想法听起来很棒，但在本例中，它的实际应用结果却是无益的。

设计模式真的是一种很好的工具。它可以用来帮助解决许多软件设计相关的问题，但它们的存在并不意味着我们在任何情况下都要使用设计模式。在本例中，虽然模板方法模式也适用于解决该问题，但我们并不建议使用它。因为在这种情况下，采用模板方法模式的成本要高于它所带来的效益。

冒泡排序

因此，如代码清单22.4所示，让我们看一个更有用的例子。和Application一样，BubbleSort也非常容易理解，所以可以作为一个有用的教学工具。但是，如果排序的量非常大，正常情况下并不会有人真的会用冒泡排序。另外还有很多更好的算法可以用。

代码清单22.4　BubbleSorter.cs

```
public class BubbleSorter
{
  static int operations = 0;
  public static int Sort(int[] array)
  {
    operations = 0;
    if (array.Length <= 1)
      return operations;
```

```
  for (int nextToLast = array.Length - 2;
  nextToLast >= 0; nextToLast--)
    for (int index = 0; index <= nextToLast; index++)
      CompareAndSwap(array, index);

  return operations;
}

private static void Swap(int[] array, int index)
{
  int temp = array[index];
  array[index] = array[index + 1];
  array[index + 1] = temp;
}

private static void CompareAndSwap(int[] array, int index)
{
  if (array[index] > array[index + 1])
    Swap(array, index);
  operations++;
}
}
```

BubbleSorter类知道如何用冒泡排序算法对整数数组进行排序，且BubbleSorter的sort方法包含如何进行冒泡排序的算法。Swap和CompareAndSwap这两个辅助方法用来处理整数和数组的细节，并处理排序算法所需的必要机制。

通过使用模板方法模式，我们可以将冒泡排序算法分离出来，放入一个名为BubbleSorter的抽象基类中。BubbleSorter包含sort函数的实现，该函数会调用名为outOfOrder和swap的抽象方法。outOfOrder方法比较数组中两个相邻的元素，如果元素不是按顺序排列的，则返回true。swap方法交换数组中两个相邻元素的位置。

其中sort方法不知道有数组的存在，也不关心数组中存储了什么类型的对象。它只是为数组中的不同元素调用outOfOrder方法，并决定是否应该交换这两个元素，如代码清单22.5所示。

代码清单22.5 BubbleSorter.cs
```
public abstract class BubbleSorter
```

```
  {
    private int operations = 0;
    protected int length = 0;

    protected int DoSort()
    {
      operations = 0;
      if (length <= 1)
        return operations;

      for (int nextToLast = length - 2;
      nextToLast >= 0; nextToLast--)
        for (int index = 0; index <= nextToLast; index++)
        {
          if (OutOfOrder(index))
            Swap(index);
          operations++;
        }
      return operations;
    }

    protected abstract void Swap(int index);
    protected abstract bool OutOfOrder(int index);
  }
```

有了BubbleSorter类，现在就可以创建其派生类了，我们可以对任何不同数据类型的对象进行排序。例如，我们可以创建IntBubbleSorter类，对整数数组进行排序，创建DoubleBubbleSorter类，对双精度浮点型数组进行排序，如图22.1、代码清单22.6和代码清单22.7所示。

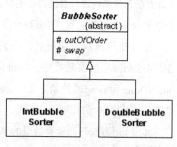

图22.1　冒泡排序的代码结构

代码清单22.6　IntBubbleSorter.cs

```
public class IntBubbleSorter : BubbleSorter
{
  private int[] array = null;
```

```
public int Sort(int[] theArray)
{
  array = theArray;
  length = array.Length;
  return DoSort();
}

protected override void Swap(int index)
{
  int temp = array[index];
  array[index] = array[index + 1];
  array[index + 1] = temp;
}

protected override bool OutOfOrder(int index)
{
  return (array[index] > array[index + 1]);
}
}
```

代码清单 22.7 DoubleBubbleSorter.cs

```
public class DoubleBubbleSorter : BubbleSorter
{
  private double[] array = null;

  public int Sort(double[] theArray)
  {
    array = theArray;
    length = array.Length;
    return DoSort();
  }

  protected override void Swap(int index)
  {
    double temp = array[index];
    array[index] = array[index + 1];
    array[index + 1] = temp;
  }
```

```
protected override bool OutOfOrder(int index)
{
    return (array[index] > array[index + 1]);
}
}
```

　　模板方法模式是面向对象编程中重用的一种经典形式。通用算法放在基类中，并通过继承在不同的详细上下文中实现该通用算法。但这项技术并非没有成本。继承是一种非常强的关系。派生类不可避免地会与它们的基类绑定在一起。

　　例如，IntBubbleSorter类中的OutOfOrder和swap函数也是其他类型的排序算法所需要的函数。然而，我们是不可能在其他数据类型的排序算法中重用outOfOrder和swap函数的。由于继承了BubbleSorter类，就已经注定IntBubbleSorter类将永远绑定到BubbleSorter类上了。不过，策略模式为我们提供了另一种选择。

策略模式

策略模式以一种完全不同的方式解决了通用算法与其具体实现之间的依赖关系倒置的问题。我们再来考虑一下滥用模式那一节中提到的Application的问题。

　　我们将通用的应用算法放入到名为Application-Runner的具体类中，而不是将其放入抽象基类中。我们将通用算法必须调用的抽象方法定义在一个名为Application的接口中。我们从这个接口中派生出FtocStrategy类，并将其传递给ApplicationRunner。之后，ApplicationRunner就可以把具体的工作委托给这个接口去完成，如图22.2和代码清单22.8至22.10所示。

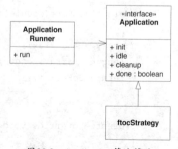

图22.2　Application算法策略

代码清单22.8　ApplicationRunner.cs

```
public class ApplicationRunner
```

```
{
  private Application itsApplication = null;

  public ApplicationRunner(Application app)
  {
    itsApplication = app;
  }

  public void run()
  {
    itsApplication.Init();
    while (!itsApplication.Done())
      itsApplication.Idle();
    itsApplication.Cleanup();
  }
}
```

代码清单22.9 Application.cs

```
public interface Application
{
  void Init();
  void Idle();
  void Cleanup();
  bool Done();
}
```

代码清单22.10 FtoCStrategy.cs

```
using System;
using System.IO;

public class FtoCStrategy : Application
{
  private TextReader input;
  private TextWriter output;
  private bool isDone = false;

  public static void Main(string[] args)
  {
    (new ApplicationRunner(new FtoCStrategy())).run();
  }
```

```
public void Init()
{
  input = Console.In;
  output = Console.Out;
}

public void Idle()
{
  string fahrString = input.ReadLine();
  if (fahrString == null || fahrString.Length == 0)
    isDone = true;
  else
  {
    double fahr = Double.Parse(fahrString);
    double celcius = 5.0 / 9.0 * (fahr - 32);
    output.WriteLine("F={0}, C={1}", fahr, celcius);
  }
}

public void Cleanup()
{
  output.WriteLine("ftoc exit");
}

public bool Done()
{
  return isDone;
}
}
```

显而易见，这个结构优于模板方法模式的结构，同时使用代价也高一些。策略模式和模板方法相比涉及到更多的类和间接层次。就运行时和数据空间而言，ApplicationRunner中的委托指针的成本略高于继承。就运行时间和所占用的数据空间而言，ApplicationRunner中的委托指针的成本略高于继承。另一方面，如果我们有许多不同的应用程序要运行，就可以重用ApplicationRunner实例，并传递不同的Application实现给它，从而减少通用算法与它所控制的具体细节之间的耦合。

这些所提到的好处和所花的成本都不是最重要的。在大多情况下，它们都显得无关紧要。通常情况下，策略模式中最烦人的问题就是需要那些额外的类。当然，还有其他更多需要考虑的问题。

如代码清单22.11至代码清单22.13所示，我们考虑使用策略模式再来实现冒泡排序。

代码清单22.11 BubbleSorter.cs

```csharp
public class BubbleSorter
{
  private int operations = 0;
  private int length = 0;
  private SortHandler itsSortHandler = null;

  public BubbleSorter(SortHandler handler)
  {
    itsSortHandler = handler;
  }

  public int Sort(object array)
  {
    itsSortHandler.SetArray(array);
    length = itsSortHandler.Length();
    operations = 0;
    if (length <= 1)
      return operations;

    for (int nextToLast = length - 2;
    nextToLast >= 0; nextToLast--)
      for (int index = 0; index <= nextToLast; index++)
      {
        if (itsSortHandler.OutOfOrder(index))
          itsSortHandler.Swap(index);
        operations++;
      }

    return operations;
  }
```

代码清单22.12 SortHandler.cs

```csharp
public interface SortHandler
{
  void Swap(int index);
  bool OutOfOrder(int index);
```

```
    int Length();
    void SetArray(object array);
}
```

代码清单22.13　IntSortHandler.cs

```
public class IntSortHandler : SortHandler
{
  private int[] array = null;

  public void Swap(int index)
  {
    int temp = array[index];
    array[index] = array[index + 1];
    array[index + 1] = temp;
  }

  public void SetArray(object array)
  {
    this.array = (int[])array;
  }

  public int Length()
  {
    return array.Length;
  }

  public bool OutOfOrder(int index)
  {
    return (array[index] > array[index + 1]);
  }
}
```

注意，这里的IntSortHandle类对BubbleSorter类一无所知。它完全不依赖于冒泡排序实现。尽管在模板方法模式不是这样的，回想一下代码清单22.6，可以看到IntBubbleSorter类直接依赖于BubbleSorter类，且BubbleSorter类中包含冒泡排序算法。

由于实现Swap和OutOfOrder方法直接依赖于冒泡排序算法，所以模板方法模式在一定程度上违反了DIP原则（依赖倒置原则，Dependence Inversion Principle）。策略模式不包含这种依赖。因此，我们可以将IntSortHandle与除了BubbleSorter之外的其他

Sorter实现一起使用。

例如，我们可以创建一个冒泡排序的变体，如果一个数组的所有元素顺序正确，冒泡排序就提前终止，如代码清单22.14所示。QuickBubbleSorter也可以使用IntSortHandle或任何其他派生自SortHandle的类。

代码清单22.14 QuickBubbleSorter.cs

```
public class QuickBubbleSorter
{
  private int operations = 0;
  private int length = 0;
  private SortHandler itsSortHandler = null;

  public QuickBubbleSorter(SortHandler handler)
  {
    itsSortHandler = handler;
  }

  public int Sort(object array)
  {
    itsSortHandler.SetArray(array);
    length = itsSortHandler.Length();
    operations = 0;
    if (length <= 1)
      return operations;

    bool thisPassInOrder = false;
    for (int nextToLast = length - 2;
    nextToLast >= 0 && !thisPassInOrder; nextToLast--)
    {
      thisPassInOrder = true;//potenially.
      for (int index = 0; index <= nextToLast; index++)
      {
        if (itsSortHandler.OutOfOrder(index))
        {
          itsSortHandler.Swap(index);
          thisPassInOrder = false;
        }
        operations++;
      }
    }
```

```
        return operations;
    }
}
```

　　因此，和模板方法模式相比策略模式还提供了一个额外的好处。模板方法模式允许通用算法操纵许多可能的具体实现，而策略模式由于完全遵循DIP原则，则允许许多不同的通用算法操纵每个详细实现。

小结

模板方法模式实现和使用起来都比较简单，但不是很灵活。策略模式非常灵活，但必须得多创建一个类、多实例化一个对象，并把这个额外对象配置到系统中。因此，对于模板方法模式和策略模式的选择，要看是需要策略模式的灵活性还是需要模板方法模式的简单性。通常，我会选择模板方法模式，仅仅因为它更易于实现和使用。例如，对于冒泡排序问题，我会使用模板方法模式，除非我非常确定自己需要不同的排序算法。

参考文献

[GOF1995]Gamma, et al. *Design Patterns*. Reading, MA: Addison-Wesley, 1995.

[PLOPD3]Martin, Robert C., et al. *Pattern Languages of Program Design 3*, Reading, MA: Addison-Wesley, 1998.

第23章

外观模式和中介者模式

© Jennifer M. Kohnke

"象征主义树立起尊贵的外表，以掩盖其卑劣的梦想。"

——库里（Mason Cooley）

本章所讨论的两个设计模式都有一个共同的目标。就是它们都对另一组对象施加了某种规约（policy），外观模式从上面加以某种规约，而中介者模式从下面加以某种规约。使用外观模式是显式可见且有强制性的，而对于中介者模式的使用则是不可见且不受限制的。

外观模式

当你希望为一组对象提供简单且具有特定用途的接口，且这一组对象具有复杂且通用接口时，可以使用外观模式FAÇADE，又称"门面"。例如，如代码清单34.9中的DB.cs所示。该类为System.Data命名空间中复杂且全面的类接口提供了一个非常简单的且特定于ProductData的接口。图23.1展示了该结构。

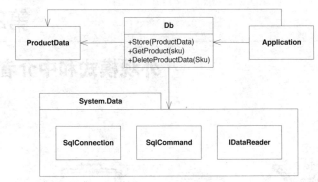

图23.1 DB类的外观

注意，这里DB类使Application类并不需要知道System.Data命名空间的内部细节。它将System.Data命名空间的通用性和复杂性隐藏于一个简单且具有特定用途的接口之后。

像DB类这样的外观类就对System.Data的使用施加了许多规约。它知道如何初始化和关闭数据库连接。它知道如何将ProductData的成员变量转换为数据库中的字段，或者从数据库的字段中获取到ProductData的成员变量。它知道如何构建适当的查询和命令来操作数据库。并且，它还向其用户隐藏了所有的复杂性。从Application的角度来看，System.Data是不存在的，它被隐藏于外观类的后面。

若采用外观模式，就意味着开发人员同意了以下约定，即必须通过DB类来执行所有的数据库调用。如果Application类中的任何代码直接跳转到System.Data，而不是外观类中，那么就一定违反了该约定。因此，外观模式将其策略强加于Application中。基于约定，DB类就成了System.Data的唯一代理。

可以使用外观类对程序的任何部分进行隐藏。不过，很常见的做法是使用FAÇADE来隐藏数据库，因此该模式也称为TABLE DATA GATEWAY。

中介者模式

中介者模式也同样施加了某种规约。只是，外观模式以一种可见且强制的方式来施加它的规约，但是中介者模式以一种相对不可见和不受约束的方式施加其策略。例如，如代码清单23.1所示，QuickEntryMediator类就是一个安静呆在幕后的类，它把文本输入字段绑定到清单中。当你在文本输入框中开始输入时，和用户的输入内容相匹配的第一个List元素会被高亮显示。这样，你就可以通过输入部分内容来快速选取List项。

代码清单23.1 QuickEntryMediator.cs

```csharp
using System;
using System.Windows.Forms;

/// <summary>
/// QuickEntryMediator.  This class takes a TextBox and a
/// ListBox. It assumes that the user will type
/// characters into the TextBox that are prefixes of
/// entries in the ListBox.  It automatically selects the
/// first item in the ListBox that matches the current
/// prefix in the TextBox.
///
/// If the TextField is null, or the prefix does not
/// match any element in the ListBox, then the ListBox
/// selection is cleared.
///
/// There are no methods to call for this object.  You
/// simply create it, and forget it.  (But don't let it
/// be garbage collected...)
///
/// Example:
///
/// TextBox t = new TextBox();
/// ListBox l = new ListBox();
///
/// QuickEntryMediator qem = new QuickEntryMediator(t,l);
///   // that's all folks.
///
/// Originally written in Cs
/// by Robert C. Martin, Robert S. Koss
/// on 30 Jun, 1999 2113 (SLAC)
/// Translated to C# by Micah Martin
/// on May 23, 2005 (On the Train)
/// </summary>
public class QuickEntryMediator
{
```

```csharp
  private TextBox itsTextBox;
  private ListBox itsList;

  public QuickEntryMediator(TextBox t, ListBox l)
  {
    itsTextBox = t;
    itsList = l;
    itsTextBox.TextChanged += new EventHandler(TextFieldChanged);
  }

  private void
  TextFieldChanged(object source, EventArgs args)
  {
    string prefix = itsTextBox.Text;
    if (prefix.Length == 0)
    {
      itsList.ClearSelected();
      return;
    }

    ListBox.ObjectCollection listItems = itsList.Items;
    bool found = false;
    for (int i = 0; found == false &&
    i < listItems.Count; i++)
    {
      Object o = listItems[i];
      String s = o.ToString();
      if (s.StartsWith(prefix))
      {
        itsList.SetSelected(i, true);
        found = true;
      }
    }

    if (!found)
    {
      itsList.ClearSelected();
    }
  }
}
```

QuickEntryMediator类的结构如图23.2所示。通过ListBox和TextBox，可以构

造 出 一 个 QuickEntryMediator 类 的 实 例。QuickEntryMediator 类向 TextBox 注册一个匿名 EventHandler。每当输入框内容变化时，这个 EventHandler 就会调用 TextFieldChanged 方法。接下来，该方法会在 ListBox 对象中查找以输入文本内容为前缀的元素并选择它。

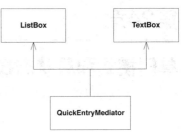

图 23.2　QuickEntryMediator

ListBox 和 TextField 的 使 用 者 并 不 知 道 这个中介者的存在。它只是静静地存在，并且会在未经对象许可或对象不知道中介者存在的情况下，对那些对象施加相应的策略。

小结

如果某些规约涉及范围广泛并且可见，就可以用外观模式从上面施加规约。另一方面，如果某些策略涉及范围较窄并且可以自由制定，那么中介者模式就是一个更好的选择。外观模式通常是约定的关注点，每个人都同意使用外观类中的方法而不去使用隐藏在它下面的对象。另一方面，由于中介者对用户是隐蔽的，因此它的策略是既成事实，而不是约定。

参考文献

[Fowler2003]Martin Fowler, *Patterns of Enterprise Application Architecture*, Addison-Wesley, 2003.

[GOF1995]Erich Gamma, Richard Helm, Ralph Johnson, and John Vlissides, *Design Patterns: Elements of Reusable Object-Oriented Software*, Addison-Wesley, 1995.

第24章

单例模式和单状态模式

© Jennifer M. Kohnke

"这是对世间万物的无限祝福！除此之外，再无其他。"

——埃德温·阿伯特[1]，《平面国》

通常情况下，类及其实例之间存在着一对多的关系。对大多数类而言，都可以创建它的多个实例。实例在需要时创建的，当不再需要的时候，这些实例时就会被删除。随着实例的新建和删除，内存也随之而分配和释放。

然而，在有些情况下，有些类应该只有一个实例，且这个实例在程序启动时新建，直到程序结束时才会被删除。这类对象通常被认为是该程序的根对象。从这个根对象出

发，可以找到通向程序中其他对象的方法。有时，这些根对象是一个工厂对象，可以用来在系统中创建其他对象。有时，这些根对象是一个管理员对象，负责跟踪其他对象并驱动它们完成任务。

无论这些根对象是什么，只要是创建多份，就是一个严重的逻辑错误。如果创建多个根对象，则对应用程序中对象的访问可能就会取决于所选的根对象具体是哪一个。在这种情况下，如果开发者并不知道有多个根对象，可能会发现自己在不知情的情况下看到了该程序中所有对象的子集。如果有在多个工厂对象，那么对它所创建对象的控制工作就会被破坏。如果有多个管理员对象，原本打算串行的行为可能就会变成并行的。

强制这些对象单一性的机制似乎是多余的。毕竟，在初始化应用程序时，完全可以只创建一个实例，并使用它[1]。事实上，这通常也是最好的做法。即使没有迫切且重大的需求必须这么做，我们也应该尽力避免这种机制。当然，我们仍希望代码能够传达我们的意图。如果强制对象单一性的机制没有太大价值，那么传达意图的好处就会超过强制实施对象单一性机制的代价。

本章讲解关于强制实施对象单一性的两种模式：单例（SINGLETON）模式和单状态模式（MONOSTATE）。这两种模式有不同的"代价/收益"之间的权衡。在许多情况下，实施对象单一性的代价远低远于其高语义性表现力所带来的收益。

单例模式

单例模式是一种非常简单的设计模式[2]。如代码清单24.1所示的测试用例，其中展示了单例模式应该如何工作。第一个测试函数展示可以通过公有的静态方法 Instance 访问该 Singleton 对象的实例。同时，如果多次调用该 Instance 对象，则每次都会返回同一实例的引用。第二个测试用例表明 Singleton 类中没有 public 构造函数，因此，必须用 Instance 方法创建实例。

---

1   可以称其为 JUST CREAT ONE 模式。

2   [GOF1995], p. 127

代码清单24.1 单例模式测试用例

```
using System;
using System.Reflection;
using NUnit.Framework;

[TestFixture]
public class TestSimpleSingleton
{
  [Test]
  public void TestCreateSingleton()
  {
    Singleton s = Singleton.Instance;
    Singleton s2 = Singleton.Instance;
    Assert.AreSame(s, s2);
  }

  [Test]
  public void TestNoPublicConstructors()
  {
    Type singleton = typeof(Singleton);
    ConstructorInfo[] ctrs = singleton.GetConstructors();
    bool hasPublicConstructor = false;
    foreach (ConstructorInfo c in ctrs)
    {
      if (c.IsPublic)
      {
        hasPublicConstructor = true;
        break;
      }
    }
    Assert.IsFalse(hasPublicConstructor);
  }
}
```

这个测试用例可以看作是单例模式的规范。该规范直接引导我们完成如代码清单24.2所示的实现。通过观察该程序，可以清楚地看到，在Singleton.theInstance的作用范围内，Singleton类的实例绝不会超过一个。

代码清单24.2　单例模式实现

```
public class Singleton
{
  private static Singleton theInstance = null;
  private Singleton() { }

  public static Singleton Instance
  {
    get
    {
      if (theInstance == null)
        theInstance = new Singleton();
      return theInstance;
    }
  }
}
```

好处

单例模式具有以下好处。

- 跨平台：采用合适的中间件（例如Remoting），将单例模式扩展为跨多个CLR（公共语言运行时）和多台计算机工作。
- 适用于任何类：只需将它的构造函数变为私有的，并且为其添加合适的静态函数或变量，就可以把任何类都变为单例的。
- 可以通过派生来创建单例：给定一个类，可以创建一个单例的子类。
- 延迟求值：如果一个单例不会被用到，就绝不要创建。

代价

单例模式并非没有代价。

- 析构方法未被定义：没有一个好的方法来销毁单例对象或者解除其职责。即便添加一个decommission方法将theInstance强制置为null，但系统中其他模块仍然持有对SINGLETON实例的引用。后续对Instance的调用会创建一个新的实例，从而导致有两个并发实例存在。这个问题在 C ++中尤其严重，在C++中实例可以被销毁，导致解引用（dereference）一个已经被销毁的对象。

- 不能继承：从单例派生出的类不是单例的。如果需要它是单例，需要向它添加static函数和变量。
- 效率问题：每次对Instance的调用都会执行if语句。然而，针对大多数的调用，if语句都是多余的。
- 不透明性：SINGLETON的使用者知道他们正在使用SINGLETON，因为他们必须要调用Instance方法。

单例模式实战

假如有一个基于Web的系统，该系统允许用户登录以保护该用户的相关数据。在这样的系统中，有一个包含其用户名、密码和其他用户属性的数据库。进一步假设该数据库是通过第三方API访问的。如此一来，我们就可以在每一个需要访问用户信息的模块中直接对数据库进行读写。然而，如果这样做，就会将第三方API的使用散布在代码中的各个地方，并且，我们也无法强制实施一些关于访问或结构方面的约定。

一个更好的解决方案是使用外观模式，创建一个UserDatabase类来提供用户读取和写入User对象的方法。这些方法直接访问数据库的第三方API，在User对象和数据库中的元素之间进行转换。在UserDatabase类中，我们可以强加对于结构和访问的约定。例如，我们可以保证只要username字段为空，就不能添加User记录。或者我们也可以序列化对User记录的访问，确保两个模块不能同时对该记录进行读写。

代码清单24.3和代码清单24.4所示为单例模式解决方案，单例类名为UserDatabaseSource。它实现了UserDataBase接口。这里还需要注意，静态instance()方法并不需要像传统方法那样通过if语句避免多次创建。它用的是 .NET的初始化功能。

代码清单24.3　UserDatabase 接口

```
public interface UserDatabase
{
  User ReadUser(string userName);
  void WriteUser(User user);
}
```

代码清单24.4　UserDatabase 单例

```
public class UserDatabaseSource : UserDatabase
{
  private static UserDatabase theInstance =
  new UserDatabaseSource();

  public static UserDatabase Instance
  {
    get
    {
      return theInstance;
    }
  }

  private UserDatabaseSource()
  {
  }

  public User ReadUser(string userName)
  {
    // Some Implementation
  }

  public void WriteUser(User user)
  {
    // Some Implementation
  }
}
```

　　这是单例模式非常常见的用法。它可以保证所有的数据访问都通过UserDatabaseSource
的单例来实现。这样就可以很容易在UserDatabasesource中加入相关验证、计数和锁机
制，用以强制执行前面我们所提到的访问和结构的约定。

单状态模式

单状态模式是实现对象单一性的另一种方式。和单例模式相比，它有着完全不同的工作机制。通过学习代码清单24.5中的单状态模式的测试用例，可以了解它的工作原理。

第一个测试函数只是简单的描述了一个对象，它的成员变量x的值可以被获取或设置新值。第二个测试函数展示了同一个类的两个不同实例表现的就**像是同一个实例一样**。如果把一个实例的成员变量x设置为一个特定值，你可以通过该类其他实例的成员变量x来获取这个特定值。这两个对象看起来就像是同一个对象，只不过名称不同。

代码清单24.5 单状态模式测试用例

```
using NUnit.Framework;

[TestFixture]
public class TestMonostate
{

  [Test]
  public void TestInstance()
  {
    Monostate m = new Monostate();
    for (int x = 0; x < 10; x++)
    {
      m.X = x;
      Assert.AreEqual(x, m.X);
    }
  }

  [Test]
  public void TestInstancesBehaveAsOne()
  {
    Monostate m1 = new Monostate();
    Monostate m2 = new Monostate();

    for (int x = 0; x < 10; x++)
    {
      m1.X = x;
```

```
      Assert.AreEqual(x, m2.X);
    }
  }
}
```

如果我们将Singleton类放入到这个测试用例中，并将所有的new Monostate语句替换为对Singleton.Instance的调用，这个测试用例应该仍然能够通过。因此，这个测试用例描述了一个没有强加单一实例约束的Singleton的行为。

那么两个实例对象如何表现如一个对象呢？很简单，这意味着这两个对象必须共享相同的变量。将所有的变量变为静态变量就可以实现这一点了。代码清单24.6为Monostate的实现且它能够通过上述测试用例。注意，其中itsX变量是静态变量，而且**所有方法都不是静态的**。这一点也很重要，我们在后面的讨论中还会再看到。

代码清单24.6　单状态模式实现

```
public class Monostate
{
  private static int itsX;

  public int X
  {
    get { return itsX; }
    set { itsX = value; }
  }
}
```

我发现这是一个有趣的变形模式。无论你创建了多少个Monostate实例，它们都表现得像是一个单一对象那样。哪怕把当前的所有实例都销毁或解除职责，也不会丢失数据。

请注意单例模式和单状态模式的区别，前者关注其结构，而后者更关注其行为。单例模式强调结构上的单一性，防止我们创建出多个对象实例。单状态模式则更关注单一性的行为，不对其结构进行约束。为了强调这个区别，请考虑如下事实：Singleton类仍然可以通过单状态类的测试用例，但Monostate类却无法通过单例模式的测试用例。

好处

单状态模式具有以下好处。

● 透明性：单状态模式的使用者和常规对象的使用者相比，其行为没有什么不同。

使用者是不需要知道自己所使用的对象是单状态的。

- **可派生性**：单状态类的派生类都是单状态类。事实上，一个单状态类的所有派生类都是同一个单状态类的一部分。它们共享相同的静态变量。
- **多态性**：由于单状态类的成员方法都不是静态的，因此我们可以在其派生类中重写。因此，对于同一组静态变量来说，不同的派生类可以提供不同的行为。
- **构造和析构均有良好定义**：单状态类的成员变量是静态的，它具有良好定义的创建和销毁时间。

代价

单状态模式并非没有代价。

- **不可转换**：一个普通类不能派生出一个单状态类。
- **效率问题**：由于单状态类的实例是一个真实的对象，所以会导致许多的创建和析构，而这样的操作通常有大量开销。
- **内存占用问题**：即使是用不到的单状态实例，它的变量也会占用内存空间。
- **平台的限制**：单状态实例跨多个CLR或多个平台使用。

单状态模式实战

图24.1所示为实现地铁旋转门的简单有限状态机。旋转门在Locked状态下开始运行。如果有人投放了一枚硬币，它就会转换到Unlocked状态，开启旋转门，重置任何可能存在的警报状态，同时将硬币放入其货币收集箱中。如果此时用户已经通过了旋转门，那么旋转门就会重新变回Locked状态，并重新锁定该旋转门。

有两种异常情况。如果用户在通过旋转门之前投了两枚或更多的硬币。多余的硬币将会被退还，并且旋转门也会一直处于Unlocked状态。如果用户想要不付费通过旋转门，警报就会响起并且旋转们会一直保持在Locked状态。

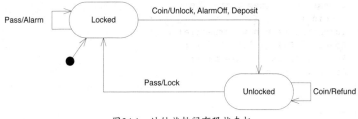

图24.1 地铁旋转门有限状态机

代码清单24.7所示为描述这些操作的测试程序。注意，在测试方法中，假设Turnstile是单状态的。测试程序希望能够向Turnstile实例发送事件，并且能够从不同的实例中查询到该结果。如果Turnstile类永远不会有多个的实例，就说明我们的期望是合理的。

代码清单24.7 TestTurnstile

```
using NUnit.Framework;

[TestFixture]
public class TurnstileTest
{
  [SetUp]
  public void SetUp()
  {
    Turnstile t = new Turnstile();
    t.reset();
  }

  [Test]
  public void TestInit()
  {
    Turnstile t = new Turnstile();
    Assert.IsTrue(t.Locked());
    Assert.IsFalse(t.Alarm());
  }

  [Test]
  public void TestCoin()
  {
```

```
    Turnstile t = new Turnstile();
    t.Coin();
    Turnstile t1 = new Turnstile();
    Assert.IsFalse(t1.Locked());
    Assert.IsFalse(t1.Alarm());
    Assert.AreEqual(1, t1.Coins);
  }

  [Test]
  public void TestCoinAndPass()
  {
    Turnstile t = new Turnstile();
    t.Coin();
    t.Pass();

    Turnstile t1 = new Turnstile();
    Assert.IsTrue(t1.Locked());
    Assert.IsFalse(t1.Alarm());
    Assert.AreEqual(1, t1.Coins,"coins");
  }

  [Test]
  public void TestTwoCoins()
  {

    Turnstile t = new Turnstile();
    t.Coin();
    t.Coin();
    Turnstile t1 = new Turnstile();
    Assert.IsFalse(t1.Locked(),"unlocked");
    Assert.AreEqual(1, t1.Coins,"coins");
    Assert.AreEqual(1, t1.Refunds,"refunds");
    Assert.IsFalse(t1.Alarm());
  }

  [Test]
  public void TestPass()
  {
    Turnstile t = new Turnstile();
    t.Pass();
    Turnstile t1 = new Turnstile();
    Assert.IsTrue(t1.Alarm(),"alarm");
```

```
      Assert.IsTrue(t1.Locked(),"locked");
    }

    [Test]
    public void TestCancelAlarm()
    {
      Turnstile t = new Turnstile();
      t.Pass();
      t.Coin();
      Turnstile t1 = new Turnstile();
      Assert.IsFalse(t1.Alarm(),"alarm");
      Assert.IsFalse(t1.Locked(),"locked");
      Assert.AreEqual(1, t1.Coins,"coin");
      Assert.AreEqual(0, t1.Refunds,"refund");
    }

    [Test]
    public void TestTwoOperations()
    {
      Turnstile t = new Turnstile();
      t.Coin();
      t.Pass();
      t.Coin();
      Assert.IsFalse(t.Locked(),"unlocked");
      Assert.AreEqual(2, t.Coins,"coins");
      t.Pass();
      Assert.IsTrue(t.Locked(),"locked");
    }
}
```

代码清单24.8所示为单状态Turnstile类的实现。基类Turnstile将它的两个事件函数（coin函数和pass函数）委托给它的两个派生类，Locked类和Unlock类，这两个派生类代表有限状态机的状态。

代码清单24.8 Turnstile

```
public class Turnstile
{
  private static bool isLocked = true;
  private static bool isAlarming = false;
  private static int itsCoins = 0;
  private static int itsRefunds = 0;
```

```csharp
protected static readonly
Turnstile LOCKED = new Locked();
protected static readonly
Turnstile UNLOCKED = new Unlocked();
  protected static Turnstile itsState = LOCKED;
public void reset()
{
  Lock(true);
  Alarm(false);
  itsCoins = 0;
  itsRefunds = 0;
  itsState = LOCKED;
}

public bool Locked()
{
  return isLocked;
}

public bool Alarm()
{
  return isAlarming;
}

public virtual void Coin()
{
  itsState.Coin();
}

public virtual void Pass()
{
  itsState.Pass();
}

protected void Lock(bool shouldLock)
{
  isLocked = shouldLock;
}

protected void Alarm(bool shouldAlarm)
{
  isAlarming = shouldAlarm;
```

```csharp
  }

  public int Coins
  {
    get { return itsCoins; }
  }

  public int Refunds
  {
    get { return itsRefunds; }
  }

  public void Deposit()
  {
    itsCoins++;
  }

  public void Refund()
  {
    itsRefunds++;
  }
}

internal class Locked : Turnstile
{

  public override void Coin()
  {
    itsState = UNLOCKED;
    Lock(false);
    Alarm(false);
    Deposit();
  }

  public override void Pass()
  {
    Alarm(true);
  }
}

internal class Unlocked : Turnstile
{
```

```
public override void Coin()
{
  Refund();
}

public override void Pass()
{
  Lock(true);
  itsState = LOCKED;
}
}
```

这个例子展示了单状态模式的一些非常有用的特性。它利用单状态类的派生类的多态性，以及单状态类的派生类本身就是单状态类的这一事实。这个例子也展示了要想把单状态类转变为普通的类是有多么的困难。该解决方案的结构很大程度上依赖于Turnstile类的单状态特性。如果我们需要用这个有限状态机来控制多个旋转门，则还需要对代码进行一些重大的重构。

也许你还关心这个例子中对继承的非常规使用。从Turnstile类中派生出Unlocked和Locked类似乎违背了面向对象的设计原则。不过，由于Turnstile是一个单状态对象，所以在它的实例之间并没有差别。因此，Unlocked和Locked本质上并非不同，相反，它们都是Turnstile抽象的一部分。Unlocked类和Locked类可以访问与Turnstile类相同的变量和方法。

小结

在许多情况下，都有必要强制某个特定对象只有单一实例。本章展示了两种截然不同的技术。单例模式使用私有的构造函数，静态变量和静态函数对实例化进行控制和限制。而单状态模式，只是使其所有的成员变量都变成为静态的。

如果希望通过派生类来约束现有类，并且不介意它的使用者通过调用instance()方法来获取访问权时，最好使用单例模式。如果希望类的单一性对使用者是透明的，或者希望使用单一对象的多态派生对象，最好采用单状态模式。

参考文献

[Gamma1995]Gamma, et al. *Design Patterns*. Reading, MA: Addison-Wesley, 1995.

[Fowler2003]Martin, Robert C., et al. *Pattern Languages of Program Design 3*. Reading, MA: Addison-Wesley, 1998.

[GOF1995]Ball, Steve, and John Crawford. *Monostate Classes: The Power of One. [PLOPD3] Published in More C++ Gems*, compiled by Robert C. Martin. Cambridge, UK: Cambridge University Press, 2000, p. 223.

第25章

空对象模式

© Jennifer M. Kohnke

> "有缺憾的无暇，冰冷的常温，辉煌的虚无，死亡的完美；从此不再。"
>
> ——阿尔弗雷德·丁尼生[1]

描述

考虑如下代码:

1　编注: Alfred Tennyson (1809—1892)，华兹华斯之后的英国桂冠诗人，代表作有《公主》《悼惠灵顿公爵之死》《伊诺克·登》《莫德》《国王叙事诗》《轻骑兵进击》。他被安葬在威斯敏斯特教堂旁诗人乔叟的身边，他的葬礼上朗诵的是他的诗歌《过沙洲》。

```
Employee e = DB.GetEmployee("Bob");
if (e != null && e.IsTimeToPay(today))
  e.Pay();
```

我们向数据库请求了名为"Bob"的Employee对象。如果不存在这样的对象，DB对象就会返回null。如果存在，DB对象就会返回请求的Employee实例。如果这个雇员存在，并且也到了向他友付薪水的时间，就调用pay方法。

我们过去都是这么写代码的。这种写法很常见，因为在基于C的编程语言中，&& 运算符前面的表达式会先被求值，&& 运算符后面的表达式只有在前面的表达式为 true 时才会求值。我想大多数人也曾因为忘记判断是否为null而痛苦过。虽然这种写法很常见，但它真的很丑，而且容易出错。

使DB.getEmployee抛出异常而不是返回null，可以降低出错的概率。但是，在程序中使用try / catch代码块甚至比检查null更丑。

我们可以通过空对象模式[1]来解决这些问题。在这种模式下，通常不需要检查null，它可以帮助简化代码。

图25.1所示为这种模式的结构。Employee成为一个有两个实现的接口。EmployeeImplementation是正常的接口实现。它包含我们所期望Employee对象拥有的所有方法和变量。当DB.get-Employee在数据库中找到该雇员时，它就会返回一个Employeeimplementation实例。只有在DB.getEmployee找不到该员工时，才返回NullEmployee的实例。

NullEmployee 实 现 了

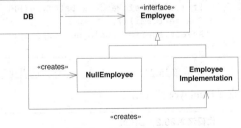

图25.1 空对象模式

Employee中所有的方法，只是在方法中"什么也不做"。"什么也不做"取决于某一个方法。例如，可以想到IsTimeToPay方法的实现将永远返回false，因为我们永远不会为NullEmployee支付薪水。

1　[PLOPD3], p. 5.

通过空对象模式，我们可以将开始的代码重构成如下：

```
Employee e = DB.GetEmployee("Bob");
if (e.IsTimeToPay(today))
  e.Pay();
```

这种写法既不容易出错也不那么难看，还拥有良好的一致性。DB.getEmployee始终返回一个Employee的实例。无论是否找到该员工，该实例都可以保证有合适的行为。

当然，在很多情况下，我们仍然想知道DB.GetEmployee是否找到了该员工。这可以通过在Employee中创建一个static final的变量来实现，该变量包含NullEmployee的唯一实例。

代码清单25.1所示为NullEmployee的测试用例。在这个用例中，数据库中不存在名为"Bob"的员工。请注意，测试用例期望IsTimeToPay方法返回false。还要注意，该测试用例希望DB.GetEmployee返回的员工为Employee.NULL。

代码清单25.1 TestEmployee.cs（部分代码）

```
[Test]
public void TestNull()
{
  Employee e = DB.GetEmployee("Bob");
  if (e.IsTimeToPay(new DateTime()))
    Assert.Fail();
  Assert.AreSame(Employee.NULL, e);
}
```

代码清单25.2展示了DB类。注意，这里出于测试的目的，GetEmployee方法直接返回Employee.NULL。

代码清单25.2 DB.cs

```
public class DB
{
  public static Employee GetEmployee(string s)
  {
    return Employee.NULL;
  }
}
```

代码清单25.3展示了Employee接口。注意，它有一个名为NULL的static变量，它持有嵌套Employee实现的唯一实例。它实现了只返回false的IsTimeToPay方法，而Pay方法的实现体为空。

代码清单25.3　Employee.cs

```csharp
using System;

public abstract class Employee
{
  public abstract bool IsTimeToPay(DateTime time);
  public abstract void Pay();
  public static readonly Employee NULL =
  new NullEmployee();

  private class NullEmployee : Employee
  {
    public override bool IsTimeToPay(DateTime time)
    {
      return false;
    }

    public override void Pay()
    {
    }
  }
}
```

使NullEmployee成为private嵌套类是一种确保该类只有单一实例的方法。没有人可以创建NullEmployee的其他实例。这是一件好事，因为我们希望能够像这样写代码：

```csharp
if (e == Employee.NULL)
```

如果可以创建NullEmployee类的多个实例，那么这种表达方式也将变得不再可靠。

小结

如果长期使用基于C语言的编程方式，可能已习惯于在某些失败的情况下返回null或0。我们认为对于这样函数的返回值也是需要严格测试的。在这种情况下，空对象模式改变了这一点。通过该模式，我们可以确保函数始终返回有效的对象，即使在失败时也如此。不同的是，那些代表失败的对象"什么也不做"。

参考文献

[PLOPD3]Martin, Robert, Dirk Riehle, and Frank Buschmann. *Pattern Languages of Program Design 3*. Reading, MA: Addison-Wesley, 1998.

第26章

案例学习：Payroll 系统的第一轮迭代

© Jennifer M. Kohnke

"任何美丽的东西其本质都是美丽的，其美丽的终结也是就其本质而言的，在它之中，并没有赞美。"

——马可·奥勒留[1]

本章接下来的案例分析将详细描述 Payroll 系统的第一轮迭代开发。你会发现本案例分析中的用户故事很简单。例如，用户故事中根本没有提到纳税，这也是早期迭代的一个典型特征。它只能暂时提供客户所需的一部分业务价值。

1　编注：Marcus Aurelius（121—180），全名为马可·奥勒留·安敦宁·奥古斯都，古罗马哲学家，斯多葛学派。罗马帝国五贤帝时代最后一个皇帝，拥有"凯撒"的称号。著作有《沉思录》，有"哲学家皇帝"的美誉，其统治时期被认为是罗马黄金时代的标志。

在本章中，我们将与客户进行对话，并讨论通常在迭代开始时进行的快速分析和设计工作。客户已经选好了当前迭代需要开发的用户故事，接下来我们必须知道如何实现它们。本章中的分析和设计工作简短粗略，你所看到的UML图表也将只有白板上的草图。真正的设计工作将在下一章进行，那时我们将完成所有的单元测试及其实现。

规格说明书

以下是我们与客户讨论第一次迭代时所选择的用户故事时所作的记录。

- 一些员工按小时工作。他们按小时工价支付，这是其员工记录中的一个字段。他们每天提交考勤卡、记录日期和工时。如果每天工作超过8小时，则按正常工价的1.5倍支付加班工资。他们每周五付薪。

- 一些员工以固定月薪支付薪水。每月的最后一天向这部分员工支付薪水。在这部分员工的数据库记录中，有一个字段用来记录他们的月薪。

- 一些员工从事销售类的工作，则根据他们的销售情况来支付佣金。他们需要提交销售凭证，其中需要记录销售时间和金额。在他们的数据库记录中，有一个字段用来记录他们的佣金费率。每隔一周的周五向他们支付佣金。

- 员工可以选择自己的薪水支付方式。他们可以选择把薪水支票邮寄到他们指定的地址；他们可以把薪水支票暂时保管在出纳人员那里随时支取；他们也可以选择将薪水直接存入他们指定的银行账户。

- 一些员工是公司的工会人员。在他们的数据库记录中有一个字段记录他们每周应付的会员费，同时他们的会员费会从他们的薪水中扣除。此外，工会也可能会不时地评估个别工会成员的服务费。这些服务费是由工会每周提交的，必须从相应员工的下一笔薪水中扣除。

- Payroll系统会在每个工作日运行一次，并在当天向需要支付薪水的员工支付薪水。系统内记录了员工的薪水发放日期，因此，薪水支付系统将计算从为员工最后一次支付薪水到指定日期之间所需支付的薪水数额。

我们可以从生成数据库模式开始。显然，该系统中的问题可以使用某个关系型数据库，这就要求我们对每一个表和字段的设计有很好的想法。若能设计一个可行的数据库模式，那么在此基础上构建一些数据库的查询就会变得很容易。但是，采用这种方法构建的应用程序的关注中心就会是数据库了。

但是，**数据库是实现细节**！应该尽可能推迟考虑数据库。太多应用程序与数据库密不可分了，是因为它们从一开始就开始考虑数据库。请记住抽象的定义：必要部分的放大和无关部分的消除。数据库在项目的这个阶段无关紧要；它只是一种用于存储和访问数据的技术，仅此而已。

基于用例进行分析

我们不从系统的数据开始分析，而是考虑从系统的行为开始分析。毕竟，客户为我们付费是希望我们能够实现系统的行为。

获取和分析系统行为的一种方法是创建用例（use case）。Jacobson最初描述的用例与极限编程中用户故事的概念非常相似[1]。一个用例就像是一个用户故事，它详细阐述了系统某个行为中的一些细节。一旦确定了用户故事要在当前迭代中实现，那么这种程度的详细说明就是恰当的。

当我们进行用例分析时，我们会查看用户故事和验收测试，以找出该系统的用户可能进行的各种操作。然后，我们就要实现系统将如何响应这些操作。

例如，以下是我们的客户为下一次迭代选择的用户故事。

1.添加新员工

2.删除一名员工

3.提交考勤卡

4.提交销售凭证

5.提交工会服务费

6.更改员工信息，例如：每小时费率、工会服务费等

7.运行薪水支付系统

1　[Jacobson1992]

让我们将每个用户故事转换为详尽的用例。我们不需要太多细节设计—，一只要有助于我们思考每个用户故事的代码设计即可。

添加新员工

> **用例1 添加新员工**
>
> 通过AddEmp事务可以添加新员工。此事务包含员工的姓名、地址和为其分配的员工编号。该事务有如下三种结构：
>
> ```
> 1.AddEmp <EmpID>"<name>"""<address>" H <hourly-rate>
> 2.AddEmp <EmpID>"<name>"""<address>" S <monthly-salary>
> 3.AddEmp <EmpID>"<name>"""<address>" C <monthly-salary> <commission-rate>
> ```
>
> 在创建一个员工记录时，已为其所有字段进行了正确的赋值。
>
> **异常情况：在这次事务操作中，事务的结构存在错误。**
>
> 如果事务的结构不正确，则在错误消息中将它打印出来，并且不会执行任何操作。

用例1隐含着一个抽象。虽然AddEmp事务中有三种形式，但这三种形式共享<EmpID>，<name>和<address>字段。我们可以使用命令模式创建一个AddEmployee-Transaction的抽象基类，它有三个派生类：AddHourlyEmployeeTransaction, AddSalaried-EmployeeTransaction和AddCornmissionedEmployeeTransaction，如图26.1所示。

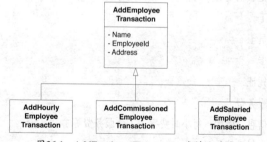

图26.1　AddEmployeeTransaction 类继承关系

将每个任务封装成独立的类，这样的结构很好地遵循了单一责任原则（SRP）。另一种方法是将所有这些工作放在一个单独的模块中。虽然可能会减少系统中类的数量，从而使系统更简单，但这样也会使所有事务处理的代码集中在一个地方，建成一个庞大的且容易出错的模块。

在用例1中，我们明确谈到了员工记录，这也就暗含着几分数据库的意思了。再者，我们对数据库的倾向可能会再次诱使我们考虑使用关系数据库表中的记录或字段结构，但要抵制这些冲动。在用例中我们真正要做的是创建一名员工。员工的对象模型是什么？相比这个问题，一个更好的问题可能是：这三个不同的事务分别创建了什么？在我看来，它们创建了三种不同类型的员工对象，分别对应着三种不同类型的 AddEmp 事务。图26.2展示了一种可能的结构。

图26.2　Employee类可能的继承关系

删除员工

用例2：删除员工

当收到 DelEmp 事务时，员工信息将被删除。该事务的结构如下：

```
DelEmp <EmpID>
```

收到此事务后，将删除相应的员工记录。

异常情况：无效或未知的 EmpID。

如果 <EmpID> 字段的结构不正确，或者引用的不是一个有效的员工记录，则在错误信息中将它打印出来，并且不执行任何其他操作。

这个用例目前还没有给我任何设计上的见解，所以先来看下一个用例。

提交考勤卡

用例3：提交考勤卡

收到 TimeCard 事务请求后，该系统将创建考勤卡记录并将其与相应的员工相关联。

`TimeCard <Empld> <date> <hours>`

异常情况1：所关联的员工不是钟点工。

系统会在错误信息中将它打印出来，并不进行其他的操作。

异常情况2：事务的结构存在错误。

系统会在错误信息中将它打印出来，并不进行其他的操作。

该用例指出，某些交易仅适用于某些类型的员工，这加强了我关于不同类别的员工应由不同的类表示的想法。在这种情况下，考勤卡和钟点工之间也存在着关联。图26.3显示了这种联系可能的静态模型。

图26.3 HourlyEmployee类和TimeCard类的关联

提交销售凭证

用例4：提交销售凭证

收到SalesReceipt事务后，该系统将创建新的销售凭证记录并将其与相应的员工关联在一起。

`SalesReceipt <EmpID> <date> <amount>`

异常情况1：所关联的员工不是销售类员工，不通过提成方式结算薪水。

系统会在错误信息中将它打印出来，并不进行其他的操作。

异常情况2：事务的结构存在错误。

系统会在错误信息中将它打印出来，并不进行其他的操作。

该用例与用例3非常相似。图26.4所示是它所暗含的结构。

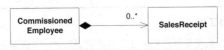

图26.4 应支付提成的员工和销售凭证的关联

提交工会服务费

> **用例5：提交工会服务费**
>
> 收到这种类型的事务后，系统将创建工会服务费记录，并将其与相应的工会成员关联在一起。
>
> `ServiceCharge <memberID> <amount>`
>
> **异常情况：** 事务的结构错误。
>
> 如果事务的结构出现错误，或者 `<memberID>` 所引用的员工不是工会成员，就在错误信息中打印该事务的信息。

该用例告诉我们访问工会成员的方法不是通过员工ID。工会为其成员维护专有的唯一识别码。因此，该系统必须能够将工会成员和员工进行关联。有许多不同的方法可以完成这种关联，但为了避免任意决策，让我们稍后再进行这个决定。也许来自系统其他部分的某些限制将促使我们做出选择。

但有一点是肯定的。那就是工会成员与其服务费之间一定存在直接的关联。图26.5为体现了这种关联的静态模型。

图26.5 工会成员和服务费之间的关联

更改员工信息

用例6：更改员工信息

收到此事务后，系统将更改相应员工的详细信息之一。该事务有如下几种结构：

```
ChgEmp <EmpID> Name <name>                         更改员工命名
ChgEmp <EmpID> Address <address>                   更改员工地址
ChgEmp <EmpID> Hourly <hourlyRate>                 更改为按时薪支付，并设
                                                   置时薪
ChgEmp <EmpID> Salaried <salary>                   更改为按固定薪水支付，
                                                   并设置月薪
ChgEmp <EmpID> Commissioned <salary> <rate>        更改为按佣金支付，并设
                                                   置佣金率
ChgEmp <EmpID> Hold                                员工持有的薪水支票
ChgEmp <EmpID> Direct <bank> <account>             直接转账到银行账户
ChgEmp <EmpID> Mail <address>                       邮寄薪水支票
ChgEmp <EmpID> Member <memberID> Dues <rate>       员工加入工会
ChgEmp <EmpID> NoMembe                             员工离开工会
```

异常情况：事务错误。

如果事务的结构不正确，或者 <EmpID> 引用的员工不存在，或者 <memberID> 引用的员工已经属于工会成员了，则在错误信息中打印适当的错误信息，并且不进行其他的操作。

这个用例很有启发性。它告诉我们员工信息中可以改变的所有内容。我们可以将员工从小时工改为按薪水支付员工的这一事实就意味着图26.2所示的结构是无效的。相反，在这种情况下使用策略模式来计算薪酬可能更合适。Employee类可以包含一个名为PaymentClassification的策略类，如图26.6所示。这是一个优点，因为我们可以在不更改Employee对象的任何其他部分的情况下更改PaymentClassification对象。将小时工更改为按薪水支付员工时，相应Employee对象的HourlyClassification将替换为SalariedClassification对象。

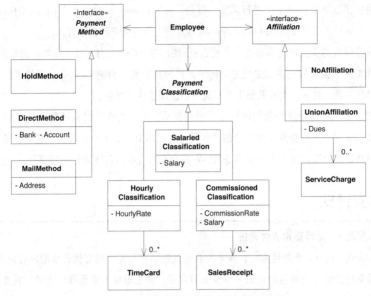

图26.6 修改后的薪水支付系统—核心模型

PaymentClassification 对象有三种不同的类型。HourlyClassification 对象维护时薪和 TimeCard 对象列表。SalariedClassification 对象维护月薪。CornmissionedClassification 对象维护着月薪、佣金率和 SalesReceipt 对象列表。在这种情况下，我使用了组合关系，因为我认为当员工被销毁时，Timecards 对象和 SalesReceipts 对象也应该被销毁。

同样，付款方式也应当可以更改。如图26.6所示，通过使用策略模式，并派生出三种不同类型的 PaymentMethod 类来实现这一想法。如果 Employee 对象包含 MailMethod 对象，则对应员工的薪水支票将会被邮寄给他。邮寄支票的地址记录在 MailMethod 对象中。如果 Employee 对象包含 DirectMethod 对象，那么他的工资将会直接存入 DirectMethod 对象中记录的银行账户中。如果 Employee 对象包含一个 HoldMethod 对象，他的薪水支票将被发送给出纳，以便随时支取。

最后，图26.6中还将空对象模式应用于工会成员。每个 Employee 对象都包含一个 Affiliation 对象，该对象有两种形式。如果员工包含 NoAffiliation 对象，那么他的薪酬不会由雇主以外的任何组织进行调整。但是，如果Employee对象包含UnionAffiliation对象，则该员工必须支付UnionAffiliation对象中记录的会费和服务费。

这些模式的使用使得该系统完全符合开/闭原则（OCP）。Employee类对付款方式、付款分类和工会从属关系的变化是封闭的。同时可以在不影响Employee类的情况下将新的付款方法，付款分类和其他工会所属关系添加进该系统中。

图26.6正在逐渐成为我们的核心模型或架构。它是薪水支付系统所做的一切的核心。薪水支付系统中将有许多其他的类和设计，但相对于这个核心模型，它们都是次要的。当然，这种结构也不是一成不变的：它也会和系统中的其他部分一起演进。

薪水支付日

> **用例7：运行薪水支付系统**
>
> 　收到 Payday 事务请求后，该系统会查找应该在指定日期支付薪水的所有员工。然后系统会计算应该付给他们多少金额的薪水，并根据他们所选择的支付方式支付薪水。
>
> ```
> Payday <date>
> ```

虽然这个用例的意图很容易理解，但要确定它对图26.6的静态结构有什么影响并不那么简单。我们需要回答几个问题。

首先，Employee对象如何知道怎样计算各员工的薪水？当然，如果该员工是小时工，系统必须计算他的考勤卡并乘以每小时费率。如果员工按应付佣金计算薪水，则系统必须计算其销售收入，再乘以佣金率，最终加上其基本工资。但这些计算最终在哪里完成呢？理想的地方似乎是Paymentclassification的派生对象。这些对象用来维护计算薪水所需的数据，因此他们应该有确定的方法用来计算工资。图26.7展示了一个协作图，描述了它的工作原理。

当Employee对象要计算薪水时，会将此请求转交给PaymentClassification对象。计算薪水时实际所采用的算法取决于Employee对象所包含的PaymentClassification的类型。图26.8至图26.10展示了三种可能的情况。

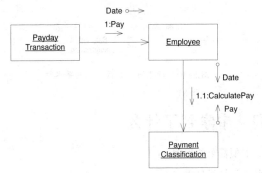

图26.7 计算员工薪水

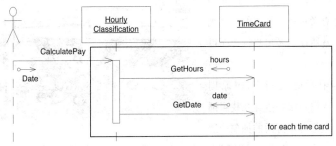

图26.8 计算钟点工类型员工的薪水

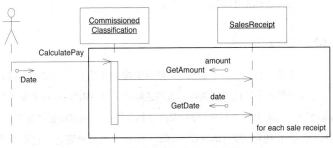

图26.9 计算应付佣金员工的薪水

Date   Pay

1:CalculatePay

Salaried
Classification

图26.10   计算固定月薪员工的薪水

反思：我们从中学到了什么

我们已经了解到，看似简单的用例
分析就可以为系统的设计提供丰富
的信息和见解。图26.6至图26.10
都是通过思考用例而得到的，更确
切地说，是通过思考用户行为而得
到的。

为了有效地使用开/闭原则
（OCP），我们必须要搜寻并找到那
些隐匿于应用程序背后的抽象。通
常情况下，系统的需求、用例都不会描述甚至间接提及这些抽象。系统需求和用例可能
都细节太多，无法表达出底层抽象的一般性。

薪水支付类别抽象

让我们再看一下需求。我们看到了诸如"一些员工按小时工作""一些员工按月薪支付"
和"一些员工会获得佣金"这样的陈述。这些话暗示了以下内容："所有员工都有薪水，
只是他们是通过不同的方式进行支付的。"这里抽象出来的内容就是"所有员工都有薪
水"。图26.7至图26.10中的PaymentClassification模型很好地表达了这种抽象。因此，
通过非常简单的用例分析，我就可以在用户故事中发现这种抽象。

支付薪水时间表抽象

在寻找其他抽象的过程中，我们会发现"他们每周五领取薪水""他们在每月的最后一个工作日领取薪水"和"他们每隔一个星期五领取薪水"。这就引出了另一个普适性："所有员工的薪水都是按照一定的时间表进行支付的。"这里的抽象是支付薪水时间表的概念。这样的话，我们就可以询问某个Employee对象某个日期是否是他领取发薪水的日子。在用例中很少提到这一点。这些需求将雇员的领取的薪水时间表与他的支付类别联系起来。具体来说，小时工按周计算薪水，按月薪计算薪水的员工就按月计算薪水，接受佣金的员工按每两周计算薪水；然而，这种联系是必要的吗？难道这些支付薪水的策略永远都不会改变么？假如员工可以选择一个特定的支付薪水的时间表领取薪水，或者属于不同部门的员工可以有不同的支付薪水时间表可以吗？难道支付薪水的时间策略不会独立于支付策略而变化么？当然了，这是可能的。

如果按照需求的暗示，我们将薪水支付时间表问题委托给PaymentClassification类，那么该类针对支付薪水时间表方面的变化就不是封闭的。当我们更改薪水支付策略时，还必须测试薪水支付的时间表。当我们更改薪水支付时间表时，还必须再测试薪水支付策略。这样的话，就违反了开/闭原则（OCP）和单一职责原则（SRP）。

薪水支付时间表和薪水支付策略之间的联系可能会导致bug，例如对某一个支付方式的更改可能导致某些员工拥有不正确的薪水支付时间表。可能像这样的错误对程序员来说是很普遍的错误，但会让管理人员和用户心生恐惧。他们担心更改支付方式会破坏薪水支付时间表，在系统中任何地方的任何更改都可能导致系统中其他无关部分出现问题，并且他们的担心通常是正确的。他们还担心自己无法预测更改后系统产生的影响。当无法预测更改所带来的影响时，他们对系统的信心就会丧失，该系统就会在其管理人员和用户的脑海中呈现出"危险和不稳定"的状态。

尽管有薪水支付时间表抽象的本质，但用例分析中并没有给我们任何有关其存在的直接线索。要发现该抽象就需要仔细考虑系统需求，并且能够深入了解用户的误导。过度依赖于工具和过程以及低估智力和经验都是导致灾难产生的源泉。

图26.11和图26.12展示了薪水支付时间表抽象的静态和动态模型。如你所

见，我们又一次使用了策略模式。Employee类包含抽象的PaymentSchedule类。PaymentSchedule有三种形式，与员工的三种已知薪水支付时间表相对应。

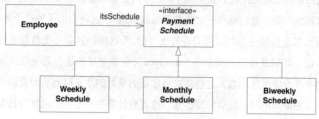

图26.11 抽象的支付薪水时间表的静态模型

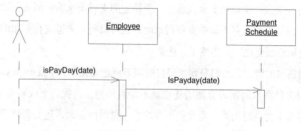

图26.12 抽象的支付薪水时间表的动态模型

支付方式

我们可以从系统需求中得出的另一个一般性总结是"所有员工都通过某种方式获得薪水"。其中的抽象是PaymentMethod类。有趣的是，该抽象已经在图26.6中表达出来了。

工会所属关系

这个需求意味着员工可能与工会之间有关联。但是，工会可能不是唯一一个向某些员工收取费用的组织。员工可能希望自动捐款给某些慈善机构或者自动支付某个专业协会的费用。因此，概括来讲就是"员工可能与许多组织之间都有关联，所以应该从员工的薪水中自动扣除费用。"

与之对应的抽象是Affiliation类，如图26.6所示。但是，图中并未表达出包含多个
Affiliation的Employee，并且它还表达了其中存在NoAffiliation类。这种设计其实不太
适合我们现在认为必要的抽象。图26.13和图26.14分别表达了Affiliation抽象的静态模
型和动态模型。

由于使用了Affiliation对象列表，所以这里无需对无工会所属关系的员工使用空对象
模式。在这种情况下，如果员工没有工会所属关系，他或她的工会所属关系列表就为空。

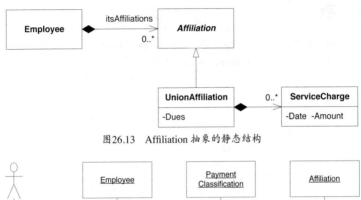

图26.13　Affiliation抽象的静态结构

图26.14　Affiliation抽象的动态结构

小结

这是一个不错的开始。通过把用户故事详细阐述成用例并在这些用例中搜寻抽象，我们
创建出了系统的类型。架构应该是不断发展的。不过请注意，这个架构只是通过对最初
几个用户故事的考虑得出的。我们没有对系统中的每个需求做面面俱到的评审，我们也

不要求每个用户故事用例都必须是完美的。此外，我们也没用进行详尽、彻底的系统设计，（其中包含着针对所有能够想到的情况的类图和顺序图）。

思考设计很重要。以小步、增量的方式思考设计则是关键。考虑得太多比考虑得太少更糟糕。在本章中，我们所做的设计刚刚好。它看起来好像没有完成，但对于帮助我们理解和继续下一步来说，足够了。

参考文献

[Jacobson1992]Jacobson, Ivar. *Object-Oriented Software Engineering, A Use-Case-Driven Approach. Wokingham*, England: Addison-Wesley, 1992.

第27章

案例学习：Payroll 系统实现

在很久以前，我们就开始写代码来支持并验证之前所有的设计。我将以小步增量的方式逐步写 Payroll 系统的代码，在本章中，我会在适当的地方展示这些代码。你将会在本章中看到许多代码片段，但不要以为我当时就是这么写的。实际上，在你看到之前，每段代码都经历过几十次的编辑、编译和测试用例，这些步骤都对代码进行了微小的改进。

在本章中，你还会看到许多 UML 图。可以把这些 UML 看成一个个画在白板上的草图，用来向你以及我的搭档展示我的想法。UML 图为我们的交流提供了便利的媒介。

事务

我们先来考虑一下那些用来描述用例的事务。如图27.1所示，我们用一个名为

Transaction的接口来代表事务，它具有一个名为Execute()的方法。当然，这是一个命令模式。其中Transaction类的实现如代码清单27.1所示。

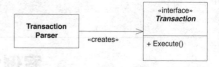

图27.1　Transaction 接口

代码清单27.1　Transaction.cs

```
namespace Payroll
{
  public interface Transaction
  {
    void Execute();
  }
}
```

添加员工

图 27.2 展示了添加员工这个事务操作可能的结构。请注意，正是在这些事务操作中，员工的付款时间表与他们的付款类别相关联。这样做是合适的，因为这些事务操作是可以设计和调整的，不是核心模型的一部分。因此，我们的核心模型不必知道这种关联；这些关联只是其中设计的一部分，是可以随时更改的。例如，我们可以很容易地添加一个允许我们更改员工薪水支付时间表的事务操作。

这个决策很好地遵循了OCP和SRP。负责确定支付类型和支付时间表之间关联的是事务，而不是核心模型。此外，我们可以在保持核心模型不变的情况下更改关联关系。

另外也请注意，默认的支付方式是由出纳人员先保存薪水支付的支票。如果员工想要采用不同的付款方式，则必须使用适当的ChgEmp事务进行更改。

和往常一样，我们先写测试用例，以此来驱动我们写代码。代码清单27.2是一个测试用例，表明 AddSalariedTransaction 方法可以正常工作。在随后的代码中，我们会使该测试用例通过。

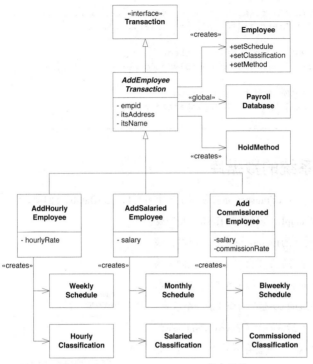

图27.2　AddEmployeeTransaction静态模型

代码清单27.2　PayrollTest.TestAddSalariedEmployee

```
[Test]
public void TestAddSalariedEmployee()
{
  int empId = 1;
  AddSalariedEmployee t =
  new AddSalariedEmployee(empId,"Bob","Home", 1000.00);
  t.Execute();

  Employee e = PayrollDatabase.GetEmployee(empId);
  Assert.AreEqual("Bob", e.Name);
  PaymentClassification pc = e.Classification;
  Assert.IsTrue(pc is SalariedClassification);
```

```
    SalariedClassification sc = pc as SalariedClassification;
    Assert.AreEqual(1000.00, sc.Salary, .001);

    PaymentSchedule ps = e.Schedule;
    Assert.IsTrue(ps is MonthlySchedule);

    PaymentMethod pm = e.Method;
    Assert.IsTrue(pm is HoldMethod);
}
```

Payoll系统的数据库

　　AddEmployeeTransaction类使用了一个名为PayrollDatabase的类。PayrollDatabase
类在一个以empID为键值的Hashtable中保
存着所有现有的Employee对象。同时，该
类还持有一个将员工工会的memberid映射为
empid的Hashtable。该类的结构如图27.3所
示。PayrollDatabase是外观模式的一个示例。

　　代码清单27.3展示了PayrollDatabase的
初步实现。这个实现旨在帮助我们通过初始
测试用例。它还没有包含将工会成员id映射
到Employee实例的散列表。

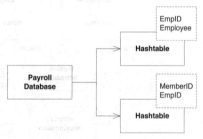

图27.3　PayrollDatabase 静态结构

代码清单27.3　PayrollDatabase.cs

```
using System.Collections;

namespace Payroll
{
  public class PayrollDatabase
  {
    private static Hashtable employees = new Hashtable();

    public static void AddEmployee(int id, Employee employee)
    {
      employees[id] = employee;
```

```
    }

    public static Employee GetEmployee(int id)
    {
        return employees[id] as Employee;
    }
  }
}
```

通常情况下，我认为数据库是实现细节。关于这些实现细节的决定，应当尽可能的推迟。在该例子中数据库是使用数据库管理系统（RDBMS）、平面文件还是对象数据库管理系统（OODBMS）来实现，目前还不是那么重要。现在，我只对创建API感兴趣，因为这些API将会为应用程序的其他部分提供数据库服务。之后，我将为数据库找到最合适的实现方式。

延迟决策数据库的具体实现方式，虽然是一种不常见的做法，但却对我们非常有益。数据库的具体实现方式可以等到我们对软件及其需求有了更多的了解之后再做决策。在这段等待决策的期间，我们可以避免在数据库中加入过多基础设施的问题。相反，我们只是刚好实现了满足应用程序所需要的数据库功能。

采用模板方法模式添加员工

图27.4所示为添加员工的动态模型。注意，其中AddEmployeeTransaction对象向自己发送了一条消息，以便获得适当的PaymentClassification和PaymentSchedule对象。这些消息在AddEmployeeTransaction类的派生中实现。这是一个采用模板方法模式来实现的应用程序。

代码清单27.4展示了AddEmployeeTransaction类中模板方法模式的实现。该类的Execute()方法中调用了两个会在派生类中实现的纯虚函数。这两个函数MakeSchedule()和MakeClassification()，返回新建的Employee对象所需要的PaymentSchedule和PaymentClassification对象。接着，Execute()方法把这些对象绑定到Employee对象上并把Employee对象存入PayrollDatabase中。

这里有两件特别有趣的事。第一，在此处应用模板方法模式的唯一摸底就是创建对象，因此应该是FACTORY METHOD模式，第二，在FACTORY METHOD模式中，习惯于把创建方法命名为MakeXXX()。我在写代码的时候才意识到这两个问题，这也是代码和图中方法名称不同的原因。

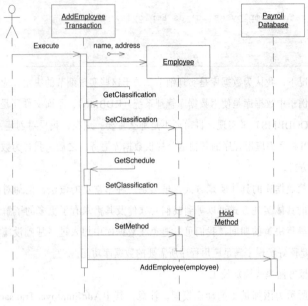

图27.4 添加员工的动态模型

我应该回头把图更改一下吗？在本例中，我认为没有这个必要。我并不打算把这幅图给任何人作为参考。实际上，如果这是一个真实的项目，那么这幅图会画在白板上，现在很可能已经被擦掉了。

代码清单27.4 PayrollDatabase.cs

```
namespace Payroll
{
  public abstract class AddEmployeeTransaction : Transaction
  {
    private readonly int empid;
    private readonly string name;
    private readonly string address;
```

```
public AddEmployeeTransaction(int empid,
  string name, string address)
{
  this.empid = empid;
  this.name = name;
  this.address = address;
}

protected abstract
  PaymentClassification MakeClassification();
protected abstract
  PaymentSchedule MakeSchedule();

public void Execute()
{
  PaymentClassification pc = MakeClassification();
  PaymentSchedule ps = MakeSchedule();
  PaymentMethod pm = new HoldMethod();

  Employee e = new Employee(empid, name, address);
  e.Classification = pc;
  e.Schedule = ps;
  e.Method = pm;
  PayrollDatabase.AddEmployee(empid, e);
}
  }
}
```

代码清单27.5展示了AddSalariedEmployee类的实现。该类派生自AddEmployee-Transaction类并在MakeSchedule()方法和MakeClassification()方法的实现中传回相应的对象给AddEmployeeTransaction.Execute()。

代码清单27.5　AddSalariedEmployee.cs

```
namespace Payroll
{
  public class AddSalariedEmployee : AddEmployeeTransaction
  {
    private readonly double salary;

    public AddSalariedEmployee(int id, string name,
    string address, double salary)
```

```
: base(id, name, address)
{
  this.salary = salary;
}

protected override
PaymentClassification MakeClassification()
{
  return new SalariedClassification(salary);
}

protected override PaymentSchedule MakeSchedule()
{
  return new MonthlySchedule();
}
  }
}
```

AddHourlyEmployee和AddCommissionedEmployee的实现将留给读者作为练习。请记住首先编写测试用例。

删除雇员

图27.5和图27.6展现了删除雇员事务的静态和动态模型。代码清单27.6展示了删除雇员的测试用例。代码清单27.7中展示了DeleteEmployeeTransaction的实现。这是一个非常典型的命令模式的实现。构造函数保存了最终会在Execute()方法中使用的数据。

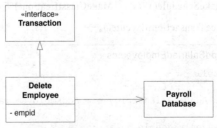

图27.5　DeleteEmployee事务静态模型

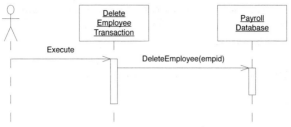

图27.6 DeleteEmployee 事务动态模型

代码清单 27.6 PayrollTest.DeleteEmployee

```
[Test]
public void DeleteEmployee()
{
  int empId = 4;
  AddCommissionedEmployee t =
    new AddCommissionedEmployee(
    empId,"Bill","Home", 2500, 3.2);
  t.Execute();

  Employee e = PayrollDatabase.GetEmployee(empId);
  Assert.IsNotNull(e);
  DeleteEmployeeTransaction dt =
  new DeleteEmployeeTransaction(empId);
  dt.Execute();
  e = PayrollDatabase.GetEmployee(empId);
  Assert.IsNull(e);
  }
    DeleteEmployeeTransaction dt =
    new DeleteEmployeeTransaction(empId);
    dt.Execute();

    e = PayrollDatabase.GetEmployee(empId);
    Assert.IsNull(e);
  }
```

代码清单 27.7 DeleteEmployeeTransaction.cs

```
namespace Payroll
{
```

```csharp
public class DeleteEmployeeTransaction : Transaction
{
  private readonly int id;

  public DeleteEmployeeTransaction(int id)
  {
    this.id = id;
  }

  public void Execute()
  {
    PayrollDatabase.DeleteEmployee(id);
  }
}
```

你已经注意到，对PayrollDatabase的成员采用的是静态访问方式。实际上，PayrollDatabase.employees就是一个全局变量。数十年来，教科书或老师都有充分的理由不鼓励大家使用全局变量。不过从本质上来说，全局变量并非邪恶或者有害的。在这个特殊情况下，采用全局变量是一个理想的选择。PayrollDatabase类只有一个实例，并且它需要在一个广泛的作用域内使用。

你可能认为，采用单例模式或者单状态模式可以更好。的确，可以采用这两个模式达到我们的目的。然而，它们也是通过使用全局变量来实现的。一个单例或单状态实例的定义就是一个全局的实体。在这种情况下，我认为采用单例或单状态模式只会增加不必要的复杂性。简单地将数据库实例作为一个全局变量，更容易一些。

考勤卡、销售凭证和服务费用

图27.7展示了将考勤卡发布给员工这一事务的静态结构。图27.8是其动态模型。事务从PayrollDatabase中获取Employee对象是其基本思想，从Employee对象中获取到Paymentclassification对象，然后创建Timecard对象并将其添加到PaymentClassification中。

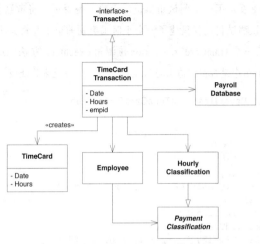

图27.7 TimeCardTransaction 静态结构

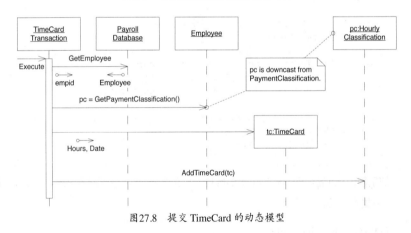

图27.8 提交 TimeCard 的动态模型

请注意，我们无法将Timecard对象添加到普通的PaymentClassification对象中，我们只能将它们添加到HourlyClassification对象中。这意味着当我们从Employee对象接收到PaymentClassification对象时，必须将其向下转换为HourlyClassification对象。C#语言中的as操作符就非常适用于这种场景，如代码清单27.10所示。

代码清单27.8展示了一个测试用例，用于验证是否可以将考勤卡添加到小时工类别的员工中。该测试代码仅只建了一个小时工类别的员工并将其添加到数据库中。然后，它创建了一个TimeCardTransaction并调用Execute()方法。最后，通过查看HourlyClassification中是否包含适当的TimeCard对象，以此来验证该员工。

代码清单27.8　PayrollTest.TestTimeCardTransaction

```
[Test]
public void TestTimeCardTransaction()
{
  int empId = 5;
  AddHourlyEmployee t =
    new AddHourlyEmployee(empId,"Bill","Home", 15.25);
  t.Execute();
  TimeCardTransaction tct =
    new TimeCardTransaction(
      new DateTime(2005, 7, 31), 8.0, empId);
  tct.Execute();

  Employee e = PayrollDatabase.GetEmployee(empId);
  Assert.IsNotNull(e);

  PaymentClassification pc = e.Classification;
  Assert.IsTrue(pc is HourlyClassification);
  HourlyClassification hc = pc as HourlyClassification;

  TimeCard tc = hc.GetTimeCard(new DateTime(2005, 7, 31));
  Assert.IsNotNull(tc);
  Assert.AreEqual(8.0, tc.Hours);
}
```

代码清单27.9展示了Timecard类的实现。现在看来，这个类的实现内容并不多，只是一个数据类而已。

代码清单27.9　TimeCard.cs

```
using System;

namespace Payroll
{
  public class TimeCard
```

```csharp
  private readonly DateTime date; private readonly double hours;

  public TimeCard(DateTime date, double hours)
  {
    this.date = date;
    this.hours = hours;
  }

  public double Hours
  {

    get { return hours; }
  }

  public DateTime Date
  {
    get { return date; }
  }
  }
}
```

代码清单27.10展示了TimecardTransaction类的实现。注意，这里使用了简单的字符串异常。长远来看，这不是一个特别好的实践，但在开发初期它足以满足我们的需求。当我们明确了我们应该创建什么样的异常之后，我们可以再回过头来创建有意义的异常类。

代码清单27.10　TimeCardTransaction.cs

```csharp
using System;
namespace Payroll
{
  public class TimeCardTransaction : Transaction
  {
    private readonly DateTime date;
    private readonly double hours;
    private readonly int empId;

    public TimeCardTransaction(
    DateTime date, double hours, int empId)
    {
```

```
    this.date = date;
    this.hours = hours;
    this.empId = empId;
  }

  public void Execute()
  {
    Employee e = PayrollDatabase.GetEmployee(empId);

    if (e != null)
    {
      HourlyClassification hc =
        e.Classification as HourlyClassification;

      if (hc != null)
        hc.AddTimeCard(new TimeCard(date, hours));
      else
        throw new InvalidOperationException(
         "Tried to add timecard to" +
           "non-hourly employee");
    }
    else
      throw new InvalidOperationException(
        "No such employee.");
  }
}
}
```

图27.9和图27.10展示了为享受提成的雇员登记（posting）销售凭证的设计。该设计和前面的类似，这些类的实现留作练习。

图27.11和图27.12展示了为工会成员提交工会服务费这一事务的设计。

这些设计指出事务模型与我们创建的核心模型之间的不匹配。我们的核心模型Employee对象可以隶属于许多不同的组织，但事务模型却假定任何组织所属关系都是工会所属关系。因此，事务模型无法识别特定类型的组织从属关系。相反，它只是假设如果某员工提交了工会服务费，那么该员工就属于工会成员。

动态模型解决了这个两难问题。它先在Employee对象中搜索它所包含的所有Affiliation对象，再判断这些Affiliation对象中是否包含UnionAffiliation对象，通过这样的方法来解决这一难题。然后，它将ServiceCharge对象添加到UnionAffiliation对象中。

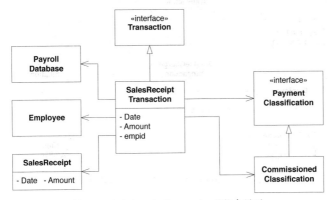

图27.9　SalesReceiptTransaction的静态模型

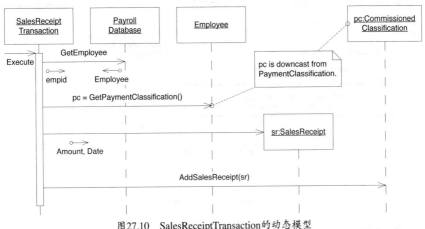

图27.10　SalesReceiptTransaction的动态模型

代码清单27.11展示了ServiceChargeTransaction的测试用例。它只是创建一个小时工类别的员工并为其添加一个UnionAffiliation对象。它也确保了在PayrollDatabase中注册了对应的成员ID。然后，创建一个ServiceChargeTransaction并执行该事务。最后，需要验证是否已经将相应的ServiceCharge添加到对应Employee的UnionAffiliation对象中。

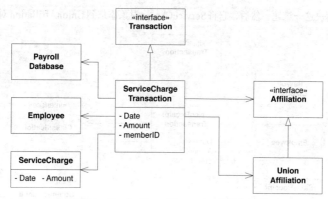

图27.11　ServiceChargeTransaction的静态模型

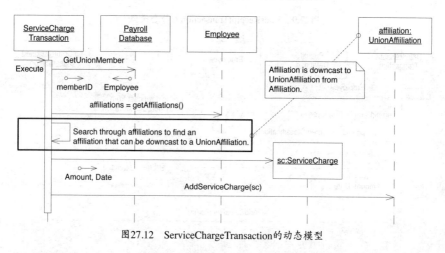

图27.12　ServiceChargeTransaction的动态模型

代码清单27.11　PayrollTest.AddServiceCharge

```
[Test]
public void AddServiceCharge()
{
  int empId = 2;
  AddHourlyEmployee t = new AddHourlyEmployee(
    empId,"Bill","Home", 15.25);
```

```
  t.Execute();
  Employee e = PayrollDatabase.GetEmployee(empId);
  Assert.IsNotNull(e);
  UnionAffiliation af = new UnionAffiliation();
  e.Affiliation = af;
  int memberId = 86; // Maxwell Smart
  PayrollDatabase.AddUnionMember(memberId, e);
  ServiceChargeTransaction sct =
    new ServiceChargeTransaction(
    memberId, new DateTime(2005, 8, 8), 12.95);
  sct.Execute();
  ServiceCharge sc =
    af.GetServiceCharge(new DateTime(2005, 8, 8));
  Assert.IsNotNull(sc);
  Assert.AreEqual(12.95, sc.Amount, .001);
}
```

如图27.12所示，当我在该图中绘制UML时，我意识到用从属关系替换NoAffiliation是一个更好的设计。我觉得这样更灵活，更简单。毕竟，我可以在任何需要从属关系的时候就添加新的从属关系，而不需要创建NoAffiliation类。然后，在写代码清单27.16的测试用例时，我意识到调用Employee的SetAffiliation方法比调用AddAffiliation方法更好。毕竟，从需求上来看并不需要员工有多个Affiliation，因此也就没有必要采用dynamic_cast在可能存在的类之间进行选择。这样做会带来不必要的复杂性。

这也是为什么我们说，如果在UML中设计了很多，但在代码中进行验证，是非常危险的。代码可以告诉你UML图无法体现的代码设计所存在的问题。在这里，我在UML图中放入了一些不需要的结构。也许有一天这些结构会排上用场，但它们必须在这段时间内得到维护。维护成本可能远远大于它们带来的好处。

在这种情况下，尽管维护dynamic_cast的成本相对较低，我也不会使用它。不采用Affiliation列表的形式实现要更简单一些。因此，我用NoAffiliation类以保留空对象模式。

代码清单27.12是ServiceChargeTransaction的实现。如果用于没有搜寻UnionAffiliation对象的循环，该类实际会更简单。它只是简单从数据库中获取Employee对象，再把该对象的Affiliation向下转型为UnionAffiliation并为其添加

ServiceCharge对象。

代码清单27.12　ServiceChageTransaction.cs

```csharp
using System;

namespace Payroll
{
  public class ServiceChargeTransaction : Transaction
  {
    private readonly int memberId;
    private readonly DateTime time;
    private readonly double charge;

    public ServiceChargeTransaction(
      int id, DateTime time, double charge)
    {
      this.memberId = id;
      this.time = time;
      this.charge = charge;
    }

    public void Execute()
    {
      Employee e = PayrollDatabase.GetUnionMember(memberId);
      if (e != null)
      {
        UnionAffiliation ua = null;
        if (e.Affiliation is UnionAffiliation)
          ua = e.Affiliation as UnionAffiliation;

        if (ua != null)
          ua.AddServiceCharge(
          new ServiceCharge(time, charge));
        else
          throw new InvalidOperationException(
            "Tries to add service charge to union"
              +"member without a union affiliation");
      }
      else
        throw new InvalidOperationException(
          "No such union member.");
    }
```

```
    }
}
```

更改员工信息

图27.13展示了更改员工属性的静态事务结构。这个结构很容易从用例6中得出。所有的事务都有一个EmpID参数，因此我们可以创建一个最高层次的基类并将其命名为ChangeEmployeeTransaction。该基类的下面一层是修改单个属性的类，比如：ChangeNameTransaction和ChangeAddressTransaction。更改员工类别的事务都具有相同的目的，因为它们都修改Employee对象相同的字段。因此，可以把它们一起放在抽象基类ChangeClassificationTransaction中。另外，更改员工支付方式和其工会从属关系的事务操作与此相似。这一点可以通过ChangeMethodTransaction和ChangeAffiliationTransaction的结构看出来。

图27.14展示了所有更改事务的动态模型。可以看出这里再次使用了模板方法模式。针对所有更改员工信息的操作，也都必须要从PayrollDatabase中获得。因此，ChangeEmployeeTransaction中的Excute函数实现了该行为，同时将Change的消息发送给自己。Change方法被声明为虚的并在派生类中进行实现，如图27.15和图27.16所示。

代码清单27.13显示了ChangeNameTransaction的测试用例。这个测试用例真的非常简单。它使用AddHouryEmployee节点操作并创建一个名为Bill的小时工。然后，它创建并执行ChangeNameTransaction事务操作，通过该操作将员工的名字更改为Bob。最后，再从PayrollDatabase中取出该员工实例并验证他的名字是否更改成功。

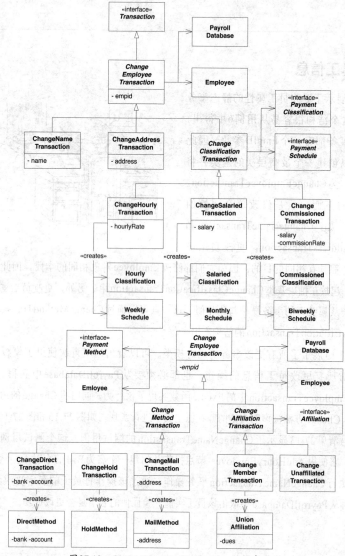

图27.13 ChargeEmployeeTransaction的静态模型

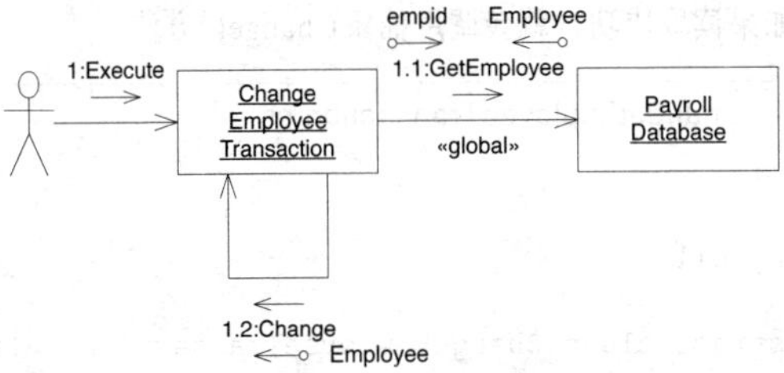

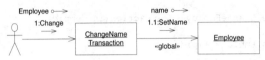

图27.14 ChangeEmployeeTransaction的动态模型

图27.15 ChangeNameTransaction的动态模型

图27.16 ChangeAddressTransaction的动态模型

代码清单27.13 PayrollTest.TestChangeNameTransaction()

```
[Test]
public void TestChangeNameTransaction()
{
  int empId = 2;
  AddHourlyEmployee t =
    new AddHourlyEmployee(empId,"Bill","Home", 15.25);
  t.Execute();
  ChangeNameTransaction cnt =
    new ChangeNameTransaction(empId,"Bob");
  cnt.Execute();
  Employee e = PayrollDatabase.GetEmployee(empId);
  Assert.IsNotNull(e);
  Assert.AreEqual("Bob", e.Name);
}
```

代码清单27.14展示了抽象基类ChangeEmployeeTransaction 的实现。模板方法模式的结构是简单且明显的。Excute()方法能够从PayrollDataBase 中读取到适当的

Employee 实例，如果读取成功，就会调用抽象Change()方法。

代码清单 27.14 ChangeEmployeeTransaction.cs

```
using System;

namespace Payroll
{
  public abstract class ChangeEmployeeTransaction : Transaction
  {
    private readonly int empId;

    public ChangeEmployeeTransaction(int empId)
    {
      this.empId = empId;
    }

    public void Execute()
    {
      Employee e = PayrollDatabase.GetEmployee(empId);

      if (e != null)
        Change(e);
      else
        throw new InvalidOperationException(
          "No such employee.");
    }

    protected abstract void Change(Employee e);
  }
}
```

代码清单27.15是ChangeNameTransaction类的实现。在这里，可以清晰地看到模板方法模式的另一半。Change 方法用来改变作为参数传入的Employee 对象的name字段。ChangeAddressTransaction的结构与之非常类似，在这里把它留作练习。

代码清单 27.15 ChangeNameTransaction.cs

```
namespace Payroll
{
  public class ChangeNameTransaction :
```

```
  ChangeEmployeeTransaction
{
  private readonly string newName;

  public ChangeNameTransaction(int id, string newName)
  : base(id)
  {
  this.newName = newName;
  }

  protected override void Change(Employee e)
  {
    e.Name = newName;
  }
 }
}
```

更改员工类别

图27.17展示了 ChangeClassificationTransaction 动态行为的设想。在这里，也用

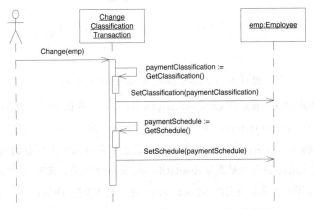

图27.17　ChangeClassificationTransaction的动态模型

到了模板方法模式。这次操作会创建一个新的 PaymentClassification 对象并将它传递给 Employee 对象。这一点是通过向自己发送 GetClassification 消息来实现的。每个继承自 ChangeClassificationTransaction 的类都需要实现 GetClassification 这个抽象方法，如图 27.18 到图 27.20 所示。

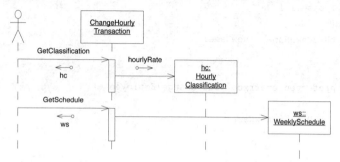

图27.18 ChangeHourlyTransaction的动态模型

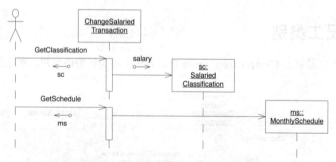

图27.19 ChangeSalariedTransaction的动态模型

代码清单 27.16 展示了 ChangeHourlyTransaction 的测试用例。该测试用例通过 AddCommissionedEmployee 事务来创建一个应付酬金的员工。然后再创建一个 ChangeHourlyTransaction 对象并执行它。它能够获取到员工信息的改变并验证 PaymentClassification 对象是否是 HourlyClassification 类型的，该 HourlyClassification 类型是否有正确的时薪以及它的 PaymentSchedule 成员是否指向 WeeklySchedule 类型的对象。

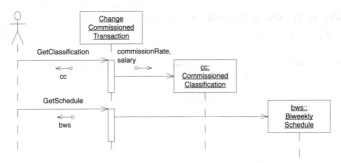

图27.20 ChangeCommissionedTransaction的动态模型

代码清单27.16 PayrollTest.TestChangeHourlyTransaction()

```
[Test]
public void TestChangeHourlyTransaction()
{
  int empId = 3;
  AddCommissionedEmployee t =
  new AddCommissionedEmployee(
    empId,"Lance","Home", 2500, 3.2);
  t.Execute();
  ChangeHourlyTransaction cht =
    new ChangeHourlyTransaction(empId, 27.52);
  cht.Execute();
  Employee e = PayrollDatabase.GetEmployee(empId);
  Assert.IsNotNull(e);
  PaymentClassification pc = e.Classification;
  Assert.IsNotNull(pc);
  Assert.IsTrue(pc is HourlyClassification);
  HourlyClassification hc = pc as HourlyClassification;
  Assert.AreEqual(27.52, hc.HourlyRate, .001);
  PaymentSchedule ps = e.Schedule;
  Assert.IsTrue(ps is WeeklySchedule);
}
```

代码清单27.17展示了抽象基类ChangeClassificationTransaction 的实现。这里又一次使用了模板方法模式。其中 Change 方法调用了两个纯虚函数，分别为 GetClassification 和 GetSchedule。通过这些函数的返回值来设置 Employee 对象的类别以及支付薪水的时间表。

代码清单27.17　ChangeClassificationTransaction.cs

```
namespace Payroll
{
  public abstract class ChangeClassificationTransaction
    : ChangeEmployeeTransaction
  {
    public ChangeClassificationTransaction(int id)
      : base(id)
    { }

    protected override void Change(Employee e)
    {
      e.Classification = Classification;
      e.Schedule = Schedule;
    }

    protected abstract
      PaymentClassification Classification{ get; }
    protected abstract PaymentSchedule Schedule { get; }
  }
}
```

使用属性而不是get函数的决策是在写代码的过程中做出的。我们再次看到了代码和图示的张力。

代码清单27.18展示了ChangeHourlyTransaction 类的实现。此类通过实现从ChangeClassificationTransaction继承的Classification和Schedule属性的获取方法从而完成了模板方法模式。它实现Classification属性的获取方法返回新建的HourlyClassification对象。它的Schedule属性的获取方法返回一个新建的WeeklySchedule对象。

代码清单27.18　ChangeHourlyTransaction.cs

```
namespace Payroll
{
  public class ChangeHourlyTransaction
    : ChangeClassificationTransaction
  {
    private readonly double hourlyRate;
```

```
public ChangeHourlyTransaction(int id, double hourlyRate)
  : base(id)
{
  this.hourlyRate = hourlyRate;
}
protected override PaymentClassification Classification
{
  get { return new HourlyClassification(hourlyRate); }
}

protected override PaymentSchedule Schedule
{
  get { return new WeeklySchedule(); }
}
  }
}
```

与之前一样，ChangeSalariedTransaction和ChangeCommissionedTransaction方法留给读者作为练习。

可以采用类似的机制来实现ChangeMethodTransaction对象。抽象的GetMethod方法用来选择PaymentMethod的适当派生对象，然后将其传递给Employee对象，如图27.21至图27.24所示。

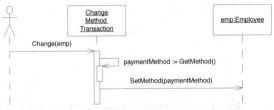

图27.21 ChangeMethodTransaction的动态模型

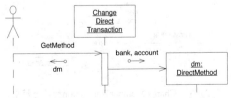

图27.22 ChangeDirectTransaction的动态模型

图27.23 ChangeMailTransaction的动态模型

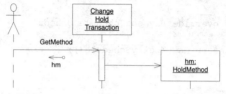

图27.24 ChangeHoldTransaction的动态模型

这些类的实现结果还是比较简单的，并不令人惊讶。这里同样把它们留作练习。

图27.25展示了ChangeAffiliationTransaction的实现。我们再次使用了模板方法模式，用来选择应该传递给Employee对象的Affiliation派生对象，如图27.26到图27.28所示。

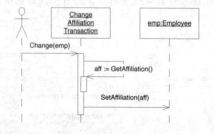

图27.25 ChangeAffiliationTransaction的动态模型

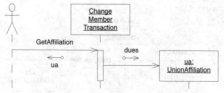

图27.26 ChangeMemberTransaction的动态模型

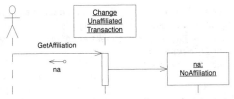

图27.27　ChangeUnaffiliatedTransaction的动态模型

我犯了什么晕？

当我准备实现这个设计时，我突然感到非常惊讶。仔细查看更改员工从属关系事务的动态图表时。你能看出什么问题吗？

和之前一样，我通过写ChangeMemberTransaction的测试用例开始实现。你可以在代码清单27.19中看到这个测试用例。该测试用例非常简单。它创建一个名为Bill的按小时计费的员工，然后，创建并执行ChangeMemberTransaction用以将Bill加入到工会中。最后，它会检查Bill是否有一个UnionAffiliation对象与之绑定，并且UnionAffiliation有正确的工会费率。

代码清单27.19　PayrollTest.ChangeUnionMember()

```
[Test]
public void ChangeUnionMember()
{
  int empId = 8;
  AddHourlyEmployee t =
    new AddHourlyEmployee(empId,"Bill","Home", 15.25);
  t.Execute();
  int memberId = 7743;
  ChangeMemberTransaction cmt =
    new ChangeMemberTransaction(empId, memberId, 99.42);
  cmt.Execute();
  Employee e = PayrollDatabase.GetEmployee(empId);
  Assert.IsNotNull(e);
  Affiliation affiliation = e.Affiliation;
  Assert.IsNotNull(affiliation);
  Assert.IsTrue(affiliation is UnionAffiliation);
```

```
UnionAffiliation uf = affiliation as UnionAffiliation;
Assert.AreEqual(99.42, uf.Dues, .001);
Employee member = PayrollDatabase.GetUnionMember(memberId);
Assert.IsNotNull(member);
Assert.AreEqual(e, member);
}
```

测试用例的最后几行中有"惊喜"。这些行用来证实PayrollDatabase已经记录了Bill在工会中的成员资格。但在现有的UML图中没有任何内容可以确保这种情况发生。UML只关注Employee对象应该和合适的Affiliation派生对象进行绑定。我根本没有注意到这个设计缺陷。你呢？

我根据图表快速写了该事务的程序，然后等待单元测试的失败。一旦单元测试失败，就可以很明显地发现所忽视的东西。但问题的解决方案却不是那么明显。如何让ChangeMemberTransaction对象记录员工的工会资格并让ChangeUnaffiliatedTransaction解除员工的工会会员资格呢？

答案是给ChangeAffiliationTransaction添加另外一个抽象方法RecordMembership（Employee）。该函数在ChangeMemberTransaction中实现，用以将memberid绑定到Employee实例上。在ChangeUnaffiliatedTransaction中，它的实现被用来清除员工的工会会员资格记录。

代码清单27.20是抽象基类ChangeAffiliationTransaction的实现。同样，模板方法模式的使用也是显而易见的。

代码清单27.20 ChangeAffiliationTransaction.cs

```
namespace Payroll
{
  public abstract class ChangeAffiliationTransaction :
      ChangeEmployeeTransaction
  {
    public ChangeAffiliationTransaction(int empId)
      : base(empId)
    {}

    protected override void Change(Employee e)
    {
```

```
        RecordMembership(e);
        Affiliation affiliation = Affiliation;
        e.Affiliation = affiliation;
    }

    protected abstract Affiliation Affiliation { get; }
    protected abstract void RecordMembership(Employee e);
  }
}
```

代码清单27.21是ChangeMemberTransaction的实现。该实现并没有什么特别和有趣的点。但另一方面，代码清单27.22中ChangeUnaffiliatedTransaction的实现更有趣。其中 RecordMembership 方法需要决定当前员工是否属于工会成员。如果他属于工会成员，就需要从 UnionAffiliation 中获取 memberId，并清除该员工的工会成员记录。

代码清单27.21 ChangeMemberTransaction.cs

```
namespace Payroll
{
  public class ChangeMemberTransaction :
    ChangeAffiliationTransaction
  {
    private readonly int memberId;
    private readonly double dues;

    public ChangeMemberTransaction(
        int empId, int memberId, double dues)
        : base(empId)
    {
      this.memberId = memberId;
      this.dues = dues;
    }

    protected override Affiliation Affiliation
    {
      get { return new UnionAffiliation(memberId, dues); }
    }

    protected override void RecordMembership(Employee e)
    {
      PayrollDatabase.AddUnionMember(memberId, e);
```

```
    }
  }
}
```

代码清单27.22　ChangeUnaffiliatedTransaction.cs

```
namespace Payroll
{
  public class ChangeUnaffiliatedTransaction
    : ChangeAffiliationTransaction
  {}

  public ChangeUnaffiliatedTransaction(int empId)
    : base(empId)
  {}

  protected override Affiliation Affiliation
  {
    get { return new NoAffiliation(); }
  }

  protected override void RecordMembership(Employee e)
  {
    Affiliation affiliation = e.Affiliation;
    if (affiliation is UnionAffiliation)
    {
      UnionAffiliation unionAffiliation =
        affiliation as UnionAffiliation;
      int memberId = unionAffiliation.MemberId;
      PayrollDatabase.RemoveUnionMember(memberId);
    }
  }
}
```

　　我对这个设计并不是很满意。ChangeUnaffiliatedTransaction 必须得知道 UnionAffiliation，这一点使我百思不得其解。我可以通过在Affiliation类中添加RecordMembership和EraseMembership抽象方法来解决这个问题。然而，我如果这么做，就会使UnionAffiliation 和 NoAffiliation对象必须知道PayrollDatabase 的信息。我对这样的设计也不是十分满意。[1]

1　我可以用 VISITOR 模式来解决这个问题，但这可能是一种重工程（overengineered）的方法。

尽管如此，它的实现仍然非常简单，只是稍微有些违反了一些OCP原则。这么做的好处是系统中很少有模块知道ChangeUnaffiliatedTransaction，因此它额外的依赖对系统的设计并没有造成太大的危害。

支付员工薪水

最后，是时候考虑此应用程序的核心事务了：操作系统向不同类型的员工支付相应的薪水。图27.28所示为PaydayTransaction 类的静态结构。图27.29 至图27.30描述了其动态行为。

这些动态模型表达了大量的多态行为。CalculatePay消息使用的算法取决于员工对象包含的PaymentClassification的类型。用于确定日期是否为发薪日的算法取决于Employee包含的PaymentSchedule的类型。用于将薪水发送给Employee的算法取决于PaymentMethod对象的类型。有了这种高度的抽象，算法对新添加的支付分类、时间表、从属关系或支付方法就是封闭的。

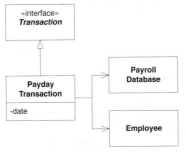

图27.28 PaydayTransaction的静态模型

图27.31和图27.32描述的算法介绍了登记（posting）的概念。在计算出正确的薪酬并发给Employee后，就会登记支付信息；也就是说，在薪水支付中所涉及的记录会被

更新。因此，我们可以将CalculatePay方法定义为计算从上次登记到指定日期的工资。

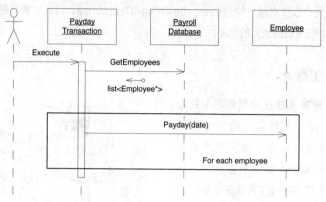

图27.29 PaydayTransaction的动态模型

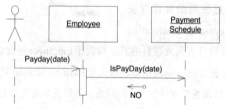

图27.30 动态模型情景："今天不是发薪日"

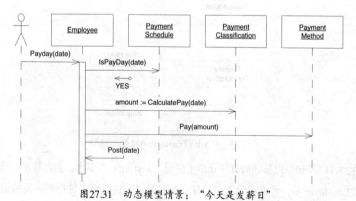

图27.31 动态模型情景："今天是发薪日"

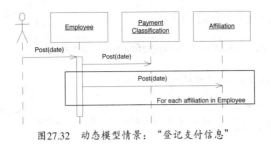

图27.32　动态模型情景:"登记支付信息"

我们是否希望开发人员来做商业决策?

登记的概念来自哪里呢? 用户故事或用例当然没有提到。碰巧的是, 我只是虚构这个概念来解决我所感知到的问题。我担心Payday方法可能会在同一日期或者同一个付款期间内的一个日期中多次被调用, 所以我想确保在一次薪水支付期间该员工的薪水只能被支付一次。我是在没有询问客户的情况下主动完成这些的。这似乎也是正确的做法。

实际上, 我做出了一个商业决策。我断定多次运行薪水支付系统会产生不同的结果。这时我应该问我的客户或项目经理这个问题怎么破, 因为他们可能有不同的想法。

经过与客户的核实, 我发现登记的想法违背了他的意图[1]。客户希望能够在运行薪水支付系统之后, 还能够再次查看支付支票。如果发现其中有任何一个错误, 客户就想要更正该工资单信息之后再次运行薪水支付程序。他们告诉我, 我不应该考虑当前支付期之外的考勤卡或销售凭证。

所以, 我们不得不放弃登记这一方案。这在当时似乎是个好主意, 但它并不是客户想要的。

按月薪结算的员工支付薪水

代码清单27.23中有两个测试用例, 分别用来测试按月新支付的员工是否得到了正确的薪水。第一个测试用例确保该员工在当月的最后一天拿到薪水。第二个测试用例确保如

---

[1] 对, 我就是客户。

果不是每月最后一天该员工不会拿到薪水。

代码清单27.23　PayrollTest.PaySingleSalariedEmployee

```
[Test]
public void PaySingleSalariedEmployee()
{
  int empId = 1;
  AddSalariedEmployee t = new AddSalariedEmployee(
    empId,"Bob","Home", 1000.00);
  t.Execute();
  DateTime payDate = new DateTime(2001, 11, 30);
  PaydayTransaction pt = new PaydayTransaction(payDate);
  pt.Execute();
  Paycheck pc = pt.GetPaycheck(empId);
  Assert.IsNotNull(pc);
  Assert.AreEqual(payDate, pc.PayDate);
  Assert.AreEqual(1000.00, pc.GrossPay, .001);
  Assert.AreEqual("Hold", pc.GetField("Disposition"));
  Assert.AreEqual(0.0, pc.Deductions, .001);
  Assert.AreEqual(1000.00, pc.NetPay, .001);
}

[Test]
public void PaySingleSalariedEmployeeOnWrongDate()
{
  int empId = 1;
  AddSalariedEmployee t = new AddSalariedEmployee(
  empId,"Bob","Home", 1000.00);
  t.Execute();
  DateTime payDate = new DateTime(2001, 11, 29);
  PaydayTransaction pt = new PaydayTransaction(payDate);
  pt.Execute();
  Paycheck pc = pt.GetPaycheck(empId);
  Assert.IsNull(pc);
}
```

代码清单27.37展示了PaydayTransaction的Execut函数。它在数据中遍历所有Employee对象。然后依次询问每一个员工，在该事务中的日期是否为其薪水支付日期。如果是，就为该Employee创建一张新的薪水支票，并告诉员工填写该支票中的信息。

代码清单27.24 PaydayTransaction.Execute()

```
public void Execute()
{
  ArrayList empIds = PayrollDatabase.GetAllEmployeeIds();

  foreach (int empId in empIds)
  {
    Employee employee = PayrollDatabase.GetEmployee(empId);
    if (employee.IsPayDate(payDate))
    {
      Paycheck pc = new Paycheck(payDate);
      paychecks[empId] = pc;
      employee.Payday(pc);
    }
  }
}
```

代码清单27.25展示了MonthlySchedule.cs。注意,只有当参数日期是当月的最后一天时,IsPayDate方法才会返回true。

代码清单27.25 MonthlySchedule.cs

```
using System;

namespace Payroll
{
  public class MonthlySchedule : PaymentSchedule
  {
    private bool IsLastDayOfMonth(DateTime date)
    {
      int m1 = date.Month;
      int m2 = date.AddDays(1).Month;
      return (m1 != m2);
    }

    public bool IsPayDate(DateTime payDate)
    {
      return IsLastDayOfMonth(payDate);
    }
  }
}
```

代码清单27.26展示了Employee.PayDay()的实现。该函数是计算和分配所有员工工资的通用算法。注意，这里广泛使用了策略模式。所有详细计算都推迟到其策略类（classification，affiliation和method）中实现。

代码清单27.26　Employee.Payay()

```
public void Payday(Paycheck paycheck)
{
  double grossPay = classification.CalculatePay(paycheck);
  double deductions =
    affiliation.CalculateDeductions(paycheck);
  double netPay = grossPay - deductions;
  paycheck.GrossPay = grossPay;
  paycheck.Deductions = deductions;
  paycheck.NetPay = netPay;
  method.Pay(paycheck);
}
```

支付小时工的薪水

小时工的薪水计算是逐步按照测试优先原则来进行设计的范例。我们可以从非常简单的测试用例开始，然后逐步完善到更加复杂的测试用例。我会先在下面展示测试用例，然后再展示由测试驱动而产生的产品代码。

代码清单27.27展示了一个简单的测试用例。我们向数据库中添加一名小时工，然后付给他工资。由于此时他们还没有考勤卡，所以我们希望他们这时的工资为零。工具函数ValidateHourlyPaycheck代表稍后我们会对这段代码进行重构。起初，这些代码只是藏匿于该测试函数中。在WeeklySchedule.IsPayDate()返回true后，这个测试通过了。

代码清单27.27　TestSingleHourlyEmployeeNoTimeCards()

```
[Test]
public void PayingSingleHourlyEmployeeNoTimeCards()
{
  int empId = 2;
  AddHourlyEmployee t = new AddHourlyEmployee(
    empId,"Bill","Home", 15.25);
  t.Execute();
```

```
  DateTime payDate = new DateTime(2001, 11, 9);
  PaydayTransaction pt = new PaydayTransaction(payDate);
  pt.Execute();
  ValidateHourlyPaycheck(pt, empId, payDate, 0.0);
}

private void ValidateHourlyPaycheck(PaydayTransaction pt,
  int empid, DateTime payDate, double pay)
{
  Paycheck pc = pt.GetPaycheck(empid);
  Assert.IsNotNull(pc);
  Assert.AreEqual(payDate, pc.PayDate);
  Assert.AreEqual(pay, pc.GrossPay, .001);
  Assert.AreEqual("Hold", pc.GetField("Disposition"));
  Assert.AreEqual(0.0, pc.Deductions, .001);
  Assert.AreEqual(pay, pc.NetPay, .001);
}
```

　　代码清单27.28 展示了两个测试用例。第一个测试是在添加一个考勤卡后是否可以向该员工进行支付。第二个测试是我们是否可以为一名工作超过 8 小时的小时工支付加班费。当然，我并没有同时写这两个测试用例。相反，我先写第一个测试用例，等它顺利通过测试后，我再写了第二个测试用例。

代码清单27.28　PayrollTest.PaySingleHourlyEmployee…()

```
[Test]
public void PaySingleHourlyEmployeeOneTimeCard()
{
  int empId = 2;
  AddHourlyEmployee t = new AddHourlyEmployee(
    empId,"Bill","Home", 15.25);
  t.Execute();
  DateTime payDate = new DateTime(2001, 11, 9); // Friday

  TimeCardTransaction tc =
    new TimeCardTransaction(payDate, 2.0, empId);
  tc.Execute();
  PaydayTransaction pt = new PaydayTransaction(payDate);
  pt.Execute();
  ValidateHourlyPaycheck(pt, empId, payDate, 30.5);
}
```

```
[Test]
public void PaySingleHourlyEmployeeOvertimeOneTimeCard()
{
  int empId = 2;
  AddHourlyEmployee t = new AddHourlyEmployee(
    empId,"Bill","Home", 15.25);
  t.Execute();
  DateTime payDate = new DateTime(2001, 11, 9); // Friday
  TimeCardTransaction tc =
    new TimeCardTransaction(payDate, 9.0, empId);
  tc.Execute();
  PaydayTransaction pt = new PaydayTransaction(payDate);
  pt.Execute();
  ValidateHourlyPaycheck(pt, empId, payDate,
    (8 + 1.5) * 15.25);
}
```

　　要想使第一个测试用例通过，需要使HourlyClassification.CalculatePay方法遍历员工提交的考勤卡，累计考勤卡上记录的工时，然后再乘以其每小时的工资。要想通过第二个测试，我们就需要重构该函数使其可以直接计算其工作时间和加班时间。

　　代码清单27.29的测试用例确保了除非PaydayTransaction用周五作为参数构造，否则不支付小时工的工资。

代码清单27.29　PayrollTest.PaySingleHourlyEmployeeOnWrongDate()

```
[Test]
public void PaySingleHourlyEmployeeOnWrongDate()
{
  int empId = 2;
  AddHourlyEmployee t = new AddHourlyEmployee(
    empId,"Bill","Home", 15.25);
  t.Execute();
  DateTime payDate = new DateTime(2001, 11, 8); // Thursday

  TimeCardTransaction tc =
    new TimeCardTransaction(payDate, 9.0, empId);
  tc.Execute();
  PaydayTransaction pt = new PaydayTransaction(payDate);
  pt.Execute();
```

```
Paycheck pc = pt.GetPaycheck(empId);
Assert.IsNull(pc);
}
```

代码清单27.30的测试用例确保了我们可以同时计算有多张考勤卡的员工的工资。

代码清单27.30 PayrollTest.Test...WithTimeCardsSpanningTwoPayPeriods()

```
[Test]
public void PaySingleHourlyEmployeeTwoTimeCards()
{
  int empId = 2;
  AddHourlyEmployee t = new AddHourlyEmployee(
    empId,"Bill","Home", 15.25);
  t.Execute();
  DateTime payDate = new DateTime(2001, 11, 9); // Friday

  TimeCardTransaction tc =
    new TimeCardTransaction(payDate, 2.0, empId);
  tc.Execute();
  TimeCardTransaction tc2 =
    new TimeCardTransaction(payDate.AddDays(-1), 5.0, empId);
  tc2.Execute();
  PaydayTransaction pt = new PaydayTransaction(payDate);
  pt.Execute();
  ValidateHourlyPaycheck(pt, empId, payDate, 7 * 15.25);
}
```

最后，代码清单27.31的测试用例证明我们只在当前的支付期内向小时工支付其考勤卡的累计工资。其他支付期之间的考勤卡将会被忽略。

代码清单27.31 PayrollTest.Test...WithTimeCardsSpanningTwoPayPeriods()

```
[Test]
public void
TestPaySingleHourlyEmployeeWithTimeCardsSpanningTwoPayPeriods()
{
  int empId = 2;
  AddHourlyEmployee t = new AddHourlyEmployee(
    empId,"Bill","Home", 15.25);
  t.Execute();
  DateTime payDate = new DateTime(2001, 11, 9); // Friday
```

```
DateTime dateInPreviousPayPeriod =
  new DateTime(2001, 11, 2);

TimeCardTransaction tc =
  new TimeCardTransaction(payDate, 2.0, empId);
tc.Execute();
TimeCardTransaction tc2 = new TimeCardTransaction(
  dateInPreviousPayPeriod, 5.0, empId);
tc2.Execute();
PaydayTransaction pt = new PaydayTransaction(payDate);
pt.Execute();
ValidateHourlyPaycheck(pt, empId, payDate, 2 * 15.25);
}
```

　　通过一次一个测试用例的实现，可以逐步完成我们所有的工作。从一个测试用例到另一个测试用例，我们可以看到代码结构的演变过程。代码清单27.32是HourlyClassification.cs相应的部分代码。我们需要简单遍历每个考勤卡，检查它是否在付款期内。如果是，就需要计算这张考勤卡所代表的工资。

代码清单27.32　HourlyClassification.cs（部分代码）

```
public double CalculatePay(Paycheck paycheck)
{
  double totalPay = 0.0;
  foreach (TimeCard timeCard in timeCards.Values)
  {
    if (IsInPayPeriod(timeCard, paycheck.PayDate))
      totalPay += CalculatePayForTimeCard(timeCard);
  }
  return totalPay;
}

private bool IsInPayPeriod(TimeCard card,
                           DateTime payPeriod)
{
  DateTime payPeriodEndDate = payPeriod;
  DateTime payPeriodStartDate = payPeriod.AddDays(-5);

  return card.Date <= payPeriodEndDate &&
    card.Date >= payPeriodStartDate;
}
```

```
private double CalculatePayForTimeCard(TimeCard card)
{
  double overtimeHours = Math.Max(0.0, card.Hours - 8);
  double normalHours = card.Hours - overtimeHours;
  return hourlyRate * normalHours +
    hourlyRate * 1.5 * overtimeHours;
}
```

代码清单27.33说明WeeklySchedule的支付时间是周五。

代码清单27.33 WeeklySchedule.IsPayDate()

```
public bool IsPayDate(DateTime payDate)
{
  return payDate.DayOfWeek == DayOfWeek.Friday;
}
```

我将按月计算薪水的员工留作练习，应该不会太难。

支付期：一个设计问题

现在，是时候考虑收取工会会费和服务费了。我正在考虑如何写测试用例，该测试用例要添加一名按月计薪的员工，将其添加为工会会员，然后向该员工付款，同时要确保从他的工资中扣除工会会费。代码清单27.34是这段测试用例的代码。

代码清单27.34 PayrollTest.SalariedUnionMemberDues()

```
[Test]
public void SalariedUnionMemberDues()
{
  int empId = 1;
  AddSalariedEmployee t = new AddSalariedEmployee(
    empId,"Bob","Home", 1000.00);
  t.Execute();
  int memberId = 7734;
  ChangeMemberTransaction cmt =
    new ChangeMemberTransaction(empId, memberId, 9.42);
  cmt.Execute();
  DateTime payDate = new DateTime(2001, 11, 30);
  PaydayTransaction pt = new PaydayTransaction(payDate);
  pt.Execute();
  Paycheck pc = pt.GetPaycheck(empId);
  Assert.IsNotNull(pc);
```

```
Assert.AreEqual(payDate, pc.PayDate);
Assert.AreEqual(1000.0, pc.GrossPay, .001);
Assert.AreEqual("Hold", pc.GetField("Disposition"));
Assert.AreEqual(???, pc.Deductions, .001);
Assert.AreEqual(1000.0 -???, pc.NetPay, .001);
}
```

注意测试用例代码最后一行的???。这里应该写什么呢？用户故事告诉我们，工会会费是每周收取一次，但按月计薪员工的工资是每月支付一次。那么每个月有几个星期呢？是简单把一个月当成4个星期吗？那都不是很准确。在这时，我会再次询问客户希望如何做。[1]

客户告诉我工会会费每周五累加一次。因此，我需要做的是计算一个支付周期内的星期五的数量并乘以每周的会费。2001年11月有五个星期五，这是测试用例中要写的月份。如此一来，我可以适当地修改测试用例。

在一个支付周期内计算星期五的数量，这意味着我需要知道支付周期的起始日期和结束日期。我之前在代码清单27.32中的函数IsInPayPeriod中完成了该计算（你可能也为CornmissionedClassification写过一个类似的计算）。该功能由HourlyClassification对象的CalculatePay函数调用，用以确保仅计算来自同一个支付周期内的考勤卡。现在看似乎UnionAffiliation对象也必须调用此函数了。

可是等一下！这个函数在Hourlyclassification类中做了什么呢？我们已经确定付款时间表和付款分类之间的关联是具有偶然性的。确定支付周期的功能应该在PaymentSchedule类中，而不是在PaymentClassification类中！

有趣的是，我们画的UML图并没有帮助我们解决这个问题。当我们开始认真考虑UnionAffiliation的测试用例时，这个问题才浮出了水面。这也再次表明代码对系统设计的反馈相当有必要。图表对系统设计来说可能也很有用，但如果没有代码对其进行反馈，过度依赖于它们是有风险的。

那么，我们如何从PaymentSchedule的层次结构中获取到支付周期并在PaymentClassification和Affiliation的层次结构中使用它呢？这些层次结构对彼此一无

1　所以Bob再次自言自语。到www.google.com/groups查一下"Schizophrenic Robert Martin。"

所知。我们可以将支付周期的日期加入到Paycheck对象中。现在，Paycheck只有支付周期的结束日期，同样在Paycheck对象中，我们也应该能够获取到支付周期的开始日期。

代码清单27.35展示了对PaydayTransaction.Excute()的修改。这里要注意，在创建一个薪水支票时，会同时传递支付周期的开始和结束日期。还要注意，计算这两个日期的都是PaymentSchedule对象。对Paycheck的更改应当是显而易见的。

代码清单27.35 PaydayTransaction. Execute()

```
public void Execute()
{
  ArrayList empIds = PayrollDatabase.GetAllEmployeeIds();

  foreach (int empId in empIds)
  {
    Employee employee = PayrollDatabase.GetEmployee(empId);
    if (employee.IsPayDate(payDate))
    {
      DateTime startDate =
       employee.GetPayPeriodStartDate(payDate);
      Paycheck pc = new Paycheck(startDate, payDate);
      paychecks[empId] = pc;
      employee.Payday(pc);
    }
  }
}
```

HourlyClassification和CornmissionedClassification中用于确定TimeCards和SalesReceipts当前支付周期内的两个函数是否已经合并到基类PaymentClassification中（代码清单27.36）。

代码清单27.36 PaymentClassification.IsInPayPeriod (...)

```
public bool IsInPayPeriod(DateTime theDate, Paycheck paycheck)
{
  DateTime payPeriodEndDate = paycheck.PayPeriodEndDate;
  DateTime payPeriodStartDate = paycheck.PayPeriodStartDate;
  return (theDate >= payPeriodStartDate)
    && (theDate <= payPeriodEndDate);
}
```

接下来准备在UnionAffilliation::CalculateDeductions中计算员工的工会会费。代码清单27.37是计算工会会费的实现代码。可以从Paycheck对象中得到一个支付周期的两个日期并将它传递给工具函数，该工具函数用于计算一个支付周期之间的星期五的个数。然后将该星期五的个数乘以每周会费来计算一个支付周期间的会费。

代码清单27.37　UnionAffilliation.CalculateDeductions（…）

```
public double CalculateDeductions(Paycheck paycheck)
{
  double totalDues = 0;

  int fridays = NumberOfFridaysInPayPeriod(
    paycheck.PayPeriodStartDate,paycheck.PayPeriodEndDate);
  totalDues = dues * fridays;
  return totalDues;
}

private int NumberOfFridaysInPayPeriod(
  DateTime payPeriodStart, DateTime payPeriodEnd)
{
  int fridays = 0;
  for (DateTime day = payPeriodStart;
    day <= payPeriodEnd; day.AddDays(1))
  {
    if (day.DayOfWeek == DayOfWeek.Friday)
      fridays++;
  }
  return fridays;
}
```

最后两个测试用例与工会服务费有关。代码清单27.38所示为第一个测试用例，用来确保我们可以正确地扣除工会服务费。

代码清单27.38　PayrollTest.HourlyUnionMemberServiceCharge()

```
[Test]
public void HourlyUnionMemberServiceCharge()
{
  int empId = 1;
  AddHourlyEmployee t = new AddHourlyEmployee(
    empId,"Bill","Home", 15.24);
```

```
t.Execute();
int memberId = 7734;
ChangeMemberTransaction cmt =
  new ChangeMemberTransaction(empId, memberId, 9.42);
cmt.Execute();
DateTime payDate = new DateTime(2001, 11, 9);
ServiceChargeTransaction sct =
  new ServiceChargeTransaction(memberId, payDate, 19.42);
sct.Execute();
TimeCardTransaction tct =
  new TimeCardTransaction(payDate, 8.0, empId);
tct.Execute();
PaydayTransaction pt = new PaydayTransaction(payDate);
pt.Execute();
Paycheck pc = pt.GetPaycheck(empId);
Assert.IsNotNull(pc);
Assert.AreEqual(payDate, pc.PayPeriodEndDate);
Assert.AreEqual(8 * 15.24, pc.GrossPay, .001);
Assert.AreEqual("Hold", pc.GetField("Disposition"));
Assert.AreEqual(9.42 + 19.42, pc.Deductions, .001);
Assert.AreEqual((8 * 15.24) - (9.42 + 19.42), pc.NetPay, .001);
}
```

第二个测试用例向我提出了一个问题。你可以在代码清单27.39中看到这一点。该测试用例用于确保它不会扣除非当前支付周期的服务费。

代码清单27.39 PayrollTest.ServiceChargesSpanningMultiplePayPeriods()

```
[Test]
public void ServiceChargesSpanningMultiplePayPeriods()
{
  int empId = 1;
  AddHourlyEmployee t = new AddHourlyEmployee(
    empId,"Bill","Home", 15.24);
  t.Execute();
  int memberId = 7734;
  ChangeMemberTransaction cmt =
    new ChangeMemberTransaction(empId, memberId, 9.42);
  cmt.Execute();
  DateTime payDate = new DateTime(2001, 11, 9);
  DateTime earlyDate =
    new DateTime(2001, 11, 2); // previous Friday
```

```
    DateTime lateDate =
      new DateTime(2001, 11, 16); // next Friday
    ServiceChargeTransaction sct =
      new ServiceChargeTransaction(memberId, payDate, 19.42);
    sct.Execute();
    ServiceChargeTransaction sctEarly =
      new ServiceChargeTransaction(memberId, earlyDate, 100.00);
    sctEarly.Execute();
    ServiceChargeTransaction sctLate =
      new ServiceChargeTransaction(memberId, lateDate, 200.00);
    sctLate.Execute();
    TimeCardTransaction tct =
      new TimeCardTransaction(payDate, 8.0, empId);
    tct.Execute();
    PaydayTransaction pt = new PaydayTransaction(payDate);
    pt.Execute();
    Paycheck pc = pt.GetPaycheck(empId);
    Assert.IsNotNull(pc);
    Assert.AreEqual(payDate, pc.PayPeriodEndDate);
    Assert.AreEqual(8 * 15.24, pc.GrossPay, .001);
    Assert.AreEqual("Hold", pc.GetField("Disposition"));
    Assert.AreEqual(9.42 + 19.42, pc.Deductions, .001);
    Assert.AreEqual((8 * 15.24) - (9.42 + 19.42),
      pc.NetPay, .001);
}
```

为了实现这一点，我希望UnionAffiliation.CalculateDeductions 直接调用IsInPay-Period方法。但不幸的是，我们只是把IsInPayPeriod放在PaymentClassification类中（代码清单27.36所示）。但是，将它放在那里是方便的，因为PaymentClassification的派生对象需要调用它。但现在其他的类也需要调用它，所以我将该函数移动到Date类中。毕竟，该函数的功能仅限于确定给定日期是否在其他两个日期之间（代码清单27.40）。

代码清单27.40　DateUtil.cs

```
using System;

namespace Payroll
{
  public class DateUtil
  {
```

```
    public static bool IsInPayPeriod(
      DateTime theDate, DateTime startDate, DateTime endDate)
    {
      return (theDate >= startDate) && (theDate <= endDate);
    }
  }
}
```

现在，我们终于可以完成UnionAffiliation::CalculateDeductions函数了。我把它留作练习。

代码清单27.41展示了Employee类的实现。

代码清单27.41　Employee.cs

```
using System;

namespace Payroll
{
  public class Employee
  {
    private readonly int empid;
    private string name;
    private readonly string address;
    private PaymentClassification classification;
    private PaymentSchedule schedule;
    private PaymentMethod method;
    private Affiliation affiliation = new NoAffiliation();

    public Employee(int empid, string name, string address)
    {
      this.empid = empid;
      this.name = name;
      this.address = address;
    }

    public string Name
    {
      get { return name; }
      set { name = value; }
    }

    public string Address
```

```
{
  get { return address; }
}

public PaymentClassification Classification
{
  get { return classification; }
  set { classification = value; }
}

public PaymentSchedule Schedule
{
  get { return schedule; }
  set { schedule = value; }
}

public PaymentMethod Method
{
  get { return method; }
  set { method = value; }
}

public Affiliation Affiliation
{
  get { return affiliation; }
  set { affiliation = value; }
}

public bool IsPayDate(DateTime date)
{
  return schedule.IsPayDate(date);
}

public void Payday(Paycheck paycheck)
{
  double grossPay = classification.CalculatePay(paycheck);
  double deductions =
    affiliation.CalculateDeductions(paycheck);
  double netPay = grossPay - deductions;
  paycheck.GrossPay = grossPay;
  paycheck.Deductions = deductions;
  paycheck.NetPay = netPay;
```

```
      method.Pay(paycheck);
    }

    public DateTime GetPayPeriodStartDate(DateTime date)
    {
      return schedule.GetPayPeriodStartDate(date);
    }
  }
}
```

主程序

现在，薪水支付系统的主程序可以表示为一个循环，用于解析来自输入源的事务，然后执行它们。图27.33和图27.34所示为主程序的静态模型和动态模型。其中的理念很简单：PayrollApplication位于一个循环中，交替从TransactionSource请求事务，然后告诉那些Transaction对象分别进行执行。请注意，这与图27.1中的图表不同，它表示我们的思维需要转变，需要进一步抽象。

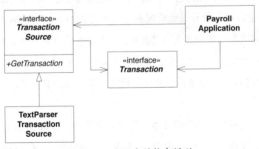

图27.33 主程序的静态模型

TransactionSource是一个接口，我们可以通过多种方式实现它。静态图显示名为TextParserTransactionSource的派生类，它读取输入的文本流并按用例中的描述解析事务。然后，此对象将创建相应的Transaction对象，并将它们一起发送到PayrollApplication。

TransactionSource中接口与实现的分离允许事务的来源是抽象的；例如，我们可以轻松地将PayrollApplication连接到GUITransactionSource或RemoteTransactionSource中。

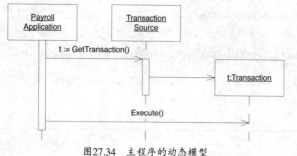

图27.34　主程序的动态模型

数据库

当前已经完成该轮迭代的分析、设计和大部分实现的工作，可以开始考虑数据库了。PayrollDatabase类中比较明显地封装了系统中涉及持久性的相关内容。PayrollDatabase中包含的对象的生存期必须比应用程序的任何一次运行的时间更长。我们该如何实现这一点呢？显然，测试用例使用的暂态机制对实际系统来说是不够的。我们有几种选择。

我们可以用面向对象的数据库管理系统（OODBMS）实现PayrollDatabase。这将允许实际对象存储在数据库的永久存储器中。作为系统设计师，我们只需要再做一点额外的工作，因为OODBMS不会给我们的设计带来太多的工作。OODBMS的一个最大的优点就是OODBMS产品对应用程序的对象模型几乎没有影响。对设计而言，数据库就不该存在。[1]

另一种方法是使用简单的平面文本文件来记录数据。在初始化时，PayrollDatabase对象可以读取该文本文件并在内存中构建必要的对象。在该程序运行结束时，PayrollDatebase对象可以生成新版本的文本文件并进行存储。当然，对于拥有数十万员工的公司或者想要实时并发的访问其工资单数据库的公司来说，这个选择显然无法满足需求。相反，对于规模较小的公司来说，这个选择可能就足够了，它也可以在不必引入

1　这是一种乐观的考虑。在像薪水支付一样简单的应用中，使用OODBMS对程序设计的影响非常小。当应用变得越来越复杂时，OODBMS对应用的影响就会增加。尽管如此，它还是远远小于RDBMS对应用程序的影响。

大型数据库系统的情况下，测试系统中其余的类。

另一种选择是将PayrollDatabase对象合并到关系数据库管理系统（RDBMS）中。然后，PayrollDatabase对象的实现将对RDBMS进行适当的查询，用以临时在内存中创建必要的对象。

这其中的关键是，就应用程序而言，数据库只是用来管理数据存储的一种机制。通常不应该将它们视为系统设计和实现的主要因素。如我们在该系统的设计中所示，数据库部分通常可以留作最后一部分，将其作为实现细节进行处理[1]。通过这样做，我们为实现系统所需的持久性以及应用程序的测试机制留下了许多有趣的选择。我们也不需要和任何特定的数据库技术或产品绑定在一起。我们可以根据设计自由选择我们需要的数据库，并且也可以根据需要在将来自由更改或替换该数据库产品。

小结

在第26章和第27章中，我们用大约32幅图来作为薪水支付应用的设计和实现文档。由于该系统的设计采用大量的抽象和多态，所以大部分设计都能做到针对工资政策的变化而封闭。例如，可以更改应用程序以处理根据正常工资和奖金计划每季度支付的员工。这种变化需要额外增加一部分设计，现有的设计和代码也几乎不用发生变化。

在此过程中，我们很少考虑是否进行分析、设计或实施。相反，我们专注于清晰和封闭的设计。我们试图尽量多找潜在的抽象。结果就是我们为薪水支付系统提供一个良好的初始设计，并且我们有一个与核心问题域密切相关的核心类。

关于本章

我在1995 年出版过一本名为*Designing Object-Oriented C++ Applications Using the Booch Method*的书[2]，这章中出现的部分图表就来自书中相应章节的Booch 图。这些图表

---

1 有时数据库种类就是应用的需求之一。也许会把RDBMS提供的强大的查询和报表系统列为应用的需求。不过，即使这种需求是明显的，设计师仍然要解除应用设计和数据库设计之间的耦合。应用设计不应依赖于任何特定类型的数据库。

2 [Martin1995]

创建于 1994 年。在我创建它们时，我还写了一些实现它们的代码，以确保这些图表有意义。但是，我在那本书中写的代码，远远没有这本书中的代码数量多。因此，在那本书中的图表都缺乏代码和测试的有效反馈，而缺乏这种有效反馈所带来的缺陷也是显而易见的。

本章也出现在我2002年写的书中[1]。当时我用的是C++，采用和此处相同的次序进行编写。在每一种情况下，我们的测试用例都会在产品代码之前进行编写。在许多情况下，这些测试用例也都是逐步创建的，随着产品代码的完善而不断完善。只要图表是合理的，我们就需要写生产代码以符合我们所设计的图表。但在某些情况下图表也会有不合理的地方，所以我需要改变代码的设计。

第一个不合理的地方出现在当我决定不在Employee对象中添加多个Affiliation实例时。另一个不合理的地方出现在我没有考虑到在ChangeMemberTransaction中记录员工在工会中的成员身份时。

但这是很正常的。如果在没有反馈的情况下进行设计，则必然会出错。而测试用例和代码的运行就可以帮助我们及时发现这些错误。本章是由本书的合作者Micah Martin从C++版转换成C#版的。在转换的过程中，特别要留意C#的习惯用法和风格，使代码看上去不太像C++。在图示方面，除了把组合关系更改为关联关系外，其他部分未做变动。

参考文献

[Jacobson1992] Jacobson, Ivar. *Object-Oriented Software Engineering, A Use-Case-Driven Approach*. *Wokingham*, UK: Addison-Wesley, 1992.

[Mortin1995] [Martin1995]Designing *Object-Oriented C++ Aplications Using the Booch Method*, Prentice Hall, 1995.

[Martin2002] *Agile Software Development: Principles, Patterns, and Practices*, PrenticeHall, 2002.

---

1 [Martin2002]

第Ⅳ部分 案例学习：打包Payroll系统

THIS SIDE UP

© Jennifer M. Kohnke

本部分将探讨设计原则，帮助我们将大型软件系统分成包。第28章讨论这些原则。第29章描述一种用于改进包结构的模式。第30章演示如何将这些原则和模式应用于薪水支付系统。

第28章

包和组件的设计原则

"包装精美。"

——无名氏

随着软件系统的规模和复杂性日益增长，我们需要对系统进行一些更高层的设计。对小型系统来说，类是一种非常方便的组织单元，但由于粒度太细，通常不能作为大型系统的组织单元。因此，需要用比类"更大"的组织单元来帮助设计大型系统，它们就是"包"（package），或称为"组件"（component）。

包和组件

"包"这一术语在软件中有多重含义。我们将重点放在一种特定类型的包上，通常称为

"组件"。组件是一种可独立部署的二进制单元。.NET中的组件通常称为"程序集",以DLL（动态链接库）的形式提供。

作为大型软件系统极为重要的元素,组件使得我们可以将这种系统分解成较小的二进制交付单元。只要很好地管理组件之间的依赖,就可通过只重新部署那些发生变化的组件来修复bug和添加新功能。更重要的是,大型系统的设计严重依赖于好的组件设计,使独立的团队能着眼于独立的组件,而不必时刻关心整个系统。

在 UML 中,包可用作对类进行分组的容器。这些包可代表子系统、库或组件。通过将不同的类分组到不同的包中,我们可从更高的抽象层次来研究软件设计。如果那些包是组件,还可用它们来管理软件的开发和发布。本章学习目标是能够根据一些条件对应用程序中的类进行划分,再将划分好的类分配给可独立部署的组件。

但是,一个类通常会对其他类产生依赖,而且这种依赖经常会跨越组件边界。所以,组件相互也有依赖关系。组件之间的关系代表应用程序的高级组织形式,需要进行管理。

这就引出了一系列问题。

- 向组件分配类时应遵循什么原则?
- 应该使用什么设计原则来管理组件之间的关系?
- 是先设计组件再设计类（自顶向下）,还是先设计类再设计组件（自底向上）?
- 组件在物理上如何表示? 在C#中呢? 在开发环境中呢?
- 创建好的组件应将其用于何种目的?

本章概括了管理组件内容和组件关系的6个设计原则。前3个是包的内聚性原则,用于指导如何将类分配给包。后3个原则用于管理包之间的耦合,帮助我们确定包与包之间的关系。最后两个原则还描述了一套依赖管理度量,允许开发人员衡量和刻画其设计的依赖结构。

组件的内聚性原则: 粒度

组件的内聚性原则可以帮助开发者决定如何将类划分给不同的组件。这些原则基于以下事实：已存在一些类，且已确定其相互关系。所以，这些原则采用"自底向上"的划分方式，即先设计类，再设计组件。

重用-发布等价原则（REP）

重用-发布等价原则（Reuse/Release Equivalence Principle，REP）

重用的粒度就是发布的粒度。

你对想要重用的类库的作者有何期望？肯定想要良好的文档、可工作的代码、清晰定义的接口……等等。

首先，若想安全重用这个人的代码，你一定希望作者保证对代码的后期维护。毕竟，如果要自己维护，就得投入不少的时间。与其这样，还不如自己设计一个更小和更好的组件。

其次，你希望作者在修改代码的接口和功能时通知你。但仅仅通知还不够。作者还必须提供选项可以让你拒用任何新版本。毕竟，发布新版本时你可能正在赶进度，或者新版本和你的系统不兼容。

无论哪种情况，如决定拒用新版本，作者必须保证在一段时间内支持你沿用老版本，短至三个月，长达一年，具体由你们两个协商。无论如何，作者一定不能简单地切断和你的联系并拒绝为你提供支持。如果真的不同意支持你沿用旧版本，你可能要慎重考虑是否还要使用那些代码并忍受作者日后反复无常的修改。

这主要是个行政问题。既然提供了让人重用的代码，就必须履行行政和技术支持方面的职责。但这些行政问题对软件的包结构同样具有重大的影响。为满足重用需求，作者必须将其软件组织成可重用的组件，并用版本号来跟踪那些组件。

REP 原则指出，重用的粒度（即一个组件）不能小于发布的粒度。我们重用的任何东西都必须是已发布并被跟踪的。开发人员随便写一个类就声称它可以重用，这是不现实的。只有在为其建立一个跟踪系统来为潜在的使用者提供变更通知、安全性以及技术支持，才具有可重用的可能。

用组件来划分设计时，REP 原则提供了第一个指导。由于可重用性必须基于组件，可重用的组件自然必须包含可重用的类。因此，至少部分组件应该由可重用的类集构成。

行政力量会影响软件设计，这也许令人感到不安，但软件本来就不是一个可以依靠纯数学规则组织起来的纯数学实体。软件是经过人的努力而生产的产品，由人创建和使用。所以，软件若想重用，就必须以一种以人为本的方式进行划分。

那么，关于一个包的内部结构，这个原则又告诉我们什么呢？必须从潜在重用者的角度考虑其内在。如组件包含应被重用的软件，就不能同时包含并非为了重用而设计的软件。也就是说，组件中要么所有类都是可重用的，要么所有类都不能重用。

另外，可重用性并非唯一标准，还需要考虑谁会重用。容器类库自然可以重用，金融框架亦然。但是，我们不想把它们放到同一个组件中，因为许多重用容器类库的人对金融框架完全不感兴趣。所以，我们希望一个组件中的所有类对于同一类用户来说都是可重用的。用户不希望组件中的类一些是需要的，另一些则完全不适合。

共同重用原则（CRP）

共同重用原则（Common Reuse Principle，CRP）
一个组件中的所有类共同重用。重用组件中的一个类，所有类都重用。

该原则帮助我们决定应将哪些类放到同一个组件中。CRP规定，要一起重用的类应放到同一个组件中。

类很少孤立重用。可重用的类通常要与同属可重用抽象一部分的其他类协作。CRP规定这些类应放到同一个组件中。在这种组件中，类和类之间存在大量依赖关系。一个简单的例子是容器类及其关联的迭代器。这些类紧密耦合，所以共同重用，应放到同一个组件中。

但是，CRP告诉我们的不仅仅是什么类应放到同一个组件中。它还告诉我们什么类不应放到同一个组件中。如组件A使用了组件B，它们之间就建立了依赖关系。即使A只是使用了B中的一个类，两个组件之间的依赖关系也不会削弱。A仍然依赖于B。每次发布B，都必须重新验证并重新发布A。即使发布B只是因为更改了A根本用不着的一个类，这一点也是成立的。

此外，组件经常以DLL的形式提供。如果被使用的组件以DLL的形式发布，那么使用该组件的代码就依赖整个DLL。对该DLL的任何修改（即使修改的是与使用代码无关的类）都会造成DLL的一个新版本的发布。该新DLL仍然要重新部署，而使用它的代码也必须重新验证。

所以，我想确保当我依赖一个组件时，我将依赖那个组件中的每一个类。换言之，我想确保我放到一个组件中的类是不可分的，不可能只依赖其中一些，不依赖另一些。否则，我会浪费大量时间和精力进行不必要的重新验证和重新部署。

总之，CRP原则更侧重于说明哪些类不应该放到一起，而不是哪些类应该放到一起。根据CRP原则，没有通过类关系而紧密联系的类不应放入同一个组件中。

共同封闭原则（CCP）

共同封闭原则（Common Closure Principle，CCP）

一个包中的类应共同封闭以应对同一种更改。影响一个组件的更改会影响该组件中的所有类，而不会影响到其他组件。

这其实就是组件的"单一职责原则"（SRP）。SRP说类要发生更改的原因不应超过一个。类似地，CCP也建议不应该有多个需要更改组件的原因。

在大多数应用程序中，可维护性比可重用性更重要。如果必须更改一个应用程序的代码，你一定希望这些更改都发生在同一个组件中，而不是分散于多个组件。如果所有更改都集中在一个组件中，我们只需部署这个有改动的组件，其他不依赖于它的组件无需重新验证和重新部署。

CCP原则鼓励我们将可能基于同一个原因而改动的类收集到一处。两个类如果在物理或概念上紧密联系而总是一起改动，它们就同属于同一个组件。这样才能最大限度地减少发布、重新验证和重新分发的工作量。

CCP原则和"开放/闭合原则"（OCP）紧密联系。CCP原则中的"封闭"和OCP原则中的"封闭"具有同样的含义。OCP原则指出一个类应该对修改封闭，但对扩展开放。但如我们所知，100%封闭是不可能的，只能是有策略地封闭。系统对我们经历过的大多数常见种类的更改应该是封闭的。

CCP将针对特定类型的更改而开放的类划分到相同的组件中，从而对OCP原则进行放大。所以，一旦需要更改，极有可能只需要改动最小数量的组件。

组件内聚性小结

过去，我们对内聚性的看法要简单得多。过去认为，内聚性就是模块"只执行单一功能"的属性。但是，上述组件内聚性的三个原则描述了一种更为复杂的内聚性。在选择要将哪些类划分到一个组件中时，必须考虑到可重用性和可开发性的反作用力。

要在这些反作用力和应用程序的需求之间取得平衡，并不简单。此外，平衡并不是一劳永逸的事。也就是说，今天看起来适合的组件划分方式明年并不一定适合。所以，随着项目的重心从可开发性向可重用性转变，组件的构成也会随之而变。

组件耦合原则：稳定性

接下来的三个原则涉及组件之间的关系。这里要再次对可开发性和逻辑设计做出平衡，包括技术和行政方面的因素都会影响组件结构，而且这种影响是易变的。

无环依赖原则（ADP）

无环依赖原则（Acyclic Dependencies Principle，ADP）
组件依赖关系图中不允许存在环。

你是否有过这样的经历？结束了一整天的工作，让一些东西跑起来了，回到家中，第二天却发现前一天的东西不能正常工作了。为什么？因为前一天有人比你更晚下班，他修改了你依赖的代码！我把这种称为"事后综合征"（morning-after syndrome）。

"事后综合征"通常在多个开发人员修改同一批源代码文件时发生。在相对较小的、只有几个开发人员的项目中，这不是一个大问题。但随着项目规模和开发团队规模的增

长，"事后综合征"可能成为噩梦。一个常见的
情况是几周都无法构建出项目的稳定的版本。
相反，每个人都在不停地修改代码，试图使之
适配别人的最后一次修改。

过去几十年，围绕该问题产生了两种解决
方案：每周构建和ADP。两个方案都来自于电
信行业。

每周构建

每周构建（weekly build）常用于中等规模
的项目。其工作方式是：每周前4天，开发人
员各顾各的，专注于各自的私有代码拷贝，不考虑彼此间的集成。周五，他们集成对代
码的所有更改，并构建系统。这种方式的优势在于，每个开发人员5天中有4天都在独
立开发。缺点在于，周五这一天需要花大量的工作来做代码的集成。

不幸的是，随着项目规模的增长，仅在周五进行统一集成变得越来越不现实。项目
集成的工作量越来越大，大到必须拖到周六才能完成。多拖几次，开发人员就会觉得还
是周四开始集成吧。慢慢地，项目集成开始向每周中期蔓延。

开发和集成工作比下降了，团队效率也会下降。到最后，项目经理或开发人员不得
不宣布改为每两周构建一次。虽然能解一时之急，但随着项目规模的增长，集成时间也
会不断延长。

这最终会带来危机。为了维持效率，必须不断延长项目集成的时间间隔，造成项目
的风险越来越大。集成和测试变得越来越困难，团队将无法及时获得反馈。

消除依赖环

该方案是将开发环境划分为可发布的组件。每个组件就是一个工作单元，由开发人
员或开发团队负责。开发人员完成一个组件就发布它，以供其他开发人员使用。他们会
为其分配一个release number，并移至某个目录以供其他团队使用。然后，他们会继续
在自己的开发环境中修改。其他人都使用已发布的版本。

新版本组件发布时，其他团队可决定是否立即采用。如果决定暂时不采用，就还是

沿用旧版本。他们在准备好后，就可以开始使用新版本。

这样，没有任何一个团队受到其他团队的影响。对一个组件的更改不会立即对其他团队产生影响。每个团队都可自行决定何时采用新版本。此外，集成工作也以小的增量形式进行。不再需要固定在某个时间将所有开发者集中起来搞集成。

这个过程简单合理，已被广泛采用。但是，这个办法想要奏效，必须管理组件的依赖关系结构，确保组件之间没有环形依赖。在依赖关系结构中有环，就无法避免"事后综合征"。

以图28.1的组件图为例。这是应用程序的一种典型组件结构。应用程序的具体作用并不重要，重要的是组件的依赖关系结构。注意，该结构是一个有向图。组件是节点，依赖关系是有向边。

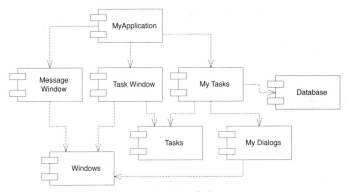

图28.1　组件结构是有向无环图

现在，请注意另一件事情。无论从哪个组件开始，都无法沿着依赖关系而绕回到这个组件。该结构没有环，是一个有向无环图（Directed Acyclic Graph，DAG）。

再注意负责MyDialogs的团队发布该组件的新版本时发生的事情。很容易找出受影响的组件，反方向跟着依赖箭头走就行。所以，MyTasks和MyApplication都会受到影响。目前正在处理那两个组件的开发人员必须决定何时与MyDialogs的新版本集成。

MyDialogs发布时，不会对系统中太多其他组件产生影响。那些组件不知道MyDialogs，不关心它发生的变化。这很好，意味着发布MyDialogs的影响较小。

如若正在处理MyDialogs组件的开发人员需要对组件进行测试，只需要把他们的MyDialogs版本和当前正在使用的Windows组件的版本一起构建即可，不会波及系统中其他任何组件。这很好，意味着正在处理MyDialogs的开发人员只需较少的工作即可建立一个测试，要考虑的变数也不多。

发布整个系统时，是自底向上进行的。首先，编译、测试和发布Windows组件。其次是MessageWindow和MyDialogs。随后是Tasks。再后来是TaskWindow和Database。接下来是MyTasks，最后是MyApplication。这一过程非常清楚且易于处理。我们知道如何构建系统，因为我们理解系统各部分之间的依赖关系。

环在组件依赖关系图中的影响

假定新的需求要求更改MyDialogs中的一个类以使用 MyApplication 中的一个类，这就产生了一个依赖环，如图28.2 所示。

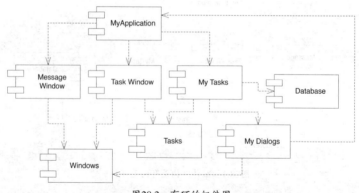

图28.2 有环的组件图

这个环会直接导致一系列问题。例如，MyTasks组件的开发人员知道为了发布而需要兼容 Tasks，MyDialogs，Database 和 Windows。但在有环的情况下，还必须兼容MyApplication，TaskWindow 和 MessageWindow。也就是说，MyTasks现在要依赖于系统中其他每一个组件。这使得 MyTasks很难发布。MyDialogs也遭遇了同样的命运。事实上，由于环的存在，MyApplication，MyTasks 和 MyDialogs 被迫必须同时发布，相当于它们变成了一个大的组件。工作于其中任何一个组件的开发人员会再次遭受"事后综合征"的困扰。他们成为一个整体，每个人在使用其他人的组件时，所用的版本必须一致。

麻烦还不止于此。想想要测试 MyDialogs 组件时会发生什么。这时需要引用系统中其他每一个组件，其中包括 Database。这意味着仅仅是为了测试 MyDialogs 就必须进行一次完整的构建。简直不能容忍！

你有没有想过，为何只是为自己的一个类跑一次简单的单元测试，就需要引用如此多的库和别人的这么多东西？这可能是依赖图中存在环的缘故。环的存在使模块的隔离变得十分困难，也使单元测试和发布变得困难且容易出错。而且，编译时间也会随模块数量的增加呈几何级数增长。另外，当依赖图中有环时，我们很难搞清楚模块的构建顺序。事实上，可能并没有一个正确的顺序，这会导致一些非常讨厌的问题。

解除依赖环

任何情况下都可以解除组件之间的依赖环，从而将依赖图恢复为DAG。主要有两个办法。

第一个方案是应用"依赖倒置原则"（Dependency-Inversion Principle，DIP）。针对图28.2 的情况，可以创建一个抽象基类来提供MyDialogs 需要的接口。然后将该抽象基类放到 MyDialogs 中，并让 MyApplication继承该基类。这样便倒置MyDialogs和MyApplication之间的依赖，从而解除了依赖环，如图28.3 所示。

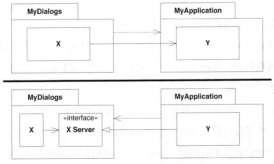

图28.3　通过依赖倒置来解除依赖环

注意，我们再次根据客户端来命名接口，而不是根据服务器。这也是接口从属于客户端规则的另一个应用。

第二个方案是新建一个MyDialogs和MyApplication都依赖的组件，将两者都要依赖的类移到新组件中，如图28.4所示。

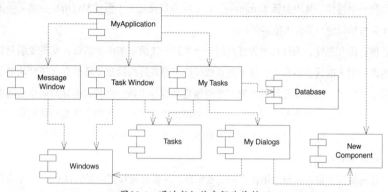

图28.4 通过新组件来解除依赖环

第二个方案意味着组件结构要随需求而变。实际上，随着应用程序的增长，组件依赖结构也会出现波动和增长。因此，必须一直监视依赖结构中存在的环。一旦出现环，就必须以某种方式解除。这有时意味着需要创建新组件，从而导致依赖结构的增长。

自顶向下和自底向上设计

讨论至今，我们得出一个必然的结论。组件结构不能在缺乏代码的情况下自顶向下设计。相反，结构只能随着系统的增长和变化而逐渐完善。

有些人可能觉得这违反直觉。我们认为，对于组件这样大粒度的分解是对系统高层功能的分解。当我们看到大粒度分组（比如组件依赖结构）时，就觉得这些组件应该以某种方式代表系统的功能。

虽然组件确实可以相互提供服务和功能，但还不止于此。

组件依赖结构是应用程序的可构建性（buildability）映射图。这是为何无法在项目开始时把它们完全设计出来的原因，也是它们不严格基于功能分解的原因。随着实现和设计初期累积的类越来越多，越来越需要管理依赖关系，以免在项目开发过程中出现"事后综合征"。此外，我们希望尽量保证将更改限制在局部，所以我们开始关注SRP和

CCP, 将可能一起变化的类放到一起。

随着应用程序的不断增长，我们开始关注创建可重用的元素。所以，开始利用 CRP 来指导组件的组合。最后，当环出现时，就运用 ADP，确保组件依赖图出现波动及增长是由于依赖结构而非功能。

在设计出类之前试图去设计组件依赖结构，很有可能遭受惨败。我们对共同封闭的了解还不是太多，也还没有觉察到任何可重用的元素，从而几乎肯定会创建产生依赖环的组件。所以，组件依赖结构是和系统的逻辑设计一起增长和完善的。

不过，花不了太长时间，组件结构就会趋于稳定，从而可以支持多团队开发。此后，团队就可关注于自己的组件。团队之间的交流被限制在组件边界。这使多个团队能在最小开销的情况下同时工作于同一个项目。

但要注意，随着开发的进行，组件结构会继续波动和变化。所以，组件开发团队之间的完美隔离是不可能的。组件之间出现干扰时，这些团队还是必须协同工作。

稳定依赖原则（SDP）

稳定依赖原则（Stable-Dependencies Principle，SDP）

向着稳定的方向依赖。

设计不完全是静态的。要使设计可维护，需要一定程度的易变性。我们通过共同封闭原则（CCP）来实现这一目标。基于此原则，我们创建对某些变化敏感的组件。这些组件被故意设计为可变，我们预期它们会发生变化。

对任何一个组件，如果我们预期它易变，就不应该让一个很难更改的组件对它产生依赖！否则，易变的组件也会变得难以更改。

你设计了一个易变的模块，但只要其他人创建一个对它的依赖就可能使它变得难以更改，这也是软件设计的一个弊端。虽然你的模块一行代码都没变，但它突然就变得以更难改动。通过遵循 SDP 原则，我们可以确保设计中容易更改的模块不会被比更难更改的模块所依赖。

稳定性

让一枚硬币竖立不倒，你觉得它是稳定的么？你可能觉得不稳定。[1]但事实是，除非受到外界干扰，否则它将长时间在该位置保持竖立。因此，稳定性与更改频率没有直接关系。虽然硬币没有变化，但是我们很难说它是稳定的。

《韦氏大词典》对"稳定"的定义："如果某事物（不那么容易被改变），就说明它是稳定的。"所谓稳定，与改变该事物所需的工作量多少有关。硬币之所以不稳定，是因为只需要很少的工作量就可以把它推倒。相反，我们说桌子非常稳定，因为要花很大的力气才能把它推倒。

这些与软件有什么关系？许多因素会导致一个软件组件变得难以改变：大小、复杂性和结构清晰程度等。我们很有可能忽略这些因素，而关注于不同的事情。要让软件组件变得难以更改，一个切实可行的方法是让其他许多组件依赖于它。被很多组件依赖的组件非常稳定，因为一旦它发生任何更改，就要费很大功夫协调它与所有依赖它的组件。

图28.5展示了一个名为X稳定组件。有三个组件依赖于它，所以它有三个很好的理由不发生改变。我们说X对这三个组件**负责**。另一方面，X谁都不依赖，所以没有外部影响会造成它的改变。我们说X**无依赖性**。

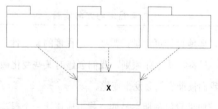

图28.5 X：一个稳定的组件

再来看图28.6，展示的是一个非常不稳定的组件。没有其他任何组件对Y有依赖，我们说Y是**不负责的**。Y同时依赖于三个组件，所以以改变可能来自三个外部源。我们说Y**有依赖性**。

---

1 还记得2020年间盛行一时的"立扫把挑战"吗？事实上，即便是在时速最高可达350公里的高铁上，角度不变且外界无干扰，硬币也能竖立不到。——译注

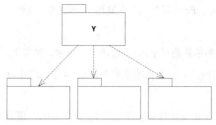

图28.6　Y：一个不稳定的组件

稳定性度量

如何度量组件的稳定性？一个方法是统计进出该组件的依赖关系数目。可利用这些计数来计算组件的位置稳定性。

- （Ca）输入耦合度（Afferent Coupling）：组件外部依赖于该组件内部类的类的数目。
- （Ce）输出耦合度（Efferent Coupling）：组件内部依赖于该组件外部类的类的数目。
- I（不稳定性）：$I = \dfrac{Ce}{Ca + Ce}$

该度量方法的取值范围为[0, 1]。$I=0$代表最稳定的组件，$I=1$代表最不稳定的。

统计组件外部依赖于组件内部类的类的数量，即可获得Ca和Ce的值。图28.7展示了一个例子。

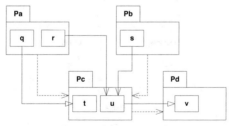

图28.7　图表化Ca，Ce和I

组件之间的虚线箭头代表组件之间的依赖关系。组件的类之间的关系展示了那些依赖关系的具体实现，其中包含继承和关联关系。

假定要计算组件Pc的稳定性。通过图可以看到，Pc外部有三个类依赖于Pc内部的类，所以 $Ca = 3$。此外，Pc 外部有一个类被 Pc 内部的类所依赖，所以 $Ce = 1$。综上，$I = 1/4$。

在 C# 中，组件之间的依赖通常由 $using$ 语句来表示。事实上，如果每个源代码文件只包含一个类，那么 I 的计算会变得非常容易。在 C# 中，统计 $using$ 语句和完全限定名称的数量即可获得 I 值。

如 I 为 1，表明没有其他组件依赖于该组件（$Ca = 0$），而该组件又赖于其他组件（$Ce > 0$）。这样的组件最不稳定，它既**不负责，又有依赖性**。由于没有任何组件依赖于它，所以它没有不改变的理由，而它所依赖的组件会给它提供更丰富的理由。

另一方面，如 I 为 0，表明有其他组件依赖于它（$Ca > 0$），而它本身不依赖于其他任何组件（$Ce = 0$）。该组件负责且无依赖性。这样的组件具有最大程度的稳定性。由于被别的组件依赖，所以造成它难以改变，它也没有可能迫使自己改变的依赖组件。

SDP 原则规定，一个组件的 I 值应大于它所依赖的组件的 I 值。也就是说，I 应该顺着依赖的方向逐渐减小。

多样化的组件稳定性

如果系统中所有组件都处于最稳定状态，则系统会变得不可改变。这不是理想情况，事实上，我们希望一些组件不稳定，另一些稳定。图28.8展示了含有三个组件的理想系统配置。

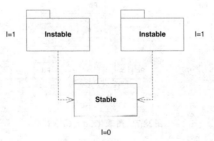

图28.8　理想的组件配置

可改变的组件位于顶部，它们依赖于底部的稳定组件。将不稳定组件放到顶部是个很有用的约定，因为指向上方的任何箭头都违反了 SDP 原则。

图28.9展示了违反SDP原则的一个例子。我们希望Flexible组件易于改变（不稳定），其*I*值接近于0。但是，处理Stable组件的开发人员创建了对Flexible的一个依赖。这就违反了SDP，因为Stable的I值比Flexible的I值小得多，造成Flexible不再容易改变。更改Flexible会影响Stable及其所有的依赖组件。

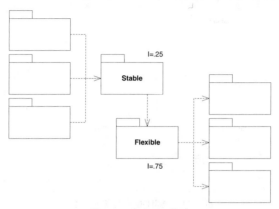

图28.9　违反SDP原则

为了修复，必须以某种方式解除Stable对Flexible的依赖。为何存在依赖呢？假定Flexible包含一个要由Stable中的U类使用的C类，图28.10所示。

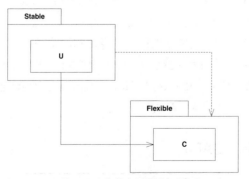

图28.10　依赖出问题的根源

我们通过DIP来解决该问题。可创建一个名为IU的接口，把它放到名为UInterface

的组件中。要确保该接口声明了U要用到的所有方法。接着使C从该接口继承（图28.11）。这就解除了 Stable 对 Flexible 的依赖，并强制两个组件都依赖于 UInterface。UInterface 非常的稳定（$I = 0$），而 Flexible 也保持了它必要的不稳定性（$I = 1$），且现在所有依赖方向都是朝向着I减小方向的。

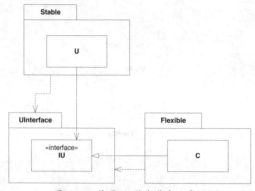

图28.11 使用DIP修复稳定性违规

在哪里进行系统的高层设计？

系统中的一些软件不应经常改变，它们代表的是高级架构和设计决策。我们不希望这些架构决策不稳定。因此，应该将封装系统高层设计的软件放到稳定的组件（$I = 0$）中，不稳定的组件（$I = 1$）只应包含可能改变的软件。

但是，将高层设计放到稳定的组件中，代表着该设计的源代码将难以修改，从而使得设计变得不灵活。具有最大稳定性（$I = 0$）的组件如何足够灵活地接受变化呢？该问题的答案就在OCP原则中。OCP原则告诉我们，可能而且应该创建无需修改就能灵活扩展的类。哪种类满足该原则呢？答案是抽象类。

稳定抽象原则（SAP）

稳定抽象原则（Stable-Abstractions Principle，SAP）

组件的抽象程度应该与其稳定程度一致。

该原则建立了稳定性和抽象性之间的关系。该原则指出，稳定的组件也应该是抽象的，这样它的稳定性就不会成为其扩展性的障碍。另一方面，该原则也指出一个不稳定的组件应该是具体的，因其不稳定性允许其内部的具体代码轻易改变。

因此，一个组件要想稳定，应该由一些抽象类组成，这使其可以扩展。可扩展的稳定组件不仅灵活，还不会过分限制系统的设计。

SAP和SDP的结合，似乎就是组件的DIP。确实如此，因为SDP原则说依赖应趋向于更稳定，而SAP原则说稳定性暗示着抽象性。因此，依赖趋向于抽象。

但是，DIP针对的是类。而类没有模棱两可的状态，它要么抽象，要么不抽象。SDP原则和SAP原则的结合针对的是组件，允许一个组件部分抽象和部分稳定。

抽象性度量

A是测量组件抽象性的度量标准，其值就是组件中抽象类的个数和组件中类的总数的比值，其中：

Nc是组件中类的个数。

Na是组件中抽象类的个数。记住，抽象类是至少有一个抽象方法且不能实例化的类。

A（抽象性）：$A = \dfrac{Na}{Nc}$

A取值范围从0到1。0意味着组件中没有任何抽象类，1意味着组件中包含的只有抽象类。

主序列

现在就可以定义稳定性（I）和抽象性（A）之间的关系了。可以创建一个以A为纵轴，I为横轴的坐标轴。在该坐标轴上绘制两种好的组件，会发现最稳定、最抽象的组件位于左上角（0,1）。最不稳定、最具体的组件位于右下角（1,0），图28.12所示。

并非所有组件都落在这两个位置之一。各组件有不同的抽象度和稳定性。例如：一个抽象类从另一个抽象类派生是很常见的情况。此时，派生类是具有依

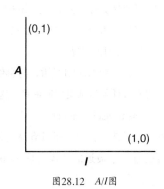

图28.12　A/I图

赖性的一个抽象概念。因此，虽然它最抽象，却
非最稳定。其依赖性会降低其稳定性。

由于不能强制所有组件都位于 (0,1) 或 (1,
0)，所以必须假设 A/I 图上有一系列点的轨迹定
义了组件的合理位置。可找出组件不应该在的位
置，也就是被排除的区域，来推断出该轨迹，如
图 28.13 所示。

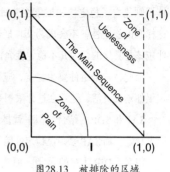

图28.13 被排除的区域

考虑在 (0,0) 附近的一个组件，它高度稳定
且具体。我们十分不希望出现这样的组件很不受
待见，因其十分僵硬。因为不抽象，所以无法扩展。而且由于高度稳定，所以很难改
变。因此，我们一般不希望看到良好设计的组件出现在 (0,0) 附近。(0,0) 周围的区域
是排除区，或称为"痛苦地带"（zone of pain）。

但要注意的是，某些时候组件确实会落入"痛苦地带"之内。代表数据库模式
（database schema）的组件就是这样的一个例子。

众所周知，数据库模式是易变的，它相当具体，并且被外部高度依赖。这是面向对
象应用程序和数据库之间的接口难以定义以及数据库模式难以更新的原因之一。

落在 (0,0) 附近的另一个例子是容纳了具体工具库的组件。虽然这种组件的 I 值为
1，但它事实上可能是非易变的。以 string 组件为例，尽管其内部所有类都是具体类，但
它是非易变的。这种位于 (0,0) 的组件通常无害，因为它们不太可能改变。实际上，我
们可以认为坐标轴中还存在第三条轴线：易变性。假如是这样，图 28.13 展示的就是易变
性为 1 时的情况。

再来考虑 (1,1) 附近的组件。这也不是一个好位置，虽然它有最大的抽象性，却
没有被任何外部组件所依赖。这样的组件是无用的。因此，该区域也称为"无用地带"
（zone of uselessness）。

显然，我们希望所有易变组件都尽可能远离这两个排除区。距离这两个区域中
的每一个最远的轨迹点是 (1,0) 和 (0,1) 之间的线。这条线称为"主序列"（main

sequence）。[1]

位于主序列上的组件因为稳定而不"过于抽象"，又因为抽象而不"过于不稳定"。它既非无用，也不特别令人痛苦。它在其抽象性的范围内被依赖，它在其具体性的范围内依赖于其他组件。

显然，组件的最佳位置就是主序列的两个端点处。但以我的经验而言，项目中只有不到一半的组件可以具有这样良好的特征。其他组件能在主序列上或者主序列附近，就已经很不错了。

与主序列之间的距离

接下来就引出了最后一个度量。如果我们希望一个组件位于主序列上或者尽可能靠近主序列，可以创建一个度量值来度量组件与理想位置之间的距离。

D（距离，Distance）：$D = \dfrac{|A + I - 1|}{\sqrt{2}}$，取值范围为：$[0, \sim 0.707]$。

D'（标准化距离，Normalized distance）：$D' = |A + I - 1|$。该度量值使用起来比 D 方便，因其取值范围为 $[0,1]$。0 表示组件直接落在主序列上，1 表示组件离主序列最远。

可用该度量分析一个设计和主序列的总体一致性。每个组件的 D 值都可以计算。任何 D 值不接近 0 的组件都可以重新检查和重构。事实上，这种分析方式非常有助于定义较容易维护：对变化较不敏感的组件。

还可以用它来实现对设计的统计分析。可以计算出系统中所有组件的 D 值的平均值和方差。一个符合主序列的系统设计，它的平均值和方差都应该接近于 0。其中方差可以用来建立"控制限制"，以识别所有与其他包相比"异常"的组件，如图 28.14 所示。

在这个分布图中（非基于真实数据），可以看到大部分组件都沿主序列分布，但也有一些组件和均值之间的距离超过了一个标准偏差

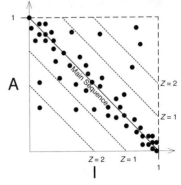

图28.14　组件D值分布图

---

1 之所以采用"主序列"这个名称，是因为我对天文学和HR图(赫罗图)比较感兴趣。

（Z=1）。这些"异常"组件值得我们关注。出于某种原因，它们要么非常抽象，但只有很少的依赖者组件，要么非常具体，但有很多依赖组件。

还有一种使用度量值的方法是绘制每个组件随时间变化的 D' 值。图28.15展示了这样的一个模拟图。可以看出，在过去几个版本中，一些奇怪的依赖项"悄悄"混入了Payroll组件。图中显示了一个控制阈值 $D' = 0.1$。R2.1点超出了该控制阀值，所以有必要弄清楚该组件为什么会离主序列这么远。

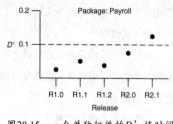

图28.15　一个单独组件的 D' 值时间分布图

小结

本章描述了**依赖关系管理度量**，可用它来衡量一个设计与我认为是"好"的依赖关系和抽象模式之间的匹配程度。经验表明，系统中某些依赖关系是好的，另一些则是不好的。该模式就反映了这种经验。然而，该度量方法并非万能，它只是略好于之前无标准的时候好。当然，本章选择的标准可能只适合某些应用，而不适合另一些应用。另外，可能还有更好的度量方法用来衡量软件设计的质量。

第29章

工厂模式

© Jennifer M. Kohnke

"那个建工厂的人，建了一座庙……"

——柯立芝（1872—1933）

依赖倒置原则（DIP）告诉我们，我们更偏向于依赖抽象类，避免对非抽象类产生依赖。当这些类不稳定时，更应该如此。下面的代码片段就违背了这个原则：

```
Circle c = new Circle (origin, 1);
```

Circle 是一个具体类。因此，那些创建了 Circle 类实例的模块一定违反了 DIP 原则。实际上，可以说任何使用 new 关键字的代码都违反了 DIP 原则。

有些时候，虽然违背了 DIP 原则，但也是无伤大雅的。一个具体类越有可能改变，依赖它就越有可能引发一些问题。但是，如果一个具体类非常稳定，那么依赖于它的类就不会出现麻烦。例如，创建String类的实例就不怎么会产生问题。因为String类不可能会随时改变，因此依赖于String类就是非常安全的。

另一方面，当我们正在积极开发一个应用程序时，通常会遇到很多非常不稳定的具体类。对它们产生依赖会带来一些问题。我们应该依赖抽象接口来让我们免受大多数变化所带来的影响。

工厂模式允许我们创建具体对象的实例，同时只依赖于抽象接口。因此，在项目的开发期间，如果具体类非常不稳定，那么工厂模式就会非常有帮助。

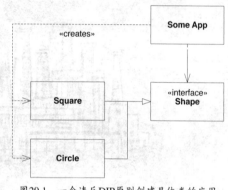

图29.1 所示为一个有问题的场景。其中，类SomeApp 依赖于接口 Shape。SomeApp类完全通过 Shape 接口来使用 Shape 类的实例。它并没有直接依赖于 Square类或者Circle类的任何方法。但不幸的是，SomeApp同时也创建了Square类和Circle类的实例，因此必须依赖于这些具体类。

图29.1 一个违反DIP原则创建具体类的应用

我们可以通过在 SomeApp 类中应用工厂模式来解决这个问题，如图29.2 所示。在这里，我们看到了 ShapeFactory 接口，该接口有两个方法，分别为 MakeSquare 和MakeCircle。makeSquare 方法返回一个 Square类的实例，而MakeCircle 方法返回一个Circle类的实例。然而，这两个函数返回值的类型都为 Shape。

代码清单29.1 展示了ShapeFactory接口的代码，代码清单29.2展示了ShapeFactory接口的实现代码。

代码清单29.1 ShapeFactory.cs

```
public interface ShapeFactory
{
    Shape MakeCircle();
    Shape MakeSquare();
```

}

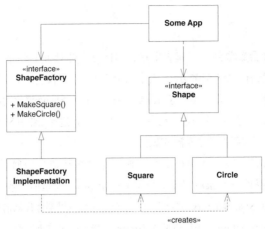

图29.2 Shape 工厂

代码清单29.2 ShapeFactoryImplementation.cs

```
public class ShapeFactoryImplementation : ShapeFactory
{
  public Shape MakeCircle()
  {
    return new Circle();
  }

  public Shape MakeSquare()
  {
    return new Square();
  }
}
```

请注意，采用该方法完全解决了对具体类的依赖问题。在应用程序的代码中，不再直接依赖于Circle类或者Square类，但却仍然可以设法创建它们的实例。对这些实例的操作都是通过Shape接口来实现的，并且也不会调用Square类和Circle类的方法。

具体类的依赖问题已经解决了。我们必须在某个地方创建出ShapeFactoryImplementation类，但不需要创建Square类或Circle类。且 ShapeFactoryImplementation类往往由main

函数或者由一个隶属于main函数的初始化函数创建。

依赖问题

思维敏锐的读者会察觉到工厂模式中存在的问题。针对每个Shape 的派生类，类 ShapeFactory 都要有一个对应的方法。这样就会产生一个仅仅名字上的依赖问题，也会 使其难以增加新的 Shape 派生类。每当需要增加一个新的 Shape 派生类时，都必须要向 ShapeFactory 接口中增加一个方法。而在大多数情况下，这都意味着ShapeFactory 类的 所有使用者[1]都必须重新编译并重新部署。

我们可以通过牺牲一些类型安全来摆脱这种循环依赖的问题。我们可以给 ShapeFactory 只提供一个make 方法，它只有一个 String类型的参数，而不是为每个 Shape 派生类都在 ShapeFactory 中新建一个方法。详情可以参考代码清单29.3。这要求 ShapeFactoryImplementation 类通过使用 if/else 对传入的参数进行判断，从而选择出要 实例化的类为 Shape 的哪个派生类。如代码清单29.4 和代码清单29.5 所示。

代码清单29.3 创建 Circle 实例的代码片段

```
[Test]
  public void TestCreateCircle()
{
    Shape s = factory.Make("Circle");
    Assert.IsTrue(s is Circle);
}
```

代码清单29.4 ShapeFactory.cs

```
public interface ShapeFactory
{
    Shape Make(string name);
}
```

---

1 同样，这在C#中不是完全必要的。可以不重新编译和重新部署一个被改的借口的客户，但这是一种 冒险行为。

代码清单 29.5 ShapeFactoryImplementation.cs

```
public class ShapeFactoryImplementation : ShapeFactory
{
  public Shape Make(string name)
  {
    if (name.Equals("Circle"))
      return new Circle();
    else if (name.Equals("Square"))
      return new Square();
    else
      throw new Exception(
        "ShapeFactory cannot create: {0}", name);
  }
}
```

有人可能会认为这样做非常不安全。因为如果某个调用者将 Shape 的名字拼错，就会得到一个运行时错误，而不是编译时错误。这种想法是非常正确的，然而，如果你为这种情形写了适当数量的单元测试，或者正确运用了测试驱动的开发方法，那么这些运行时异常在被抛出之前，就可以在我们写代码的过程中被捕获到。

静态类型与动态类型

我们刚刚看到类型安全和灵活性之间的权衡很凸显了目前关于语言风格的争论。一边是静态类型语言，比如C#、C++和Cs，它们是在编译期间进行类型检查的，当类型声明有不一致的地方时，就会触发编译错误。另一边是动态类型语言，比如Python、Ruby、Groovy和Smalltalk，它们在运行时进行类型检查，编译器并不强调类型的一致性，事实上，这些语言在语法上也没有对这种检查的支持。

正如我们在FACTORY示例中看到的那样，静态类型会导致依赖问题，这种问题会迫使我们仅仅为了保持类型的一致性而去修改源文件。在我们的例子中，每当增加一个新的Shape派生类时都必须得更改ShapeFactory接口。这种更改会迫使我们重新构建和重新部署，而如果不进行这种更改，这些工作则是没有必要做的。我们通过降低类型的安全性并使用单元测试来捕获类型错误的方法解决了这个问题；我们得到了灵活性，无需更改ShapeFactory即可增加新的Shape派生类。

静态类型语言的拥护者认为，相对编译时的安全性，那些小的依赖问题、增加的源代码修改率以及增加的重新构建和重新部署都是值得的。另一方则认为，单元测试会找出绝大多数静态类型能够找出的问题，因此那些源代码修改、重新构建和重新部署的负担都是不必要的。

我发现有一点很有趣，那就是迄今为止，动态类型语言的流行是随着测试驱动开发（TDD）采用率的升高而升温的。也许，那些采用了 TDD 的程序员发现 TDD 改变了安全性和灵活性之间的平衡关系。也许，这些程序员逐渐确信动态类型语言灵活性带来的好处超过了静态类型检查的好处。

也许，我们正处在静态类型语言最为流行的时代。但是，如果当前的趋势能够持续，我们就会发现下一个主要的工业语言更可能是 Smalltalk 而非 C++。

可替换的工厂

使用工厂模式的好处之一是能够将工厂模式的一种实现替换为另一种实现。通过这种方式，可以在应用程序中替换一系列相关的对象。

例如，假设一个应用程序必须能够适应多种不同数据库的实现。在本例中，假设用户既可以采用纯文本的方式，也可以购买 Oracle 适配器。在这种情况下，我们可以使用代理模式将应用程序与数据库实现隔离开来。我们还可以使用工厂模式[1]来实例化代理对象。如图 29.3 所示为该结构。

请注意，这里有两个 EmployeeFactory 类的实现。一个创建与平面文件一起工作的代理，另一个用来创建与 Oracle 一起工作的代理。同时还请注意，应用程序不知道也不必关心当前正在使用的是哪一个实现。

1　我们会在第 34 章学习代理模式。现在，你只需要知道代理就是知道如何从特定的数据库中读取特定对象的类。

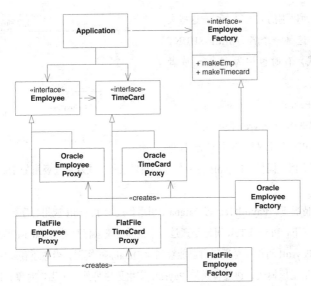

图29.3 可替换的工厂

对测试支架使用对象工厂

我们在写单元测试时，通常希望将该模块和它的使用者进行隔离，单独去测试该模块的行为。例如，我们有一个使用了数据库的 Payroll 应用程序（图29.4）。我们可能希望在不使用数据库的情况下完成Payroll 模块的功能测试。

图29.4 Payroll使用了Database

我们可以用数据库的抽象接口来实现这一点。该抽象接口的某一个实现使用了真实的数据库。而它的另一个实现只是用来写测试代码并模拟数据库行为的，同时用来检测数据库的调用是否正确，图29.5所示即为这个结构。PayrollTest 模块通过调用 PayrollModule 模块对它进行测试。它也实现了 Database 接口，以便能够捕获到 Payroll 对数据库的调用。这就使得 PayrollTest 可以确保 Payroll 具有正确的行为。它同样也允许 PayrollTest 可以模仿多种类型的数据库失

败和问题，而以别的方式很难引发这些失
败和问题。这是一个名为SELF-SHUNT
的测试模式，有时也称为mocking或者
spoofing。

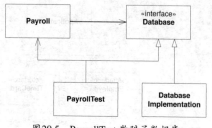

图29.5 PayrollTest 欺骗了数据库

然而，Payroll 应用程序如何才能获
得被用作数据库的 PayrollTest 实例呢？
当然，Payroll 应用程序不会自己创建
PayrollTest 实例。同样，Payroll 应用程序必须以某种方式获得它要用的 Database 实现
的一个引用。

在某些情况下，PayrollTest 将 Database 引用传递给 Payroll 应用程序是非常自然的。
在另一些情况下，PayrollTest 可能是通过一个全局变量来保存对 Database 的引用。还有
一些情况，Payroll 可能完全期望自己能够创建 Database 实例。当然还有最后一种情况，
我们可以使用工厂模式，通过传递给 Payroll 应用程序另外一个工厂对象，以此来欺骗
Payroll 创建出 Database 的测试版本。

图29.6所示为一种可能的结构。Payroll 模块通过一个名为 GdatabaseFactory 的全
局变量（或全局类中的静态变量）获取工厂。PayrollTest 模块实现了 DatabaseFactory
接口，并且将 GdatabaseFactory 设置为对自己的引用。当 Payroll 应用程序使用工厂模

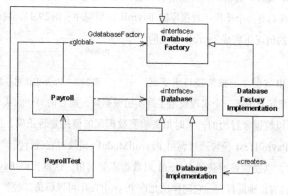

图29.6 欺骗对象工厂

式创建Database实例时，PayrollTest 模块就会捕获这个调用，并将指向自己的引用传回去。这样，Payroll 应用程序就确信自己已经创建了 PayrollDatabase，而 PayrollTest 模块则可以完全欺骗 Payroll 模块并捕获所有的数据库调用。

工厂模式的重要性

若要严格遵循DIP原则，就必须对系统中所有不稳定的类使用工厂模式。此外，工厂模式的威力是十分诱人的。这两种因素综合在一起有时，就会诱使开发者默认使用工厂模式。就我个人而言，非常不推荐这种极端的做法。

我不会一开始就默认使用工厂模式，但我会在真正需要工厂模式的时候，考虑将它引入到系统中。例如，如果在系统中需要使用代理模式，就可能必须用工厂模式来创建持久化的对象。或者，在单元测试中遇到了必须需要欺骗一个对象的创建者时，我也可能会使用工厂模式。但我不会一开始就认为必须得用工厂模式。

使用工厂模式必定会带来一定的复杂性，这种不必要的复杂性完全可以避免，尤其是一个正在演化的设计的初期。如果默认使用，会极大地增加系统设计的难度。为了创建一个新类，而必须创建出4个新类：2个表示该新类及其工厂的接口类，2个是这些接口类的实现类。

小结

工厂模式是一个强大的工具。在遵循DIP原则方面，它有很大的作用。它们使得顶层模块在创建类的实例时，无需依赖于这些类的具体实现。它们同样使得在一组接口类的不同实现之间互相交换成为可能。然而，使用工厂模式所带来的复杂性在很多情况下都是可以避免的。默认使用工厂模式，通常并不是一种上上策。

参考文献

[GOF1995]Erich Gamma, Richard Helm, Ralph Johnson, and John Vlissides, *Design Patterns: Elements of Reusable Object-Oriented Software*, Addison-Wesley, 1995.

第30章

案例学习：Payroll 系统的包分析

© Jennifer M. Kohnke

"经验法则：你所认为的灵巧而精致，务必要当心，因为这说明你可能是在宠溺自我。"

——唐纳德·诺曼，《设计心理学》

截至目前，我们已经对 Payroll 薪水支付系统做了大量的分析、设计和实现工作。不过，我们仍然要做许多决策。首先，解决薪水支付问题的程序员只有我一个，且开发环境的结构与此一致。所有的程序文件都被放在一个单独的目录中，此外没有更高级的结构。除了整个应用程序外，没有任何包，没有任何子系统，也没有可发布的单元。这种做法是行不通的。

我们必须承认，随着项目的不断发展，参与项目的人也会不断增加。为了方便多个开发人员的协作，我们必须将源代码划分成便于签出、修改和测试的组件（程序集或DLL）。

Payroll薪水支付应用程序目前有4382行代码，由大约63个不同的类和80个不同的源文件组成。虽然这看起来不是一个庞大的数字，但我们确实需要某种方式来组织这些代码。应该如何管理呢？

在类似的情况下，我们应该如何分配具体的代码实现工作？我们期望的工作分配方式能够保证系统的顺利开发且各个开发者之间的工作不至于受阻。我们希望把类划分成一些便于个人或团队签出和支持的组。

组件结构和符号

图30.1展示了薪水支付系统中一种可能的组件结构。稍后，我们就会解决该结构的适当性问题。当下，我们只关注如何记录和使用这样的结构。

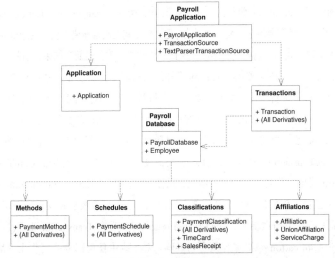

图30.1 薪水支付系统可能的应用程序组件图

按照惯例，在绘制组件图时，依赖关系的方向应该由上而下。顶部的组件依赖于其他组件。底部的组件被其他组件所依赖。

　　如图30.1 所示，将薪水支付系统划分为8个组件。PayrollApplication 组件中包含有 PayrollApplication 类、TransactionSource 类以及 TextParserTransaction 类。Transactions 包中包含有完整的 Transaction 类的层次结构。通过仔细检查图示，可以清楚地知道其他组件中所包含的类。

　　它们之间的依赖关系同样十分明显。PayrollApplication 包依赖于 Transaction 组件，因为 PayrollApplication 类调用了 Transaction:Execute 方法。Transaction 组件依赖于 PayrollDatabase 包，因为 Transaction 类的许多派生类都直接和 PayrollDatabase 类传递消息。按照同样的分析方法就可以得出其他的依赖关系。

　　那么按什么标准对这些类进行分包？目前，我只是简单将看起来适合放在一起的类放在同一个组件中。但正如我们在第 28 章中所学到的，这可能并不是一个好的方法。

　　现在请考虑一下，如果我们改变 Classification 组件会怎样？这个改变会迫使我们重新编译和测试 EmployeeDatabase 组件。我们当然应该这么做，但这个更改也会迫使我们重新编译和测试 Transaction 组件。当然，如图 19.3 所示，ChangeClassificationTransaction 类和它的三个派生类需要被重新编译和测试，但为什么其他类也需要被重新编译和测试呢？

　　从技术上讲，我们不需要重新编译和测试其他的操作类。然而，如果它们是 Transaction 组件的一部分且为了适应 Classification 组件的改动而要重新发布，就得将 Transaction 组件作为整体进行重新编译。即使不重新编译和测试所有的操作类，该包本身也必须要重新发布和重新部署，那么该类的所有客户都需要重新验证，甚至是重新编译。

　　Transaction 组件中的类不共享相同的封闭性。每个类都对自己特定的变化敏感。ServiceChargeTransaction 对 ServiceCharge 类的变化是开放的，而 TimeCardTransaction 对 TimeCard 类的变化是开放的。实际上，从图30.1 中可以看出，Transaction 组件的某些部分几乎依赖于该软件的所有其他部分。因此，这个组件被重新发布的频率非常高。每当它下面的某一部分改变时，都必须重新验证并重新发布 Transaction 组件。

　　PayrollApplication 包更加容易受到影响：对系统中任何部分的更改几乎都会影响该包，因此对它的发布频率要求非常高。你可能会认为这是不可避免的——当一个包位于包依赖关系层次结构的更高层次时，它的发布频率一定会高。不过幸运的是，这并不是完全正确的，并且，面向对象设计的主要目标之一，就是尽可能避免这种情况。

应用共同封闭原则（CCP）

先看一下图30.2。在该图中，根据薪水支付系统中类的封闭性对它们进行分组。例如，PayrollApplication 组件中包含有 PayrollApplication 类和 TransactionSource 类。这两个类都依赖于 PayrollDomain 组件中的抽象类 Transaction。这里请注意，TextParserTransactionSource 类位于另一个依赖于抽象类 PayrollApplication 类的组件中。这就形成了一个倒置的结构，其中一些细节依赖于通用的部分，而这些通用的部分是稳定无依赖的。这样的结构比较符合DIP原则。

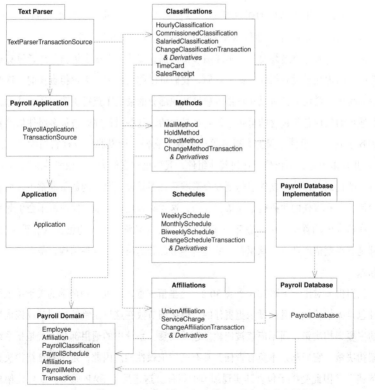

图30.2　符合封闭性原则的薪水支付应用程序组件层次结构

PayrollDomain 组件拥有最突出的通用性和无依赖性。该组件包含薪水支付系统的**本质**部分，但不依赖于任何其他的组件。仔细观察该组件虽然会发现，它包含Employee、PaymentClassification、PaymentMethod、PaymentSchedule、Affiliation 以及 Transaction。PayrollDomain 组件中包含建模中所有主要的抽象，但是并不依赖于任何其他的组件。这是为什么呢？虽然因为它包含的所有包几乎都是抽象的。

现在再来考虑一下 Classification 组件，它包含PaymentClassification 的3个派生类。它也包含ChangeClassificationTransaction 类以及它的3个派生类，同时还包含 TimeCard 类和 SalesReceipt 类。但是请注意，这 9 个类的任何变化都被隔离除了 TextParser，任何其他的组件都不会受到影响！这样的变化隔离机制同样适用于Methods 组件、Schedules 组件以及 Affiliations组件。这种隔离相当多。

请注意，大部分最终要写的实现细节代码都在那些"有很少依赖"或者没有依赖的组件中。因为几乎没有组件依赖于它们，我们可以称它们为无需承担责任的。这些软件包中的代码非常灵活：可以在不影响项目其他部分的情况下进行更改。还要注意，系统中最通用的软件包所包含的可执行代码是最少的。这些组件同时被很多组件依赖着，但不依赖于其他的组件。因为有很多组件依赖于它们，所以我们也称它们为"承担责任的"，并且由于它们不依赖于任何其他组件，我们也称它们为"无依赖性的"。因此，负有责任的代码（即这些软件包的更改会影响到许多其他代码）的数量非常少。而且，这些少量的负有责任的代码也是无依赖性的，这意味着任何其他的模块都不会引起它的改变。在这样的倒置结构中，底部是高度无依赖性并且承担责任的包含通用部分的组件，顶部是有高度依赖性且不承担责任的包含细节部分的组件，这种结构也是面向对象设计的标志。

我们再来对比一下图30.1 和图30.2。这里请注意，图30.1 中底部的关于系统细节的软件包是无依赖性并且高度承担责任的。但把细节放在这里是错的！细节应该依赖于系统的主要架构决策，而不应该被依赖。还要注意，系统中的通用部分，就是指系统的主要架构决策，它们却是不负有责任并具有高度依赖性的。因此，定义系统结构决策的组件依赖于并因此受限于包含其实现细节的组件。这违反了 SAP 原则。最好让架构来限定细节。

应用发布等价原则（REP）

在薪水支付系统中，有哪些部分是我们可以重用的呢？如果公司内的另一个部门想要重用薪水支付系统，但需要一套完全不同的策略集，就不能重用Classification、Methods、Schedules 和Affiliations。但对于PayrollDomain、PayrollApplication、Application、PayrollDatabase，它们是可以重用的，同时也可以重用 PDImplementation 类。另一方面，如果另一个部门想要写一个能够分析当前员工数据库的软件，就可以重用PayrollDomain、Classifications、Methods、Schedules、Affiliations、PayrollDatabase以及 PDImplementation。在这些情况下，重用的粒度都是组件。

很少会出现只重用软件包中的单个类的情况。原因很简单，软件包中的类应该有内聚性。这就意味着它们应该彼此依赖，因此这些类无法轻易拆分开。例如，如果只使用Employee类而不使用 PaymentMethod 类，是没有意义的。事实上，为了达到这个目的，你还需要修改 Employee 类，使其不包含 PaymentMethod 类。我们当然不想为了支持某种重用而使自己修改时某些需要被重用的组件。因此，重用的粒度应该是组件。这样，我们在试图把类分组成组件，就有了另一个可以使用的内聚标准：类不仅需要一同被封闭，而且按照 REP，也应该一起重用。

我们再来重新考虑一下图30.1 中最初的组件图。我们想要重用的组件，比如Transactions或者 PayrollDatabase 包，其实都是难以重用的，因为重用它们会带来很多额外的麻烦。PayrollApplication 组件依赖于所有其他组件。如果我们想创建一个新的薪水支付应用程序，其中要使用一组不同的薪水支付时间表、支付方式、从属关系以及员工分类策略，那么在这种情况下，我们就不能将这个包作为一个整体来重用。相反，我们必须从 PayrollApplication、Transactions、Methods、Schedules、Classifications 以及Affiliations中取出某些单独的类进行重用。但如果通过这样的方式来分解组件，就会破坏它们的发布结构。因此，在这种情况下，我们就不能够再说 PayrollApplication的 3.2版本是可重用的了。

图30.1所示的结构违反了 CRP。因此，重用不同组件中部分代码的人就不能依赖于我们的版本结构。Methods的一个新版本就可能会影响到他，因为他重用了

PaymentMethod 类。虽然在大多数情况下，更改所针对的类都是他没有重用的类，但仍然得跟踪我们的新版本号，并且可能还需要重新编译并重新测试他的代码。

由于很难管理所有重用的代码，因此重用者最有可能采取的策略就是复制一遍需要重用的组件并使该软件包的拷贝独立于我们组件进行演化。但请注意，这其实并不是重用。随着时间的推移，这两段代码将变得截然不同，且各自都需要独立维护，显然加重了支持负担。

但这些问题在图30.2 中的结构图中并没有体现出来。在该结构中，这些软件包更容易被重用。PayrollDomain 组件并没有过多的负担。它仍然可以独立于PaymentMethods、PaymentClassification 和 PaymentSchedules 的任何派生类进行重用。

细心的读者读到这里就，会注意到图30.2 中的组件图其实并没有完全符合 CRP。特别是PayrollDomain 中的类没有形成最小的可重用单元。Transaction 类也不必和组件中的其余部分一起重用。我们可以在不使用 Transaction 的前提下，设计出许多只访问Employee 及其作用域的应用程序。

这也就表明我们需要对软件包的关系图进行更改，如图30.3 所示。在该图中将操作类和它们要操作的元素进行分离。例如，MethodTransaction 包中的类会对 Methods 包中的类进行管理。

我们已经将 Transaction 类移到一个新的名为 TransactionApplication 的包中，该包还包含 TransactionSource 和 TransactionApplication 类。这三个类形成一个可重用的单元。PayrollApplication 包现在成了一个总体的统一体。它包含主程序以及 TransactionApplication 的一个名为 PayrollApplication 的派生类。该类负责把TextParserTransactionSource 绑定到 TransactionApplication 上。

这些处理给系统的设计增加了另一层抽象。现在，任何从 TransactionSource获得 Transaction 并执行它们的应用程序都可以重用 TransactionApplication组件了。PayrollApplication 组件将不再重用，因为它极度依赖于其他组件。然而，TransactionApplication 组件在一定程度上已经取代它，并且变得更加通用。现在，我们就可以重用 PayrollDomain 组件了，并且不需要任何 Transaction 的依赖。

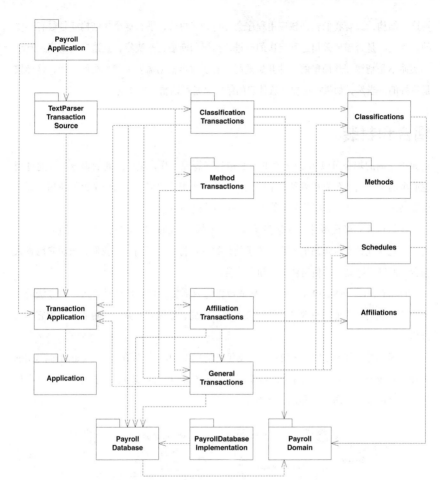

图30.3 更新后的薪水支付应用程序组件图

这确实提高了项目整体的可重用性和可维护性，但同时付出的代价是增加了 5 个额外的组件和一个更复杂的依赖关系结构。这种交换是否合算，取决于我们期望重用的类型以及我们期望应用程序演化的速度。如果应用程序保持非常稳定的状态，并且很少有使用者会重用它，那么这种层次的改进就太过了。另一方面，如果许多应用程序会重用这个结构，或者我们预期该应用程序会经历许多更改，那么这个新结构就是很有必要的。因此，是否需要采用这种层次的改进，需要判断后再来决定，且这个判断应该基于事实而不是猜测。从简单的组件开始做起，必要时再根据需要来增加组件结构，这样做是最好的。当然，如果有必要，软件包的结构总是可以精益求精的。

耦合和封装

正如类之间的耦合可以用C#语言的封装边界来管理一样，组件之间的耦合可以通过把它们中的类声明为公有或者私有来管理。如果一个组件中的类被另一个组件使用，那么该类必须声明为公有。组件私有的类应该声明为内部的。

我们也许想隐藏组件中的某些类以免输入耦合。Classifications是一个细节很多的组件，包含几种支付策略的实现。为了使该组件保持在主序列上，我们想限制它的输入耦合，所以就隐藏了其他组件无需知道的类。

TimeCard类和SaleReceipt类非常适合作为内部类。它们是员工薪水计算方法的实现细节。我们希望能随意改动这些细节实现，因此，必须避免其他使用者依赖于它们的结构。

快速浏览一下图27.7到图27.10以及代码清单27.10，可以看出TimeCardTransaction类和SalesReceiptTransaction类已经依赖于TimeCard和SalesReceipt了。不过，这个问题很容易解决，如图30.4和图30.5所示。

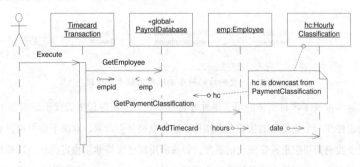

图30.4　为保护TimeCard的私有性而对TimeCardTransaction做的修正

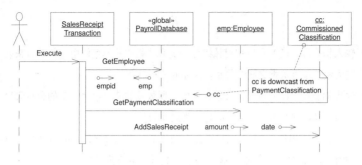

图30.5 为保护SalesReceipt的私有性而对SalesReceiptTtansaction做的修正

度量指标

按照第28章的论述，我们可以用一些简单的度量指标来量化主序列的内聚性、耦合性、稳定性、通用性以及和主序列的一致性等属性。但我们为什么要进行量化呢？用迪马可（Tom DeMarco）的话说："无法控制的事情就无法管理，无法衡量的事情就无法控制。"[1] 因此，要成为高效的软件开发工程师或软件项目经理，我们必须能够控制软件开发中的实践。然而，如果不去衡量它，那么我们永远不会有这样的控制权。

通过采用下面描述的一些启发规则并计算出一些面向对象软件设计的基本度量值，我们就可以把这些度量值和软件开发团队的真实成效联系起来。我们收集到的度量标准越多，我们所拥有的信息就越多，最终我们所能采取的控制也就越多。

自 1994 年以来，下列指标已经成功应用于若干项目中。也有一些自动化工具可以帮助计算这些度量值，但其实手工计算也不算复杂。同样，也可以写一个简单的 shell、Python 或者 Ruby 脚本程序来对源文件进行检查并计算出这些度量值，不难。

- 关系内聚性（H）可以表示为组件中每个类平均的内部关系数目。用 R 来表示属于组件内部的类的关系数目（也就是说，和组件外部的类没有联系）。用 N 表示组件内类的总数。公式中额外加的 1 旨在防止当 $N=1$ 时，H 为 0。它代表了组件本身和它所有类之间的关系。

---

1 [DeMarco1982], p.3

$$H = \frac{R + 1}{N}$$

- 输入耦合度（C_a）可以用对该组件的类有依赖的其他组件中类的数目来表示。这些依赖关系也是类之间的关系，例如继承和组合。

- 输出耦合度（C_e）可以用被该组件的类所依赖的其他组件中类的数目来表示。和上面一样，这些依赖关系指的也是类之间的关系。

- 抽象或通用性（A）可以用组件中抽象类（或抽象接口）的数量与该组件中类（和接口）总数的比值来表示。[1]该度量指标的取值范围是 $0 \sim 1$。

$$A = \frac{\text{AbstractClasses}}{\text{TotalClasses}}$$

- 不稳定性（I）可以用输出耦合度和总耦合度的比值来表示。该度量指标的取值范围是 $0 \sim 1$。

$$I = \frac{C_e}{C_e + C_a}$$

- 到主序列的距离（D）= $|(A+I-1) \div D2|$。理想情况下的主序列是由 $A+I=1$ 所表示的直线。D 的计算公式可用来计算任何特定的组件到主序列之间的距离。它的取值范围是 $0 \sim 0.7$，越接近于0越好。[2]

$$D = \frac{|A + I - 1|}{\sqrt{2}}$$

- 到主序列的规范化距离（D'）将度量 D 的取值范围规范化为[0,1]。这样计算和解释起来会方便一些。值0表示该组件和主序列是重合的，值1表示该组件到主序列的距离最大。

$$D' = |A + I - 1|$$

---

[1] 你也许认为，把A的计算公式改为包中纯虚函数的数目和总成员函数的数目的比值会好一些。但是，我发现这个计算公式大幅削弱了抽象性度量。即使只有一个纯虚函数，也会使类成为抽象的，并且，这个抽象的力量比该类有许多具体函数的事实重要得多，在遵循DIP时更如此。

[2] 任何包都不可能绘制在U坐标图上的单元正方形之外。因为A和I都不会超过1。主序列从$(0,1)$到$(1,0)$把这个正方形等分为两部分。正方形中距离主序列最远的点是两个顶点$(0,0)$和$(1,1)$，它们到主序列距离是

$$\frac{\sqrt{2}}{2} = 0.70710678\ldots$$

在薪水支付系统中使用这些度量

表30.1展示了薪水支付模型中包和类之间的对应关系，图30.6是薪水支付应用程序的软件包关系图，表30.2是单个软件包的所有度量值。

图30.6中每个程序包的依赖关系都由两个数字修饰。最靠近依赖组件的数字表示该组件中有多少类对被依赖组件中的类有依赖。最靠近被依赖组件的数字表示该组件中有多少类受依赖于被依赖组件。

图30.6中，每个组件都有表示其度量指标修饰。其中许多度量指标是很令人鼓舞的。例如，PayrollApplication、PayrollDomain和PayrollDatabase都具有极高的关系内聚性，并且都接近于或者位于主序列上。但是，Classifications、Methods以及Schedules组件的关系内聚性却普遍较差，且都几乎远远偏离主序列。

这些度量指标也告诉我们，我们将类划分为软件组件的能力比较弱。如果我们找不到改进这些度量指标的方法，那么开发环境就非常容易受到任何变化的影响，这就会导致一些不必要的重新发布和重新测试。具体来说，我们有像 ClassificationTransactions 这样的抽象级别低的组件，它会严重依赖于一些其他的抽象级别低的组件，比如Classifications。抽象级别低的类包含大多数的细节代码，因此非常可能发生变化，这将迫使它们重新发布那些依赖于它们的组件。因此，ClassificationTransactions 组件将有很高的发布频率，因为它同时受其自身高更改率和 Classification 高更改率的影响。但是，我们其实想尽可能地降低开发环境对变化的敏感性。

显然，如果我们总共只有两三个开发人员，他们可能能够自己搞定开发环境。在这种情况下，把软件包维持在主序列上的需求可能不会很大。然而，开发人员越多，保持一个良好的开发环境就越困难。此外，完成一次重新测试和重新发布的工作量都远大于获取这些度量值所的工作量。[1]因此，计算这些度量指标的工作是短期的损失还是收益，需要我们判断后才能决定。

---

[1]　我花了大约两个小时来手动搜集统计数字并计算薪水支付例子中的度量值。如果使用一个商业工具的话，几乎不需要花费时间。

表30.1 类到组件的分配关系

组件	组件中的类		
Affiliations	ServiceCharge	UnionAffiliation	
AffiliationTransactions	ChangeAffiliationTransaction	ChangeUnaffiliatedTransaction	ChangeMemberTransaction
	ServiceChargeTransaction		
Application	Application		
Classifications	CommissionedClassification	HourlyClassification	SalariedClassification
	SalesReceipt	Timecard	
ClassificationTransaction	ChangeClassificationTransaction	ChangeCommissionedTransaction	ChangeHourlyTransaction
	ChangeSalariedTransaction	SalesReceiptTransaction	TimecardTransaction
GeneralTransactions	AddCommissionedEmployee	AddEmployeeTransaction	AddHourlyEmployee
	AddSalariedEmployee	ChangeAddressTransaction	ChangeEmployeeTransaction
	ChangeNameTransaction	DeleteEmployeeTransaction	PaydayTransaction
Methods	DirectMethod	HoldMethod	MailMethod
MethodTransactions	ChangeDirectTransaction	ChangeHoldTransaction	ChangeMailTransaction
	ChangeMethodTransaction		
PayrollApplication	PayrollApplication		
PayrollDatabase	PayrollDatabase		
PayrollDatabaseImplementation	PayrollDatabaseImplementation		
PayrollDomain	Affiliation	Employee	PaymentClassification
	PaymentMethod	PaymentSchedule	
Schedules	BiweeklySchedule	MonthlySchedule	WeeklySchedule
TextParserTransactionSource	TextParserTransactionSource		
TransactionApplication	TransactionApplication	Transaction	TransactionSource

表30.2　所有组件的度量指标

组件名称	N	A	Ca	Ce	R	H	I	A	D	D'
Affiliations	2	0	2	1	1	1	0.33	0	0.47	0.67
AffilliationTransactions	4	1	1	7	2	0.75	0.88	0.25	0.09	0.12
Application	1	1	1	0	0	1	0	1	0	0
Classifications	5	0	8	3	2	0.06	0.27	0	0.51	0.73
ClassificationTransaction	6	1	1	14	5	1	0.93	0.17	0.07	0.10
GeneralTransactions	9	2	4	12	5	0.67	0.75	0.22	0.02	0.03
Methods	3	0	4	1	0	0.33	0.20	0	0.57	0.80
MethodTransactions	4	1	1	6	3	1	0.86	0.25	0.08	0.11
PayrollApplication	1	0	0	2	0	1	1	0	0	0
PayrollDatabase	1	1	11	1	0	1	0.08	1	0.06	0.08
PayrollDatabaseImpl...	1	0	0	1	0	1	1	0	0	0
PayrollDomain	5	4	26	0	4	1	0	0.80	0.14	0.20
Schedules	3	0	6	1	0	0.33	0.14	0	0.61	0.86
TextParserTransactionSource	1	0	1	20	0	1	0.95	0	0.03	0.05
TransactionApplication	3	3	9	1	2	1	0.1	1	0.07	0.10

对象工厂

Classification 和 ClassificationTransactions 之所以产生严重的依赖关系，是因为它们中的类必须先实例化。例如，TextParserTransactionSource 类必须能够创建 AddHourlyEmployee- Transaction 对象。因此，就产生了一个从 TextParserTransactionSource 包到 ClassificationTransactions 包的输入耦合。另外，ChangeHourlyTransaction 类必须能够创建 HourlyClassification 对象，所以产生了一个从 ClassificationTransactions 包到 Classification 包的输入耦合。

这些组件中所有对象的几乎其他所有用途都是通过它们的抽象接口进行的。如果不需要创建每个具体对象，这些组件的输入耦合将不再存在。例如，如果

TextParserTransactionSource 不再需要创建不同的事务，就不会再依赖于包含事务实现的那4个包。

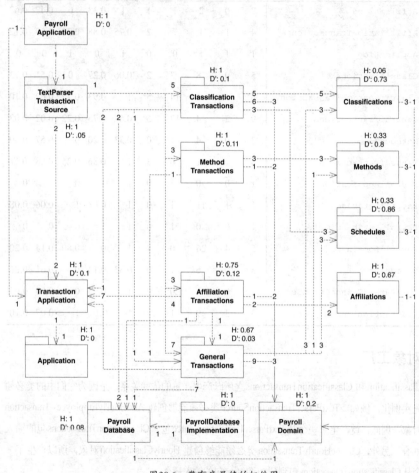

图30.6 带有度量值的组件图

使用工厂模式可以大大缓解这个问题。每个组件都提供一个对象工厂，负责创建该组件的所有公共对象。

TransactionImplementation 组件的对象工厂

图30.7展示了如何为TransactionImplementation组件创建对象工厂。TransactionFactory组件中包含抽象基类，这些抽象基类定义了用来描绘具体事务对象构造函数的抽象方法。TransactionImplementation组件中包含TransactionFactory类的具体派生类，并使用所有要创建的具体事务对象。

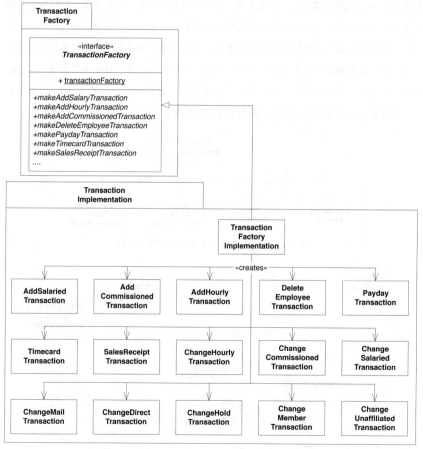

图30.7 Transaction 的各个对象工厂

TransactionFactory类有一个声明为指向TransactionFactory指针的静态成员。该成员必须在主程序中被初始化为一个指向具体的 TransactionImplementation 对象的实例。

初始化对象工厂

如果其他工厂要使用对象工厂创建对象，抽象对象工厂的静态成员必须初始化为指向适当的具体的对象工厂。这些工作必须在任何使用者试图使用对象工厂之前完成。最好由主程序来完成这项工作，这也就意味着主程序要依赖于所有的对象工厂以及所有的具体软件包。因此，每个具体的软件包都将至少拥有一个来自主程序的输入依赖。这会使具体的软件包不可避免地稍微偏离主序列。[1]这就意味着每次对某一个具体的软件包做出更改时，我们都必须重新发布主程序。当然，无论如何，我们可能需要在每一次更改后都重新发布主程序，因为不管怎样，我们都要对它进行测试。图30.8 和图30.9 展示了主程序相对于对象工厂间关系的静态和动态结构图。

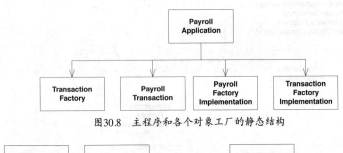

图30.8 主程序和各个对象工厂的静态结构

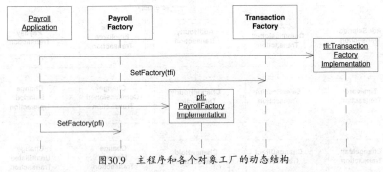

图30.9 主程序和各个对象工厂的动态结构

---

1 在实际的方案中，我通常会忽略来自主程序的耦合。

重新思考内聚的边界

我们最初在图30.1中将 Classifications、Methods、Schedules 以及 Affiliations 拆分开来。在当时看来，这似乎是合理的。毕竟，其他用户可能在重用薪水支付时间表类时不希望带上 Affiliation 类。在我们将事务操作类分割到自己的组件中且创建了一个双重的层次结构之后，我们仍然维持了这种划分方式。也许这样做有点过了。图30.6中的图示就非常复杂。

这样复杂的包结构使我们很难手工管理组件的发布。尽管使用自动化项目规划工具可以很好地处理复杂的组件图，但其实大部分人都没有这样奢侈的工具。因此，我们还是要尽量保证组件图实用、简单。

在我看来，基于事务操作的划分比基于功能的划分更为重要。因此，我们将把所有的事务操作合并到一个单一的组件 TransactionImplementation 中。同样，我们还把 Classifications、Schedules、Methods 和 Affiliations 包合并到一个单一的组件 PayrollImplementation 中。

最终的包结构

表30.3是类最终分配到组件的结果。表30.4是度量指标的数据表格。图30.10是最终的组件结构，它通过对象工厂使具体组件尽量位于主序列的附近。

图中的度量值是令人振奋的。它们之间的关系内聚性非常高，其中部分原因是由于具体的对象工厂其创建的对象之间的关系，并且其中没有出现严重偏离主序列

的情况。因此，组件之间的耦合性是满足一个良好的开发环境的要求的。其中抽象的组件是封闭的、可重用的并且被严重依赖着的，同时它们自己却很少依赖于其他的软件包。具体组件基于可重用性得以分离，它们严重依赖于抽象组件，但并不严重依赖于自身。

表30.3 最终的类到组件的分配关系

组件	组件中的类
AbstractTransactions	AddEmployeeTransaction ChangeAffiliationTransaction ChangeEmployeeTransaction ChangeClassificationTransaction ChangeMethodTransaction
Application	Application
PayrollApplication	PayrollApplication
PayrollDatabase	PayrollDatabase
PayrollDatabaseImplementation	PayrollDatabaseImplementation
PayrollDomain	Affiliation Employee PaymentClassification PaymentMethod PaymentSchedule
PayrollFactory	PayrollFactory
PayrollImplementation	BiweeklySchedule CommissionedClassification DirectMethod HoldMethod HourlyClassification MailMethod MonthlySchedule PayrollFactoryImplementation SalariedClassification SalesReceipt ServiceCharge Timecard UnionAffiliation WeeklySchedule
TextParserTransactionSource	TextParserTransactionSource
TransactionApplication	Transaction TransactionApplication TransactionSource
TransactionFactory	TransactionFactory
TransactionImplementation	AddCommissionedEmployee AddHourlyEmployee AddSalariedEmployee ChangeAddressTransaction ChangeCommissionedTransaction ChangeDirectTransaction ChangeHoldTransaction ChangeHourlyTransaction ChangeMailTransaction ChangeMemberTransaction ChangeNameTransaction ChangeSalariedTransaction ChangeUnaffiliatedTransaction DeleteEmployee PaydayTransaction SalesReceiptTransaction ServiceChargeTransaction TimecardTransaction TransactionFactoryImplementation

表 30.4 度量值数据表格

组件名称	N	A	Ca	Ce	R	H	I	A	D	D'
AbstractTransactions	5	5	13	1	0	0.20	0.07	1	0.05	0.07
Application	1	1	1	0	0	1	0	1	0	0
PayrollApplication	1	0	0	5	0	1	1	0	0	0
PayrollDatabase	1	1	19	5	0	1	0.21	1	0.15	0.21
PayrollDatabase-Implementation	1	0	0	1	0	1	1	0	0	0
PayrollDomain	5	4	30	0	4	1	0	0.80	0.14	0.20
PayrollFactory	1	1	12	4	0	1	0.25	1	0.18	0.25
PayrollImplementation	14	0	1	5	3	0.29	0.83	0	0.12	0.17
TextParserTransactionSource	1	0	1	3	0	1	0.75	0	0.18	0.25
TransactionApplication	3	3	14	1	3	1.33	0.07	1	0.05	0.07
TransactionFactory	1	1	3	1	0	1	0.25	1	0.18	0.25
TransactionImplementation	19	0	1	14	0	0.05	0.93	0	0.05	0.07

小结

是否需要对组件结构进行管理，取决于程序的规模以及开发团队的规模。即使是小型团队，也需要对系统源代码进行拆分管理，以便团队成员之间可以互不干扰。如果系统中没有一定的划分结构，那么大型的程序就可能慢慢变成一大堆晦涩难懂的源代码文件。本章介绍的原则和度量方法曾经帮助过我以及很多其他开发团队有效管理组件依赖结构。

参考文献

[Booch1994]Grady Booch, *Object-Oriented Analysis and Design with Applications*, 2d ed., Addison-Wesley, 1994.

[DeMarco1982]Tom DeMarco, *Controlling Software Projects*, Yourdon Press, 1982.

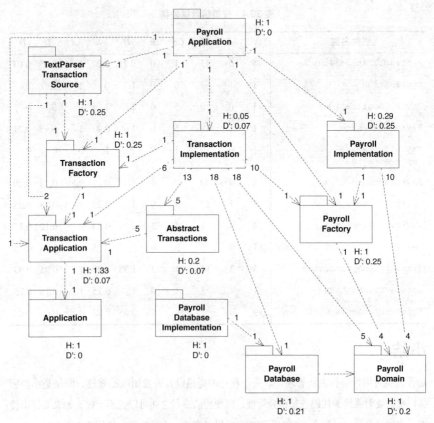

图30.10 薪水支付系统最终的组件结构

第31章

组合模式

© Jennifer M. Kohnke

"组合只是对撒谎的一种委婉的说法。它是失序的。它不诚实,不
是纪实性的。"

——弗雷德利 (Fred W. Friendly),美国著名新闻制片人,1984

组合模式 (COMPOSITE) 是一种非常简单但又有深刻内涵的模式。图31.1展示
了该模式的基本结构。图中是一个基于形状的层次结构。基类Shape有两个派生类:
Circle和Square。第三个派生类是组合的,CompositeShape持有一个含有多个Shape实
例的列表。当 CompositeShape的 draw()方法被调用时,它就把这个方法委托给列表中
的每一个Shape实例。

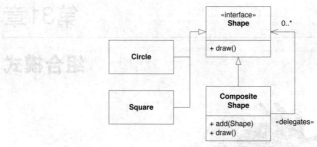

图31.1　组合模式

因此，对系统来说，一个 CompositeShape 实例就像是单个的 Shape，可以把它传递到任何使用 Shape 的函数或者对象中，并且它表现也和单个的 Shape 别无二致。只不过，它其实是一组 Shape 实例的代理。[1]代码清单31.1 和代码清单31.2 展示了CompositeShape的一种可能的实现。

代码清单31.1　Shape.cs

```
public interface Shape
{
  void Draw();
}
```

代码清单31.2　CompositeShape.cs

```
using System.Collections;

public class CompositeShape : Shape
{
 private ArrayList itsShapes = new ArrayList();
 public void Add(Shape s)
 {
  itsShapes.Add(s);
 }

 public void Draw()
 {
  foreach (Shape shape in itsShapes) shape.Draw();
```

---

[1] 请注意在结构上和PROXY模式的相似性。

```
    }
  }
```

组合命令

回顾一下我们在第21章讨论的Sensor对象和Command对象。图21.3展示了一个使用Command 类的Sensor类。当Sensor检测到对它的刺激后，就调用Command的do()方法。

在那次讨论中，我忘了提一种常见情况，Sensor必须执行多个Command。例如，当纸到达传送路径上一个特定的点时，会启动一个光学传感器。接着，这个传感器会停止一个发动机，启动另一个，然后启动一个特定的离合器。

起初，我们以为每个Sensor类都必须要维持一个Command对象的列表（参见图31.2）。然而，我们很快意识到每当Sensor需要执行多个Command时，它总是以一种一致的方式去对待这些对象。也就是说，它只是遍历列表并调用每个Command对象的do()方法。这种情况最适用于COMPOSITE模式。

这样，我们就不去改动Sensor类，而是去创建如图31.3所示的CompositeCommand类。这意味着我们无需改动 Sensor 或者 Command 类。我们可以在不更改既有对象的情况下，向Sensor对象中增加多个Command对象。这里应用了OCP原则。

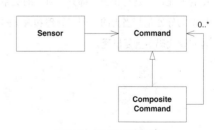

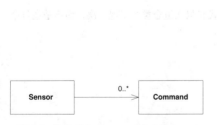

图31.2　包含多个 Command 命令的Sensor

图31.3　COMPOSITE命令

多重性还是非多重性

这就导致了一个有趣的问题。我们可以在不修改Sensor的情况下，让它表现得像是包含了多个Command对象。在常见的软件设计中，肯定会有许多与此类似的情形。你肯定也经常碰到这样的情况，此时可以使用COMPOSITE模式而不是构建一个对象的列表或者向量。

我换一种方式来说明这个问题。Sensor和Command之间的关联是一对一的。我们非常想把这种关联变成一对多。但是，我们找到了一种无需一对多关系即可获得一对多行为的替代方案。一对一的关系比一对多的关系更易于理解、编码和维护。所以，这种设计权衡显然是正确的。在你当前的项目中，有多少一对多关系可以转变成一对一的呢？

当然，使用COMPOSITE模式并不能把所有的一对多的关系都转变成一对一的关系。只有在列表中被一致对待的对象才有转换的可能。例如，如果你持有一个员工对象的列表，并且在列表中搜索今天要发薪水的员工，或许就不应该使用COMPOSITE模式，因为你并不是以一致的方式去对待所有的员工的。

小结

尽管如此，还是有相当一部分一对多的关系可以用COMPOSITE模式进行转换。并且这样做的好处是相当大的。列表管理和遍历的代码只在组合类中出现一次，而不是在每个客户端代码中重复出现。

第32章

观察者模式

© Jennifer M. Kohnke

> "我喜欢把自己的职业描述为'当代人类交互观察者',因为它贴
> 切反映了这项职业的基本挤能。'偷窥者'这种说法真是很难听的。"
>
> ——佚名

本章有一个特别的目的。我会讲解观察者（OBSERVER）模式，[1]但这只是一个次要目的。本章的主要目的是展示代码和设计是如何演变为使用模式的。

在前面的章节中，我们已经使用了很多模式。我们常常是直接使用它们，没有展示代码是如何演变成使用模式的。这可能会让你误以为模式是一些有完善形式的东西，我们可以把它们简单插进代码或者设计中。这不是我建议的使用方式，我更喜欢把正在写的代码演变成模式。可能会演化成模式，也可能不会。结果取决于问题是否得到解决。

---

1 [GOF1995], p.293

最终实现的代码和我脑子中原先设想的模式往往也大相径庭。

本章先提出一个简单的问题，然后展示设计和代码是如何演进并最终解决这个问题的。演进的最终目标是观察者（OBSERVER）模式。在演进的每一个阶段，我都会先描述要解决的问题，然后展示解决这些问题的步骤。如果幸运的话，我们最终将得到出一个观察者模式。

数字时钟

我们有一个时钟对象。这个对象捕获来自操作系统的毫秒中断（即时钟滴答）并把它转换成时间。这个对象知道如何从毫秒数计算出秒，从秒数计算出分钟，从分钟数计算出小时等等。它知道每个月有多少天以及每年有几个月。它知道闰年相关的所有信息，并且知道什么时候是闰年，什么时候不是。它也知道时间的概念，参见图32.1。

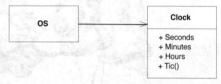

图32.1　Clock对象

我们想新建一个数字时钟，可以摆放在桌子上并且可以连续显示时间。最简单的实现方式是什么呢？我们可以如下写出代码：

```
public void DisplayTime()
{
  while (true)
  {
    int sec = clock.Seconds;
    int min = clock.Minutes;
    int hour = clock.Hours;
    ShowTime(hour, min, sec);
  }
}
```

显然，这不是最好的方法。为了重复显示时间，它消耗了所有可用的 CPU 周期。其中大部分显示都是多余的，因为时间并没有变化。或许，这个解决方案非常适合于电子手表或数字挂钟上，因为在这些系统中，并不特别需要节省 CPU 的周期。不过，我们可不希望这个独占 CPU 的家伙运行在自己的电脑桌面上。

时间从时钟传递给显示屏的方式非常重要。我该使用哪种机制呢？不过在这之前，我们必须问另外一个问题。我要如何测试所使用的机制完成了我希望的功能呢？

要解决的核心问题是如何高效地把数据从 Clock 传给 DigitalClock。假设 Clock 对象和 DigitalClock 对象同时存在。我所关心的是如何把它们连接起来。要测试该连接，只需要证实从 Clock 取出的数据和发送给 DigitalClock 的数据是相同的。

有一个简单的测试方法：创建两个接口，一个接口充当 Clock，一个接口充当 DigitalClock。然后写实现这两个接口的特殊测试对象，并核实它们之间的连接是否按预期工作，如图32.2所示。

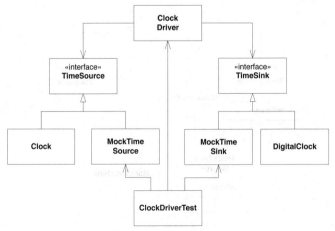

图32.2　测试DigitalClock

ClockDriverTest 对象通过 TimeSource 接口和 TimeSink 接口把 ClockDriver 和两个 mock 对象连接起来。接着，它检查每个 mock 对象以确保 ClockDriver 已经把时间数据从源传到接收端。如果有必要，ClockDriverTest 也要保证效率得到了提升。

我们完全出于测试的角度，简单向设计中增加了接口。这个过程我觉得很有意思，为了测试一个模块，必须能够把它和系统中的其他模块隔离开，就像我们把 ClockDriver 和 Clock、DigitalClock 隔离开一样。优先考虑测试有助于使设计中的耦合降到最低。

那么，ClockDriver是如何工作的呢？显然，为了高效起见，ClockDriver必须检测TimeSource 对象中的时间何时发生改变。只有在时间发生改变的那一刻，它才应该把时间数据移至 TimeSink 对象中。那么 ClockDriver 如何才能知道时间何时发生改变？它可以轮询 TimeSource，但这又会重现独占 CPU 的问题。

要想让 ClockDriver 知道时间何时发生改变，最简单的方法是让 Clock 对象告诉它。我们可以通过TimeSource接口把 ClockDriver 传给 Clock。这样，当时间发生改变时，Clock 对象就可以更新 ClockDriver。接着，ClockDriver 再把时间设置到 TimeSink中，参见图32.3。

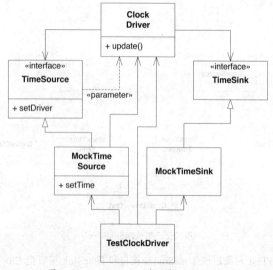

图32.3 让TimeSource去更新ClockDriver

请注意从 TimeSource 到 ClockDriver 的依赖关系。产生这个依赖关系的原因是 setDriver 方法的参数是一个ClockDriver对象。我对此不是很满意，因为这意味着TimeSource 在任意情况下都必须使用ClockDriver对象。不过，在这段程序可以工作之前，我不做任何有关依赖的处理。

代码清单32.1展示了ClockDriver的测试用例。注意，它创建了一个ClockDriver对象并在上面绑定了MockTimeSource和一个MockTimeSink。接着，它在source对象中设置了时间，并期望这个时间数据可以传到sink对象。代码清单32.2到代码清单32.6是余下的代码。

代码清单32.1 ClockDriverTest.cs

```
using NUnit.Framework;

[TestFixture]
public class ClockDriverTest
{
  [Test]
  public void TestTimeChange()
  {
    MockTimeSource source = new MockTimeSource();
    MockTimeSink sink = new MockTimeSink();
    ClockDriver driver = new ClockDriver(source, sink);
    source.SetTime(3, 4, 5);
    Assert.AreEqual(3, sink.GetHours());
    Assert.AreEqual(4, sink.GetMinutes());
    Assert.AreEqual(5, sink.GetSeconds());

    source.SetTime(7, 8, 9);
    Assert.AreEqual(7, sink.GetHours());
    Assert.AreEqual(8, sink.GetMinutes());
    Assert.AreEqual(9, sink.GetSeconds());
  }
}
```

代码清单32.2 TimeSource.cs

```
public interface TimeSource
{
  void SetDriver(ClockDriver driver);
}
```

代码清单32.3 TimeSink.cs

```
public interface TimeSink
{
  void SetTime(int hours, int minutes, int seconds);
}
```

代码清单 32.4 ClockDriver.cs

```
public class ClockDriver
{
  private readonly TimeSink sink;

  public ClockDriver(TimeSource source, TimeSink sink)
  {
    source.SetDriver(this);
    this.sink = sink;
  }

  public void Update(int hours, int minutes, int seconds)
  {
    sink.SetTime(hours, minutes, seconds);
  }
}
```

代码清单 32.5 MockTimeSource.cs

```
public class MockTimeSource : TimeSource
{
  private ClockDriver itsDriver;

  public void SetTime(int hours, int minutes, int seconds)
  {
    itsDriver.Update(hours, minutes, seconds);
  }

  public void SetDriver(ClockDriver driver)
  {
    itsDriver = driver;
  }
}
```

代码清单 32.6 MockTimeSink.cs

```
public class MockTimeSink : TimeSink
{
  private int itsHours;
  private int itsMinutes;
  private int itsSeconds;
```

```
    public int GetHours()
    {
      return itsHours;
    }

    public int GetMinutes()
    {
      return itsMinutes;
    }

    public int GetSeconds()
    {
      return itsSeconds;
    }

    public void SetTime(int hours, int minutes, int seconds)
    {
      itsHours = hours;
      itsMinutes = minutes;
      itsSeconds = seconds;
    }
  }
```

很好，既然测试已经通过，就可以考虑整理一下了。我不喜欢从TimeSource到ClockDriver的依赖关系，因为我希望TimeSource接口可以被任何对象使用，而不仅仅是ClockDriver对象。目前，只有ClockDriver实例可以使用TimeSource对象。针对这个问题，我们可以创建一个TimeSource可以使用且ClockerDriver可以实现的接口。我们称这个接口为 ClockObserver。请参见代码清单32.7 到代码清单32.10。其中，粗体的部分是改过的代码。

代码清单32.7　ClockObsever.cs

```
public interface ClockObserver
{
```

```
void Update(int hours, int minutes, int secs);
}
```

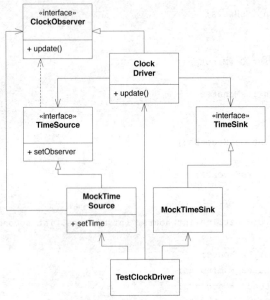

图32.4 解除TimeSource对ClockDriver的依赖

代码清单32.8 ClockDriver.cs

```
public class ClockDriver : ClockObserver
{
  private readonly TimeSink sink;

  public ClockDriver(TimeSource source, TimeSink sink)
  {
    source.SetObserver(this);
    this.sink = sink;
  }

  public void Update(int hours, int minutes, int seconds)
  {
    sink.SetTime(hours, minutes, seconds);
```

```
    }
  }
```

代码清单32.9 TimeSource.cs

```
public interface TimeSource
{
    public void setObserver(ClockObserver observer);
}
```

代码清单32.10 MockTimeSource.cs

```
public class MockTimeSource : TimeSource
{
  private ClockObserver itsObserver;

  public void SetTime(int hours, int minutes, int seconds)
  {
    itsObserver.Update(hours, minutes, seconds);
  }

  public void SetObserver(ClockObserver observer)
  {
    itsObserver = observer;
  }
}
```

这就好多了，现在，任何对象都可以使用 TimeSource。它们只需要实现 ClockObserver 接口并把自己作为参数调用 SetObserver 方法即可。

我想让多个 TimeSink 都能够获得时间数据。考虑到有人是为了实现数字时钟，有人可能是想用时间数据来实现一个提醒服务，还有人是想启动每晚备份功能。简而言之，我希望单一的 TimeSource 对象可以为多个 TimeSink 对象提供时间数据。

如何才能做到这一点呢？现在，我是使用一个 TimeSource 对象和一个 TimeSink 对象来创建 ClockDriver 的。我该如何指定多个 TimeSink 实例呢？我可以修改 ClockDriver 的构造函数，让它只含有一个参数 TimeSource，然后增加一个方法 addTimeSink，该方法允许你在任何需要的时候都可以增加 TimeSink 的实例。

这种做法中我不喜欢的一点是现在有两个间接的关联关系。我不得不通过调用 setObserver 方法告诉 TimeSource 谁是 ClockObserver。同样还必须告诉 ClockDriver 谁是TimeSink实例。这个双重间接关系是否真的必要呢？

仔细检查一下ClockObserver和TimeSink，我发现它们都有setTime方法。TimeSink好像也可以实现ClockObserver。如果这样做了，测试程序就可以创建一个MockTimeSink并且调用TimeSource之上的setObserver。这样，就可以完全去掉ClockDriver（和TimeSink）！代码清单32.11展示了对ClockDriverTest的更改。

代码清单32.11　ClockDriverTest.cs

```
using NUnit.Framework;

[TestFixture]
public class ClockDirverTest
{
  [Test]
  public void TestTimeChange()
  {
    MockTimeSource source = new MockTimeSource();
    MockTimeSink sink = new MockTimeSink();
    source.SetObserver(sink);

    source.SetTime(3, 4, 5);
    Assert.AreEqual(3, sink.GetHours());
    Assert.AreEqual(4, sink.GetMinutes());
    Assert.AreEqual(5, sink.GetSeconds());

    source.SetTime(7, 8, 9);
    Assert.AreEqual(7, sink.GetHours());
    Assert.AreEqual(8, sink.GetMinutes());
    Assert.AreEqual(9, sink.GetSeconds());
  }
}
```

这意味着MockTimeSink应该实现ClockObserver而不是TimeSink。请参见代码清单32.12。这些更改很有效。为什么一开始我认为需要一个ClockDriver呢？图32.5给出了相应的UML图。这明显简单多了。

代码清单32.12　MockTimeSink.cs

```
public class MockTimeSink : ClockObserver
```

```
private int itsHours;
private int itsMinutes;
private int itsSeconds;

public int GetHours()
{
  return itsHours;
}

public int GetMinutes()
{
  return itsMinutes;
}

public int GetSeconds()
{
  return itsSeconds;
}

public void Update(int hours, int minutes, int secs)
{
  itsHours = hours;
  itsMinutes = minutes;
  itsSeconds = secs;
}
}
```

好，现在我们把 setObserver 方法改成 register-Observer 并确保所有注册的 ClockObserver 实例都被保存在一个列表中并得以恰当的更新。这需要对测试程序做额外的更改。代码清单32.13展示了这些更改。此外，我还对测试程序做了少许重构，让它变得更小，更容易读。

代码清单 32.13   ClockDriverTest.cs

```
using NUnit.Framework;

[TestFixture]
public class ClockDriverTest
```

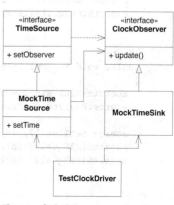

图32.5　去除了 ClockDriver 和 TimeSink

```
{
    private MockTimeSource source;
    private MockTimeSink sink;

    [SetUp]
    public void SetUp()
    {
        source = new MockTimeSource();
        sink = new MockTimeSink();
        source.RegisterObserver(sink);
    }

    private void AssertSinkEquals(
        MockTimeSink sink, int hours, int mins, int secs)
    {
        Assert.AreEqual(hours, sink.GetHours());
        Assert.AreEqual(mins, sink.GetMinutes());
        Assert.AreEqual(secs, sink.GetSeconds());
    }

    [Test]
    public void TestTimeChange()
    {
        source.SetTime(3, 4, 5);
        AssertSinkEquals(sink, 3, 4, 5);

        source.SetTime(7, 8, 9);
        AssertSinkEquals(sink, 7, 8, 9);
    }

    [Test]
    public void TestMultipleSinks()
    {
        MockTimeSink sink2 = new MockTimeSink();
        source.RegisterObserver(sink2);

        source.SetTime(12, 13, 14);
        AssertSinkEquals(sink, 12, 13, 14);
        AssertSinkEquals(sink2, 12, 13, 14);
    }
}
```

要想让前面的测试通过，只需要做个非常简单的修改。我们修改了MockTimeSource，

让它把所有已经注册的观察全部保存在一个
Vector中。这样，当时间发生变化时，我们就遍
历Vector中所有已经注册的ClockObserver对象的
update方法。代码清单32.14和代码清单32.15展
示了这种修改。图32.6是对应的UML图。

代码清单32.14　TimeSource.cs

```
public interface TimeSource
{
    Void RegisterObserver
        (ClockObserver observer);
}
```

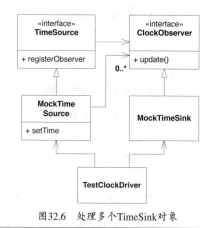

图32.6　处理多个TimeSink对象

代码清单32.15　MockTimeSource.cs

```
using System.Collections;

public class MockTimeSource : TimeSource
{
    private ArrayList itsObservers = new ArrayList();

    public void SetTime(int hours, int mins, int secs)
    {
        foreach (ClockObserver observer in itsObservers)
            observer.Update(hours, mins, secs);
    }

    public void RegisterObserver(ClockObserver observer)
    {
        itsObservers.Add(observer);
    }
}
```

这看上去很不错，不过还有一点我不太喜欢，那就是MockTimeSource必须要处
理注册和更新操作。这意味着Clock以及每一个TimeSource的派生类都必须重复注册
和更新部分的代码。我认为Clock不应该处理注册和更新操作。我也讨厌出现重复代
码。所以，我想把所有注册和更新的逻辑都移到TimeSource中。当然，这也意味着
TimeSource要从接口变成类。这同样也意味着MockTimeSource会缩小到近乎没有。代
码清单32.16和代码清单32.17以及图32.7展示了所做的更改。

代码清单32.16 TimeSource.cs

```
using System.Collections;

public abstract class TimeSource
{
  private ArrayList itsObservers = new ArrayList();

  protected void Notify(int hours, int mins, int secs)
  {
    foreach (ClockObserver observer in itsObservers)
      observer.Update(hours, mins, secs);
  }

  public void RegisterObserver(ClockObserver observer)
  {
    itsObservers.Add(observer);
  }
}
```

代码清单32.17 MockTimeSource.cs

```
public class MockTimeSource : TimeSource
{
  public void SetTime(int hours, int mins, int secs)
  {
    Notify(hours, mins, secs);
  }
}
```

这看上去更棒了。现在，任何类都
可以从 TimeSource 派生。它们只要调用
Notify 方法，就可以更新观察者。但其中
还有一些我不太喜欢的。MockTimeSource
直接继承自 TimeSource，这也就是说
Clock 也必须从 TimeSource 派生。Clock
为什么非得依赖注册和更新逻辑呢？
Clock 只是一个知晓时间的类。让它依赖
于 TimeSource 似乎是必要的，但不符合预期。

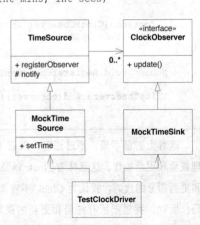

图32.7 把注册和更新逻辑移入TimeSource

我知道如何在C++中解决这个问题。我会创建一个Time-Source和Clock的共同子类ObservableClock。我会用Clock中的tic或SetTime方法重写（override）ObservableClock中的tic方法或者setTime方法，然后调用TimeSource的Notify方法。请参见代码清单32.18和图32.8。

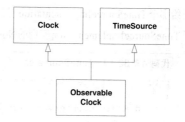

图32.8 用C++的多重继承从TimeSource中分离Clock

代码清单32.18 ObservableClock.cc（C++）

```cpp
class ObservableClock : public Clock, public TimeSource
{
  public:
  virtual void tic()
  {
    Clock::tic();
    TimeSource::notify(getHours(),
                       getMinutes(),
                       getSeconds());
  }

  virtual void aetTime(int hours, int minutes, int seconds)
  {
    Clock::setTime(hours, minutes, seconds);
    TimeSource::notify(hours, minutes, seconds);
  }
};
```

遗憾的是，我们没法在C#中使用这种方法，因为C#语言不支持多重继承。所以，在C#中，我们要么顺其自然，要么使用委托方法。代码清单32.19到代码清单32.21以及图32.9展示了委托方法。

注意，MockTimeSource类实现了TimeSource并包含一个指向TimeSourceImplementation

实例的引用。还要注意，所有对MockTimeSource的registerObserver方法的调用都被委托给那个TimeSourceImplementation对象。此外，MockTimeSource.setTime方法还调用了TimeSourceImplementation实例的Notify方法。

代码清单 32.19　TimeSource.cs

```
public interface TimeSource
{
    void RegisterObserver(ClockObserver observer);
}
```

代码清单 32.20　TimeSourceImplementation.cs

```
using System.Collections;

public class TimeSourceImplementation : TimeSource
{
    private ArrayList itsObservers = new ArrayList();

    public void Notify(int hours, int mins, int secs)
    {
        foreach (ClockObserver observer in itsObservers)
        observer.Update(hours, mins, secs);
    }

    public void RegisterObserver(ClockObserver observer)
    {
        itsObservers.Add(observer);
    }
}
```

代码清单 32.21　MockTimeSource.cs

```
public class MockTimeSource : TimeSource
{
    TimeSourceImplementation timeSourceImpl =
        new TimeSourceImplementation();

    public void SetTime(int hours, int mins, int secs)
    {
        timeSourceImpl.Notify(hours, mins, secs);
    }
```

```
public void RegisterObserver(ClockObserver observer)
{
    timeSourceImpl.RegisterObserver(observer);
}
}
```

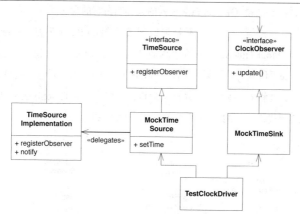

图32.9 在C#中使用委托方法实现观察者模式

这虽然很丑，但是它有一个优点，就是MockTimeSource没有去扩展（extend）一个类。这也意味着，如果我们要去创建ObservableClock，它就可以继承Clock，实现TimeSource，并委托给TimeSourceImplementation（图32.10）。这就以极小的代价解决了Clock依赖于注册和更新逻辑的问题。

好了，在继续深挖之前，我们先回到图32.7展示的内容。我们全盘接受了Clock必须依赖所有的注册和更新逻辑的事实。

TimeSource这个名字无法清楚地表达出这个类的意图。一开始还在ClockDriver的时候，这个名字还可以。但自那时起，这个名字就变得非常糟糕了。应该改名字，让人一眼就能看出这是关于注册和更新逻辑的。OBSERVER模式把这个类称为Subject。在

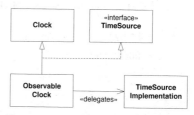

图32.10 ObservableClock的委托方法实现

我们的场景下，它是特定于时间的，所以称它为TimeSubject，但这个名字不够直观。我们可以用老套的Observable，但它也无法让我感到满意。TimeObservable呢？也不好。

也许，"推模型（push model）"OBSERVER模式的特殊性才是问题的关键。如果改成"拉模型（pull model）"，这个类更通用。这样，我们就可以把 TimeSource 改名为Subject，那么每一个熟悉OBSERVER模式的人都明白它的含义。

这是一个不错的选择。我们不是把时间传递给notify方法和update方法，而是让 TimeSink 向 MockTimeSource 请求时间数据。我们不想让 MockTimeSink 知道MockTimeSource，所以需要创建一个接口，MockTimeSink 可以用这个接口来获取时间。MockTimeSource（和 Clock）会实现这个接口，我们称之为TimeSource。图32.11以及代码清单32.22到代码清单32.27为最终的UML图和代码。

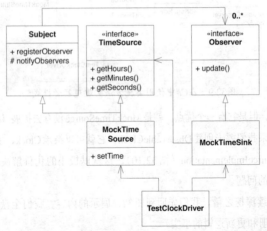

图32.11　在MockTimeSource和MockTimeSink上应用Observer模式的最终版本

代码清单32.22　ObserverTest.cs

```
using NUnit.Framework;

[TestFixture]
public class ObserverTest
{
  private MockTimeSource source;
```

```
private MockTimeSink sink;

[SetUp]
public void SetUp()
{
  source = new MockTimeSource();
  sink = new MockTimeSink();
  source.RegisterObserver(sink);
}

private void AssertSinkEquals(
MockTimeSink sink, int hours, int mins, int secs)
{
  Assert.AreEqual(hours, sink.GetHours());
  Assert.AreEqual(mins, sink.GetMinutes());
  Assert.AreEqual(secs, sink.GetSeconds());
}

[Test]
public void TestTimeChange()
{
  source.SetTime(3, 4, 5);
  AssertSinkEquals(sink, 3, 4, 5);
  source.SetTime(7, 8, 9);
  AssertSinkEquals(sink, 7, 8, 9);
}

[Test]
public void TestMultipleSinks()
{
  MockTimeSink sink2 = new MockTimeSink();
  source.RegisterObserver(sink2);

  source.SetTime(12, 13, 14);
  AssertSinkEquals(sink, 12, 13, 14);
  AssertSinkEquals(sink2, 12, 13, 14);
}
}
```

代码清单32.23 Observer.cs

```
public interface Observer
{
```

```
  void Update();
}
```

代码清单32.24　Subject.cs

```
using System.Collections;

public class Subject
{
  private ArrayList itsObservers = new ArrayList();

  public void NotifyObservers()
  {
    foreach (Observer observer in itsObservers) observer.Update();
  }

  public void RegisterObserver(Observer observer)
  {
    itsObservers.Add(observer);
  }
}
```

代码清单32.25　TimeSource.cs

```
public interface TimeSource
{
  int GetHours();
  int GetMinutes();
  int GetSeconds();
}
```

代码清单32.26　MockTimeSource.cs

```
public class MockTimeSource : Subject, TimeSource
{
  private int itsHours;
  private int itsMinutes;
  private int itsSeconds;

  public void SetTime(int hours, int mins, int secs)
  {
    itsHours = hours;
    itsMinutes = mins;
    itsSeconds = secs;
```

```
      NotifyObservers();
    }

    public int GetHours()
    {
      return itsHours;
    }

    public int GetMinutes()
    {
      return itsMinutes;
    }

    public int GetSeconds()
    {
      return itsSeconds;
    }
}
```

代码清单 32.27　MockTimeSink.cs

```
public class MockTimeSink : Observer
{
  private int itsHours;
  private int itsMinutes;
  private int itsSeconds;
  private TimeSource itsSource;

  public MockTimeSink(TimeSource source)
  {
    itsSource = source;
  }

  public int GetHours()
  {
    return itsHours;
  }

  public int GetMinutes()
  {
    return itsMinutes;
  }
```

```
public int GetSeconds()
{
  return itsSeconds;
}

public void Update()
{
  itsHours = itsSource.GetHours();
  itsMinutes = itsSource.GetMinutes();
  itsSeconds = itsSource.GetSeconds();
}
}
```

观察者模式

好的，既然我们已经完成了样例并把代码演进为观察者模式（OBSERVER），那么研究观察者模式究竟是什么应该很有趣。图32.12展示了OBSERVER模式的规范形式。在本例中，Clock被DigitalClock观察，DigitalClock通过Subject接口注册到Clock中。无论什么原因，只要时间一改变，Clock就调用Subject的Notify方法，而Subject的Notify方法会调用每一个已经注册的Observer对象的Update方法。因此，每当时间发生改变，DigitalClock都会接收到一个update消息。此时它会向Clock请求时间，然后把时间显示出来。

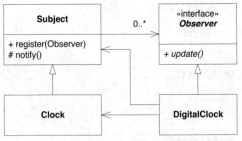

图32.12 拉模型观察者模式的规范形式

观察者模式是那种一旦理解了就觉得处处可用的模式之一。这种间接关系非常好。你可以向各种对象注册观察者，而不用让这些对象显式调用你。虽然这种间接关系是一种有用的依赖关系管理方法，但很容易被过度使用。过度使用观察者模式往往会导致系统难以理解和追踪。

模型

观察者模式有两种主要模型。图32.12展示了拉模型的观察者模式。因为DigitalClock在收到Update消息后，必须从Clock对象中"拉出"时间数据，所以就有了这个名字。

拉模型的优点是实现起来比较简单，并且，Subject类和Observer类可以成为标准库中可重用元素。不过，想象一下，如果你正在观察一个有一千个字段的员工记录，并且刚好收到了一个update消息，如何知道是哪个字段发生变化了呢？

当调用ClockObserver的Update方法时，响应方式显而易见。ClockObserver需要从Clock中"拉出"时间并显示出来。但是，调用EmployeeObserver的Update方法时，响应方式就不那么明显了。我们不知道发生了什么，也不知道要做什么。也许是雇员的名字变了，或者是他的薪水变了，又或许是他换了一个新老板，甚或是他的银行账户变了。我们需要额外的辅助信息。

推模型的观察者模式可以提供这类辅助信息。图32.13中展示了推模型的观察者模式的结构。请注意，Notify方法和Update方法都带有一个参数。这个参数是一个提示（hint），它是通过Notify方法和Update方法从Employee传到SalaryObserver中的。这个提示可以让SalaryObserver知道员工记录发生了哪些改变。

Notify和Update的EmployeeObserverHint参数可能是某种枚举、一个字符串或者一个包含了某个字段新旧值的复杂数据结构。不管是什么，它的值都被推向观察者。

要选择哪种模型完全取决于被观察对象的复杂性。如果被观察对象比较复杂，并且观察者需要一个提示，那么推模型是合适的；如果被观察对象比较简单，那么拉模型就比较合适。

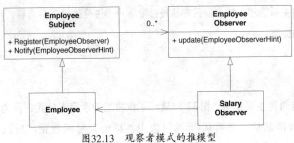

图32.13 观察者模式的推模型

观察者模式与面向对象设计原则

观察者模式的最大推动力来自开/闭原则（OCP）。使用这个模式的动机是在增加新的观察对象时无需更改被观察对象。这样，被观察对象就可以保持封闭。

请回顾一下图32.12，显然，Clock可以替换Subject，并且DigitalClock可以替换掉Observer。因此，本例中也运用了里氏替换原则（LSP）。

Observer是一个抽象类，具体的DigitalClock依赖于它。Subject的具体方法也依赖于它。因此，依赖倒置原则（DIP）在本例中也运用了。你可能认为，由于Subject不具备抽象方法，所以Clock和Subject之间的依赖关系违反了DIP。但是，Subject是一个绝不应该被实例化的类。它只在派生类的上下文中才有意义。所以，尽管Subject没有抽象方法，但它在逻辑上是抽象的。在C++中，我们可以通过让Subject的析构函数是纯虚的或者让它的构造函数是受保护的来强制它的抽象性。

从图32.11中，可以看出，接口隔离原则（ISP）的迹象。Subject类和TimeSource类为MockTimeSource的每个客户提供特定接口来分离它的客户。

小结

好了，本章到此结束。我们从一个设计问题入手，经过合理的演进，最终得到一个规范的观察者模式。你可能会抱怨，既然我知道要用观察者模式，那么本章的内容完全可以按照得到观察者模式的方式安排。我不否认这点，但这不是真正的问题。

如果你熟悉设计模式，那么在面临一个设计问题的时候，脑子里可能会浮现出一个模式。随后的问题是直接实现这个模式呢，还是通过一系列的小步骤不断演进代码？本章展示了第二种方案的过程。我没有直接断定观察者模式是手头问题的最佳选择，而是持续不断地解决一个又一个的问题。最后，代码很明显朝着观察者模式的方向前进，所以我改了名字，并把代码整理成规范的形式。

在演进过程中的每一个阶段，我都可以发现问题是否已经解决从而停止演进。又或者发现只有改变路线换个方向，才可以解决问题。

本章中的有些图是为了读者而绘制的。我觉得，如果用一个全景图来展示一下我所做的工作，会让读者更容易理解。如果不是为了展示和说明，我不会创建。不过，有几幅图是为我自己绘制的。有时，我确实需要凝视自己创建的结构才知道下一步该如何走。

如果不是在写书，我会把这些图手工地画在一张纸或者一个白板上。我不会在使用画图工具上浪费时间。毕竟，没有什么画图工具比在一小片餐巾纸上画得更快。

这些图完成辅助代码演进的任务后，我就不会保留了。在任何时候，画图都是中间步骤。

描绘这种层次细节的图有保留的价值吗？显然，如果你试图展示自己的推理过程，就像我在本书中所做的那样，它们都是很有用的。但通常我们不会试图用文档来记录几个小时编码的演进过程。这些图通常都是临时性的，最好丢掉。对于这种层次的细节而言，代码就足以充当自己的文档。不过，在更高的层次上，不一定正确。

参考文献

[GOF1995] Erich Gamma, Richard Helm, Ralph Johnson, and John Vlissides, *Design Patterns: Elements of Reusable Object-Oriented Software*, Addison-Wesley, 1995.

[PLOPD3] Robert C. Martin, Dirk Riehle, and Frank Buschmann, eds. *Pattern Languages of Program Design 3*, Addison-Wesley, 1998.

第33章

抽象服务器、适配器和桥接模式

© Jennifer M. Kohnke

"政治家都一样，即使一个地方没有河，他们也会许诺在那里建一座桥。"

—— 赫鲁晓夫

20世纪90年代中期，我是comp.object新闻组讨论的重度参与者。我们在新闻组中发贴子，积极参与讨论分析和设计的不同策略。在讨论当中，我们觉得一个具体的例子有助于评价彼此的观点。所以，我们选择了一个非常简单的设计问题，然后提出各自觉得好的解决方案。

这个设计问题超级简单。我们选择设计了一款运行于简易台灯中的软件。台灯由一个开关和一个灯泡组成。你可以询问开关是开或是关，也可以打开和关闭台灯。这就是一个很不错的简单问题。

　　争论激烈，持续了好几个月。每个人都认为自己独特的设计风格优于其他所有人。有些人使用了只有一个开关对象和一个灯对象的简单方法。另外有些人认为应该有一个包含开关和灯的台灯对象。还有一些人认为电流（electricity）也应该是一个对象。而且，居然还真有人提出了一个电源线（power-cord）对象。

　　尽管这些争论中大多数有些可笑，但探究这个设计模型还是很有趣的。请考虑一下图33.1。我们当然可以让这个设计工作起来。这个Switch对象可以轮询实际开关的状态，并且可以给Light对象发送相应的turnOn和turnOff消息。

图33.1　简易的台灯

　　我们为什么不喜欢这个设计呢？这个设计违反了两个设计原则：依赖倒置原则（DIP）和开/闭原则（OCP）。对DIP的违反是显而易见的，Switch依赖了具体类Light。DIP告诉我们要优先依赖于抽象类。对OCP的违反虽然不那么直观，但更加切中要害。我们之所以不喜欢这个设计，是因为它强迫我们在任何需要Switch的地方都得拖上Light。我们无法很容易地扩展Switch来控制除Light之外的对象。

抽象服务器模式

你也许认为可以从Switch继承一个子类，以便控制除台灯以外的其他东西，就像图33.2所示。但是这没有解决问题，因为FanSwitch仍然继承了对Light的依赖。只要你使用了FanSwitch，就必须要拖上Light。无论如何，这个特定的继承关系都会违反DIP。

　　为了解决这个问题，我们使用一个最简单的设计模式：抽象服务器模式（图33.3）。我们在Switch和Light之间引入一个接口，使得Switch能够控制任何实现了这个接口的电器。这样就立刻同时满足了DIP和OCP。

　　插入一个有趣的话题，注意，这个接口的名字是从客户的角度起的。它被

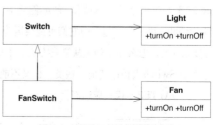

图33.2　扩展Switch的槽糕方法

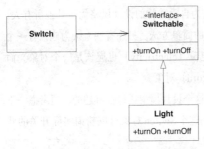

图33.3　使用抽象服务器模式解决台灯问题

称为Switchable而不是Light。我们在前面已经谈论过这个话题，并且可能还会再次遇到它。接口属于它的客户，而不属于它的派生类。客户端和接口之间的逻辑绑定关系要强于接口和它派生类之间的逻辑绑定关系。它们之间的关系强到如果没有Switchable就无法使用Switch；但是显然在没有Light的情况下，使用Switchable是合情合理的。逻辑绑定关系的强弱程度和实体（physical）绑定关系的强弱程度是不一致的。继承是一个比关联关系强得多的实体关系。

在20世纪90年代初期，我们一直认为实体关系支配一切。有很多名著都建议把继承层次结构一起放入同一个实体包（package）中。这似乎是合理的，因为继承是一种非常强的实体绑定关系。但是在最近10年，我们已经认识到继承的实体强度是一种误导，并且继承层次结构通常也不应该被打包到一起。相反，往往应该把客户端及其控制的接口打包在一起。

这种逻辑和实体绑定关系强弱程度的不一致是静态类型语言（如C#）的一个产物。动态类型的语言（如Smalltalk、Python和Ruby）就不会有这种不一致性，因为它们不用继承来实现多态行为。

适配器模式

图33.3中有一个设计问题。它可能违反了单一职责原则（SRP）。我们把Light和Switchable绑定在一起，而它们可能会因为不同的原因而改变。如果无法把继承关系加到Light上，怎么办？如果从第三方购买了Light，而我们没有源代码，怎么办？如果我们想让Switch去控制其他一些类，但又不能让它们从Switchable派生该，怎么办？适配器（ADAPTER）模式应运而生。[1]

1　我们已经在前面看到过适配器模式，请参见第10章中的图10.2和图10.3。

图33.4展示了使用适配器模式解决这个问题。适配器从Switchable派生并委托给Light，问题被优雅地解决了。现在，Switch可以控制任何能够被打开和关闭的对象。我们只需要创建一个合适的适配器。事实上，那个对象甚至不需要有和Switchable一样的turnOn方法和turnOff方法。适配器会将对象适配到接口上。

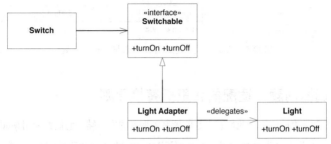

图33.4　使用适配器模式来解决台灯问题

使用适配器是有代价的。你需要写新的类，需要实例化适配器并且要绑定待适配的对象。然后，每次调用适配器，都必须要付出委托所需的时间和空间的代价。所以，你显然不想始终都去使用适配器。对大多数情况而言，抽象服务器模式就足够了。事实上，图33.1所示的方案就已经足够好了，除非你正好知道还有其他对象需要Switch来控制。

类形式的适配器

图33.4中的LightAdapter类称为"对象形式的适配器"。还有一种被称为"类形式"的适配器，如图33.5所示。在这种形式中，适配器对象同时继承（实现）了Switchable接口和Light类。这种形式比对象方式略微高效一些，也容易使用一些，但代价却是要使用高耦合的继承关系。

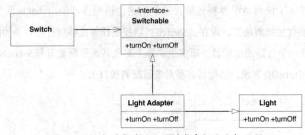

图33.5 用类型式的适配器模式来解决台灯问题

调制解调器问题、适配器和里氏替换原则

考虑一下图33.6中的情形。我们有大量的调制解调器的客户端，它们都使用Modem接口。Modem接口被几个派生类HayesModem、USRoboticsModem和ErniesModem实现。这是一种常见的方案，它很好地遵循了OCP、LSP和DIP。当增加新的调制解调器时，客户端程序不会受影响。假设这种情形持续了好几年，并且有成千上万的客户端程序都在愉快地使用着Modem接口。

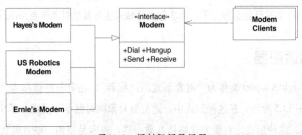

图33.6 调制解调器问题

现在，假设客户提出一个新的需求。有某些种类的调制解调器是不拨号的。它们被称为专用调制解调器，因为位于一条专线的两端[1]。现在有几个新的应用程序使用了这些

---

1 所有的调制解调器过去通常都是专用的。只是在后来，调制解调器才有了拨号能力。在以前，得从电话公司租用一个调制解调器并通过专线把它和另一个也从电话公司租用的调制解调器连接起来(那时，电话公司的生意不错)。如果想拨号，要从电话公司租用另一个称为自动拨号器的设备。

专用调制解调器，它们无需拨号。我们称这些使用者为DedUser。但是，客户希望当前所有的调制解调器的客户端程序都能使用这些专用调制解调器。他们不希望更改这么多调制解调器的客户端应用程序，所以完全可以让这些调制解调器的客户端程序去拨一些假（dummy）的电话号码。

如果能选择的话，我们会把系统的设计更改成如图33.7所示的样子。我们会遵循ISP把拨号和通信功能分离成两个不同的接口。原来的调制解调器实现这两个接口，而对应的客户端程序使用这两个接口。DedUser只使用Modem接口，而DedicatedModem只实现Modem接口。不幸的是，这样做只会要求我们更改所有的客户端程序——这是客户不允许的。

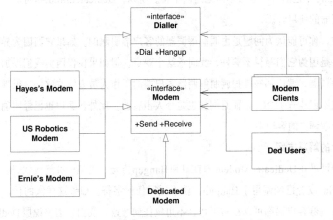

图33.7　调制解调器问题的理想解决方案

那么我们该怎么办呢？我们不能如愿分离接口，还得想办法让所有调制解调器的客户端使用DedicatedModem。一种可能的解决方案是让DedicatedModem从Modem派生，并把Dial和Hangup实现为空，就像下面这样：

```
class DedicatedModem : Modem
{
    public virtual void Dial(char phoneNumber[10]) {}
    public virtual void Hangup() {}
```

```
public virtual void Send(char c)
{...}
public virtual char Receive()
{...}
}
```

这两个退化函数暗示我们可能违反了LSP。基类的使用者可能期望Dial和Hangup明显地改变调制解调器的状态。DedicatedModem中的退化实现可能和这些期望背道而驰。

假设调制解调器客户端程序期望在调用Dial方法之前处于休眠状态并在调用Hangup时返回休眠状态。换句话说，它们不希望从没有拨号的调制解调器中收到任何字符。但DedicatedModem打破了这种期望，它会在调用Dial之前，就返回字符，并且在调用Hangup之后，仍然会不断地返回字符。所以，DedicatedModem可能会破坏某些调制解调器的使用者。

现在，你可能认为问题是由调制解调器的客户端引起的。如果它们因为异常的输入而崩溃，是因为它们写得不够好。我同意这个观点。但如果仅仅因为我们添加了一种新的调制解调器，就让那些维护调制解调器客户端的工作人员去修改软件，很难让他们信服的。这不但违背了OCP，而且同样也是令人沮丧的。此外，客户也已经明确禁止我们修改调制解调器的客户端。

凑合的解决方案

我们可以在DedicatedModem的Dial和Hangup方法中模拟一种连接状态。如果还没有调用Dial或者已经调用了Hangup，就不返回任何字符。如果这样做的话，那么所有的调制解调器客户端都可以正常工作且不用做任何修改。我们只需要说服DedUser调用Dial和Hangup，如图33.8所示。

你可能觉得这种做法会让那些正在实现DedUser客户端程序的人感到无比沮丧。他们明明在用DedicatedModem，为什么还要去调用Dial和Hangup呢？不过，他们的软件还没有开始写，所以很容易说服他们接照我们的想法做。

纠缠的依赖关系网

几个月之后，有了大量的DedUser，此时，客户提出一个新的变更。这些年来，我们的程序似乎都没有拨过国际长途电话。这就是为什么在Dial中使用char[10]而没有出问题的原因。但是现在客户希望能够拨打任意长度的电话号码。他们需要拨打国际长途电话、信用卡电话和 PIN 标识电话等。

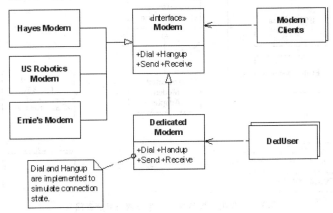

图33.8 通过东拼西凑的DedicatedModem模拟连接状态来解决调制解调器问题

  显然，所有调制解调器客户端程序都必须更改，因为写的时候是期望用 char[10] 表示电话号码的。客户同意对调制解调器的客户端程序进行更改，因为他们别无选择。我们把大量程序员加到这个任务中。同样显而易见的是，调制解调器层次结构中的类都必须更改以容纳新电话号码的长度。我们的小开发团队可以处理这个问题。糟糕的是，现在我们必须告诉写 DeUser 的人，让他们更改代码。你可以想象他们听到这个要求时该有多么"高兴"。他们本来是不用调用 Dial 的。他们之所以调用 Dial，是因为我们告诉他们必须这么做。现在好了，因为听信我们的要求，他们的维护成本却高了。

  这就是许多项目都会有的那种令人抓狂的混乱的依赖关系。系统中的勉强凑合引发了一连串有害的依赖关系，最终导致系统中完全无关的部分出现问题。

用适配器模式来解决

  如果用适配器模式解决最初的问题（图33.9），就可以避免这个严重的问题。在这种方案中，DedicatedModem 不从 Modem 继承。调制解调器客户端程序通过 DedicatedModemAdapter 间接使用 DedicatedModem。在这个适配器的 Dial 和 Hangup 的实现中模拟连接状态。它把 send 和 receive 调用委托给了 DedicatedModem。

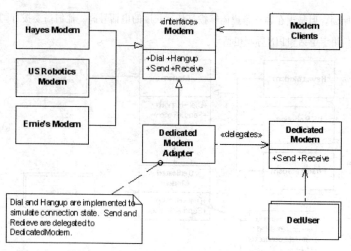

图33.9 使用适配器模式来解决调制解调器问题

请注意，这消除了我们以前遇到的所有困难。调制解调器的客户端程序看到的是它们期望的连接行为，并且DedUser也不必调用dial和hangup了。出现改变有关电话号码的需求时，DedUser不会受到任何影响。因此，通过在适当的位置放置适配器，我们修正了违反LSP和OCP的行为。

请注意，勉强凑合依然存在。适配器仍然要模拟连接状态。你可能认为这很丑陋，我当然同意你的观点。然而，请注意，所有的依赖关系都是从适配器发起的。东拼西凑的东西和系统是隔离的，它被藏入无人知晓的适配器中。只有在某处的某个工厂的实现中，才真的依赖这个适配器[1]。

桥接模式

我们看待这个问题还有另外一种方式。对专用调制解调器的需要给Modem类型层次结构添加了一种新的自由度。在最初构想Modem类型的时候，它只是一组不同硬件设备的接口。因此，我们让HayesModem、USRoboticsModem和ErniesModem从

---

1 请参见第29章。

基类Modem派生。但是，现在出现了另一种切分Modem的层次结构。我们可以让DialModem和DedicatedModem从Modem中派生。

如图33.10所示，把这两个独立的层次结构合并起来。类型层次结构的每一个叶子节点要么向它所控制的硬件提供拨号行为，要么提供专用行为。DedicatedHayesModem对象以专用的方式控制着Hayes品牌的调制解调器。

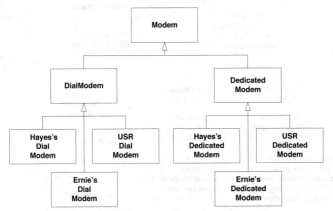

图33.10 通过合并类型层次结构来解决调制解调器问题

这并不是一种理想的结构。每增加一款新的硬件，必须新建两个类：一个针对专用的情况，一个针对拨号的情况。每增加一种新的连接类型，必须新建三个类来，分别对应不同的硬件。如果这两个自由度从根本上就不稳定，那么过不了多久，就会出现大量的派生类。

在类型层次结构有多个自由度的情况下，桥接模式一般很管用。我们可以把这些层次结构拆分后通过桥接结合起来，而不是把它们合并起来。

图33.11展示了这种结构。我们把调制解调器的层次结构分成两种：一种表示连接方法，另一种表示硬件。

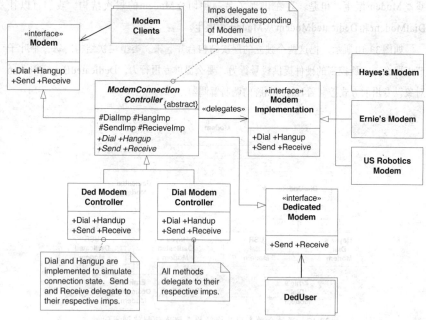

图33.11 使用桥接模式来解决调制解调器问题

调制解调器的使用者继续使用Modem接口，ModemConnectionController实现了Modem接口。ModemConnectionController的派生类控制着连接机制。DialModemController的dial方法和hangup方法只是简单调用基类ModemConnectionController的dialImp和hangImp方法。接着，这两个方法把调用委托给类ModemImplementation，它们在那里分派给适当的硬件控制器。DedModemController把dial和hangup实现为仿真连接状态。它的send方法和receive方法会转而调用sendImp和receiveImp，然后像以前一样委托给ModemImplementation层次结构。

请注意，ModemConnectionController基类中的4个imp函数都是受保护的（protected）。这是因为它们只供ModemConnectionController的派生类使用。其他任何类都不会调用它们。

这个结构虽然复杂，但很有趣。创建它不会影响调制解调器的使用者，而且还完全分离了连接策略和硬件实现。ModemConnectionController的每个派生类都代表一种新的连接策略。这个策略的实现中可以使用基类的sendImp、receiveImp、dialImp和hangImp方法。增加新的imp方法不会影响使用者。我们可以用ISP给连接控制类添加新的接口。

这种做法可以创建一条迁移路径，调制解调器的客户端程序可以沿着这条路径慢慢得到一个比Dial和Hangup层次更高的API。

小结

有人可能想说，Modem场景下的真正问题是最初的设计者搞错了。他们本该知道连接和通信是不同的概念。如果他们稍稍多做一些分析，就会发现问题并及时改正。所以，很容易得出结论，这个问题的根源在于分析不充分。

简直是胡说！根本不存在"**分析充分**"这样的境界。无论花多少时间试图去找完美的软件结构，客户总会引入一个变化点来打破这种结构。

这种情况无法避免。完美的结构？不存在的。只存在那些尝试平衡当前的代价和收益的结构。随着时间的流逝，这些结构肯定会随着系统需求的变化而变化。管理这种变化的诀窍就是尽可能地保持系统简单、灵活。

适配器模式简单直接。它让所有的依赖都指向正确的方向，并且实现起来非常简单。桥接模式稍微有点复杂。我建议在开始的时候不要使用桥接模式，直到明显看到需要完全分离连接策略和通信策略，而且需要新增连接策略的时候，才采用这种方法。

像往常一样，这里要讲的是，模式既可以带来好处又伴随着代价。我们应该使用那些最适合手头问题的模式。

参考文献

[GOF1995] Erich Gamma, Richard Helm, Ralph Johnson, and John Vlissides, *Design Patterns: Elements of Reusable Object-Oriented Software*, Addison-Wesley, 1995.

第34章

代理模式和TDG模式：管理第三方API

"夫人，我在努力用石头刀和熊皮做一个存储卡。"

——斯波克（Spock），《星际迷航》中的船长

　　软件系统中存在很多障碍。把数据从程序移到数据库中时，要跨越数据库障碍。把消息从一台计算机发送到另一台计算机时，就是在跨越网络障碍。

　　跨越这些障碍可能很复杂。如果不小心，那么我们的软件就更多是在处理障碍问题，而不是本来要解决的问题。本章中的模式会帮助我们在跨越这些障碍的同时，仍然保持程序聚焦于要解决的问题本身。

代理模式

假设我们为一个网站写个购物车系统。这样的系统有一些关于客户、订单（购物车）及订单上的商品列表等对象。图34.1展示了一种可能的结构。这个结构虽然简单，但符合我们的目的。

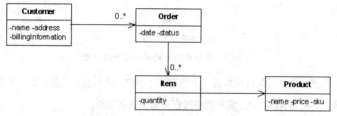

图34.1 简易版购物车的对象模型

如果我们考虑向订单中添加新的商品条目，就可能会得到代码清单34.1中的代码。Order类的AddItem方法只创建了一个新的Item，这个Item包含适当的Product和商品数量。然后，它把这个Item添加到自己内部的ArrayList中。

代码清单34.1 向对象模型中添加一个商品条目

```
public class Order
{
    private ArrayList items = new ArrayList();

    public void AddItem(Product p, int qty)
    {
        Item item = new Item(p, qty);
        items.Add(item);
    }
}
```

现在，假设这些对象所代表的数据保存在一个关系型数据库中。图34.2展示了可能代表这些对象的表和键。为了获取一个指定客户的订单，你可以通过这个客户的 cusid 查出所有的订单。为了获取指定订单中所有的商品条目，你可以通过该订单的 orderId 查出所有的商品条目。为了获取商品条目上所有的商品，得使用商品的 sku (store keeping unit）信息。

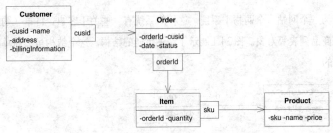

图34.2 购物车应用的关系型数据模型

如果想把一个商品条目添加到一个特定的订单中，我们会用类似代码清单34.2中的代码。该代码使用ADO.NET调用直接操作关系型数据模型。

代码清单34.2 向关系型数据模型中添加一个条目

```
public class AddItemTransaction : Transaction
{
  public void AddItem(int orderId, string sku, int qty)
  {
    string sql ="insert into items values(" +
      orderId +"," + sku +"," + qty +")";
    SqlCommand command = new SqlCommand(sql, connection);
    command.ExecuteNonQuery();
  }
}
```

虽然这两个代码片段非常不同，但它们执行的却是同一个逻辑，都是把商品条目和订单联系起来。第一个忽略了数据库的存在，而第二个则完全依赖于数据库。

显然，购物车程序就是关于订单、商品条目和商品本身的。糟糕的是，如果我们使用代码清单34.2中的代码，就得关注SQL语句、数据库连接以及勉强凑合的查询字符串。这严重违反了SRP，并且还可能违反CCP。代码清单34.2把因不同原因而修改的两个概念混合到一起。它把商品条目、订单的概念和关系型模式（schema）以及SQL的概念混合在一起。无论任何原因导致其中的一个概念需要更改，另一个概念都会受到影响。代码清单34.2也违反了DIP，因为程序的策略依赖于存储机制的细节。

代理模式是解决这些问题的一种方法。为了说明这一点，我们来写一个测试程序，该测试中创建了一个订单并且计算该订单的总价。代码清单34.3展示了这个程序中最重要的部分。

代码清单34.3　创建订单并检验订单总价的正确性的测试

```
[Test]
public void TestOrderPrice()
{
  Order o = new Order("Bob");
  Product toothpaste = new Product("Toothpaste", 129);
  o.AddItem(toothpaste, 1);
  Assert.AreEqual(129, o.Total);
  Product mouthwash = new Product("Mouthwash", 342);
  o.AddItem(mouthwash, 2);
  Assert.AreEqual(813, o.Total);
}
```

代码清单34.4到代码清单34.6展示了可以通过上述测试的简单代码实现。它使用了图34.1中的简单对象模型。它没有考虑数据库的存在。

代码清单34.4　Order.cs

```
public class Order
{
  private ArrayList items = new ArrayList();

  public Order(string cusid)
  {
  }

  public void AddItem(Product p, int qty)
  {
    Item item = new Item(p, qty);
    items.Add(item);
  }

  public int Total
  {
    get
    {
      int total = 0; foreach (Item item in items)
```

```
        {
          Product p = item.Product;
          int qty = item.Quantity;
          total += p.Price * qty;
        }
        return total;
      }
    }
  }
```

代码清单34.5 Product.cs

```csharp
public class Product
{
  private int price;

  public Product(string name, int price)
  {
    this.price = price;
  }

  public int Price
  {
    get { return price; }
  }
}
```

代码清单34.6 Item.cs

```csharp
public class Item
{
  private Product product;
  private int quantity;

  public Item(Product p, int qty)
  {
    product = p;
    quantity = qty;
  }

  public Product Product
  {
    get { return product; }
```

```
  }

  public int Quantity
  {
    get { return quantity; }
  }
}
```

图34.3和图34.4展示了代理模式的工作原理。每个要被代理的对象都被分成3个部分。第一部分是一个接口，该接口中声明了客户端要调用的所有方法。第二部分是一个类，该类在不涉及数据库逻辑的情况下实现了接口中的所有方法。第三部分是一个知晓数据库的代理。

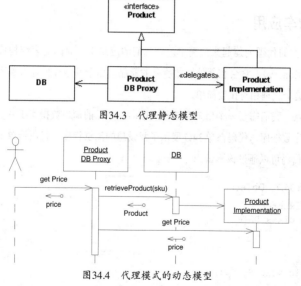

图34.3　代理静态模型

图34.4　代理模式的动态模型

考虑一下Product类。我们用一个接口实现对它的代理。这个接口里有Product类中的所有方法。ProductImplementation类几乎和以前一样精确地实现这个接口。ProductDBProxy实现了Product中所有的方法，这些方法从数据库中取出商品，创建出一个ProductImplementation的实例，然后再把消息委托给这个实例。

图34.4中的时序图（sequencediagram）展示了代码的工作原理。客户向它以为是Product但实际是ProductDBProxy的一个对象发送了Price消息。ProductDBProxy从数据库中获取ProductImplementation，然后把Price属性委托给它。

客户端和ProductImplementation都不知道发生了什么事情。这两者都不知道的情况下，数据库被插入应用程序。这正是代理模式的优点。理论上，它可以在两个协作的对象都不知道的情况下插入其中。因此，在不影响任何一个参与者的前提下，它可以跨越像数据库或者网络这样的障碍。

事实上，使用代理并不简单。为了能够认识到具体存在的问题，我们试着在简易版购物车应用中使用代理模式。

代理购物车应用

Product类的代理创建起来最简单。在我们的应用中，商品的表结构代表一个简单的字典（dictionary）。它会在某处装载所有的商品。由于其他任何地方都不操作这个表结构，所以这个代理相对比较简单。

作为起点，我们需要一个用来存储和获取商品数据的简单数据库工具类。代理使用这个接口操作数据库。代码清单34.7展示了我设想的测试程序。代码清单34.8和代码清单34.9中的代码可以通过该测试。

代码清单34.7 DbTest.cs

```
[TestFixture]
public class DBTest
{

  [SetUp]
  public void SetUp()
  {
    DB.Init();
  }

  [TearDown]
  public void TearDown()
  {
```

```
    DB.Close();
  }

  [Test]
  public void StoreProduct()
  {
    ProductData storedProduct = new ProductData();
    storedProduct.name ="MyProduct";
    storedProduct.price = 1234;
    storedProduct.sku ="999";
    DB.Store(storedProduct);
    ProductData retrievedProduct =
      DB.GetProductData("999");
    DB.DeleteProductData("999");
    Assert.AreEqual(storedProduct, retrievedProduct);
  }
}
```

代码清单 34.8 ProductData.cs

```
public class ProductData
{
  private string name;
  private int price;
  private string sku;

  public ProductData(string name,
  int price, string sku)
  {
    this.name = name;
    this.price = price;
    this.sku = sku;
  }
  public ProductData() { }

  public override bool Equals(object o)
  {
    ProductData pd = (ProductData)o;
    return name.Equals(pd.name) &&
```

```
      sku.Equals(pd.sku) &&
      price == pd.price;
  }

  public override int GetHashCode()
  {
    return name.GetHashCode() ^
      sku.GetHashCode() ^
      price.GetHashCode();
  }
}
```

代码清单34.9　Db.cs

```
public class Db
{
  private static SqlConnection connection;

  public static void Init()
  {
    string connectionString =
     "Initial Catalog=QuickyMart;" +
     "Data Source=marvin;" +
     "user id=sa;password=abc;";
    connection = new SqlConnection(connectionString);
    connection.Open();
  }

  public static void Store(ProductData pd)
  {
    SqlCommand command = BuildInsertionCommand(pd);
    command.ExecuteNonQuery();
  }

  private static SqlCommand
    BuildInsertionCommand(ProductData pd)
  {
    string sql =
   "INSERT INTO Products VALUES (@sku, @name, @price)";
    SqlCommand command = new SqlCommand(sql, connection);
    command.Parameters.Add("@sku", pd.sku);
```

```
  command.Parameters.Add("@name", pd.name);
  command.Parameters.Add("@price", pd.price);
  return command;
}

public static ProductData GetProductData(string sku)
{
  SqlCommand command = BuildProductQueryCommand(sku);
  IDataReader reader = ExecuteQueryStatement(command);
  ProductData pd = ExtractProductDataFromReader(reader);
  reader.Close();
  return pd;
}

private static
SqlCommand BuildProductQueryCommand(string sku)
{
  string sql ="SELECT * FROM Products WHERE sku = @sku";
  SqlCommand command = new SqlCommand(sql, connection);
  command.Parameters.Add("@sku", sku);
  return command;
}

private static ProductData
  ExtractProductDataFromReader(IDataReader reader)
{
  ProductData pd = new ProductData();
  pd.Sku = reader["sku"].ToString();
  pd.Name = reader["name"].ToString();
  pd.Price = Convert.ToInt32(reader["price"]);
  return pd;
}

public static void DeleteProductData(string sku)
{
  BuildProductDeleteStatement(sku).ExecuteNonQuery();
}

private static SqlCommand
BuildProductDeleteStatement(string sku)
{
  string sql ="DELETE from Products WHERE sku = @sku";
```

```
    SqlCommand command = new SqlCommand(sql, connection);
    command.Parameters.Add("@sku", sku);
    return command;
}

private static IDataReader
ExecuteQueryStatement(SqlCommand command)
{
    IDataReader reader = command.ExecuteReader();
    reader.Read();
    return reader;
}

public static void Close()
{
    connection.Close();
}
}
```

接下来，我们写一个测试来展示一下代理是如何工作的。这个测试向数据库中添加了一个商品。然后，它创建一个具有被存储商品sku的ProductProxy并且尝试使用Product的访问方法（accessor）从代理中获取数据，参见代码清单34.10。

代码清单34.10 ProxyTest.cs

```
[TestFixture]
public class ProxyTest
{
    [SetUp]
    public void SetUp()
    {
        Db.Init();
        ProductData pd = new ProductData();
        pd.sku ="ProxyTest1";
        pd.name ="ProxyTestName1";
        pd.price = 456;
        Db.Store(pd);
    }
```

```
[TearDown]
public void TearDown()
{
  Db.DeleteProductData("ProxyTest1");
  Db.Close();
}

[Test]
public void ProductProxy()
{
  Product p = new ProductProxy("ProxyTest1");
  Assert.AreEqual(456, p.Price);
  Assert.AreEqual("ProxyTestName1", p.Name);
  Assert.AreEqual("ProxyTest1", p.Sku);
}
}
```

为了让这种方法可行，我们必须把Product的接口和它的实现分离。所以我把
Product更改成了一个接口并且创建了实现该接口的ProductImp，参见代码清单34.11和
代码清单34.12。这迫使我去修改TestShoppingCart（该测试没有在此显示），使之使用
ProductImp而不是Product。

代码清单34.11 Product.cs

```
public interface Product
{
  int Price {get;}
  string Name {get;}
  string Sku {get;}
}
```

代码清单34.12 ProductImp.cs

```
public class ProductImpl : Product
{
  private int price;
  private string name;
```

```
    private string sku;

    public ProductImpl(string sku, string name, int price)
    {
      this.price = price;
      this.name = name;
      this.sku = sku;
    }

    public int Price
    {
      get { return price; }
    }

    public string Name
    {
      get { return name; }
    }

    public string Sku
    {
      get { return sku; }
    }
}
```

代码清单34.13 ProductProxy.cs

```
public class ProductProxy : Product
{
  private string sku;

  public ProductProxy(string sku)
  {
    this.sku = sku;
  }

  public int Price
  {
    get
    {
      ProductData pd = Db.GetProductData(sku);
      return pd.price;
    }
```

```
  }

  public string Name
  {
    get
    {
      ProductData pd = Db.GetProductData(sku);
      returnpd.name;
    }
  }

  public string Sku
  {
    get { return sku; }
  }
}
```

这个代理的实现非常简单。事实上，它和图34.3以及图34.4展示的模式的规范形式并不完全匹配。这个结果有点出乎意料。我原本想要实现代理模式，但当这个实现最终完成时，规范的模式就没有意义了。

如下所示，在规范模式中，ProductProxy会在每一个方法中都创建一个ProductImp，然后再把那个方法委托给ProductImp。

```
public int Price
{
  get
  {
    ProductData pd = Db.GetProductData(sku);
    ProductImpl p =
    new ProductImpl(pd.Name, pd.Sku, pd.Price);
    return pd.Price;
  }
}
```

ProductImp的创建对程序员和计算机资源来说完全是种浪费。ProductProxy已经有了从ProductImpl的访问方法会返回的数据。所以创建ProductImp再委托给它的做法没有必要。这也是另一个例子，看看代码是如何引导你偏离期望的模式和模型的。

请注意，代码清单34.13中ProductProxy的getSku方法在这个问题上更进了一步。

它根本就没有从数据库中获取sku。它之所以可以这么做，是因为它已经有了sku。

你可能认为ProductProxy的实现非常低效。在每个访问方法中，它都要使用数据库。如果把ProductData的条目进行缓存从而避免访问数据库是不是会更好一些呢？

虽然这个更改非常简单，但促使我们这样做的唯一动机来源于我们的恐惧。此时，还没有数据显示出这个程序有性能问题。此外，数据库引擎本身也会做一些缓存处理。所以建立自己的缓存为我们带来的好处并不明显。在做这些麻烦的工作之前，我们应该保持等待，直到我们看到有性能问题的迹象。

下一步，我们创建Order的代理。每个Order实例都包含许多Item实例。在关系型模式（schema）下（图34.2），这个关系保存在Item表中。Item表的每一行中都包含Order的键值。然而，在对象模型中，这个关系是用Order中的ArrayList实现的，参见代码清单34.4。代理必须以某种方法在这两种形式间进行转换。

我们先写一个测试，让代理必须通过。这个测试先往数据库中添加几件虚构的商品。然后获取这些商品的代理，并使用它们去调用OrderProxy的addItem方法。最后，它向OrderProxy索求总价，参见代码清单34.14。这个测试用例是想展示一下OrderProxy有和Order类似的行为，只不过从数据库而不是内存中获取数据。

代码清单34.14　ProxyTest.cs

```
[Test]
public void OrderProxyTotal()
{
  Db.Store(new ProductData("Wheaties", 349,"wheaties"));
  Db.Store(new ProductData("Crest", 258,"crest"));
  ProductProxy wheaties = new ProductProxy("wheaties");
  ProductProxy crest = new ProductProxy("crest");
  OrderData od = Db.NewOrder("testOrderProxy");
  OrderProxy order = new OrderProxy(od.orderId);
  order.AddItem(crest, 1);
  order.AddItem(wheaties, 2);
  Assert.AreEqual(956, order.Total);
}
```

为了通过这个测试用例，我们必须实现几个新的类和方法。首先要解决的是DB中的NewOrder方法。看起来这个方法好像返回了一个称为OrderData的类的实例。

OrderData和ProductData类似，它代表了Order数据表中的一行简单的数据结构。代码清单34.15展示了这种结构。

代码清单34.15　OrderData.cs

```
public class OrderData
{
  public string customerId;
  public int orderId;

  public OrderData() { }

  public OrderData(int orderId, string customerId)
  {
    this.orderId = orderId;
    this.customerId = customerId;
  }
}
```

不要抗拒使用公共的数据成员。这本来就不是一个真正意义上的对象，它只是一个数据的容器，没有什么有意义的行为需要封装。让数据变量私有并提供获取和设置方法完全是画蛇添足。

现在，我们需要写DB的newOrder函数。请注意，我们在代码清单34.14中调用它时，提供了拥有其客户的ID，却没有提供orderId。每个Order都需要一个orderId作为它的键值。此外，在关系型模式中，每个Item都引用一个orderId依次表明它和Order之间的联系。显然，orderId必须是唯一的。如何创建呢？我们写个测试来表明我们的意图，参见代码清单34.16。

代码清单34.16　DBTest.cs

```
[Test]
public void OrderKeyGeneration()
{
  OrderData o1 = Db.NewOrder("Bob");
  OrderData o2 = Db.NewOrder("Bill");
  int firstOrderId = o1.orderId;
  int secondOrderId = o2.orderId;
  Assert.AreEqual(firstOrderId + 1, secondOrderId);
}
```

这个测试表明, 我们期望每次新建一个Order时, orderId都会以某种方法自动加1。这很容易实现。让SqlServer生成下一个orderId即可; 我们可以通过调用数据库方法scope_identity()得到这个值, 参见代码清单34.17。

代码清单34.17 DB.cs

```
public static OrderData NewOrder(string customerId)
{
  string sql ="INSERT INTO Orders(cusId) VALUES(@cusId);" +
  "SELECT scope_identity()";
  SqlCommand command = new SqlCommand(sql, connection);
  command.Parameters.Add("@cusId", customerId);
  int newOrderId = Convert.ToInt32(command.ExecuteScalar());
  return new OrderData(newOrderId, customerId);
}
```

现在, 我们可以开始写OrderProxy了。和Product一样, 我们需要把Order的接口和实现分开, 所以Order变成接口, 而OrderImp变成了实现, 参见代码清单34.18和代码清单34.19。

代码清单34.18 Order.cs

```
public interface Order
{
  string CustomerId { get; }
  void AddItem(Product p, int quantity);
  int Total { get; }
}
```

代码清单34.19 OrderImp.cs

```
public class OrderImp : Order
{
  private ArrayList items = new ArrayList();
  private string customerId;

  public OrderImp(string cusid)
  {
    customerId = cusid;
  }
```

```
public string CustomerId
{
  get { return customerId; }
}

public void AddItem(Product p, int qty)
{
  Item item = new Item(p, qty);
  items.Add(item);
}

public int Total
{
  get
  {
    int total = 0; foreach (Item item in items)
    {
      Product p = item.Product;
      int qty = item.Quantity;
      total += p.Price * qty;
    }
    return total;
  }
}
```

　　如何在代理中实现addItem方法呢？显然，代理不能委托给OrderImp.AddItem！相反，代理必须要往数据库中插入一个Item行。另外，我非常想把OrderProxy.Total委托给OrderImp.Total，因为我想把业务规则（也就是计算总价的策略）封装到OrderImp里。代理的创建完全是为了分离数据库和业务规则。

　　为了委托Total属性，代理必须构建完整的Order对象及其包含的所有Item。因此，在OrderProxy.Total中，我们必须要从数据库中读入所有的Item，把找到的每一个Item都添加到空的OrderImp中（通过调用其AddItem方法），然后调用这个OrderImp的Total方法。这样，OrderProxy的实现看上去就像代码清单34.20。

代码清单34.20　OrderProxy : Order

```
public class OrderProxy : Order
{
```

```csharp
private int orderId;

public OrderProxy(int orderId)
{
  this.orderId = orderId;
}

public int Total
{
  get
  {
    OrderImp imp = new OrderImp(CustomerId);
    ItemData[] itemDataArray = Db.GetItemsForOrder(orderId);
    foreach (ItemData item in itemDataArray)
      imp.AddItem(new ProductProxy(item.sku), item.qty);
    return imp.Total;
  }
}

public string CustomerId
{
  get
  {
    OrderData od = Db.GetOrderData(orderId);
    return od.customerId;
  }
}

public void AddItem(Product p, int quantity)
{
  ItemData id =
  new ItemData(orderId, quantity, p.Sku);
  Db.Store(id);
}

public int OrderId
{
  get { return orderId; }
}
}
```

这意味着还需要一个ItemData类和几个操作ItemData行的DB函数。代码清单

34.21到代码清单34.23展示了这些代码。

代码清单34.21 ItemData.cs

```csharp
public class ItemData
{
  public int orderId;
  public int qty;
  public string sku ="junk";

  public ItemData() { }
  public ItemData(int orderId, int qty, string sku)
  {
    this.orderId = orderId;
    this.qty = qty;
    this.sku = sku;
  }

  public override bool Equals(Object o)
  {
    if (o is ItemData)
    {
      ItemData id = o as ItemData;
      return orderId == id.orderId &&
      qty == id.qty &&
      sku.Equals(id.sku);
    }
    return false;
  }
}
```

代码清单34.22 DBTest.cs

```csharp
[Test]
public void StoreItem()
{
  ItemData storedItem = new ItemData(1, 3,"sku");
  Db.Store(storedItem);
  ItemData[] retrievedItems = Db.GetItemsForOrder(1);
  Assert.AreEqual(1, retrievedItems.Length);
  Assert.AreEqual(storedItem, retrievedItems[0]);
}
```

```
[Test]
public void NoItems()
{
  ItemData[] id = Db.GetItemsForOrder(42);
  Assert.AreEqual(0, id.Length);
}
```

代码清单34.23 DB.cs

```
public static void Store(ItemData id)
{
  SqlCommand command = BuildItemInsersionStatement(id);
  command.ExecuteNonQuery();
}

private static SqlCommand
  BuildItemInsersionStatement(ItemData id)
{
  string sql ="INSERT INTO Items(orderId,quantity,sku)" +
 "VALUES (@orderID, @quantity, @sku)";
  SqlCommand command = new SqlCommand(sql, connection);
  command.Parameters.Add("@orderId", id.orderId);
  command.Parameters.Add("@quantity", id.qty);
  command.Parameters.Add("@sku", id.sku);
  return command;
}

public static ItemData[] GetItemsForOrder(int orderId)
{
  SqlCommand command =
  BuildItemsForOrderQueryStatement(orderId);
  IDataReader reader = command.ExecuteReader();
  ItemData[] id = ExtractItemDataFromResultSet(reader);
  reader.Close();
  return id;
}

private static SqlCommand
  BuildItemsForOrderQueryStatement(int orderId)
{
  string sql ="SELECT * FROM Items" +
 "WHERE orderid = @orderId";
```

```
  SqlCommand command = new SqlCommand(sql, connection);
  command.Parameters.Add("@orderId", orderId);
  return command;
}

private static ItemData[]
  ExtractItemDataFromResultSet(IDataReader reader)
{
  ArrayList items = new ArrayList();
  while (reader.Read())
  {
    int orderId = Convert.ToInt32(reader["orderId"]);
    int quantity = Convert.ToInt32(reader["quantity"]);
    string sku = reader["sku"].ToString();
    ItemData id = new ItemData(orderId, quantity, sku);
    items.Add(id);
  }
  return (ItemData[])items.ToArray(typeof(ItemData));
}

public static OrderData GetOrderData(int orderId)
{
  string sql ="SELECT cusid FROM orders" +
 "WHERE orderid = @orderId";
  SqlCommand command = new SqlCommand(sql, connection);
  command.Parameters.Add("@orderId", orderId);
  IDataReader reader = command.ExecuteReader();
  OrderData od = null;
  if (reader.Read())
    od = new OrderData(orderId, reader["cusid"].ToString());
  reader.Close();
  return od;
}

public static void Clear()
{
  ExecuteSql("DELETE FROM Items");
  ExecuteSql("DELETE FROM Orders");
  ExecuteSql("DELETE FROM Products");
}

private static void ExecuteSql(string sql)
```

```
    {
        SqlCommand command = new SqlCommand(sql, connection);
        command.ExecuteNonQuery();
    }
```

小结

这个例子应该已经消除了所有关于使用代理是优雅和简单的错误认知。使用代理是有代价的。规范模式中所隐含的简单委托模型很少能够优雅地实现。相反，我们会经常避免不必要的getter和setter。对于那些管理一对多关系的方法，我们会推迟委托并把它移到其他方法中，就像把对AddItem的委托移入Total方法一样。最后，我们还要面临缓存的困扰。

在本例中，我们没有进行任何缓存。所有测试都在一秒钟内运行完毕，所以无需过多担心性能问题。但在真实的应用当中，性能问题和智能缓存机制就很有可能需要考虑。我不赞成因为担心性能降低就机械地实现缓存策略的做法。事实上，我发现过早添加缓存反而会导致性能降低。如果担心性能可能出问题，我建议你做一些试验证明它确实是个问题。当且仅当问题得以证实，才考虑怎么提速。

虽然代理模式有很多讨厌的问题，但它们有一个非常强大的好处：分离关注点（separation of concerns）。在我们的例子中，业务规则和数据库会被完全分开。OrderImp对数据库没有任何依赖。如果想要更改数据库模式或者数据库引擎，我们可以在不影响Order、OrderImp以及任何其他业务领域类的情况下完成这些操作。

在那些业务规则和数据库实现分离非常重要的场景，代理模式非常有用。就此而言，代理模式可以用来分离业务规则和任何种类的实现问题。它可以用来防止业务规则受到COM、CORBA、EJB等具体实现污染。这是当前流行的一种保持项目的业务规则逻辑（项目的资产）和实现机制分离的方法。

处理数据库、中间件以及其他第三方接口

在实际工作中，软件工程师肯定会用到第三方API。我们会购买数据库引擎、中间件引

擎、类库和线程库等。一开始，我们通过在应用程序中直接调用这些API的方式去使用它们（图34.5）。

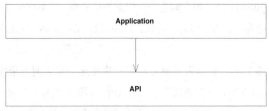

图34.5 应用程序和第三方API最初的关系

然而，随着时间的推移，我们发现应用程序已经越来越受到这样的API调用所污染。例如，在一个数据库应用程序中，我们会发现越来越多的SQL字符串把那些包含业务规则的代码弄得一团糟。

一旦第三方API发生变化，这就变成了问题。对数据库应用而言，一旦数据库模式发生改变，也会成为问题。随着新版本的API和数据库模式的发布，越来越多的应用程序代码需要改写以适应这些变化。

最终，开发者决定必须把这些变化隔离起来。因此，他们想到用一个层（layer）来隔离应用业务规则和第三方API（图34.6）。他们把所有用到的第三方API的代码以及与API相关但和业务规则无关的概念都集中到这一层。

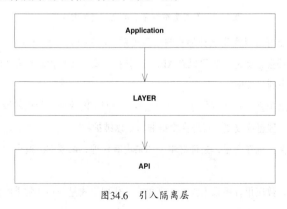

图34.6 引入隔离层

这种层有时可以购买，比如ADO.NET。它们分离了应用程序代码和实际的数据库引擎。当然，它们本身也是第三方API，所以，应用也可能需要和它们隔离开。

请注意，Application和API之间有一个传递依赖关系。在某些应用程序中，这种间接的依赖关系依然有可能引发问题。例如，JDBC就没有把应用和数据库模式的细节隔离开。

为了更进一步隔离，我们需要倒置应用程序和这一层之间的依赖关系（参见图34.7）。这就让应用程序完全不依赖于第三方API，不管是直接的还是间接的依赖。在数据库的应用中，它就让应用程序无需知晓数据库模式的知识。而在中间件引擎的例子中，它让应用程序不需要知道任何中间件处理器所使用的数据类型。

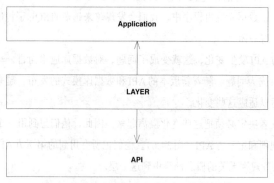

图34.7 倒置应用程序和层之间的依赖关系

代理模式正好可以实现这种形式的依赖关系（图34.8）。应用程序完全不会依赖代理。相反，代理会依赖应用程序以及API。这就把所有关于应用程序和API之间映射关系的知识都集中到代理中。

集中处理这类知识意味着代理会成为噩梦。一旦API改变，代理就得改变；一旦应用程序改变，代理也要改变。代理会变得非常难以维护。

知道噩梦会出现在哪里，是件好事。如果没有代理，噩梦就会遍布到应用程序代码的每个角落。

不过，大多数应用程序都不需要代理模式。代理模式是一种非常重的解决方案。每次看到有人用代理方案，我一般都建议去掉，采用一些简单的方案。但有一些情况，代理所提供的应用程序和API的极端分离是有益的。这些情况几乎总是出现在那些遭受频繁数据库模式和API变更的超大型系统，或者可以运行在许多不同数据库引擎或中间件引擎之上的系统中。

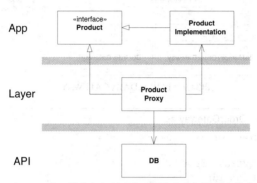

图34.8 代理模式如何倒置应用程序和层之间的依赖关系

TDG模式

代理模式是一个很难用的模式，并且对大多数应用来说都过重。除非确信必须绝对隔离开业务规则和数据库模式，否则我不会使用它。一般来说，代理模式提供的这种绝对的隔离是不必要的。业务规则和数据库模式之间的一点耦合是可以忍受的。TDG（TABLE DATA GATEWAY）是这样的模式，它可以提供足够的隔离但是又没有代理模式的代价。这个模式也称为数据访问对象（DAO），它为针对我们希望储存到数据库中的每种对象都提供一个专门的FAÇADE（图34.9）。

OrderGateway（代码清单34.24）是一个接口，应用程序用它来访问Order对象的持久化层。该接口有一个用来持久化新Order的Insert方法以及一个用来获取已经持久化的Order的Find方法，

DbOrderGateway（代码清单34.25）实现了OrderGateway，它在对象模型和关系数据库之间搬移Order实例。它有一个到SqlServer实例的连接，并使用和前面PROXY例

子中相同的数据库模式[1]。

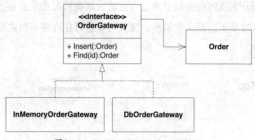

图34.9 TABLE DATA GATEWAY

代码清单34.24 OrderGateway.cs

```
public interface OrderGateway
{
  void Insert(Order order);
  Order Find(int id);
}
```

代码清单34.25 DbOrderGateway.cs

```
public class DbOrderGateway : OrderGateway
{
private readonly ProductGateway productGateway;
  private readonly SqlConnection connection;

  public DbOrderGateway(SqlConnection connection,
                        ProductGateway productGateway)
  {
    this.connection = connection;
    this.productGateway = productGateway;
  }


  public void Insert(Order order)
```

---

1 说实话，我很讨厌目前主流平台中的数据库访问系统。先构建出SQL字符串再执行它们，这样的思路非常混乱、复杂。SQL本来是供人读和写的，但我们现在却要写程序去生成它们并让数据库引擎去分析和解释，这让人感到遗憾。我们可以（也本应）找到一种更为直接的方式。有许多团队使用了如NHibernate这样的持久化框架来隐藏那些最晦涩难懂的SQL操作，这很不错。但是，这些框架所隐藏的，其实是应该被消除的。

```
{
  string sql ="insert into Orders (cusId) values (@cusId)" +
    "; select scope_identity()";
  SqlCommand command = new SqlCommand(sql, connection);
  command.Parameters.Add("@cusId", order.CustomerId);
  int id = Convert.ToInt32(command.ExecuteScalar());
  order.Id = id;

  InsertItems(order);
}
public Order Find(int id)
{
  string sql =
    "select * from Orders where orderId = @id";
  SqlCommand command = new SqlCommand(sql, connection);
  command.Parameters.Add("@id", id);
  IDataReader reader = command.ExecuteReader();

  Order order = null;
  if (reader.Read())
  {
    string customerId = reader["cusId"].ToString();
    order = new Order(customerId);
    order.Id = id;
  }
  reader.Close();

  if (order != null)
    LoadItems(order);

  return order;
}

private void LoadItems(Order order)
{
  string sql =
    "select * from Items where orderId = @orderId";
  SqlCommand command = new SqlCommand(sql, connection);
  command.Parameters.Add("@orderId", order.Id);
  IDataReader reader = command.ExecuteReader();

  while (reader.Read())
```

```
  {
    string sku = reader["sku"].ToString();
    int quantity = Convert.ToInt32(reader["quantity"]);
    Product product = productGateway.Find(sku);
    order.AddItem(product, quantity);
  }
}

private void InsertItems(Order order)
{
  string sql ="insert into Items (orderId, quantity, sku)" +
  "values (@orderId, @quantity, @sku)";

  foreach (Item item in order.Items)
  {
    SqlCommand command = new SqlCommand(sql, connection);
    command.Parameters.Add("@orderId", order.Id);
    command.Parameters.Add("@quantity", item.Quantity);
    command.Parameters.Add("@sku", item.Product.Sku);
    command.ExecuteNonQuery();
  }
}
}
```

OrderGateway 的另一个实现是 InMemoryOrderGateway（代码清单34.26）。和 ObOrderGateway 一样，InMemoryOrderGateway 也会存储和获取 Order，但它是用 Hashtable 把数据存储在内存中的。把数据持久化在内存中听起来很愚蠢，因为应用退出时所有数据都会丢失。但是，我们在后面将会看到，这种做法对测试来说非常有价值。

代码清单34.26　InMemoryOrderGateway.cs

```
public class InMemoryOrderGateway : OrderGateway
{
  private static int nextId = 1;
  private Hashtable orders = new Hashtable();

  public void Insert(Order order)
  {
    orders[nextId++] = order;
  }
```

```
public Order Find(int id)
{
    return orders[id] as Order;
}
}
```

我们还有一个ProductGateway接口（代码清单34.27）以及它的DB实现（代码清单34.28）和内存实现（代码清单34.29）。虽然我们也可以定义一个ItemGateway来访问Item表中的数据，但这不是必需的。应用并不关心脱离Order语境的Item，因此DbOrderGateway同时处理的是数据库模式中的Oder表和Item表。

代码清单34.27　ProductGateway.cs

```
public interface ProductGateway
{
    void Insert(Product product);
    Product Find(string sku);
}
```

代码清单34.28　DbProductGateway.cs

```
public class DbProductGateway : ProductGateway
{
    private readonly SqlConnection connection;

    public DbProductGateway(SqlConnection connection)
    {
        this.connection = connection;
    }

    public void Insert(Product product)
    {
        string sql ="insert into Products (sku, name, price)" +
            "values (@sku, @name, @price)";
        SqlCommand command = new SqlCommand(sql, connection);
        command.Parameters.Add("@sku", product.Sku);
        command.Parameters.Add("@name", product.Name);
        command.Parameters.Add("@price", product.Price);
        command.ExecuteNonQuery();
    }
```

```csharp
public Product Find(string sku)
{
  string sql ="select * from Products where sku = @sku";
  SqlCommand command = new SqlCommand(sql, connection);
  command.Parameters.Add("@sku", sku);
  IDataReader reader = command.ExecuteReader();

  Product product = null;
  if (reader.Read())
  {
    string name = reader["name"].ToString();
    int price = Convert.ToInt32(reader["price"]);
    product = new Product(name, sku, price);
  }
  reader.Close();

  return product;
}
}
```

代码清单34.29　InMemoryProductGateway.cs

```csharp
public class InMemoryProductGateway : ProductGateway
{
  private Hashtable products = new Hashtable();

  public void Insert(Product product)
  {
    products[product.Sku] = product;
  }

  public Product Find(string sku)
  {
    return products[sku] as Product;
  }
}
```

Product（代码清单34.30）、Order（代码清单34.31）和Item（代码清单34.32）类只是对应于原始对象模型的简单数据传输对象（DTO）。

代码清单34.30　Product.cs

```csharp
public class Product
```

```
{
  private readonly string name;
  private readonly string sku;
  private int price;

  public Product(string name, string sku, int price)
  {
    this.name = name;
    this.sku = sku;
    this.price = price;
  }

  public int Price
  {
    get { return price; }
  }

  public string Name
  {
    get { return name; }
  }

  public string Sku
  {
    get { return sku; }
  }
}
```

代码清单34.31 Order.cs

```
public class Order
{
  private readonly string cusid;
  private ArrayList items = new ArrayList();
  private int id;

  public Order(string cusid)
  {
    this.cusid = cusid;
  }

  public string CustomerId
  {
```

```
    get { return cusid; }
}

public int Id
{
  get { return id; }
  set { id = value; }
}

public int ItemCount
{
  get { return items.Count; }
}

public int QuantityOf(Product product)
{
  foreach (Item item in items)
  {
    if (item.Product.Sku.Equals(product.Sku))
      return item.Quantity;
  }
  return 0;
}

public void AddItem(Product p, int qty)
{
  Item item = new Item(p, qty);
  items.Add(item);
}

public ArrayList Items
{
  get { return items; }
}

public int Total
{
  get
  {
    int total = 0; foreach (Item item in items)
    {
      Product p = item.Product;
```

```
        int qty = item.Quantity;
        total += p.Price * qty;
      }
      return total;
    }
  }
}
```

代码清单34.32 Item.cs

```
public class Item
{
  private Product product;
  private int quantity;

  public Item(Product p, int qty)
  {
    product = p;
    quantity = qty;
  }

  public Product Product
  {
    get { return product; }
  }

  public int Quantity
  {
    get { return quantity; }
  }
}
```

测试和内存TDG

任何实践过测试驱动开发的人都知道，测试的增长速度很快。在还没有意识到之前，就可能已经有数以百计的测试了。运行所有测试花费的时间也与日俱增。这些测试中有很多涉及持久层；如果针对每个这样的测试都使用真实的数据库，那么每当你运行测试套件时很可能都得去喝杯咖啡中断一会儿。数百次第访问数据库相当耗费时间。InMemoryOrderGateway可以方便地解决这个问题。因为它把数据存储在内存中，避开了外部持久化带来的开销。

如果使用InMemoryOrderGateway对象可以在运行测试时节省大量的时间，就用它。它同时也允许你不用关心配置和数据库的细节，简化了测试代码。此外，你也不必担心在测试结束时去清除或者恢复内存数据库：把它们交给垃圾回收器即可。

InMemoryOrderGateway对象也可以方便地应用于验收测试。一旦有了InMemoryOrderGateway类，你就能够在没有持久化数据库的情况下运行整个应用程序。我发现这在很多情况下都很便利。你会发现InMemoryOrderGateway的代码非常少，所做的工作也很简单。

当然，某些单元测试和验收测试应使用网关的持久化版本。你必须确保系统可以工作与真实的数据库环境一起使用。但是，大多数测试都可以重定向到内存网关。

借助内存网关的众多好处，在适当的地方编写和应用它们非常有意义。确实，当我使用TDG（TABLE DATA GATEWAY）模式时，我先写InMemoryGateway实现，并推迟写DbGateway类。仅使用InMemoryGateway类，就可以构建大部分的应用程序。应用程序代码不知道它使用的不是真正的数据库。这意味着直到开发后期才需要关注要使用哪些数据库工具以及定义怎样的数据库模式，直到以后。实际上，DbGateway可以作为最后一个要实现的组件之一。

测试DbGateway

代码清单34.34和代码清单34.35展示了DBProductGateway和DBOrderGateway的单元测试。这些测试的结构很有趣，因为它们共享一个公共抽象基类：AbstractDBGatewayTest。

请注意，DbOrderGateway的构造函数需要一个ProductGateway的实例。同样还请注意，测试中使用的是InMemoryProductGateway，而不是DbProductGateway。尽管使用了这个手法，代码仍然可以正常工作，并且在运行测试时，我们可以省去一些对数据库的访问。

代码清单34.33 AbstractDbGatewayTest.cs

```
public class AbstractDbGatewayTest
{
```

```
protected SqlConnection connection;
protected DbProductGateway gateway;
protected IDataReader reader;

protected void ExecuteSql(string sql)
{
  SqlCommand command =
    new SqlCommand(sql, connection);
  command.ExecuteNonQuery();
}

protected void OpenConnection()
{
  string connectionString =
    "Initial Catalog=QuickyMart;" +
      "Data Source=marvin;" +
      "user id=sa;password=abc;";
  connection = new SqlConnection(connectionString);
  this.connection.Open();
}

protected void Close()
{
  if (reader != null)
    reader.Close();
  if (connection != null)
    connection.Close();
}
}
```

代码清单34.34 DbProductGatewayTest.cs

```
[TestFixture]
public class DbProductGatewayTest : AbstractDbGatewayTest
{
  private DbProductGateway gateway;

  [SetUp]
  public void SetUp()
  {
    OpenConnection();
    gateway = new DbProductGateway(connection);
    ExecuteSql("delete from Products");
```

```
  }

[TearDown]
public void TearDown()
{
  Close();
}

[Test]
public void Insert()
{
  Product product = new Product("Peanut Butter","pb", 3);
  gateway.Insert(product);

  SqlCommand command =
    new SqlCommand("select * from Products", connection);
  reader = command.ExecuteReader();

  Assert.IsTrue(reader.Read());
  Assert.AreEqual("pb", reader["sku"]);
  Assert.AreEqual("Peanut Butter", reader["name"]);
  Assert.AreEqual(3, reader["price"]);

  Assert.IsFalse(reader.Read());
}

[Test]
public void Find()
{
  Product pb = new Product("Peanut Butter","pb", 3);
  Product jam = new Product("Strawberry Jam","jam", 2);

  gateway.Insert(pb);
  gateway.Insert(jam);

  Assert.IsNull(gateway.Find("bad sku"));

  Product foundPb = gateway.Find(pb.Sku);
  CheckThatProductsMatch(pb, foundPb);

  Product foundJam = gateway.Find(jam.Sku);
  CheckThatProductsMatch(jam, foundJam);
```

```
  }
  private static void CheckThatProductsMatch(Product pb, Product
pb2)
  {
    Assert.AreEqual(pb.Name, pb2.Name);
    Assert.AreEqual(pb.Sku, pb2.Sku);
    Assert.AreEqual(pb.Price, pb2.Price);
  }
}
```

代码清单34.35 DbOrderGatewayTest.cs

```
[TestFixture]
public class DbOrderGatewayTest : AbstractDbGatewayTest
{
  private DbOrderGateway gateway;
  private Product pizza;
  private Product beer;

  [SetUp]
  public void SetUp()
  {
    OpenConnection();

    pizza = new Product("Pizza","pizza", 15);
    beer = new Product("Beer","beer", 2);
    ProductGateway productGateway =
      new InMemoryProductGateway();
    productGateway.Insert(pizza);
    productGateway.Insert(beer);

    gateway = new DbOrderGateway(connection, productGateway);
    ExecuteSql("delete from Orders");
    ExecuteSql("delete from Items");
  }

  [TearDown]
  public void TearDown()
  {
    Close();
  }

  [Test]
```

```
public void Find()
{
  string sql ="insert into Orders (cusId)" +
   "values ( Snoopy'); select scope_identity()";
  SqlCommand command = new SqlCommand(sql, connection);
  int orderId = Convert.ToInt32(command.ExecuteScalar());
  ExecuteSql(String.Format("insert into Items (orderId," +
   "quantity, sku) values ({0}, 1,'pizza')", orderId));
  ExecuteSql(String.Format("insert into Items (orderId," +
   "quantity, sku) values ({0}, 6,'beer')", orderId));
  Order order = gateway.Find(orderId);

  Assert.AreEqual("Snoopy", order.CustomerId);
  Assert.AreEqual(2, order.ItemCount);
  Assert.AreEqual(1, order.QuantityOf(pizza));
  Assert.AreEqual(6, order.QuantityOf(beer));
}

[Test]
public void Insert()
{
  Order order = new Order("Snoopy");
  order.AddItem(pizza, 1);
  order.AddItem(beer, 6);

  gateway.Insert(order);

  Assert.IsTrue(order.Id != -1);

  Order foundOrder = gateway.Find(order.Id);
  Assert.AreEqual("Snoopy", foundOrder.CustomerId);
  Assert.AreEqual(2, foundOrder.ItemCount);
  Assert.AreEqual(1, foundOrder.QuantityOf(pizza));
  Assert.AreEqual(6, foundOrder.QuantityOf(beer));

}
}
```

还有另外4个模式可以用于数据库，它们分别是：扩展对象（EXTENSION OBJECT）模式、访问者（VISITOR）模式、装饰者（DECORATOR）模式和外观（FACADE）模式[1]。

---

1 第35章讨论前3个模式。第23章讲述了外观（FACADE）模式。

1.扩展对象模式：假定一个扩展对象（extension object）知道如何把被扩展的对象写入数据库中。为了写入这种对象，你会向它请求一个和值匹配的扩展对象，把它转型为DatabaseWriterExtension，然后调用write函数：

```
Product p = /* some function that returns a Product */
ExtensionObject e = p.GetExtension("Database");
if (e != null)
{
  DatabaseWriterExtension dwe = (DatabaseWriterExtension) e;
  e.Write();
}
```

2.访问者模式：假定一个访问者（visito）类层次结构知道如何把被访问的对象写入数据库中。你会通过创建一个合适类型的访问者，然后调用要被写入对象的Accept方法来把对象写入到数据库中：

```
Product p = /* some function that returns a Product */
DatabaseWriterVisitor dwv = new DatabaseWritierVisitor();
p.Accept(dwv);
```

3.装饰者模式：有两种使用装饰器（decomter）实现数据库的方法。你可以装饰一个业务对象并赋予它read方法和write方法；或者可以装饰一个知道如何读写自身的数据对象并给予它业务规则。后一种方法在使用面向对象数据库时是很常用的。可以把业务规则放到OODB模式（schema）之外并且通过装饰器把它加进来。

4.外观模式：这是我最喜欢的。TDG（TABLE DATA GATEWAY）模式其实就是外观（FACADE）的一种特殊形式。不好的是，它把业务规则对象和数据库耦合在一起。图34.10展示了它的结构。DatabaseFacade类只是提供读写所有必要对象的方法。这就把对象和DatabaseFacade互相耦合到一起。对象知道外观因为它们经常调用函数read和write。外观知道对象因为它

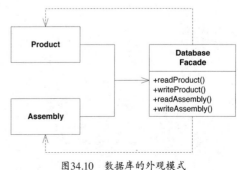

图34.10 数据库的外观模式

必须使用对象的访问方法和改变属性的方法去实现函数read和write。

这种耦合在规模稍大的应用程序中会引起很多问题；但是在较小或者刚刚开始的应用程序中，却是非常有效的。如果开始时使用外观，后面决定切换到其他可以降低耦合的模式，也非常容易重构。

小结

在真正需要代理模式之前就实现这些模式非常有诱惑力，绝对不是一个好主意。我建议在开始的时候先用TDG（TABLE DATA GATEWAY）模式者其他类型的（FACADE）模式，然后在必要时再进行重构。这样不仅可以为自己节省不少时间，还可以省去很多麻烦。

参考文献

[Fowler2003]Martin Fowler, *Patterns of Enterprise Application Architecture*, Addison-Wesley, 2003.

[GOF1995]Erich Gamma, Richard Helm, Ralph Johnson, and John Vlissides, *Design Patterns: Elements of Reusable Object-Oriented Software*, Addison-Wesley, 1995.

[Martin1997] Robert C. Martin, "Design Patterns for Dealing with Dual Inheritance Hier-archies," *C++ Report*, April 1997.

第35章

访问者模式

© Jennifer M. Kohnke

"有人来了，"我轻语低喃，"正在叩击我的房门——唯此而已，别无他般。"

——埃德加·爱伦·坡，《乌鸦》[1]

你需要将一个新的方法添加到类的层次结构中，但这个过程非常费劲，甚至可能破坏系统设计。这是一个普遍存在的问题。例如，假设有一个Modem对象的层次结构。

1　编注：Edgar Allan Poe（1809—1848），美国作家、诗人、编辑与文学评论家，美国浪漫主义运动的要角之一，以悬疑及惊悚小说最负盛名，被誉为侦探小说鼻祖、科幻小说先驱及恐怖小说大师。他主张"为艺术而艺术"及"情节服务于效果"的创作理论。他开创的写作手法影响了很多人，比如柯南·道尔、斯蒂芬·金、儒勒·凡尔纳、希区·柯克以及江户川乱步等人。《乌鸦》又译《渡鸦》，这首叙事诗首次发表于1845年，其音律优美，措辞别具一格。爱伦·坡本人在一次访谈录中提到，这部作品是运用解决数学问题所需要的精确和严谨程度逐步完成的，他的目的是想要证明作家的创作过程与机遇和直觉无关。

在它的基类中有对调制解调器公开的所有通用方法。这些派生类代表针对许多不同的调制解调器制造商和类型的驱动程序。我们再假设你有一个需求，要向代码的层次结构中添加一个名为configureForUnix的新方法。该方法会对调制解调器进行配置，使之可以在Unix操作系统中工作。在每个调制解调器的派生类中，该方法的实现都不相同。因为每个调制解调器在Unix系统中都有自己独特的配置方法和行为特征。

但不幸的是，添加configureForUnix方法其实回避了一系列非常讨厌的问题。Windows系统怎么办呢？MacOS系统呢？还有Linux系统呢？难道我们必须在Modem的代码层次结构中给每一种操作系统都添加一个新的方法吗？如果真是这样的话，最终的代码就太丑了。并且我们永远都无法封闭Modem接口。每次有新的操作系统出现，我们都必须改变接口并重新部署所有的调制解调器软件。

访问者系列模式允许向现有代码层次结构中添加新方法，无需修改代码本身的层次结构。

访问者系列模式的成员[1]如下：

- 访问者模式（Visitor）
- 非循环访问者模式（Acyclic Visitor）
- 装饰者模式（Decorator）
- 扩展对象模式（Extension object）

访问者模式

请思考图35.1所示的Modem的代码层次结构。Modem接口中包含所有调制解调器都能实现的通用方法。图中展示了它的3个派生类：一个驱动Hayes调制解调器、一个驱动Zoom调制解调器以及一个驱动硬件工程师Ernie制作的调制解调器卡。

1　[GOF1995].非循环访问者（Acyclic Visitor）模式和扩展对象（Extension Object）模式，请参见[PLOPD3]。

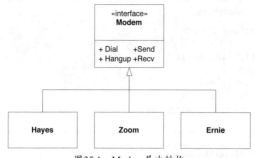

图35.1　Modem层次结构

如果不在Modem接口中增加ConfigureForUnix方法，如何把这些调制解调器配置为可以在Unix系统中使用呢？我们可以用一个名为双重分发（dualdispatch）的技术，这也是访问者模式的核心机制。

图35.2展示了访问者模式的结构，代码清单35.1～代码清单35.5是相应的C#代码。代码清单35.6是相应的测试代码，它既验证了访问者模式可以工作，同时也演示了其他程序员应该如何使用它。

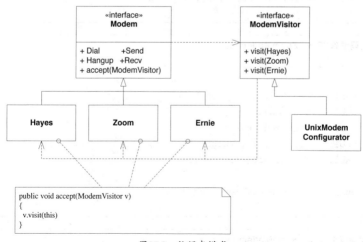

图35.2　访问者模式

代码清单35.1 Modem.cs

```
public interface Modem
{
  void Dial(string pno);
  void Hangup();
  void Send(char c);
  char Recv();
  void Accept(ModemVisitor v);
}
```

代码清单35.2 HayesModem.cs

```
public class HayesModem : Modem
{
  public void Dial(string pno){}
  public void Hangup(){}
  public void Send(char c){}
  public char Recv() {return (char)0;}
  public void Accept(ModemVisitor v) {v.Visit(this);}

  public string configurationString = null;
}
```

代码清单35.3 ZoomModem.cs

```
public class ZoomModem
{
  public void Dial(string pno) {}
  public void Hangup() {}
  public void Send(char c) {}
  public char Recv() { return (char)0; }
  public void Accept(ModemVisitor v) { v.Visit(this); }

  public int configurationValue = 0;
}
```

代码清单35.4 ErnieModem.cs

```
public class ErnieModem
{
```

```
public void Dial(string pno) { }
public void Hangup() { }
public void Send(char c) { }
public char Recv() { return (char)0; }
public void Accept(ModemVisitor v) { v.Visit(this); }

public string internalPattern = null;
}
```

代码清单 35.5　UnixModemConfigurator.cs

```
public class UnixModemConfigurator : ModemVisitor
{
  public void Visit(HayesModem m)
  {
    m.configurationString ="&s1=4&D=3";
  }

  public void Visit(ZoomModem m)
  {
    m.configurationValue = 42;
  }

  public void Visit(ErnieModem m)
  {
    m.internalPattern ="C is too slow";
  }
}
```

代码清单 35.6　ModemVisitorTest.cs

```
[TestFixture]
public class ModemVisitorTest
{
  private UnixModemConfigurator v;
  private HayesModem h;
  private ZoomModem z;
  private ErnieModem e;

  [SetUp]
  public void SetUp()
```

```
  {
    v = new UnixModemConfigurator();
    h = new HayesModem();
    z = new ZoomModem();
    e = new ErnieModem();
  }

  [Test]
  public void HayesForUnix()
  {
    h.Accept(v);
    Assert.AreEqual("&s1=4&D=3", h.configurationString);
  }

  [Test]
  public void ZoomForUnix()
  {
    z.Accept(v);
    Assert.AreEqual(42, z.configurationValue);
  }

  [Test]
  public void ErnieForUnix()
  {
    e.Accept(v);
    Assert.AreEqual("C is too slow", e.internalPattern);
  }
}
```

注意，用于被访问调制解调器的代码层次中的每一个派生类，其访问者的代码层次中都有一个对应的方法。这里实现了从派生类到方法的转折性变化。

测试代码显示，要想为Unix操作系统配置调制解调器，开发人员需要创建一个UnixModemConfigurator类的一个实例，并将其传递给Modem的Accept函数。然后，相应的Modem派生对象会调用UnixModemConfigurator的基类ModemVisitor的Visit（this）。如果该派生类对象是Hayes，那么Visit（this）就会调用publicvoidVisit（Hayes）。这个调用就会被分派到UnixModemConfigurator中的publicvoidVisit（Hayes）函数，接着该函数会把Hayes调制解调器配置为在Unix操作系统下可用的状态。

构建这种结构之后，就可以通过添加ModemVisitor的新的派生类增加新操作系统的配置函数，且无需更改任何Modem层次结构。因此，访问者模式用ModemVisitor的派生类替代了Modem代码层次结构中的方法。

这个双重分发涉及两个多态分发，第一个分发是Accept函数，这个分发辨别出了所调用的Accept方法的所属对象的类型。第二个分发是由辨别出的Accept方法调用的Visit方法，它可以辨别出要执行的特定函数。

访问者模式的两次分发形成一个矩阵。在调制解调器实例中，矩阵中的一条轴是不同类型的调制解调器，另一条轴是不同类型的操作系统。这个矩阵的每一个单元格中都填充着一项具体的功能，该功能描绘了如何把特定的调制解调器初始化为可以在特定的操作系统中使用。

访问者模式非常高效，不管被访问类层次结构的宽带和深度有多大，都只需要两次多态分发。

非循环访问者模式

注意，被访问的调制解调器代码层次结构的基类（Modem）依赖于访问者代码层次结构中的基类（ModemVisitor）。此外还要注意，访问者层次结构的基类对被访问者层次结构的每一个派生类都有一个对应的函数。因此，这里有一个依赖环，它将所有被访问的派生类（即所有的调制解调器）绑定在一起。这很难实现对访问者结构的增量编译，并且也很难再向被访问的层次结构中增加新的派生类。

如果程序中要更改的层次结构不需要经常增加新的派生类，那么访问者模式就是非常有效的。如果我们只需要Hayes、Zoom或者Ernie，或者很少返回增加新的Modem派生类，那么采用访问者模式就非常合适。

另一方面，如果代码的层次结构非常不稳定，就需要经常新建许多派生类，因此，每当向被访问的层次结构中增加一个新的派生类，就必须要更改并且重新编译访问者基类（例如ModemVisitor）以及它的所有派生类。

为了解决这个问题，我们可以使用非循环访问者模式，它也是访问者模式的一个变体[1]如图35.3所示。在该模式中，通过使Visitor基类（ModemVisitor）变为退化的（也

1　[PLOPD3],p.93

就是没有任何成员方法），从而解除其中的依赖环。因此，这个类不依赖于所访问的代码层次结构中的派生类。

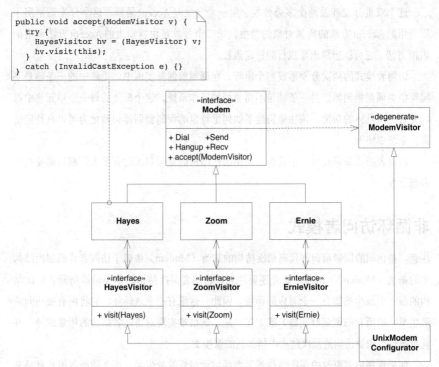

图35.3 非循环访问者模式

访问者派生类也派生自访问者接口。对所有被访问代码层次结构中的每个派生类，都有一个与之对应的访问者接口。这也是一个从派生类到接口的转换。对被访问派生类的 Accept 函数中把 Visitor 基类转换为恰当的访问者接口。如果能够转换成功的话，该方法就会调用相应的 visit 函数。代码见代码清单35.7 ~ 代码清单35.16。

代码清单35.7　Modem.cs

```
public interface Modem
{
```

```
  void Dial(string pno);
  void Hangup();
  void Send(char c);
  char Recv();
  void Accept(ModemVisitor v);
}
```

代码清单35.8　ModemVisitor.cs

```
public interface ModemVisitor
{
}
public interface ErnieModemVisitor : ModemVisitor
{
  void Visit(ErnieModem m);
}
```

代码清单35.9　ErnieModemVisitor.cs

```
public interface ErnieModemVisitor : ModemVisitor
{
  void Visit(ErnieModem m);
}
```

代码清单35.10　HayesModemVisitor.cs

```
public interface HayesModemVisitor : ModemVisitor
{
  void Visit(HayesModem m);
}
```

代码清单35.11　ZoomModemVisitor.cs

```
public interface ZoomModemVisitor : ModemVisitor
{
  void Visit(ZoomModem m);
}
```

代码清单35.12　ErnieModem.cs

```
public class ErnieModem
{
  public void Dial(string pno) { }
```

```
  public void Hangup() { }
  public void Send(char c) { }
  public char Recv() { return (char)0; }
  public void Accept(ModemVisitor v)
  {
    if (v is ErnieModemVisitor)
      (v as ErnieModemVisitor).Visit(this);
  }

  public string internalPattern = null;
}
```

代码清单 35.13 HayesModem.cs

```
public class HayesModem : Modem
{
  public void Dial(string pno) { }
  public void Hangup() { }
  public void Send(char c) { }
  public char Recv() { return (char)0; }
  public void Accept(ModemVisitor v)
  {
    if (v is HayesModemVisitor)
      (v as HayesModemVisitor).Visit(this);
  }

  public string configurationString = null;
}
```

代码清单 35.14 ZoomModem.cs

```
public class ZoomModem
{
  public void Dial(string pno) { }
  public void Hangup() { }
  public void Send(char c) { }
  public char Recv() { return (char)0; }
  public void Accept(ModemVisitor v)
```

```
  {
    if (v is ZoomModemVisitor)
      (v as ZoomModemVisitor).Visit(this);
  }

  public int configurationValue = 0;
}
```

代码清单35.15 UnixModemConfigurator.cs

```
public class UnixModemConfigurator
  : HayesModemVisitor, ZoomModemVisitor, ErnieModemVisitor
{

  public void Visit(HayesModem m)
  {
    m.configurationString ="&s1=4&D=3";
  }

  public void Visit(ZoomModem m)
  {
    m.configurationValue = 42;
  }

  public void Visit(ErnieModem m)
  {
    m.internalPattern ="C is too slow";
  }
}
```

代码清单35.16 ModemVisitorTest.cs

```
[TestFixture]
public class ModemVisitorTest
{
  private UnixModemConfigurator v;
  private HayesModem h;
  private ZoomModem z;
  private ErnieModem e;

  [SetUp]
  public void SetUp()
  {
```

```
    v = new UnixModemConfigurator();
    h = new HayesModem();
    z = new ZoomModem();
    e = new ErnieModem();
  }

  [Test]
  public void HayesForUnix()
  {
    h.Accept(v);
    Assert.AreEqual("&s1=4&D=3", h.configurationString);
  }

  [Test]
  public void ZoomForUnix()
  {
    z.Accept(v);
    Assert.AreEqual(42, z.configurationValue);
  }

  [Test]
  public void ErnieForUnix()
  {
    e.Accept(v);
    Assert.AreEqual("C is too slow", e.internalPattern);
  }
}
```

　　通过这种方法可以有效解除依赖环，并且更易于增加被访问的派生类并对其进行增量编译。糟糕的是，采用这种做法也使整个解决方案变得更加复杂了。更糟糕的是，这种强制类型的转换所消耗的时间更取决于所访问的代码层次结构的宽度和深度，因此很难测量。

　　对于硬实时系统，做这种类型的强制转换需要消耗大量的执行时间，并且这些时间都是不可预测的，所以非循环访问者模式并不适用。由于该模式的复杂性，可能同样不适用于其他的系统。但是，对那些被访问代码层次结构不稳定且对增量编译有很高需求的系统而言，非循环访问者模式可能是个不错的选择。

　　前面提到访问者模式可以创建功能矩阵，其中一个轴是被访问的类型，另一个轴是所要执行的功能。非循环访问者模式创建了一个稀疏矩阵。访问者类不必针对每个被访问的派生类都实现visit函数。例如，如果无法为Unix配置Ernie调制解调器，UnixModemConfigurator就不会实现ErnieVisitor接口。

使用访问者模式

在报表生成器中使用访问者模式

访问者模式一个非常常见的用途就是用来遍历大量的数据结构并产生相应的报表。在这种情形中使用该模式，可以保证数据结构对象中不具有任何产生报表的代码。如果想增加新的报表，增加一个新的访问者即可，不需要更改数据结构的代码。这也就意味着可以将报表放在不同的组件中，并且单独部署给需要它们的客户。

请考虑一个简单的表示物料清单的数据结构，如图35.4所示。从该数据结构中可以生成出无数的报表。例如，我们可以生成一张装配总成本的报表，也可以生成出一个列出装配中所有零件的报表。

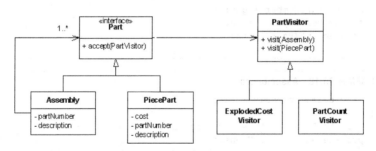

图35.4 物料清单报表生成器结构

每个报表都可以通过Part类中的方法生成。例如：可以将ExplodedCost和PieceCount添加到Part类中。这两个属性在Part类的每个派生类中进行实现，以此来生成相应的报表。但糟糕的是，这就意味着只要客户想要新的报表，我们就需要更改Part层次结构。

单一职责原则（SRP）告诉我们，要把由于不同原因而改变的代码分离开来。Part

层次结构就可能会因为需要新类型的零件而改变。但是，当我们需要一个新的报表类型时，Part类的代码结构不应该随之发生改变。因此，我们希望能够将报表和Part层次结构分离。我们在图35.4中看到的访问者模式结构为我们展示了具体做法。

每种新的报表都可以作为一个新的访问者来写。在Assembly类的Accept函数的实现中，会调用访问者的Visit方法以及它所包含的所有Part实例的Accept方法。这样，就相当于遍历了整个代码的结构树。对于树中的每一个节点，都将调用报表对象的相应Visit函数。报表对象就收集了必要的统计信息。然后，就可以在报表对象中查询所需的数据并将其呈现给用户了。

采用这种结构可以使我们创建无限数量的报表，并且不会影响到Part类的代码结构。此外，每个报表类都可以独立于其他所有的报表进行编译和分发。这样就是比较好的。代码清单35.17到代码清单35.23展示了该方案的C#代码实现。

代码清单35.17　Part.cs

```
public interface Part
{
  string PartNumber { get; }
  string Description { get; }
  void Accept(PartVisitor v);
}
```

代码清单35.18　Assembly.cs

```
public class Assembly : Part
{
  private IList parts = new ArrayList();
  private string partNumber;
  private string description;

  public Assembly(string partNumber, string description)
  {
    this.partNumber = partNumber;
    this.description = description;
  }

  public void Accept(PartVisitor v)
  {
```

```
    v.Visit(this); foreach (Part part in Parts)
      part.Accept(v);
  }

  public void Add(Part part)
  {
    parts.Add(part);
  }

  public IList Parts
  {
    get { return parts; }
  }

  public string PartNumber
  {
    get { return partNumber; }
  }

  public string Description
  {
    get { return description; }
  }
}
```

代码清单35.19 PiecePart.cs

```
public class PiecePart : Part
{
  private string partNumber;
  private string description;
  private double cost;

  public PiecePart(string partNumber,
  string description,
  double cost)
  {
    this.partNumber = partNumber;
    this.description = description;
    this.cost = cost;
  }

  public void Accept(PartVisitor v)
```

```
  {
    v.Visit(this);
  }

  public string PartNumber
  {
    get { return partNumber; }
  }

  public string Description
  {
    get { return description; }
  }

  public double Cost
  {
    get { return cost; }
  }
}
```

代码清单35.20 PartVisitor.cs

```
public interface PartVisitor
{
  void Visit(PiecePart pp);
  void Visit(Assembly a);
}
```

代码清单35.21 ExplodedCostVisitor.cs

```
public class ExplodedCostVisitor : PartVisitor
{
  private double cost = 0;

  public double Cost
  {
    get { return cost; }
  }

  public void Visit(PiecePart p)
  {
    cost += p.Cost;
  }
```

```
  public void Visit(Assembly a)
  { }
}
```

代码清单35.22　PartCountVisitor.cs

```
public class PartCountVisitor : PartVisitor
{
  private int pieceCount = 0;
  private Hashtable pieceMap = new Hashtable();

  public void Visit(PiecePart p)
  {
    pieceCount++;
    string partNumber = p.PartNumber;
    int partNumberCount = 0;
    if (pieceMap.ContainsKey(partNumber))
      partNumberCount = (int)pieceMap[partNumber];

    partNumberCount++;
    pieceMap[partNumber] = partNumberCount;
  }

  public void Visit(Assembly a)
  {
  }

  public int PieceCount
  {
    get { return pieceCount; }
  }

  public int PartNumberCount
  {
    get { return pieceMap.Count; }
  }

  public int GetCountForPart(string partNumber)
  {
    int partNumberCount = 0;
    if (pieceMap.ContainsKey(partNumber))
```

```
        partNumberCount = (int)pieceMap[partNumber];
    return partNumberCount;
  }
}
```

代码清单 35.23　BOMReportTest.cs

```
[TestFixture]
public class BOMReportTest
{
  private PiecePart p1;
  private PiecePart p2;
  private Assembly a;

  [SetUp]
  public void SetUp()
  {
    p1 = new PiecePart("997624","MyPart", 3.20);
    p2 = new PiecePart("7734","Hell", 666);
    a = new Assembly("5879","MyAssembly");
  }

  [Test]
  public void CreatePart()
  {
    Assert.AreEqual("997624", p1.PartNumber);
    Assert.AreEqual("MyPart", p1.Description);
    Assert.AreEqual(3.20, p1.Cost, .01);
  }

  [Test]
  public void CreateAssembly()
  {
    Assert.AreEqual("5879", a.PartNumber);
    Assert.AreEqual("MyAssembly", a.Description);
  }

  [Test]
  public void Assembly()
  {
    a.Add(p1);
    a.Add(p2);
    Assert.AreEqual(2, a.Parts.Count);
```

```
  PiecePart p = a.Parts[0] as PiecePart;
  Assert.AreEqual(p, p1);
  p = a.Parts[1] as PiecePart;
  Assert.AreEqual(p, p2);
}

[Test]
public void AssemblyOfAssemblies()
{
  Assembly subAssembly = new Assembly("1324","SubAssembly");
  subAssembly.Add(p1);
  a.Add(subAssembly);
  Assert.AreEqual(subAssembly, a.Parts[0]);
}

private class TestingVisitor : PartVisitor
{
  public IList visitedParts = new ArrayList();
  public void Visit(PiecePart p)
  {
    visitedParts.Add(p);
  }

  public void Visit(Assembly assy)
  {
    visitedParts.Add(assy);
  }
}

[Test]
public void VisitorCoverage()
{
  a.Add(p1);
  a.Add(p2);
  TestingVisitor visitor = new TestingVisitor();
  a.Accept(visitor);

  Assert.IsTrue(visitor.visitedParts.Contains(p1));
  Assert.IsTrue(visitor.visitedParts.Contains(p2));
  Assert.IsTrue(visitor.visitedParts.Contains(a));
}
```

```
private Assembly cellphone;

private void SetUpReportDatabase()
{
  cellphone = new Assembly("CP-7734","Cell Phone");

  PiecePart display = new PiecePart("DS-1428","LCD Display",
                                    14.37);
  PiecePart speaker = new PiecePart("SP-92","Speaker", 3.50);
  PiecePart microphone = new PiecePart("MC-28", "Microphone",
                                       5.30);
  PiecePart cellRadio = new PiecePart("CR-56","Cell Radio", 30);
  PiecePart frontCover = new PiecePart("FC-77","Front Cover", 1.4);
  PiecePart backCover = new PiecePart("RC-77","RearCover", 1.2);
  Assembly keypad = new Assembly("KP-62","Keypad");
  Assembly button = new Assembly("B52","Button");
  PiecePart buttonCover = new PiecePart("CV-15","Cover", .5);
  PiecePart buttonContact = new PiecePart("CN-2","Contact", 1.2);
  button.Add(buttonCover);
  button.Add(buttonContact);
  for (int i = 0; i < 15; i++)
    keypad.Add(button);
  cellphone.Add(display);
  cellphone.Add(speaker);
  cellphone.Add(microphone);
  cellphone.Add(cellRadio);
  cellphone.Add(frontCover);
  cellphone.Add(backCover);
  cellphone.Add(keypad);
}

[Test]
public void ExplodedCost()
{
  SetUpReportDatabase();
  ExplodedCostVisitor v = new ExplodedCostVisitor();
  cellphone.Accept(v);
  Assert.AreEqual(81.27, v.Cost, .001);
}

[Test]
public void PartCount()
```

```
{
    SetUpReportDatabase();
    PartCountVisitor v = new PartCountVisitor();
    cellphone.Accept(v);
    Assert.AreEqual(36, v.PieceCount);
    Assert.AreEqual(8, v.PartNumberCount);
    Assert.AreEqual(1, v.GetCountForPart("DS-1428"),"DS-1428");
    Assert.AreEqual(1, v.GetCountForPart("SP-92"),"SP-92");
    Assert.AreEqual(1, v.GetCountForPart("MC-28"),"MC-28");
    Assert.AreEqual(1, v.GetCountForPart("CR-56"),"CR-56");
    Assert.AreEqual(1, v.GetCountForPart("RC-77"),"RC-77");
    Assert.AreEqual(15, v.GetCountForPart("CV-15"),"CV-15");
    Assert.AreEqual(15, v.GetCountForPart("CN-2"),"CN-2");
    Assert.AreEqual(0, v.GetCountForPart("Bob"),"Bob");
}
}
```

访问者模式的其他用途

通常情况下，如果一个应用程序中有需要以多种不同方式进行解释的数据结构，我们就可以使用访问者模式。编译器通常创建一些中间数据结构来表示语法上正确的源代码。然后，这些数据结构用来生成经过编译的代码。一个可设想出针对不同的处理器或者不同优化方案的访问者。但同样也会设想出把中间数据转换为交叉引用的列表甚至UML图的访问者。

许多应用程序都用配置数据结构。还可以设想让应用程序的不同子系统通过使用它们自己特定的访问者遍历配置数据来对自己进行初始化。

在使用访问者模式的每一种情况下，所使用的数据结构都与所使用的数据结构无关。可以创建新的访问者，可以更改现有的访问者，并且可以将所有访问者重新部署到安装地点，而无须重新编译或重新部署现有的数据结构。这就是访问者模式的力量。

装饰者模式

装饰者（DECORATOR）模式允许我们在不改变现有类层次结构的情况下向其中添加新

的方法。为此，还可以采用另外一种设计模式：装饰者模式。

现在再思考一下图35.1中Modem类的层次结构。假设我们有一个拥有许多用户的应用程序。每一个计算机前的用户都可以要求自己面前的计算机通过调制解调器呼叫其他计算机以进行通信。其中一些用户可能喜欢听到调制解调器的拨号声，但还有一些人希望调制解调器能够保持安静。

我们可以在代码中每一处需要调制解调器拨号时，都询问用户的需要。如果他选择希望听到调制解调器的拨号声，我们就将扬声器的音量调高，否则，我们就把它的声音关掉。

```
...
Modem m = user.Modem;
if (user.WantsLoudDial())
    m.Volume = 11; // it's one more than 10, isn't it?
m.Dial(...);
...
```

看到这段代码幽灵般成千上百次地遍布于应用程序中，我们心中就会浮现出要每周工作80小时并进行可恨的调试这一番景象。这是需要避免的。

另一种选择就是在调制解调器对象内部设置一个标志，让Dial方法自己来检测这个标志的值并相应地设置调制解调器的音量。

```
...
public class HayesModem : Modem
{
    private bool wantsLoudDial = false;

    public void Dial(...)
    {
        if (wantsLoudDial)
        {
            Volume = 11;
        }
        ...
    }
    ...
}
```

这样做比较好一些，仍然需要在Modem的每一个派生类中重复这一段代码。并且，写Modem新派生类的人还要时刻谨记复制这一段代码。依赖于程序员的记忆是相当冒险的行为。

我们可以用模板[1]方法模式来解决此问题，方法如下：将Modem从接口变为一个类，并让它持有wantLoudDial变量，同时在调用DialForReal函数之前先在dial函数中获取到该变量的值。

```
...
public abstract class Modem
{
  private bool wantsLoudDial = false;

  public void Dial(...)
  {
    if (wantsLoudDial)
    {
      Volume = 11;
    }
    DialForReal(...)
  }

  public abstract void DialForReal(...);
}
```

这样虽然更好一些，但为什么使用者某个异想天开的想法就会以这种方式影响到Modem类呢？Modem为什么要知道如何在拨号时发出声响呢？用户有其他任何奇怪的请求（例如在挂断前先注销）时，必须对它进行更改吗？

这时共同封闭原则（CCP）就又要出马了。我们希望对由于不同原因而改变的事务进行分离。我们也可以使用单一职责原则（SRP），因为需要发声拨号的功能和调制解调器的内在功能没有直接联系，所以该方法也不应该成为调制解调器的一部分。

装饰者模式通过创建一个全新的名为LoudDialModem的类来解决该问题。LoudDialModem类派生自Modem类，并且委托给它所包含的一个Modem实例。它捕获对Dial函数的调用并在委托前将音量调高。图35.5所示为代码结构图。

---

1 参见第22章

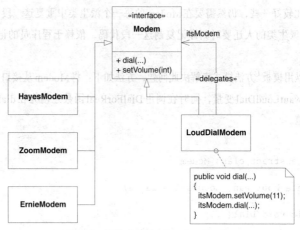

图35.5 装饰者模式：LoudDialModem

在现在的设计中，关于是否大声拨号的决定就是在一个地方来进行的。如果使用者希望调制解调器能够大声拨号，就可以在代码中设置使用者偏好的地方创建一个 LoudDialModem 对象，并把使用者的调制解调器对象传给它。LoudDialModem 对象会把它的所有调用都委托给使用者的调制解调器，所以对用户来说不会有任何不同。但是，在将 Dial 方法委托给使用者的调制解调器之前，需要先把音量调高。于是，LoudDialModem 就可以在不影响系统中任何其他代码的情况下，变成使用者的调制解调器。代码清单35.24到代码清单35.27展示了代码。

代码清单35.24 Modem.cs

```
public interface Modem
{
    void Dial(string pno);
    int SpeakerVolume { get; set; }
    string PhoneNumber { get; }
}
```

代码清单35.25 HayesModem.cs

```
public class HayesModem : Modem
{
```

```
  private string phoneNumber;
  private int speakerVolume;

  public void Dial(string pno)
  {
    phoneNumber = pno;
  }

  public int SpeakerVolume
  {
    get { return speakerVolume; }
    set { speakerVolume = value; }
  }

  public string PhoneNumber
  {
    get { return phoneNumber; }
  }
}
```

代码清单 35.26   LoudDialModem.cs

```
public class LoudDialModem : Modem
{

  private Modem itsModem;

  public LoudDialModem(Modem m)
  {
    itsModem = m;
  }

  public void Dial(string pno)
  {
    itsModem.SpeakerVolume = 10;
    itsModem.Dial(pno);
  }

  public int SpeakerVolume
  {
    get { return itsModem.SpeakerVolume; }
    set { itsModem.SpeakerVolume = value; }
  }
```

```
public string PhoneNumber
{
  get { return itsModem.PhoneNumber; }
}
```

代码清单35.27   ModemDecoratorTest.cs

```
[TestFixture]
public class ModemDecoratorTest
{
  [Test]
  public void CreateHayes()
  {
    Modem m = new HayesModem();
    Assert.AreEqual(null, m.PhoneNumber);
    m.Dial("5551212");
    Assert.AreEqual("5551212", m.PhoneNumber);
    Assert.AreEqual(0, m.SpeakerVolume);
    m.SpeakerVolume = 10;
    Assert.AreEqual(10, m.SpeakerVolume);
  }
  [Test]
  public void LoudDialModem()
  {
    Modem m = new HayesModem();
    Modem d = new LoudDialModem(m);
    Assert.AreEqual(null, d.PhoneNumber);
    Assert.AreEqual(0, d.SpeakerVolume);
    d.Dial("5551212");
    Assert.AreEqual("5551212", d.PhoneNumber);
    Assert.AreEqual(10, d.SpeakerVolume);
  }
}
```

有的时候，在同一个类层次结构中可能存在两个或更多的装饰者。例如：我们可能希望用LoudExitModem来装饰Modem类的层次结构，每当调用Hangup方法时，它就发送exit这样的字符串。而这个（第二个）装饰者将必须复制我们已经在LoudDialModem类中编写的所有委托代码。要消除该重复代码，我们可以创建一个提供所有委托代码的新类ModemDecorator，并通过该类消除重复的代码。然后，实际的装饰者就只需从ModemDecorator派生并仅仅重写它们所需要的那些方法。图35.6、代码

清单35.28以及代码清单35.29展示了代码结构。

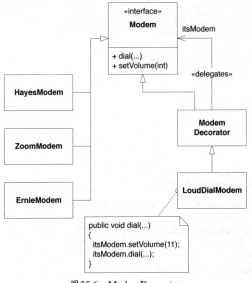

图35.6 ModemDecorator

代码清单35.28 ModemDecorator.cs

```
public class ModemDecorator
{
  private Modem modem;

  public ModemDecorator(Modem m)
  {
    modem = m;
  }

  public void Dial(string pno)
  {
    modem.Dial(pno);
  }

  public int SpeakerVolume
  {
```

```
    get { return modem.SpeakerVolume; }
    set { modem.SpeakerVolume = value; }
  }

  public string PhoneNumber
  {
    get { return modem.PhoneNumber; }
  }

  protected Modem Modem
  {
    get { return modem; }
  }
}
```

代码清单35.29 LoudDialModem.cs

```
public class LoudDialModem : ModemDecorator
{
  public LoudDialModem(Modem m) : base(m)
  { }

  public void Dial(string pno)
  {
    Modem.SpeakerVolume = 10;
    Modem.Dial(pno);
  }
}
```

扩展对象模式

还有另一种方法可以在不更改代码结构的情况下向其中添加新的功能，那就是使用扩展对象（EXTENSION OBJECT）模式[1]。这种模式虽然比其他模式更复杂，但同时也更强大和灵活。在其层次结构中的每个对象下都持有一个特定的扩展对象列表。每个对象还提供一个方法，可以通过名字来查找扩展对象。这里的扩展对象提供了能够操作原始层次结构对象的方法。

---

1 [PLOPD3], p.79

例如，假设我们有一个材料清单系统。我们需要这个层次结构中的每个对象都有创建表示自身XML的能力。我们可以把toXML方法放在层次结构中，但这样违反了CCP。我们不希望把有关XML的内容和有关BOM的内容放到同一个类中。虽然我们可以使用访问者模式创建XML，但这无法让我们把针对每种不同类型BOM对象和XML的生产代码分离开来。在访问者模式中，为每个BOM类生成的所有XML代码都在同一个Visitor对象中。如果我们想要将每个不同的BOM对象的XML生产代码分离到它自己的类中，该怎么办呢？

扩展对象模式为此提供了一种优雅的方案。下面的代码展示了带有两种不同扩展对象的BOM层次结构。一种扩展对象将BOM对象转换为XML。另一种扩展对象将BOM对象转换为CSV（以逗号分隔的值）字符串。第一种扩展对象通过GetExtension（"XML"）获得，第二种扩展对象通过GetExtension（"CSV"）获得。图35.7所示为相应的结构图，并且，该结构图是根据已经完成的代码来绘制的。图中的 <<marker>> 原型表示一个标记接口（也就是没有任何方法的接口）。

代码清单35.30到代码清单35.41展示了实现代码。这里很重要的一点是，我并不是完全从零开始写代码清单35.30～代码清单35.41的。相反，这些代码都是由一个个测试用例演进而来的。第一个源代码文件（代码清单35.30）展示了所有的测试用例。它们都是按照展示顺序来写的。每个测试用例都是在还没有任何代码可以使之通过之前写的。一旦写的某个测试用例运行失败了，那么接下来就要写代码使其通过。代码决不会比使现有的测试用例通过所需要的逻辑更复杂。这样，代码就会以微小增量的方式，从一个可工作的基点进化到另一个可工作的基点。我知道我在这个过程中正在尝试构建出扩展对象模式，并用它来指导代码的演化。

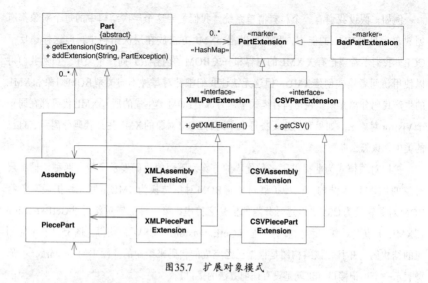

图 35.7 扩展对象模式

代码清单 35.30 BomXmlTest.CS

```
[TestFixture]
public class BomXmlTest
{
  private PiecePart p1;
  private PiecePart p2;
  private Assembly a;

  [SetUp]
  public void SetUp()
  {
    p1 = new PiecePart("997624","MyPart", 3.20);
    p2 = new PiecePart("7734","Hell", 666);
    a = new Assembly("5879","MyAssembly");
  }

  [Test]
  public void CreatePart()
  {
    Assert.AreEqual("997624", p1.PartNumber);
    Assert.AreEqual("MyPart", p1.Description);
```

```
    Assert.AreEqual(3.20, p1.Cost, .01);
  }

  [Test]
  public void CreateAssembly()
  {
    Assert.AreEqual("5879", a.PartNumber);
    Assert.AreEqual("MyAssembly", a.Description);
  }

  [Test]
  public void Assembly()
  {
    a.Add(p1);
    a.Add(p2);
    Assert.AreEqual(2, a.Parts.Count);
    Assert.AreEqual(a.Parts[0], p1);
    Assert.AreEqual(a.Parts[1], p2);
  }

  [Test]
  public void AssemblyOfAssemblies()
  {
    Assembly subAssembly = new Assembly("1324","SubAssembly");
    subAssembly.Add(p1);
    a.Add(subAssembly);

    Assert.AreEqual(subAssembly, a.Parts[0]);
  }

  private string ChildText(
  XmlElement element, string childName)
  {
    return Child(element, childName).InnerText;
  }

  private XmlElement Child(XmlElement element, string childName)
  {
    XmlNodeList children =
      element.GetElementsByTagName(childName);
    return children.Item(0) as XmlElement;
  }
```

```
[Test]
public void PiecePart1XML()
{
  PartExtension e = p1.GetExtension("XML");
  XmlPartExtension xe = e as XmlPartExtension;
  XmlElement xml = xe.XmlElement;
  Assert.AreEqual("PiecePart", xml.Name);
  Assert.AreEqual("997624",
  ChildText(xml,"PartNumber"));
  Assert.AreEqual("MyPart",
    ChildText(xml,"Description"));
  Assert.AreEqual(3.2,
  Double.Parse(ChildText(xml,"Cost")), .01);
}

[Test]
public void PiecePart2XML()
{
  PartExtension e = p2.GetExtension("XML");
  XmlPartExtension xe = e as XmlPartExtension;
  XmlElement xml = xe.XmlElement;
  Assert.AreEqual("PiecePart", xml.Name);
  Assert.AreEqual("7734",
    ChildText(xml,"PartNumber"));
  Assert.AreEqual("Hell",
  ChildText(xml,"Description"));
  Assert.AreEqual(666,
  Double.Parse(ChildText(xml,"Cost")), .01);
}

[Test]
public void SimpleAssemblyXML()
{
  PartExtension e = a.GetExtension("XML");
  XmlPartExtension xe = e as XmlPartExtension;
  XmlElement xml = xe.XmlElement;
  Assert.AreEqual("Assembly", xml.Name);
  Assert.AreEqual("5879",
    ChildText(xml,"PartNumber"));
  Assert.AreEqual("MyAssembly",
    ChildText(xml,"Description"));
```

```
      XmlElement parts = Child(xml,"Parts");
      XmlNodeList partList = parts.ChildNodes;
      Assert.AreEqual(0, partList.Count);
    }

    [Test]
    public void AssemblyWithPartsXML()
    {
      a.Add(p1);
      a.Add(p2);
      PartExtension e = a.GetExtension("XML");
      XmlPartExtension xe = e as XmlPartExtension;
      XmlElement xml = xe.XmlElement;
      Assert.AreEqual("Assembly", xml.Name);
      Assert.AreEqual("5879",
        ChildText(xml,"PartNumber"));
      Assert.AreEqual("MyAssembly",
        ChildText(xml,"Description"));

      XmlElement parts = Child(xml,"Parts");
      XmlNodeList partList = parts.ChildNodes;
      Assert.AreEqual(2, partList.Count);

      XmlElement partElement =
        partList.Item(0) as XmlElement;
      Assert.AreEqual("PiecePart", partElement.Name);
      Assert.AreEqual("997624",
        ChildText(partElement,"PartNumber"));

      partElement = partList.Item(1) as XmlElement;
      Assert.AreEqual("PiecePart", partElement.Name);
      Assert.AreEqual("7734",
        ChildText(partElement,"PartNumber"));
    }

    [Test]
    public void PiecePart1toCSV()
    {
      PartExtension e = p1.GetExtension("CSV");
      CsvPartExtension ce = e as CsvPartExtension;
      String csv = ce.CsvText;
      Assert.AreEqual("PiecePart,997624,MyPart,3.2", csv);
```

```
    }

    [Test]
    public void PiecePart2toCSV()
    {
      PartExtension e = p2.GetExtension("CSV");
      CsvPartExtension ce = e as CsvPartExtension;
      String csv = ce.CsvText;
      Assert.AreEqual("PiecePart,7734,Hell,666", csv);
    }

    [Test]
    public void SimpleAssemblyCSV()
    {
      PartExtension e = a.GetExtension("CSV");
      CsvPartExtension ce = e as CsvPartExtension;
      String csv = ce.CsvText;
      Assert.AreEqual("Assembly,5879,MyAssembly", csv);
    }

    [Test]
    public void AssemblyWithPartsCSV()
    {
      a.Add(p1);
      a.Add(p2);
      PartExtension e = a.GetExtension("CSV");
      CsvPartExtension ce = e as CsvPartExtension;
      String csv = ce.CsvText;
      Assert.AreEqual("Assembly,5879,MyAssembly," +
       "{PiecePart,997624,MyPart,3.2}," +
       "{PiecePart,7734,Hell,666}"
         , csv);
    }

    [Test]
    public void BadExtension()
    {
      PartExtension pe = p1.GetExtension(
       "ThisStringDoesn'tMatchAnyException");
      Assert.IsTrue(pe is BadPartExtension);
    }
```

代码清单35.31 Part.cs

```
public abstract class Part
{
  Hashtable extensions = new Hashtable();

  public abstract string PartNumber { get; }
  public abstract string Description { get; }

  public void AddExtension(string extensionType,
  PartExtension extension)
  {
    extensions[extensionType] = extension;
  }

  public PartExtension GetExtension(string extensionType)
  {
    PartExtension pe =
      extensions[extensionType] as PartExtension;
    if (pe == null)
      pe = new BadPartExtension();
    return pe;
  }
}
```

代码清单35.32 PartExtension.cs

```
public interface PartExtension
{
}
```

代码清单35.33 PiecePart.cs

```
public class PiecePart : Part
{
  private string partNumber;
  private string description;
  private double cost;

  public PiecePart(string partNumber,
  string description,
  double cost)
  {
```

```
      this.partNumber = partNumber;
      this.description = description;
      this.cost = cost;
      AddExtension("CSV", new CsvPiecePartExtension(this));
      AddExtension("XML", new XmlPiecePartExtension(this));
    }

    public override string PartNumber
    {
      get { return partNumber; }
    }

    public override string Description
    {
      get { return description; }
    }

    public double Cost
    {
      get { return cost; }
    }
  }
```

代码清单35.34　Assembly.cs

```
public class Assembly : Part
{
  private IList parts = new ArrayList();
  private string partNumber;
  private string description;

  public Assembly(string partNumber, string description)
  {
    this.partNumber = partNumber;
    this.description = description;
    AddExtension("CSV", new CsvAssemblyExtension(this));
    AddExtension("XML", new XmlAssemblyExtension(this));
  }

  public void Add(Part part)
  {
    parts.Add(part);
```

```
  }

  public IList Parts
  {
    get { return parts; }
  }

  public override string PartNumber
  {
    get { return partNumber; }
  }

  public override string Description
  {
    get { return description; }
  }
}
```

代码清单35.35　XmlPartExtension.cs
```
public abstract class XmlPartExtension : PartExtension
{
  private static XmlDocument document = new XmlDocument();

  public abstract XmlElement XmlElement { get; }

  protected XmlElement NewElement(string name)
  {
    return document.CreateElement(name);
  }

  protected XmlElement NewTextElement(
  string name, string text)
  {
    XmlElement element = document.CreateElement(name);
    XmlText xmlText = document.CreateTextNode(text);
    element.AppendChild(xmlText);
    return element;
  }
}
```

代码清单35.36　XmlPiecePartExtension.cs

```
public class XmlPiecePartExtension : XmlPartExtension
{
  private PiecePart piecePart;

  public XmlPiecePartExtension(PiecePart part)
  {
    piecePart = part;
  }

  public override XmlElement XmlElement
  {
    get
    {
      XmlElement e = NewElement("PiecePart");
      e.AppendChild(NewTextElement(
       "PartNumber", piecePart.PartNumber));
      e.AppendChild(NewTextElement(
       "Description", piecePart.Description));
      e.AppendChild(NewTextElement(
       "Cost", piecePart.Cost.ToString()));

      return e;
    }
  }
}
```

代码清单35.37　XmlAssemblyExtension.cs

```
public class XmlAssemblyExtension : XmlPartExtension
{
  private Assembly assembly;

  public XmlAssemblyExtension(Assembly assembly)
  {
    this.assembly = assembly;
  }

  public override XmlElement XmlElement
  {
    get
    {
```

```
XmlElement e = NewElement("Assembly");
e.AppendChild(NewTextElement(
  "PartNumber", assembly.PartNumber));
e.AppendChild(NewTextElement(
  "Description", assembly.Description));

XmlElement parts = NewElement("Parts");
foreach (Part part in assembly.Parts)
{
  XmlPartExtension xpe =
  part.GetExtension("XML")
  as XmlPartExtension;
  parts.AppendChild(xpe.XmlElement);
}
e.AppendChild(parts);

return e;
    }
  }
}
```

代码清单35.38 CsvPartExtension.cs

```
public interface CsvPartExtension : PartExtension
{
  string CsvText { get; }
}
```

代码清单35.39 CsvPiecePartExtension.cs

```
public class CsvPiecePartExtension : CsvPartExtension
{
  private PiecePart piecePart;

  public CsvPiecePartExtension(PiecePart part)
  {
    piecePart = part;
  }

  public string CsvText
  {
    get
    {
```

```
      StringBuilder b =
        new StringBuilder("PiecePart,");
      b.Append(piecePart.PartNumber);
      b.Append(",");
      b.Append(piecePart.Description);
      b.Append(",");
      b.Append(piecePart.Cost);
      return b.ToString();
    }
  }
}
```

代码清单35.40   CsvAssemblyExtension.cs

```
public class CsvAssemblyExtension : CsvPartExtension
{
  private Assembly assembly;

  public CsvAssemblyExtension(Assembly assy)
  {
    assembly = assy;
  }

  public string CsvText
  {
    get
    {
      StringBuilder b =
        new StringBuilder("Assembly,");
      b.Append(assembly.PartNumber);
      b.Append(",");
      b.Append(assembly.Description);

      foreach (Part part in assembly.Parts)
      {

        CsvPartExtension cpe =
          part.GetExtension("CSV")
          as CsvPartExtension;
        b.Append(",{");
        b.Append(cpe.CsvText);
        b.Append("}");
      }
```

```
      return b.ToString();
    }
  }
}
```

代码清单35.41 BadPartExtension.cs
```
public class BadPartExtension : PartExtension
{
}
```

这里请注意，扩展对象是由每个BOM对象的构造函数加载到该对象中的。这也就意味着，在某种程度上，BOM对象仍然依赖于XML和CSV类。对于这样轻微的依赖，如果也要解除的话，我们可以创建一个工厂[1]对象，让它来创建BOM对象并加载其扩展对象。

能向对象中装入扩展对象带来了很大的灵活性。根据系统的状态，可以从某个对象中插入或删除某些扩展对象。这种灵活性很容易使我们失去自制力。在大多数情况下，你可能都没有必要使用它。确实，PiecePart.GetExtention（String extensionType）的最初实现是这样的：

```
public PartExtension GetExtension(String extensionType)
{
  if (extensionType.Equals("XML"))
    return new XmlPiecePartExtension(this);
  else if (extensionType.Equals("CSV"))
    return new XmlAssemblyExtension(this);
  return new BadPartExtension();
}
```

我们对此并不是非常满意，因为它本质上和Assembly.GetExtension中的代码是相同的。Part中使用的Hashtable方案避免了这个重复并且也更加简单。任何读过代码的人都很清楚如何访问扩展对象。

---

1 请参见第29章。

小结

访问者系列模式为我们提供了许多不必改变一个层次结构中的类即可修改其行为的方法。因此，它们有助于帮助我们保持OCP原则。此外，它们还提供了分离不同类型功能的机制，从而使类不会和其他的很多功能混杂在一起。这有助于我们维持 CCP 原则。也可以清楚看出，LSP 和DIP原则同样适用于访问者系列模式中的某些结构。

访问者模式很有诱惑力。开发者很容易被它们冲昏了头脑。我们可以在需要的时候使用它们，但同时还要对它们的必要性保持谨慎的怀疑态度。通常，那些可以通过访问者模式解决的问题也可以通过一些更简单的设计模式来解决。[1]

参考文献

[GOF1995] Erich Gamma, Richard Helm, Ralph Johnson, and John Vlissides, *DesignPatterns: Elements of Reusable Object-Oriented Software*, Addison-Wesley, 1995.

[PLOPD3]Robert C. Martin, Dirk Riehle, and Frank Buschmann, eds. *Pattern Languagesof Program Design 3*, Addison-Wesley, 1998.

---

1 读完这一章，也许你想要回到第9章解决shape排序问题了。

第36章

状态模式

"一个无法改变的状态，是无法得以保持的。"

——柏客（Edmund Burke，1729—1797）

有限状态机（FSM）是软件工具库中最有用的抽象之一，适用面几乎也是最广的。它们提供一种简单而优雅的方式来探索和定义复杂系统的行为。它们还提供了易于理解和修改的强大实现策略。我在系统的各个层面，从控制高层逻辑的GUI到最底层的通信协议，都会用到它们。它们几乎是普遍适用的。

我们在第15章学习了FSM的一些符号表示和基本操作。现在，我们来看看实现它们的模式。请再次考虑图36.1中的地铁旋转门。

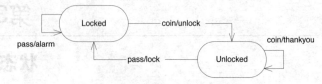

图36.1 包含异常事件处理的旋转门FSM

嵌套语句switch/case

实现FSM的策略有很多。第一个方法也是最直接的策略就是通过嵌套switch/case语句。代码清单36.1所示为该方法的实现。

代码清单36.1 Turnstile.cs（嵌套switch case实现）

```
public enum State { LOCKED, UNLOCKED };
public enum Event { COIN, PASS };

public class Turnstile
{
  // Private
  internal State state = State.LOCKED;

  private TurnstileController turnstileController;

  public Turnstile(TurnstileController action)
  {
    turnstileController = action;
  }

  public void HandleEvent(Event e)
  {
    switch (state)
    {
      case State.LOCKED:
        switch (e)
        {
          case Event.COIN:
            state = State.UNLOCKED;
            turnstileController.Unlock();
```

```
          break;
        case Event.PASS:
          turnstileController.Alarm();
          break;
      }
      break;
    case State.UNLOCKED:
      switch (e)
      {
        case Event.COIN:
          turnstileController.Thankyou();
          break;
        case Event.PASS:
          state = State.LOCKED;
          turnstileController.Lock();
          break;
      }
      break;
    }
  }
}
```

嵌套的switch/case语句将代码划分为4个互斥的区域，每个区域对应STD中的一项迁移。每个区域会根据需要进行更改软件的状态，并调用恰当的操作。因此，Locked状态和Coin事件的区域就会将状态更改为Unlocked并调用unlock。

在这段代码中，有一些有趣的特点，它们与嵌套的switch/case语句本身无关。为了能够更清楚地理解它们，你可以查看一下用来验证这段代码的单元测试，如代码清单36.2和代码清单36.3所示。

代码清单36.2 TurnstileController.cs

```
public interface TurnstileController
{
  void Lock();
  void Unlock();
  void Thankyou();
  void Alarm();
}
```

代码清单36.3 TestTurnstile.cs

```
[TestFixture]
public class TurnstileTest
{
  private Turnstile turnstile;
  private TurnstileControllerSpoof controllerSpoof;

  private class TurnstileControllerSpoof : TurnstileController
  {
    public bool lockCalled = false;
    public bool unlockCalled = false;
    public bool thankyouCalled = false;
    public bool alarmCalled = false;
    public void Lock() { lockCalled = true; }
    public void Unlock() { unlockCalled = true; }
    public void Thankyou() { thankyouCalled = true; }
    public void Alarm() { alarmCalled = true; }
  }

  [SetUp]
  public void SetUp()
  {
    controllerSpoof = new TurnstileControllerSpoof();
    turnstile = new Turnstile(controllerSpoof);
  }

  [Test]
  public void InitialConditions()
  {
    Assert.AreEqual(State.LOCKED, turnstile.state);
  }

  [Test]
  public void CoinInLockedState()
  {
    turnstile.state = State.LOCKED;
    turnstile.HandleEvent(Event.COIN);
    Assert.AreEqual(State.UNLOCKED, turnstile.state);
    Assert.IsTrue(controllerSpoof.unlockCalled);
  }

  [Test]
```

```
public void CoinInUnlockedState()
{
  turnstile.state = State.UNLOCKED;
  turnstile.HandleEvent(Event.COIN);
  Assert.AreEqual(State.UNLOCKED, turnstile.state);
  Assert.IsTrue(controllerSpoof.thankyouCalled);
}

[Test]
public void PassInLockedState()
{
  turnstile.state = State.LOCKED;
  turnstile.HandleEvent(Event.PASS);
  Assert.AreEqual(State.LOCKED, turnstile.state);
  Assert.IsTrue(controllerSpoof.alarmCalled);
}

[Test]
public void PassInUnlockedState()
{
  turnstile.state = State.UNLOCKED;
  turnstile.HandleEvent(Event.PASS);
  Assert.AreEqual(State.LOCKED, turnstile.state);
  Assert.IsTrue(controllerSpoof.lockCalled);
}
}
```

内部作用域内有效的状态变量

注意单元测试中的4个测试函数：CoinInLockedState，CoinInUnlockedState，PassInLockedState，和PassInUnlockedState。这些函数分别测试FSM的4个迁移。在实现时，它们把Turnstile的state变量强制设置为想要检查的状态，然后调用想要验证的事件。为了让测试能够访问到state变量c，不能是私有的。因此，我将它设置为内部可访问的，并添加一条注释，以表明我的意图是将变量设置为私有的。

而面向对象的设计原则主张类的所有实例变量都应该是私有的。我们明显没有遵循这个原则，如果这么做，我们就破坏了对Turnstile类的封装。

那么，如果不这样，我们该怎么做呢？毫无疑问，我本可以让state变量保持私有状态。然后，这样做会导致测试代码无法强制为它设置值。虽然我可以在包的范围内创建有效的setState方法和getState方法，但这样做看起来很荒谬。因为不想把state变量暴露给除TestTurnstile以外的其他类使用，那么为什么要创建set和get属性呢？更何况，get和set属性会导致在该包范围内任何有效的类都可以获取并设置该变量。

测试动作

请注意代码清单36.2中的TurnstileController接口。这样做的目的是让TestTurnstile类能够确保Turnstile类能够以正确顺序来调用正确的动作。如果没有这个接口，我们很难确保状态机能够正常工作。

这是测试对设计产生一定影响的例子。如果我只是写状态机而不考虑测试，我就不太可能会创建TurnstileController接口。那样比较可惜。TurnstileController接口能够很好地将有限状态机的逻辑与它需要执行的操作解耦。这样的话，另一个具有完全不同逻辑的FSM就可以在不受影响的情况下使用TurnstileController接口。

如果我们需要创建单元测试来单独验证每个功能单元，那么在创建测试代码时，就会迫使我们以可能想不到的方式对代码进行解耦。因此，可测试性可以促使设计中有更少的耦合。

代价和好处

对于简单的状态机来说，嵌套switch/case的实现既优雅又高效，因为状态机中所有的状态和事件都出现在一两页代码中。但是，对于大型的FSM，情况不同，在一个有几十个状态和事件的状态机中，代码就被退化成一页又一页的case语句。并且还没有定位工具能帮助我们了解当前正在阅读的是状态机中的哪一部分。总之，维护冗长嵌套的switch/case语句是一项非常困难且极易出错的工作。

嵌套switch/case语句实现的另外一个代价是有限状态机的逻辑与实现之间没有被很好地解耦。在代码清单36.1中，明显可以看到这种分离，因为这些动作是在

TurnstileController的一个派生类中实现的。但是，在我所能看到的大多数嵌套switch/case的FSM中，动作实现都被隐藏在case语句中。实际上，代码清单36.1中也是有这种可能的。

迁移表

实现FSM的一种非常常见的技术是创建一个用来描绘迁移的数据表。该表由处理事件的引擎负责解释。引擎查找与事件匹配的迁移，并调用相应的动作，更改状态。代码清单36.4所示为创建迁移表的代码，代码清单36.5所示为迁移引擎。这两段程序都是从后面的完整实现（代码清单36.6）中截取的。

代码清单36.4　创建旋转门迁移表

```
public Turnstile(TurnstileController controller)
{
  Action unlock = new Action(controller.Unlock);
  Action alarm = new Action(controller.Alarm);
  Action thankYou = new Action(controller.Thankyou);
  Action lockAction = new Action(controller.Lock);

  AddTransition(
    State.LOCKED, Event.COIN, State.UNLOCKED, unlock);
  AddTransition(
    State.LOCKED, Event.PASS, State.LOCKED, alarm);
  AddTransition(
    State.UNLOCKED, Event.COIN, State.UNLOCKED, thankYou);
  AddTransition(
    State.UNLOCKED, Event.PASS, State.LOCKED, lockAction);
}
```

代码清单36.5　迁移引擎

```
public void HandleEvent(Event e)
{
  foreach (Transition transition in transitions)
  {
    if (state == transition.startState &&
      e == transition.trigger)
```

```
    {
        state = transition.endState;
        transition.action();
    }
  }
}
```

使用表解释

代码清单36.6是完整实现，其中展示了如何通过解释一个迁移结构列表来实现有限状态机。
代码完全兼容于TurnstileController（代码清单36.2）与TurnstileTest（代码清单36.3）。

代码清单36.6 Turnstile.cs（完整实现）

```
Turnstile.cs using table interpretation
public enum State { LOCKED, UNLOCKED };
public enum Event { COIN, PASS };

public class Turnstile
{
  // Private
  internal State state = State.LOCKED;

  private IList transitions = new ArrayList();

  private delegate void Action();

  public Turnstile(TurnstileController controller)
  {
    Action unlock = new Action(controller.Unlock);
    Action alarm = new Action(controller.Alarm);
    Action thankYou = new Action(controller.Thankyou);
    Action lockAction = new Action(controller.Lock);

    AddTransition(
      State.LOCKED, Event.COIN, State.UNLOCKED, unlock);
    AddTransition(
      State.LOCKED, Event.PASS, State.LOCKED, alarm);
    AddTransition(
      State.UNLOCKED, Event.COIN, State.UNLOCKED, thankYou);
```

```
  AddTransition(
    State.UNLOCKED, Event.PASS, State.LOCKED, lockAction);
}

public void HandleEvent(Event e)
{
  foreach (Transition transition in transitions)
  {
    if (state == transition.startState &&
      e == transition.trigger)
    {
      state = transition.endState;
      transition.action();
    }
  }
}

private void AddTransition(State start, Event e, State end, Action
  action)
{
  transitions.Add(new Transition(start, e, end, action));
}
private class Transition
{
  public State startState;
  public Event trigger;
  public State endState;
  public Action action;
  public Transition(State start, Event e, State end, Action a)
  {
    this.startState = start;
    this.trigger = e;
    this.endState = end;
    this.action = a;
  }
}
}
```

代价和收益

该实现有一个很大的好处，构建迁移表的代码阅读起来就像是一个规范的状态迁移表。

其中有4行AddTransaction语句非常容易理解。状态机的逻辑都集中在同一个地方，且不受具体动作实现的影响。

与嵌套switch/case的实现相比，要维护这样的有限状态机非常容易。若要添加一个新的迁移，向Turnstile的构造函数中增加一行AddTransaction语句即可。

采用该方法的另一个好处是迁移表更容易在运行时改变。这样就可以允许修改状态机的状态了。我用类似的机制对复杂的有限状态机进行热过修复。

还有另一个好处是可以创建多个迁移表，每个表都代表不同的状态机逻辑。这些表可以根据不同的启动条件在运行时进行选择。

该方法主要的代价是执行速度。迁移表的遍历需要花时间。对大型的状态机来说，遍历时间可能更长。

状态模式

可以实现有限状态机的另一种方法是采用状态（STATE）模式[1]。该模式同时具有嵌套switch/case语句的效率以及解释迁移表的灵活性。

图36.2所示为该模式的结构图。Turnstile类中有公有的事件方法和受保护的动作方法。它持有一个指向Turnstilestate接口的引用。Turnstilestate的两个派生类分别代表FSM的两个状态。

当Turnstile的事件方法中的一个被调用时，会将事件委托给TurnstileState对象。TurnstileLockedState的方法实现了LOCKED状态下的相应动作。TurnstileUnlockedState的方法实现了UNLOCKED状态下的相应动作。为了能够改变FSM的状态，需要将Turnstile对象中的引用赋给这些派生对象的某个实例。

代码清单36.7所示为TurnstileState接口及其两个派生类。在派生类的4个方法中，很容易对状态机进行访问。例如，LockedTurnstileState的Coin方法会让Turnstile对象将其状态改变为unlocked状态，之后再调用Turnstile的unlock动作函数。

1　[GOF1995], p.305

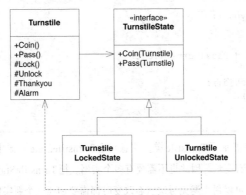

图36.2 Turnstile的状态模式解决方案

代码清单36.7 Turnstile.cs

```csharp
public interface TurnstileState
{
  void Coin(Turnstile t);
  void Pass(Turnstile t);
}

internal class LockedTurnstileState : TurnstileState
{
  public void Coin(Turnstile t)
  {
    t.SetUnlocked();
    t.Unlock();
  }

  public void Pass(Turnstile t)
  {
    t.Alarm();
  }
}

internal class UnlockedTurnstileState : TurnstileState
{
  public void Coin(Turnstile t)
  {
```

```
    t.Thankyou();
  }

  public void Pass(Turnstile t)
  {
    t.SetLocked();
    t.Lock();
  }
}
```

代码清单 36.8 展示了 Turnstile 类。注意包含 TurnstileState 的派生类实例的静态变量。这些类本身没有变量，因此也不需要有多个实例。把 TurnstileState 的派生类实例保存在成员变量中，可以用来避免每次状态改变时都需要创建一个新实例的问题。如果我们需要多个 Turnstile 实例，就可以先将这些变量声明为静态的，这样就不必创建新的派生类实例了。

代码清单 36.8　Turnstile.cs

```
public class Turnstile
{
  internal static TurnstileState lockedState =
    new LockedTurnstileState();

  internal static TurnstileState unlockedState =
    new UnlockedTurnstileState();

private TurnstileController turnstileController;
internal TurnstileState state = unlockedState;

  public Turnstile(TurnstileController action)
  {
    turnstileController = action;
  }

  public void Coin()
  {
    state.Coin(this);
  }

  public void Pass()
  {
```

```
    state.Pass(this);
}

public void SetLocked()
{
  state = lockedState;
}

public void SetUnlocked()
{
  state = unlockedState;
}

public bool IsLocked()
{
  return state == lockedState;
}

public bool IsUnlocked()
{
  return state == unlockedState;
}

internal void Thankyou()
{
  turnstileController.Thankyou();
}

internal void Alarm()
{
  turnstileController.Alarm();
}

internal void Lock()
{
  turnstileController.Lock();
}

internal void Unlock()
{
  turnstileController.Unlock();
}
```

}

状态模式和策略模式

图36.3的图示很容易让人联想到策略（STRATEGY）模式[1]。这两种设计模式都有一个上下文类，两者都委托给有多个派生类的多态基类。两者的不同（图36.3）在于，在状态（STATE）模式中，派生类持有对上下文类的引用。派生类的主要功能是通过该引用选择并调用上下文类中的方法。在策略模式中，不存在这样的约束及意图。策略的派生词也不需要持有对上下文的引用，也不需要调用上下文类中方法。所以，状态模式的所有实例也是策略模式的实例，但并非所有策略模式实例都是状态模式实例。

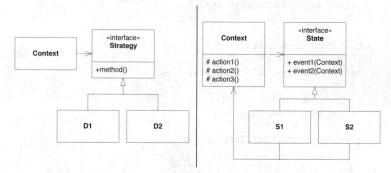

图36.3　状态模式和策略模式

使用状态模式的代价和好处

状态模式彻底分离了状态机的逻辑和动作。动作在上下文类中进行实现，逻辑则通过分布在状态类的派生类来实现。在这种情况下，两者可以方便地各自变化，互不影响。例如，只需使用状态类的不同派生类，就很容易用不同的状态逻辑重用上下文类中的动作。或者，我们可以创建上下文的子类来修改或者替换动作实现，而不会影响状态的派

1　请参见第22章。

生类的逻辑。

这种技术的另一个好处就是它非常高效。它基本上和嵌套switch/case实现的效率一样。因此，该方法既有表驱动方法的灵活性，也有嵌套switch/case方法的高效。

这种技术的代价体现在两个方面。首先，State派生类的编写很麻烦细碎。若编写一个具有20种状态的状态机可能会使人精神麻木的。其次，逻辑是分散的。我们无法在同一个地方看到整个状态机的逻辑。因此，这就使得代码很难以维护。这也会让人觉得嵌套switch/case方法晦涩难懂。

SMC（状态机编译器）

写状态类的派生类以及把状态机的逻辑放在一个地方来表达时，需要许多很麻烦细碎的工作，而为了省去这些乏味的工作，我写了一个状态机编译器并在第15章中介绍过它。代码清单36.9展示了编译器的输入。语法如下所示：

```
currentState
{
  event newState action...
}
```

上面的4行省去了状态机的名称、上下文类的名称、初始状态以及在发生非法事件时抛出的异常的名称。

代码清单36.9 Turnstile.sm

```
FSMName Turnstile
Context TurnstileActions
Initial Locked
Exception FSMError
{
    Locked
    {
        Coin    Unlocked  Unlock
        Pass    Locked    Alarm
    }
    Unlocked
    {
```

```
      Coin  Unlocked  Thankyou
      Pass  Locked    Lock
   }
}
```

为了使用这个编译器，必须写一个声明这个动作的类。Context行指定了这个类的名字。我称之为TurnstileActions，如代码清单36.10所示。

编译器生成一个从上下文类中派生的类。FSMName行指定类的名称。我称之为Turnstile。

代码清单36.10 TurnstileActions.cs

```
public abstract class TurnstileActions
{
  public virtual void Lock() {}
  public virtual void Unlock() {}
  public virtual void Thankyou() {}
  public virtual void Alarm() {}
}
```

可以在TurnstileActions中实现动作函数。然而，更倾向于写另外一个类，这个类是生成类的派生类并且实现了动作函数，如代码清单36.11所示。

代码清单36.11 TurnstileFSM.cs

```
public class TurnstileFSM : Turnstile
{
  private readonly TurnstileController controller;

  public TurnstileFSM(TurnstileController controller)
  {
    this.controller = controller;
  }

  public override void Lock()
  {
    controller.Lock();
  }

  public override void Unlock()
  {
```

```
    controller.Unlock();
  }

  public override void Thankyou()
  {
    controller.Thankyou();
  }

  public override void Alarm()
  {
    controller.Alarm();
  }
}
```

以上就是我们要写的所有代码。SMC会自动生成剩下的代码。最终这个结构如图36.4
所示。我们称之为"三层有限状态机"（THREE-LEVEL FINITE STATE MATCHINE[1]）。

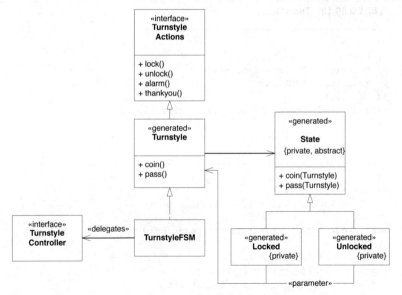

图36.5 三层有限状态机

1 [PLOPD1], p. 383

通过这三个层级，能够用最小的代价提供最大的灵活性。我们可以创建许多不同的有限状态机，而仅仅需要让它们从TurnstileActions派生。同样，只需从Turnstile类继承，我们也可以用许多不同的方式实现动作。

这里需要注意，编译器生成的代码和我们要写的代码完全隔离。我们不必修改任何编译器生成的代码，甚至都不需要查看这些代码，我们可以将这些生成的代码看成二进制代码。

SMC生成的Turnstile.cs以及其他支持文件

代码清单36.12到代码清单36.14完善了基于SMC实现的旋转门案例。Turnstile.cs是由SMC生成的。生成器虽然制造了一些混乱，但代码还不算太糟糕。

代码清单36.12　Turnstile.cs

```
//----------------------------------------------
//
// FSM:       Turnstile
// Context:   TurnstileActions
// Exception: FSMError
// Version:
// Generated: Monday 07/18/2005 at 20:57:53 CDT
//
//----------------------------------------------

//----------------------------------------------
//
// class Turnstile
//   This is the Finite State Machine class
//
public class Turnstile : TurnstileActions
{
  private State itsState;
  private static string itsVersion ="";
  // instance variables for each state

  private Unlocked itsUnlockedState;
  private Locked itsLockedState;
```

```
// constructor
public Turnstile()
{
  itsUnlockedState = new Unlocked();
  itsLockedState = new Locked();

  itsState = itsLockedState;

  // Entry functions for: Locked
}

// accessor functions

public string GetVersion()
{
  return itsVersion;
}
public string GetCurrentStateName()
{
  return itsState.StateName();
}
public State GetCurrentState()
{
  return itsState;
}
public State GetItsUnlockedState()
{
  return itsUnlockedState;
}
public State GetItsLockedState()
{
  return itsLockedState;
}

// Mutator functions

public void SetState(State value)
{
  itsState = value;
}
// event functions - forward to the current State
```

```csharp
    public void Pass()
    {
      itsState.Pass(this);
    }
    public void Coin()
    {
      itsState.Coin(this);
    }


}
//-------------------------------------------
//
// public class State
//   This is the base State class
//
public abstract class State
{
  public abstract string StateName();

  // default event functions

  public virtual void Pass(Turnstile name)
  {
    throw new FSMError("Pass", name.GetCurrentState());
  }
  public virtual void Coin(Turnstile name)
  {
    throw new FSMError("Coin", name.GetCurrentState());
  }
}
//-------------------------------------------
//
// class Unlocked
//   handles the Unlocked State and its events
//
public class Unlocked : State
{
  public override string StateName()
  { return"Unlocked"; }

  //
  // responds to Coin event
```

```
  //
  public override void Coin(Turnstile name)
  {
    name.Thankyou();

    // change the statename.SetState(name.GetItsUnlockedState());
  }
  //
  // responds to Pass event
  //
  public override void Pass(Turnstile name)
  {
    name.Lock();
    // change the statename.SetState(name.GetItsLockedState());
  }
}

//-------------------------------------------
//
// class Locked
//   handles the Locked State and its events
//
public class Locked : State
{
  public override string StateName()
  { return"Locked"; }

  //
  // responds to Coin event
  //
  public override void Coin(Turnstile name)
  {
    name.Unlock();

    // change the statename.SetState(name.GetItsUnlockedState());
  }
  //

  // responds to Pass event
  //
  public override void Pass(Turnstile name)
  {
    name.Alarm();
```

```
    // change the state
    name.SetState(name.GetItsLockedState());
  }
}
```

FSMError是收到非法事件时我们让SMC抛出的异常。由于旋转门例子非常简单，基本上没什么非法事件，因此没有用得上异常。但是，对于大型状态机来说，在一些状态下，有些事件是不应发生的。这些迁移不会在再SMC的输入中提及。因此，当这种事件发生时，所产生的代码会抛出异常。

代码清单 36.13 FSMError.cs

```
public class FSMError : ApplicationException
{
  private static string message =
    "Undefined transition from state: {0} with event: {1}.";
  public FSMError(string theEvent, State state)
    : base(string.Format(message, state.StateName(), theEvent))
  {
  }
}
```

针对SMC所生成状态机的测试代码和本章中所写的其他测试程序非常类似。差异非常小。

代码清单36.14　测试代码

```
[TestFixture]
public class SMCTurnstileTest
{
  private Turnstile turnstile;
  private TurnstileControllerSpoof controllerSpoof;

  private class TurnstileControllerSpoof : TurnstileController
  {
    public bool lockCalled = false;
    public bool unlockCalled = false;
    public bool thankyouCalled = false;
    public bool alarmCalled = false;
    public void Lock() { lockCalled = true; }
```

```
  public void Unlock() { unlockCalled = true; }
  public void Thankyou() { thankyouCalled = true; }
  public void Alarm() { alarmCalled = true; }
}

[SetUp]
public void SetUp()
{
  controllerSpoof = new TurnstileControllerSpoof();
  turnstile = new TurnstileFSM(controllerSpoof);
}

[Test]
public void InitialConditions()
{
  Assert.IsTrue(turnstile.GetCurrentState() is Locked);
}

[Test]
public void CoinInLockedState()
{
  turnstile.SetState(new Locked());
  turnstile.Coin();
  Assert.IsTrue(turnstile.GetCurrentState() is Unlocked);
  Assert.IsTrue(controllerSpoof.unlockCalled);
}

[Test]
public void CoinInUnlockedState()
{
  turnstile.SetState(new Unlocked());
  turnstile.Coin();
  Assert.IsTrue(turnstile.GetCurrentState() is Unlocked);
  Assert.IsTrue(controllerSpoof.thankyouCalled);
}

[Test]
public void PassInLockedState()
{
  turnstile.SetState(new Locked());
  turnstile.Pass();
  Assert.IsTrue(turnstile.GetCurrentState() is Locked);
```

```
        Assert.IsTrue(controllerSpoof.alarmCalled);
    }

    [Test]
    public void PassInUnlockedState()
    {
        turnstile.SetState(new Unlocked());
        turnstile.Pass();
        Assert.IsTrue(turnstile.GetCurrentState() is Locked);
        Assert.IsTrue(controllerSpoof.lockCalled);
    }
}
```

TurnstileController类和本章中所有其他例子中使用的一样，可以参见代码清单36.2。

下面是用来调用SMC的DOS命令，注意，SMC是一个Java程序。虽然它是用Java语言写的，但它不仅能够生成Java代码和C++代码，也能生成C#代码。

```
java -classpath .\smc.jar smc.Smc -g
smc.generator.csharp.SMCSharpGeneratorturnstileFSM.sm
```

代价和收益

我们已经得到了不同方法的最大好处。对有限状态机的描述都集中在一个地方，非常容易维护。有限状态机的逻辑和动作方法的实现是解耦的，这样，两者在彼此发生任何改变的时候不会影响对方。该解决方案高效，优雅，并且只需要很少量的编码工作。

采用SMC方法的代价是必须学习另一个新的工具。然而，在本例中，这个工具的安装和使用非常简单，并且是完全免费的！

状态机的应用场合

我会在几类应用程序中使用到状态以及SMC。

作为GUI中的高层应用策略

20世纪80年代发生过一次图形革命，目标是创造出一种无状态的界面供人们使用。这时，电脑界面基本都是层级化的文本菜单。人们经常无法高效地从复杂的文本菜单中找到菜单，并且也不知道当前屏幕所处的状态。GUI 则通过减少屏幕状态变化的次数来缓解这个问题。在一些现代的 GUI 中，为了能够将公共特性时刻保持在屏幕上，并且确保使用者不会对隐藏的状态感到困惑，人们做了大量的工作。

然而，有讽刺意味的是，实现这些"无状态"GUI 的代码本身正是由状态驱动的。在这样的 GUI 中，代码需要明确指出哪些菜单项和按钮要灰色显示，哪些子窗口应该显示出来，哪些标签页需要处于激活状态，页面的焦点应该在哪里等。所有这些决定都和界面的状态有关。

很久之前，我就意识到，控制这些因素简直是一场噩梦，除非能够将它们组织成单一的控制结构。这个控制的结构最好表示为 FSM。从那时起，我几乎所有的 GUI 编写都使用由 SMC 编译器（或者它的前期版本）生成的 FSM。

请思考代码清单 36.15 中的状态机。该状态机控制着一个应用程序中的用户登录部分。当它受到一个启动的事件时，页面就会显示一个登录界面。一旦用户按下了回车键，该状态机就会检测用户输入的密码是否正确。如果用户密码输入正确，就转为 loggedIn 状态，并且开始用户处理的过程（此处没有显示出来）。如果用户密码输入错误，屏幕就提示用户密码错误。如果用户想要再试一次，就需要在页面上点击确认按钮，否则点击取消按钮。如果密码输入错误次数超过三次（thirdBadPassword 事件），状态机就会锁定用户界面，直到管理员输入密码才能解锁。

代码清单36.15 login.sm

```
Initial init
{
  init
  {
    start logginIn displayLoginScreen
  }

  logginIn
  {
    enter checkingPassword checkPassword
    cancel init clearScreen
  }
```

```
checkingPassword
{
  passwordGood loggedIn startUserProcess
  passwordBad notifyingPasswordBad displayBadPasswordScreen
  thirdBadPassword screenLocked displayLockScreen
}
notifyingPasswordBad
{
  OK checkingPassword displayLoginScreen
  cancel init clearScreen
}

screenLocked
{
  enter checkingAdminPassword checkAdminPassword
}

checkingAdminPassword
{
  passwordGood init clearScreen
  passwordBad screenLocked displayLockScreen}
}
```

我们这里所做的事情是在状态机中捕获了应用程序高层策略。将这个高层策略集中在一起，并且非常易于维护。它能够极大简化该应用程序中的其余代码，因为那些代码不再与策略代码混合在一起了。

显而易见的是，这个方法不仅可以用于 GUI，还可以用在其他界面中。实际上，我在文本界面以及机器——机器的界面中也用过类似的方法。但是，GUI 比其他界面更为复杂，所以更需要用状态机来解决这样的问题。

GUI 交互控制器

假设你希望用户能在屏幕上绘制矩形。操作步骤如下。首先，在工具窗口点击矩形图标。然后，在画布窗口上用鼠标定位出矩形的一个角。之后，点击鼠标并一直拖到所希望的第二个角上。在用户拖鼠标时，屏幕上显示出可能的矩形形状活动图。用户通过鼠标的拖动来控制想要的矩形形状,当用户得到想要的矩形形状后,就可以松开鼠标了。此时,程序就会停止显示矩形活动图并在屏幕上绘制出固定大小的矩形。

当然,用户可以在任何时候通过点击其他的工具图标来取消这次矩形的绘制。如果用户将鼠标拖拽到画布窗口以外,矩形的活动图示也会暂时消失,直到鼠标重新返回到画布中,活动图示才会重新出现。

最后,当绘制完一个矩形之后,用户只要在画布窗口中再次点击并拖动鼠标就可以绘制出另一个矩形,而不需要再次点击工具栏中的矩形图标。

前面描述的正是一个有限状态机。其状态迁移图如图36.5 所示。带有箭头的实心圆表示状态机[1]的起始状态。被空心圆环绕的实心圆是状态机的最终状态。

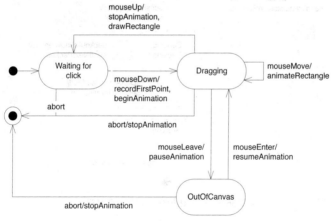

图36.5 矩形绘制的交互状态机

GUI 交互中充斥着大量有限状态机。它们由用户的输入事件来驱动,这些不同的事件引起交互状态的改变。

分布式处理

分布式处理是另一种情况。在这种情况下,系统的状态会依据输入的事件不同而发生变

---

1 请参见第13章。

化。例如，假设在一个网络中，必须将大量信息从一个节点传输到另一个节点中。同样假设网络中的响应时间很宝贵，在这种情况下需要将数据包进行分割成小的数据包再进行发送。

图36.6所示为该场景下的状态机。它从一个传输回话开始，接着发送每一个数据包并等待确认，最后以会话终止而结束。

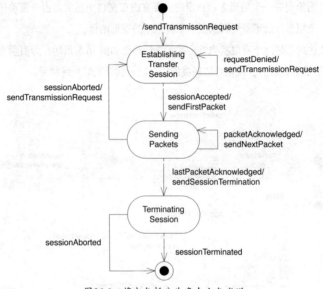

图36.6 将大包拆分为多个小包发送

小结

有限状态机并未得到充分的应用。在许多情形中，使用状态机可以帮助创建更加清晰、简单、灵活和准确的代码。使用状态模式以及根据状态迁移表生成代码的简单工具，可以为我们提供很大的帮助。

参考文献

[GOF1995]Erich Gamma, Richard Helm, Ralph Johnson, and John Vlissides, *Design Pat-terns: Elements of Reusable Object-Oriented Software*, Addison-Wesley, 1995.

[PLOPD1]James O. Coplien and Douglas C. Schmidt, *Pattern Languages of Program Design*, Addison-Wesley, 1995.

第37章

案例学习：Payroll 系统的数据库

"专家掌握的数据往往胜过他们的决断力。"

——鲍威尔（美国前国务卿）

在前面几章中，我们为 Payroll 应用程序实现了所有业务逻辑。实现中有一个类 PayrollDatabase，这个类将所有薪水支付数据存储在 RAM 中。当时，这种方式是满足我们的要求的。但是很明显，该系统需要一种更持久稳固的数据存储形式。本章中，我们将说明如何将数据存储在关系数据库中来提供持久性。

建立数据库

选择数据库技术通常是出于行政考量而不是出于技术考量。数据库和平台公司在已经成功地使消费者相信对数据库的选择是至关重要的。忠于某些特定数据库和平台供应商的也更多是人的原因而不是出于技术的考量。因此，请不要太在意我们选择Microsoft SQL Server来持久化Payroll应用程序的数据。

我们要用的数据库架构如图37.1所示。员工表是核心。它存储员工的直接数据以及确定PaySchedule，Schedule，PaymentMethod和PaymentClassification的字符串常量。PaymentClassification有自己的数据，这些数据将被持久化到相应的HourlyClassification，SalariedClassification和CommissionedClassifications这三个表中。每个引用都有一个

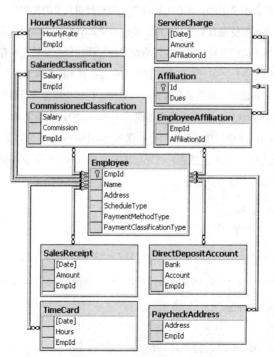

图37.1　Payroll应用的数据库架构

EmpId字段，指向它所从属的Employee。该字段有一个约束条件，用以确保Employe表中一定存有一条有该字段EmpId值的Employee记录。DirectDepositAccount和PaycheckAddress中存有PaymentMethod所需的数据，并且在其EmpId列上有同样的约束。SalesReceipt和TimeCard是比较直观。Affiliation表持有诸如工会成员之类的数据，并通过EmpoyeeAffiliation表和Employee表连接在一起。

代码设计中的一个缺陷

你可能还记得，PayrollDatabase类中只有public static方法。这个设计决策已经不再适用了。我们如何在不破坏所有使用静态方法的测试的情况下，开始在代码中使用一个真实的数据库呢？我们不想把PayrollDatabase类改写成使用真实的数据库。这将迫使我们现有的所有单元测试都使用真实的数据库。我们希望PayrollDatabase成为一个接口，以便可以轻松地替换不同的实现。一个实现将像现在一样将数据存储在内存中，以便我们的测试可以继续快速运行。另一个实现则把数据存储在真实的数据库中。

为了实现这一新设计，我们必须执行一些重构，在每个步骤之后运行单元测试，以确保我们不至于破坏代码。首先，我们创建一个PayrollDatabase实例，并将其存储在一个static变量instance中。然后，我们将检查PayrollDatabase中的每个static方法，并将其重命名，使之包含static。然后，将方法体实现提取到一个具有相同名称的新的非static方法中，参见代码清单37.1。

代码清单37.1 重构

```
public class PayrollDatabase
{
  private static PayrollDatabase instance;

  public static void AddEmployee_Static(Employee employee)
  {
    instance.AddEmployee(employee);
  }

  public void AddEmployee(Employee employee)
  {
```

```
    employees[employee.EmpId] = employee;
  }
```

现在，我们需要找到所有对PayrollDatabase.AddEmployee_Static()的调用，并全部替换为PayrollDatabase.instance.AddEmployee()。更改完所有内容后，我们可以删除该方法的static版本。当然，每种static方法都必须做同样的处理。

这样，每个数据库调用都将通过PayrollDataDatabase.instance变量进行。我们希望PayrollDatabase成为一个接口。因此，我们需要为instance变量另外找个地方。当然，PayrollTest应该持有一个这样的变量，因为随后所有测试都可以使用它。在本应用中，每个Transaction派生类中都有一个好地方。PayrollDatabase实例必需得作为每个处理的构造函数的参数传入，并保存在一个实例变量中。与其重复此代码，不如将PayrollDatabase实例放入Transaction基类中。Transaction目前只是个接口，因此必须将其转换为一个抽象类，如代码清单37.2所示。

代码清单37.2 Transaction.cs

```
public abstract class Transaction
{
  protected readonly PayrollDatabase database;

  public Transaction(PayrollDatabase database)
  {
    this.database = database;
  }

  public abstract void Execute();
}
```

现在，PayrollDatabase.instance没有用了，我们可以将其删除。在将PayrollDatabase转换为接口之前，我们需要一个扩展PayrollDatabase的新实现。由于当前的实现会存储所有内存，因此把这个新类命名为InMemoryPayrollDatabase（代码清单37.3），并在所有实例化PayPyrollDatabase的地方使用它。最后，PayrollDatabase可以简化为一个接口（代码清单37.4），我们可以开始使用真实的数据库了。

代码清单37.3 InMemoryPayrollDatabase.cs

```
public class InMemoryPayrollDatabase : PayrollDatabase
{
private static Hashtable employees = new Hashtable();

private static Hashtable unionMembers = new Hashtable();
  public void AddEmployee(Employee employee)
  {
    employees[employee.EmpId] = employee;
  }

  // etc...
}
```

代码清单37.4 PayrollDatabase.cs

```
public interface PayrollDatabase
{
  void AddEmployee(Employee employee);
  Employee GetEmployee(int id);
  void DeleteEmployee(int id);
  void AddUnionMember(int id, Employee e);
  Employee GetUnionMember(int id);
  void RemoveUnionMember(int memberId);
  ArrayList GetAllEmployeeIds();
}
```

增加雇员

重构我们的设计后，现在可以创建SqlPayrollDatabase了。此类实现了PayrollDatabase接口，将数据持久化在如图37.1所示数据架构的SQL Server数据库中。同时，我们创建用于SqlPayrollDatabaseTest。代码清单37.5展示了第一个测试。

代码清单37.5 SqlPayrollDatabaseTest.cs

```
[TestFixture]
public class Blah
{
  private SqlPayrollDatabase database;
```

```
[SetUp]
public void SetUp()
{
  database = new SqlPayrollDatabase();
}

[Test]
public void AddEmployee()
{
  Employee employee = new Employee(123,
    "George","123 Baker St.");
  employee.Schedule = new MonthlySchedule();
  employee.Method =
    new DirectDepositMethod("Bank 1","123890");
  employee.Classification =
    new SalariedClassification(1000.00);
  database.AddEmployee(123, employee);

  SqlConnection connection = new SqlConnection(
    "Initial Catalog=Payroll;Data Source=localhost;" +
    "user id=sa;password=abc");
  SqlCommand command = new SqlCommand(
    "select * from Employee", connection);
  SqlDataAdapter adapter = new SqlDataAdapter(command);
  DataSet dataset = new DataSet();
  adapter.Fill(dataset);
  DataTable table = dataset.Tables["table"];

  Assert.AreEqual(1, table.Rows.Count);
  DataRow row = table.Rows[0];
  Assert.AreEqual(123, row["EmpId"]);
  Assert.AreEqual("George", row["Name"]);
  Assert.AreEqual("123 Baker St.", row["Address"]);
}
}
```

　　此测试会调用AddEmployee()，然后查询数据库以确保数据已经存储。代码清单
37.6展示了使该测试通过的蛮力代码。

代码清单37.6 SqlPayrollDatabase.cs

```
public class SqlPayrollDatabase : PayrollDatabase
{
  private readonly SqlConnection connection;

  public SqlPayrollDatabase()
  {
    connection = new SqlConnection(
      "Initial Catalog=Payroll;Data Source=localhost;" +
      "user id=sa;password=abc");
    connection.Open();
  }

  public void AddEmployee(Employee employee)
  {
    string sql ="insert into Employee values (" +
      "@EmpId, @Name, @Address, @ScheduleType," +
      "@PaymentMethodType, @PaymentClassificationType)";
    SqlCommand command = new SqlCommand(sql, connection);

    command.Parameters.Add("@EmpId", employee.EmpId);
    command.Parameters.Add("@Name", employee.Name);
    command.Parameters.Add("@Address", employee.Address);
    command.Parameters.Add("@ScheduleType",
      employee.Schedule.GetType().ToString());
    command.Parameters.Add("@PaymentMethodType",
      employee.Method.GetType().ToString());
    command.Parameters.Add("@PaymentClassificationType",
      employee.Classification.GetType().ToString());

    command.ExecuteNonQuery();
  }
}
```

该测试第一次运行时可以通过，但随后的每一次测试都会失败。我们从SQL Server得到一个异常，说我们不能插入重复的密钥。因此，我们必须在每次测试前清除Employee表。代码清单37.7显示了如何将这个逻辑添加到SetUp方法中。

代码清单37.7 SqlPayrollDatabaseTest.SetUp()

```
[SetUp]
```

```
public void SetUp()
{
  database = new SqlPayrollDatabase();

  SqlConnection connection = new SqlConnection(
    "Initial Catalog=Payroll;Data Source=localhost;" +
    "user id=sa;password=abc"); connection.Open();
  SqlCommand command = new SqlCommand(
    "delete from Employee", connection);
  command.ExecuteNonQuery();
  connection.Close();
}
```

这段代码完成了功能，但是很丑陋。在SetUp和AddEmployee测试中都创建了一个数据库连接。其实，在SetUp中创建一个数据库连接并在TearDown中关闭，应该就够了。代码清单37.8展示了重构后的版本。

代码清单37.8　SqlPayrollDatabaseTest.cs

```
[TestFixture]
public class Blah
{
  private SqlPayrollDatabase database;
  private SqlConnection connection;

  [SetUp]
  public void SetUp()
  {
    database = new SqlPayrollDatabase();

    connection = new SqlConnection(
      "Initial Catalog=Payroll;Data Source=localhost;" +
      "user id=sa;password=abc");
    connection.Open();
    new SqlCommand("delete from Employee",
      this.connection).ExecuteNonQuery();
  }

  [TearDown]
  public void TearDown()
  {
    connection.Close();
```

```
    }

    [Test]
    public void AddEmployee()
    {
      Employee employee = new Employee(123,
        "George","123 Baker St.");
      employee.Schedule = new MonthlySchedule();
      employee.Method =
        new DirectDepositMethod("Bank 1","123890");
      employee.Classification =
        new SalariedClassification(1000.00);
      database.AddEmployee(employee);

      SqlCommand command = new SqlCommand(
        "select * from Employee", connection);
      SqlDataAdapter adapter = new SqlDataAdapter(command);
      DataSet dataset = new DataSet();
      adapter.Fill(dataset);
      DataTable table = dataset.Tables["table"];

      Assert.AreEqual(1, table.Rows.Count);
      DataRow row = table.Rows[0];
      Assert.AreEqual(123, row["EmpId"]);
      Assert.AreEqual("George", row["Name"]);
      Assert.AreEqual("123 Baker St.", row["Address"]);
    }
}
```

在代码清单37.6中，可以看到Employee表的ScheduleType，PaymentMethodType和PaymentClassificationType字段中填写的是类名。虽然这样做可以，但是有点冗长。所以，我们将使用更简洁的关键字。代码清单37.9展示了如何存储MonthlySchedules，第一个是ScheduleType字段。代码清单37.10展示了满足此测试的部分SqlPayrollDatabase代码。

代码清单37.9　SqlPayrollDatabaseTest.ScheduleGetsSaved()

```
[Test]
public void ScheduleGetsSaved()
{
  Employee employee = new Employee(123,
    "George","123 Baker St.");
```

```
employee.Schedule = new MonthlySchedule();
employee.Method = new DirectDepositMethod();
employee.Classification = new SalariedClassification(1000.00);
database.AddEmployee(123, employee);

SqlCommand command = new SqlCommand(
  "select * from Employee", connection);
SqlDataAdapter adapter = new SqlDataAdapter(command);
DataSet dataset = new DataSet();
adapter.Fill(dataset);
DataTable table = dataset.Tables["table"];

Assert.AreEqual(1, table.Rows.Count);
DataRow row = table.Rows[0];
Assert.AreEqual("monthly", row["ScheduleType"]);
}
```

代码清单37.10 SqlPayrollDatabase.cs（部分代码）

```
public void AddEmployee(int id, Employee employee)
{
  ...
  command.Parameters.Add("@ScheduleType",
    ScheduleCode(employee.Schedule));
  ...
}

private static string ScheduleCode(PaymentSchedule schedule)
{
  if (schedule is MonthlySchedule)
    return"monthly";
  else
    return"unknown";
}
```

　　细心的读者会注意到，代码清单37.10中开始有些违反OCP。ScheduleCode()方法包含一个if/else语句，用于确定该计划是否为MonthlySchedule。很快，我们将为WeeklySchedule添加另一个if/else语句，然后再为Biweekly Schedule添加一个。每次向系统增加一个新的支付时间类型，都必须再次修改这个if/else链。

　　一种替代方法是从PaymentSchedule层次结构中获取支付时间类型码。我们可

以添加一个例如string DatabaseCode这样能返回正确值的多态属性。但这会导致
PaymentSchedule的层次结构违背SRP。

违背SRP会在数据库和应用程序之间创建了不必要的耦合，并邀请其他模块通过使
用ScheduleCode来扩展此耦合。另一方面，OCP封装在Sql-PayrollDatabase类中，并且
不太可能泄露出去。因此，我们先暂时忍受这种违背OCP的做法。

在写下一个测试用例时，我们发现了删除重复代码的很多机会。代码清单37.11展
示了经过一些重构后的SqlPayrollDatabaseTest和一些新测试用例。代码清单37.12显示
了能使测试通过的对SqlPayrollDatabase进行的更改。

代码清单37.11　SqlPayrollDatabaseTest.cs（部分代码）

```
[SetUp]
public void SetUp()
{
  ...
  CleanEmployeeTable();

  employee = new Employee(123,"George","123 Baker St.");
  employee.Schedule = new MonthlySchedule();
  employee.Method = new DirectDepositMethod();
  employee.Classification = new SalariedClassification(1000.00);
}

private void ClearEmployeeTable()
{
  new SqlCommand("delete from Employee",
    this.connection).ExecuteNonQuery();
}

private DataTable LoadEmployeeTable()
{
  SqlCommand command = new SqlCommand(
   "select * from Employee", connection);
  SqlDataAdapter adapter = new SqlDataAdapter(command);
  DataSet dataset = new DataSet();
  adapter.Fill(dataset);
```

```
        return dataset.Tables["table"];
}

[Test]
public void ScheduleGetsSaved()
{
    CheckSavedScheduleCode(new MonthlySchedule(),"monthly");
    ClearEmployeeTable();
    CheckSavedScheduleCode(new WeeklySchedule(),"weekly");
    ClearEmployeeTable();
    CheckSavedScheduleCode(new BiWeeklySchedule(),"biweekly");
}
private void CheckSavedScheduleCode(
    PaymentSchedule schedule, string expectedCode)
{
    employee.Schedule = schedule;
    database.AddEmployee(123, employee);

    DataTable table = LoadEmployeeTable();
    DataRow row = table.Rows[0];

    Assert.AreEqual(expectedCode, row["ScheduleType"]);
}
```

代码清单37.12 SqlPayrollDatabase.cs（部分代码）

```
private static string ScheduleCode(PaymentSchedule schedule)
{
    if (schedule is MonthlySchedule)
        return"monthly";
    if (schedule is WeeklySchedule)
        return"weekly";
    if (schedule is BiWeeklySchedule)
        return"biweekly";
    else
        return"unknown";
}
```

代码清单37.13展示了一个针对保存PaymentMethods的新测试。这段代码采用了和保存支付时间类型数据同样的模式。代码清单37.14显示了新的数据库代码。

代码清单37.13　SqlPayrollDatabaseTest.cs（部分代码）

```
[Test]
public void PaymentMethodGetsSaved()
{
  CheckSavedPaymentMethodCode(new HoldMethod(),"hold");
  ClearEmployeeTable();
  CheckSavedPaymentMethodCode(
    new DirectDepositMethod("Bank -1","0987654321"),
   "directdeposit");
  ClearEmployeeTable();
  CheckSavedPaymentMethodCode(
    new MailMethod("111 Maple Ct."),"mail");
}
private void CheckSavedPaymentMethodCode(
  PaymentMethod method, string expectedCode)
{
  employee.Method = method;
  database.AddEmployee(employee);

  DataTable table = LoadTable("Employee");
  DataRow row = table.Rows[0];

  Assert.AreEqual(expectedCode, row["PaymentMethodType"]);
}
```

代码清单37.14　SqlPayrollDatabase.cs（部分代码）

```
public void AddEmployee(int id, Employee employee)
{
  ...
  command.Parameters.Add("@PaymentMethodType",
    PaymentMethodCode(employee.Method));
  ...
}

private static string PaymentMethodCode(PaymentMethod method)
{
  if (method is HoldMethod)
```

```
    return"hold";
  if (method is DirectDepositMethod)
    return"directdeposit";
  if (method is MailMethod) return"mail";
  else
    return"unknown";
}
```

所有测试都通过了。但是请稍等一下，DirectDepositMethod和MailMethod有自己需要保存的数据。在使用任何一种付款方式保存Employee时，都需要填充DirectDepositAccount和PaycheckAddress表。代码清单37.15展示了对保存DirectDepositMethod的测试。

代码清单37.15 SqlPayrollDatabaseTest.cs（部分代码）

```
[Test]
public void DirectDepositMethodGetsSaved()
{
  CheckSavedPaymentMethodCode(
    new DirectDepositMethod("Bank -1","0987654321"),
    "directdeposit");

  SqlCommand command = new SqlCommand(
    "select * from DirectDepositAccount", connection);
    SqlDataAdapter adapter = new SqlDataAdapter(command);
  DataSet dataset = new DataSet();
  adapter.Fill(dataset);
  DataTable table = dataset.Tables["table"];

  Assert.AreEqual(1, table.Rows.Count);
  DataRow row = table.Rows[0];
  Assert.AreEqual("Bank -1", row["Bank"]);
  Assert.AreEqual("0987654321", row["Account"]);
  Assert.AreEqual(123, row["EmpId"]);
}
```

在查看代码以弄清楚如何通过此测试时，我们意识到还需要另外的if/else语句。第一个if/else用来判断PaymentMethodType字段中要保留的值，这已经足够糟糕了。第二个if/else用来判断需要填充哪个表。这些违反OCP的if/else已经开始有了"异味"。我们需要一个仅使用一个if/else语句的方案。如代码清单37.16所示，我们引入了一些成员变量来提供帮助。

代码清单37.16 SqlPayrollDatabase.cs (部分代码)

```
public void AddEmployee(int id, Employee employee)
{
  string sql ="insert into Employee values (" +
   "@EmpId, @Name, @Address, @ScheduleType," +
   "@PaymentMethodType, @PaymentClassificationType)";
  SqlCommand command = new SqlCommand(sql, connection);

  command.Parameters.Add("@EmpId", id);
  command.Parameters.Add("@Name", employee.Name);
  command.Parameters.Add("@Address", employee.Address);
  command.Parameters.Add("@ScheduleType",
    ScheduleCode(employee.Schedule));
  SavePaymentMethod(employee);
  command.Parameters.Add("@PaymentMethodType", methodCode);
  command.Parameters.Add("@PaymentClassificationType",
    employee.Classification.GetType().ToString());

  command.ExecuteNonQuery();
}
private void SavePaymentMethod(Employee employee)
{
  PaymentMethod method = employee.Method;
  if (method is HoldMethod)
    methodCode ="hold";
  if (method is DirectDepositMethod)
  {
    methodCode ="directdeposit";
    DirectDepositMethod ddMethod =
      method as DirectDepositMethod;
    string sql ="insert into DirectDepositAccount" +
      "values (@Bank, @Account, @EmpId)";
    SqlCommand command = new SqlCommand(sql, connection);
    command.Parameters.Add("@Bank", ddMethod.Bank);
    command.Parameters.Add("@Account", ddMethod.AccountNumber);
    command.Parameters.Add("@EmpId", employee.EmpId);
```

```
    command.ExecuteNonQuery();
  }
  if (method is MailMethod)
    methodCode ="mail";
  else
    methodCode ="unknown";
}
```

测试失败！糟了。SQL Server报告了一个错误，之处我们无法将条目添加到
DirectDepositAccount中，因为相关的Employee记录不存在。因此，必须在填充
Employee表之后填DirectDepositAcount表。但这带来了一个有趣的两难问题。如果插
入员工的命令成功再但插入支付方法记录的命令失败了，怎么办？这时数据会出现错
误。我们最终会造成有一名员工没有支付方法，我们不允许这样的情况发生。

一个常见的解决方案是使用事务。对于事务，任何部分的失败都会导致整个事务被
取消，并且不会保存任何内容。如果运气不好，会出现保存失败的情况，但什么都不保
存也总比数据库被破坏更好。在解决这个问题之前，让我们先通过当前的测试。代码清
单37.17展示了后续代码的演变。

代码清单37.17 SqlPayrollDatabase.cs（部分代码）

```
public void AddEmployee(int id, Employee employee)
{
  PrepareToSavePaymentMethod(employee);

  string sql ="insert into Employee values (" +
    "@EmpId, @Name, @Address, @ScheduleType," +
    "@PaymentMethodType, @PaymentClassificationType)";
  SqlCommand command = new SqlCommand(sql, connection);

  command.Parameters.Add("@EmpId", id);
  command.Parameters.Add("@Name", employee.Name);
  command.Parameters.Add("@Address", employee.Address);
  command.Parameters.Add("@ScheduleType",
    ScheduleCode(employee.Schedule));
  SavePaymentMethod(employee);
  command.Parameters.Add("@PaymentMethodType", methodCode);
  command.Parameters.Add("@PaymentClassificationType",
```

```
        employee.Classification.GetType().ToString());

  command.ExecuteNonQuery();

  if (insertPaymentMethodCommand != null)
    insertPaymentMethodCommand.ExecuteNonQuery();
}

private void PrepareToSavePaymentMethod(Employee employee)
{
  PaymentMethod method = employee.Method;
  if (method is HoldMethod)
    methodCode ="hold";
  else if (method is DirectDepositMethod)
  {
    methodCode ="directdeposit";
    DirectDepositMethod ddMethod =
      method as DirectDepositMethod;
    string sql ="insert into DirectDepositAccount" +
      "values (@Bank, @Account, @EmpId)";
    insertPaymentMethodCommand =
      new SqlCommand(sql, connection);
    insertPaymentMethodCommand.Parameters.Add(
      "@Bank", ddMethod.Bank);
    insertPaymentMethodCommand.Parameters.Add(
      "@Account", ddMethod.AccountNumber);
    insertPaymentMethodCommand.Parameters.Add(
      "@EmpId", employee.EmpId);
  }
  else if (method is MailMethod)
    methodCode ="mail";
  else
    methodCode ="unknown";
}
```

令人沮丧的是，这次仍然没有通过测试。因为我们在清除Employee表时导致了DirectDepositAccount表缺少引用，因此无法清除Employee表。如此一来，我们必须同时清除SetUp方法中的两个表。在小心翼翼地先清除DirectDepositAccount表之后，终于得到了一个测试通过的绿条汇报。真棒。

MailMethod仍然需要保存。在引入事务之前，我们先解决这个问题。为了测试是否填写了PaycheckAddress表，我们必须加载它。这将是第三次重复加载一个表的代码，早就该进行重构了。我们把LoadEmployeeTable改名为LoadTable并增加一个表名作为参数，这样一来，代码就看起来好多了。代码清单37.18显示了这个更改以及新的测试。代码清单37.19包含使其通过测试的部分代码，在SetUp方法中增加了一条用于清除PaycheckAddress表的语句，如下所示。

代码清单37.18　SqlPayrollDatabaseTest.cs（部分代码）

```
private DataTable LoadTable(string tableName)
{
  SqlCommand command = new SqlCommand(
  "select * from" + tableName, connection);
  SqlDataAdapter adapter = new SqlDataAdapter(command);
  DataSet dataset = new DataSet();
  adapter.Fill(dataset);
  return dataset.Tables["table"];
}

[Test]
public void MailMethodGetsSaved()
{
  CheckSavedPaymentMethodCode(
    new MailMethod("111 Maple Ct."),"mail");

  DataTable table = LoadTable("PaycheckAddress");

  Assert.AreEqual(1, table.Rows.Count);
  DataRow row = table.Rows[0];
  Assert.AreEqual("111 Maple Ct.", row["Address"]);
  Assert.AreEqual(123, row["EmpId"]);
}
```

代码清单37.19　SqlPayrollDatabase.cs（部分代码）

```
private void PrepareToSavePaymentMethod(Employee employee)
{
  ...
else if (method is MailMethod)
  {
    methodCode ="mail";
    MailMethod mailMethod = method as MailMethod;
```

```
    string sql ="insert into PaycheckAddress" +
    "values (@Address, @EmpId)";
    insertPaymentMethodCommand =
    new SqlCommand(sql, connection);
    insertPaymentMethodCommand.Parameters.Add(
    "@Address", mailMethod.Address);
    insertPaymentMethodCommand.Parameters.Add(
    "@EmpId", employee.EmpId);
  }
  ...
}
```

事务

现在该进行数据库事务操作了。在.NET中执行SQL Server事务处理很容易。只需要有
System.Data.SqlClient.SqlTransaction类。不过，得先有一个失败的测试，我们将无法
使用它。如何测试一个数据库操作是事务型的呢？

如果我们可以在执行数据库操作时先让第一个命令成功执行，然后强制后续的
命令执行失败，那么我们就可以检查数据库以确保未保存任何数据。那么，如何
使一个操作成功而另一个失败呢？让我们以有DirectDepositMethod的Employee为
例。我们知道，首先要保存员工数据，然后再保存直接存款账户数据。如果我们可
以强制对表DirectDepositAccounttable的插入操作失败，就可以达到目的了。考虑到
DirectDepositAccount表不允许任何null值，所以将null值传递给DirectDepositMethod
对象会导致失败。结果如代码清单37.20所示。

代码清单37.20　SqlPayrollDatabaseTest.cs（部分代码）

```
[Test]
public void SaveIsTransactional()
{
  // Null values won't go in the database.
  DirectDepositMethod method =
    new DirectDepositMethod(null, null);
  employee.Method = method;
  try
  {
```

```
        database.AddEmployee(123, employee);
        Assert.Fail("An exception needs to occur" +
                "for this test to work.");
    }
    catch (SqlException)
    {}

    DataTable table = LoadTable("Employee");
    Assert.AreEqual(0, table.Rows.Count);
}
```

这种方法确实会导致失败。Employee记录被添加到数据库中，而没有添加
DirectDepositAccount记录。这种情况必须要避免。代码清单37.21演示了使用
SqlTransaction类使数据库操作有事务性。

代码清单37.21 SqlPayrollDatabase.cs（部分代码）

```
public void AddEmployee(int id, Employee employee)
{
    SqlTransaction transaction =
        connection.BeginTransaction("Save Employee");
    try
    {
        PrepareToSavePaymentMethod(employee);

        string sql ="insert into Employee values (" +
            "@EmpId, @Name, @Address, @ScheduleType," +
            "@PaymentMethodType, @PaymentClassificationType)";
        SqlCommand command = new SqlCommand(sql, connection);

        command.Parameters.Add("@EmpId", id);
        command.Parameters.Add("@Name", employee.Name);
        command.Parameters.Add("@Address", employee.Address);
        command.Parameters.Add("@ScheduleType",
            ScheduleCode(employee.Schedule));
        command.Parameters.Add("@PaymentMethodType", methodCode);
        command.Parameters.Add("@PaymentClassificationType",
            employee.Classification.GetType().ToString());

        command.Transaction = transaction;
        command.ExecuteNonQuery();
```

```
      if (insertPaymentMethodCommand != null)
      {
        insertPaymentMethodCommand.Transaction = transaction;
        insertPaymentMethodCommand.ExecuteNonQuery();
      }

      transaction.Commit();
    }
    catch (Exception e)
    {
      transaction.Rollback();
      throw e;
    }
  }
```

测试通过了！简单。现在我们来整理代码具体如代码清单37.22所示。

代码清单37.22   SqlPayrollDatabase.cs（部分代码）

```
public void AddEmployee(int id, Employee employee)
{
  PrepareToSavePaymentMethod(employee);
  PrepareToSaveEmployee(employee);

  SqlTransaction transaction =
    connection.BeginTransaction("Save Employee");
  try
  {
    ExecuteCommand(insertEmployeeCommand, transaction);
    ExecuteCommand(insertPaymentMethodCommand, transaction);
    transaction.Commit();
  }
  catch (Exception e)
  {
    transaction.Rollback();
    throw e;
  }
}

private void ExecuteCommand(SqlCommand command,
  SqlTransaction transaction)
{
  if (command != null)
```

```
    {
      command.Connection = connection;
      command.Transaction = transaction;
      command.ExecuteNonQuery();
    }
  }

  private void PrepareToSaveEmployee(Employee employee)
  {
    string sql ="insert into Employee values (" +
      "@EmpId, @Name, @Address, @ScheduleType," +
      "@PaymentMethodType, @PaymentClassificationType)";
    insertEmployeeCommand = new SqlCommand(sql);

    insertEmployeeCommand.Parameters.Add(
      "@EmpId", employee.EmpId);
    insertEmployeeCommand.Parameters.Add(
      "@Name", employee.Name);
    insertEmployeeCommand.Parameters.Add(
      "@Address", employee.Address);
    insertEmployeeCommand.Parameters.Add(
      "@ScheduleType", ScheduleCode(employee.Schedule));
    insertEmployeeCommand.Parameters.Add(
      "@PaymentMethodType", methodCode);
    insertEmployeeCommand.Parameters.Add(
      "@PaymentClassificationType",
       employee.Classification.GetType().ToString());
  }

  private void PrepareToSavePaymentMethod(Employee employee)
  {
    PaymentMethod method = employee.Method;
    if (method is HoldMethod)
      methodCode ="hold";
    else if (method is DirectDepositMethod)
    {
      methodCode ="directdeposit";
      DirectDepositMethod ddMethod =
        method as DirectDepositMethod;
      insertPaymentMethodCommand =
        CreateInsertDirectDepositCommand(ddMethod, employee);
    }
```

```
  else if (method is MailMethod)
  {
    methodCode ="mail";
    MailMethod mailMethod = method as MailMethod;
    insertPaymentMethodCommand =
      CreateInsertMailMethodCommand(mailMethod, employee);
  }
  else
    methodCode ="unknown";
}

private SqlCommand CreateInsertDirectDepositCommand(
  DirectDepositMethod ddMethod, Employee employee)
{
  string sql ="insert into DirectDepositAccount" +
   "values (@Bank, @Account, @EmpId)";
  SqlCommand command = new SqlCommand(sql);
  command.Parameters.Add("@Bank", ddMethod.Bank);
  command.Parameters.Add("@Account", ddMethod.AccountNumber);
  command.Parameters.Add("@EmpId", employee.EmpId);
  return command;
}

private SqlCommand CreateInsertMailMethodCommand(
  MailMethod mailMethod, Employee employee)
{
  string sql ="insert into PaycheckAddress" +
   "values (@Address, @EmpId)";
  SqlCommand command = new SqlCommand(sql);
  command.Parameters.Add("@Address", mailMethod.Address);
  command.Parameters.Add("@EmpId", employee.EmpId);
  return command;
}
```

此时，PaymentClassification仍然是未保存状态。实现这部分代码不涉及任何新技巧，就留给读者作练习吧。

当我们完成最后一项任务后，代码中的一个缺陷就变得很明显了。SqlPayrollDatabase可能会在应用程序生命周期的早期被实例化并得到广泛使用。考虑到这一点，请看一下insertPaymentMethodCommand成员变量。当使用direct-deposit method或mail-payment method保存雇员时，将为该变量赋予一个值，而使用hold-payment method保存雇员时，则不会为该变量赋予值。而该变量从未被清除过。那么，如果我们用mail-payment method方式保存了一个雇员，然后在保存另外一个具有hold-payment metho的雇员时，将会发生什么情况？代码清单37.23中，我们将这种情况放在了一个测试用例中。

代码清单37.23 SqlPayrollDatabaseTest.cs（部分代码）

```
[Test]
public void SaveMailMethodThenHoldMethod()
{
  employee.Method = new MailMethod("123 Baker St.");
  database.AddEmployee(employee);

  Employee employee2 = new Employee(321,"Ed","456 Elm St.");
  employee2.Method = new HoldMethod();
  database.AddEmployee(employee2);

  DataTable table = LoadTable("PaycheckAddress");
  Assert.AreEqual(1, table.Rows.Count);
}
```

测试失败了，因为向PaycheckAddress表添加了两条记录。在保存第一条雇员记录时，InsertPaymentMethodCommand加载了用于为第一个员工添加"MailMethod"的命令。保存第二条雇员记录后，因为HoldMethod没有获取任何额外的命令，所以命令又执行了一次。

有几种方法可以解决此问题，但还有其他更加问题困扰着我。我们最初是要实现SqlPayrollDatabase.AddEmployee方法，在实现中，我们创建了太多私有辅助方法。这使得可怜的SqlPayrollDatabase类变得杂乱无章。现在是时候创建一个用于处理雇员保存的类了：SaveEmployeeOperation类。每当调用AddEmployee()时，它都会创建一个SaveEmployeeOperation的新实例。这样，命令就不会为null了，并且SqlPayrollDatabase也变得更加简洁了。我们没有更改任何功能。这只是一个重构，因此不需要新的测试。

首先，我创建SaveEmployeeOperation类，并把保存雇员的类复制了过来。我必须添加一个构造函数和一个用于触发保存逻辑的新方法Execute()。代码清单37.24显示了这个新增的类。

代码清单37.24 SaveEmployeeOperation.cs（部分代码）

```
public class SaveEmployeeOperation
{
  private readonly Employee employee;
  private readonly SqlConnection connection;

  private string methodCode;
  private string classificationCode;
  private SqlCommand insertPaymentMethodCommand;
  private SqlCommand insertEmployeeCommand;
  private SqlCommand insertClassificationCommand;

  public SaveEmployeeOperation(
    Employee employee, SqlConnection connection)
  {
    this.employee = employee;
    this.connection = connection;
  }

  public void Execute()
  {
  /*
  All the code to save an Employee
  */
}
```

然后，我更改SqlPayrollDatabase.AddEmplyee()方法，创建一个SaveEmployeeOperation
的新实例并调用其Execute()方法，如代码清单37.25所示都。所有测试都通过了，包括
SaveMailMethodThenHoldMethod。删除所有复制的代码后，SqlPayrollDatabase变得更
整洁了。

代码清单37.25 SqlPayrollDatabase.AddEmployee()

```
public void AddEmployee(Employee employee)
{
  SaveEmployeeOperation operation =
    new SaveEmployeeOperation(employee, connection);
  operation.Execute();
}
```

加载Employee对象

现在，是时候看看是否能够从数据库中加载Employee对象了。代码清单37.26展示了第一个测试。可以看出我在写的时候并没有偷工减料。首先使用我们已经写好并和测试过的SqlPayrollDatabase.AddEmployee()方法保存一个Employee对象。然后使用SqlPayrollDatabase.GetEmployee()方法尝试加载该Employee对象。检查所加载的Employee对象的各个方面，包括支付时间、支付方式和支付类别。显然，测试失败了，要通过测试，还需要做很多工作。

代码清单37.26　SqlPayrollDatabaseTest.cs（部分代码）

```csharp
public void LoadEmployee()
{
  employee.Schedule = new BiWeeklySchedule();
  employee.Method =
    new DirectDepositMethod("1st Bank","0123456");
  employee.Classification =
    new SalariedClassification(5432.10);
  database.AddEmployee(employee);

  Employee loadedEmployee = database.GetEmployee(123);
  Assert.AreEqual(123, loadedEmployee.EmpId);
  Assert.AreEqual(employee.Name, loadedEmployee.Name);
  Assert.AreEqual(employee.Address, loadedEmployee.Address);
  PaymentSchedule schedule = loadedEmployee.Schedule;
  Assert.IsTrue(schedule is BiWeeklySchedule);

  PaymentMethod method = loadedEmployee.Method;
  Assert.IsTrue(method is DirectDepositMethod);
  DirectDepositMethod ddMethod = method as DirectDepositMethod;
  Assert.AreEqual("1st Bank", ddMethod.Bank);
  Assert.AreEqual("0123456", ddMethod.AccountNumber);

  PaymentClassification classification =
    loadedEmployee.Classification;
  Assert.IsTrue(classification is SalariedClassification);
  SalariedClassification salariedClassification =
    classification as SalariedClassification;
  Assert.AreEqual(5432.10, salariedClassification.Salary);
}
```

实现AddEmployee()方法时，进行的最后一次重构是提取一个SaveEmployee-Operation类，这个类包含实现其唯一目标"保存雇员对象"的所有代码。随后实现加载雇员对象的代码时，我们使用与此相同的模式。当然，我们也将优先进行测试。但有一个根本的不同。在测试加载雇员对象时，不会涉及数据库，因此就省去了前面的测试。我们要完整测试雇员对象的加载功能，但将在完全不连接数据库的情况下完成所有工作。

代码清单37.27是LoadEmployeeOperationTest用例的开始部分。第一个测试LoadEmployeeDataCommand使用一个雇员ID和空数据库连接创建一个新的LoadEmployeeOperation对象。然后，测试获取SqlCommand，用于从Employee表中加载数据并测试其结构。我们本可以对数据库执行此命令，但那能得到什么呢？首先，它使测试变得更复杂，因为我们必须先加载数据，然后才能执行查询。其次，我们已经在SqlPayrollDatabaseTest.LoadEmployee()中测试了连接数据库的功能，没有必要再进行重复的测试。代码清单37.28显示了LoadEmployeeOperation的开始部分以及满足第一个测试的代码。

代码清单37.27 LoadEmployeeOperationTest.cs

```
using System.Data;
using System.Data.SqlClient;
using NUnit.Framework;

using Payroll;

namespace PayrollDB
{
  [TestFixture]
  public class LoadEmployeeOperationTest
  {
    private LoadEmployeeOperation operation;
    private Employee employee;

    [SetUp]
    public void SetUp()
    {
      employee = new Employee(123,"Jean","10 Rue de Roi");
      operation = new LoadEmployeeOperation(123, null);
```

```
      operation.Employee = employee;
   }

   [Test]
   public void LoadingEmployeeDataCommand()
   {
      operation = new LoadEmployeeOperation(123, null);
      SqlCommand command = operation.LoadEmployeeCommand;
      Assert.AreEqual("select * from Employee" +
        "where EmpId=@EmpId", command.CommandText);
      Assert.AreEqual(123, command.Parameters["@EmpId"].Value);
   }
 }
}
```

代码清单37.28 LoadEmployeeOperation.cs

```
using System.Data.SqlClient;
using Payroll;

namespace PayrollDB
{
  public class LoadEmployeeOperation
  {
    private readonly int empId;
    private readonly SqlConnection connection;
    private Employee employee;
    public LoadEmployeeOperation(
      int empId, SqlConnection connection)
    {
      this.empId = empId;
      this.connection = connection;
    }

    public SqlCommand LoadEmployeeCommand
    {
      get
      {
        string sql ="select * from Employee" +
          "where EmpId=@EmpId";
        SqlCommand command = new SqlCommand(sql, connection);
        command.Parameters.Add("@EmpId", empId);
        return command;
```

```
        }
      }
    }
  }
```

测试通过了，这是一个良好的开端。但仅仅只有命令是远远不够的。我们必须根据从数据库中检索到的数据创建一个Employee对象。从数据库加载数据的一种方法是将其转储到DataSet对象中，就像我们在前面测试中所做的那样。这种做法非常方便，因为我们的测试可以创建一个看起来与我们真正查询数据库时创建的Dataset完全一样的Dataset。代码清单37.29中的测试展示了这种做法，代码清单37.30显示了相应的产品代码。

代码清单37.29 LoadEmployeeOperationTest.LoadEmployeeData()

```
[Test]
public void LoadEmployeeData()
{
  DataTable table = new DataTable();
  table.Columns.Add("Name");
  table.Columns.Add("Address");
  DataRow row = table.Rows.Add(
    new object[] {"Jean","10 Rue de Roi" });

  operation.CreateEmplyee(row);

  Assert.IsNotNull(operation.Employee);
  Assert.AreEqual("Jean", operation.Employee.Name);
  Assert.AreEqual("10 Rue de Roi",
    operation.Employee.Address);
}
```

代码清单37.30 LoadEmployeeOperation.cs（部分代码）

```
public void CreateEmplyee(DataRow row)
{
  string name = row["Name"].ToString();
  string address = row["Address"].ToString();
  employee = new Employee(empId, name, address);
}
```

通过这个测试后，我们可以继续加载付款时间表了。代码清单37.31和代码清单

37.32展示了加载第一个PaymentSchedule类Weekly Schedule中的测试代码和产品代码。

代码清单37.31　LoadEmployeeOperationTest.LoadingSchedules()

```
[Test]
public void LoadingSchedules()
{
  DataTable table = new DataTable();
  table.Columns.Add("ScheduleType");
  DataRow row = table.NewRow();
  row.ItemArray = new object[] {"weekly" };

  operation.AddSchedule(row);

  Assert.IsNotNull(employee.Schedule);
  Assert.IsTrue(employee.Schedule is WeeklySchedule);
}
```

代码清单37.32　LoadEmployeeOperation.cs（部分代码）

```
public void AddSchedule(DataRow row)
{
  string scheduleType = row["ScheduleType"].ToString();
  if(scheduleType.Equals("weekly"))
   employee.Schedule = new WeeklySchedule();
}
```

只需要进行一些微小的重构，就可以轻松测试所有PaymentSchedule类型的加载逻辑。到目前为止，我们已经在测试中创建了一些DataTable对象，并且还将创建更多，所以将这项枯燥的任务提取到一个新方法中可以带来不少便利。代码清单37.33和代码请单37.34展示了这些更改。

代码清单37.33　LoadEmployeeOperationTest.LoadingSchedules()（重构后）

```
[Test]
public void LoadingSchedules()
{
  DataRow row = ShuntRow("ScheduleType","weekly");
  operation.AddSchedule(row);
  Assert.IsTrue(employee.Schedule is WeeklySchedule);

  row = ShuntRow("ScheduleType","biweekly");
```

```
    operation.AddSchedule(row);
    Assert.IsTrue(employee.Schedule is BiWeeklySchedule);

    row = ShuntRow("ScheduleType","monthly");
    operation.AddSchedule(row);
    Assert.IsTrue(employee.Schedule is MonthlySchedule);
}

private static DataRow ShuntRow(
    string columns, params object[] values)
{
    DataTable table = new DataTable();
    foreach (string columnName in columns.Split(','))
        table.Columns.Add(columnName);
    return table.Rows.Add(values);
}
```

代码清单37.34　LoadEmployeeOperation.cs（部分代码）

```
public void AddSchedule(DataRow row)
{
    string scheduleType = row["ScheduleType"].ToString();
    if (scheduleType.Equals("weekly"))
        employee.Schedule = new WeeklySchedule();
    else if (scheduleType.Equals("biweekly"))
        employee.Schedule = new BiWeeklySchedule();
    else if (scheduleType.Equals("monthly"))
        employee.Schedule = new MonthlySchedule();
}
```

接下来，我们可以开始进行加载支付方法方面的工作了。请参见代码清单37.35和代码清单37.36。

代码清单37.35　LoadEmployeeOperationTest.LoadingHoldMethod()

```
[Test]
public void LoadingHoldMethod()
{
    DataRow row = ShuntRow("PaymentMethodType","hold");
    operation.AddPaymentMethod(row);
    Assert.IsTrue(employee.Method is HoldMethod);
}
```

代码清单37.36 LoadEmployeeOperation.cs（部分代码）

```
public void AddPaymentMethod(DataRow row)
{
  string methodCode = row["PaymentMethodType"].ToString();
  if(methodCode.Equals("hold"))
    employee.Method = new HoldMethod();
}
```

这很简单。但是，加载其他付款方法就不那么容易了。考虑一下加载有DirectDepositMethod方法的Employee的情况。首先，我们将读取Employee表。在PaymentMethodType列中，值"directdeposit"告诉我们需要为该雇员创建一个DirectDepositMethod对象。要创建DirectDepositMethod对象，我们需要存储在DirectDeposit-Account表中的银行账户数据。因此，LoadEmployeeOperation.AddPaymentMethod()方法将必须创建一个新的sql命令来检索该数据。为了测试这个逻辑，我们必须先将数据放入DirectDepositAccount表中。

为了能够在不接触数据库的情况下正确测试加载付款方法，我们必须创建一个新类LoadPaymentMethodOperation。此类将负责确定要创建哪种PaymentmentMethod并加载要创建的数据。代码清单37.37显示了LoadPaymentMethod-OperationTest，其中包含针对加载HoldMethod对象的测试。代码清单37.38展示了LoadPaymentMethod类的初步实现，代码清单37.39展示了LoadEmployeeOperation是如何使用这个新类的。

代码清单37.37 LoadPaymentMethodOperationTest.cs

```
using NUnit.Framework;
using Payroll;

namespace PayrollDB
{
  [TestFixture]
  public class LoadPaymentMethodOperationTest
  {
    private Employee employee;
    private LoadPaymentMethodOperation operation;

    [SetUp]
    public void SetUp()
```

```
  {
    employee = new Employee(567,"Bill","23 Pine Ct");
  }


  [Test]
  public void LoadHoldMethod()
  {
    operation = new LoadPaymentMethodOperation(
      employee,"hold", null);
    operation.Execute();
    PaymentMethod method = this.operation.Method;
    Assert.IsTrue(method is HoldMethod);
  }
 }
}
```

代码清单37.38 LoadPaymentMethodOperation.cs

```
using System;
using System.Data;
using System.Data.SqlClient;
using Payroll;

namespace PayrollDB
{
  public class LoadPaymentMethodOperation
  {
    private readonly Employee employee;
    private readonly string methodCode;
    private PaymentMethod method;

    public LoadPaymentMethodOperation(
      Employee employee, string methodCode)
    {
      this.employee = employee;
      this.methodCode = methodCode;
    }

    public void Execute()
    {
      if (methodCode.Equals("hold"))
        method = new HoldMethod();
    }
```

```
    public PaymentMethod Method
    {
      get { return method; }
    }
  }
}
```

代码清单37.39 LoadEmployeeOperation.cs（部分代码）

```
public void AddPaymentMethod(DataRow row)
{
  string methodCode = row["PaymentMethodType"].ToString();
  LoadPaymentMethodOperation operation =
    new LoadPaymentMethodOperation(employee, methodCode);
  operation.Execute();
  employee.Method = operation.Method;
}
```

同样，加载HoldMethod很容易。为了加载DirectDepositMethod，我们必须创建一个用于获取数据的SqlCommand，然后必须根据获取的数据创建DirectDepositMethod实例。代码清单37.40和代码清单37.41显示了于完成这项工作的测试和产品部分代码。请注意，测试CreateDirectDepositMethodFromRow借用了来自LoadEmployeeOperationTest的ShuntRow方法。这方法用起来很方便，因此我们先顺其自然。但到了某个时候，我们必须为共享的ShuntRow方法找一个更好的地方。

代码清单37.40 LoadPaymentMethodOperationTest.cs（部分代码）

```
[Test]
public void LoadDirectDepositMethodCommand()
{
  operation = new LoadPaymentMethodOperation(
    employee,"directdeposit");
  SqlCommand command = operation.Command;
  Assert.AreEqual("select * from DirectDepositAccount" +
   "where EmpId=@EmpId", command.CommandText);
  Assert.AreEqual(employee.EmpId,
  command.Parameters["@EmpId"].Value);
}
```

```
[Test]
public void CreateDirectDepositMethodFromRow()
{
  operation = new LoadPaymentMethodOperation(
    employee,"directdeposit");
  DataRow row = LoadEmployeeOperationTest.ShuntRow(
   "Bank,Account","1st Bank","0123456");
  operation.CreatePaymentMethod(row);

  PaymentMethod method = this.operation.Method;
  Assert.IsTrue(method is DirectDepositMethod);
  DirectDepositMethod ddMethod =
    method as DirectDepositMethod;
  Assert.AreEqual("1st Bank", ddMethod.Bank);
  Assert.AreEqual("0123456", ddMethod.AccountNumber);
}
```

代码清单37.41　LoadPaymentMethodOperation.cs（部分代码）

```
public SqlCommand Command
{
  get
  {
    string sql ="select * from DirectDepositAccount" +
     "where EmpId=@EmpId";
    SqlCommand command = new SqlCommand(sql);
    command.Parameters.Add("@EmpId", employee.EmpId);
    return command;
  }
}

public void CreatePaymentMethod(DataRow row)
{
  string bank = row["Bank"].ToString();
  string account = row["Account"].ToString();
  method = new DirectDepositMethod(bank, account);
}
```

剩下的工作是MailMethod对象的加载。代码清单37.42显示了创建相应SQL的测试。在尝试实现产品代码时，情况变得很有趣。在Command属性中，我们需要一个if/else语句来确定将在查询中使用哪个表名。在Execute()方法中，我们需要另一个if/else

语句来确定要实例化哪种类型的付款方法。似曾相识吧！请记住，重复的if/else语句是一种要避免的气代码异味。

必须对LoadPaymentMethodOperation类进行重新组织，如果只需要一个if/else的话。经过一些创造性的工作后，我们用委托解决了这个问题。代码清单37.43展示了重新组织后的LoadPaymentMethodOperation。

代码清单37.42　LoadPaymentMethodOperationTest.LoadMailMethodCommand()

```
[Test]
public void LoadMailMethodCommand()
{
  operation = new LoadPaymentMethodOperation(employee,"mail");
  SqlCommand command = operation.Command;
  Assert.AreEqual("select * from PaycheckAddress" +
  "where EmpId=@EmpId", command.CommandText);
  Assert.AreEqual(employee.EmpId,
   command.Parameters["@EmpId"].Value);
}
```

代码清单37.43　LoadPaymentMethodOperation.cs（重构后）

```
public class LoadPaymentMethodOperation
{
  private readonly Employee employee;
  private readonly string methodCode;
  private PaymentMethod method;
  private delegate void PaymentMethodCreator(DataRow row);
  private PaymentMethodCreator paymentMethodCreator;
  private string tableName;

  public LoadPaymentMethodOperation(
    Employee employee, string methodCode)
  {
    this.employee = employee;
    this.methodCode = methodCode;
  }

  public void Execute()
  {
    Prepare();
```

```
    DataRow row = LoadData();
    CreatePaymentMethod(row);
  }

  public void CreatePaymentMethod(DataRow row)
  {
    paymentMethodCreator(row);
  }

  public void Prepare()
  {
    if (methodCode.Equals("hold"))
       paymentMethodCreator =
     new PaymentMethodCreator(CreateHoldMethod);
    else if (methodCode.Equals("directdeposit"))
    {
      tableName ="DirectDepositAccount";
      paymentMethodCreator = new PaymentMethodCreator(
        CreateDirectDepositMethod);
    }
    else if (methodCode.Equals("mail"))
    {
      tableName ="PaycheckAddress";
    }
  }

  private DataRow LoadData()
  {
    if (tableName != null)
      return LoadEmployeeOperation.LoadDataFromCommand(Command);
    else
      return null;
  }

  public PaymentMethod Method
  {
    get { return method; }
  }

  public SqlCommand Command
  {
    get
```

```
    {
      string sql = String.Format(
        "select * from {0} where EmpId=@EmpId", tableName);
      SqlCommand command = new SqlCommand(sql);
      command.Parameters.Add("@EmpId", employee.EmpId);
      return command;
    }
  }

  public void CreateDirectDepositMethod(DataRow row)
  {
    string bank = row["Bank"].ToString();
    string account = row["Account"].ToString();
    method = new DirectDepositMethod(bank, account);
  }

  private void CreateHoldMethod(DataRow row)
  {
    method = new HoldMethod();
  }
}
```

这个重构比大多数重构复杂得多。它需要对测试进行更改。测试在执行加载 PaymentMethod 的命令之前，需要先调用 Prepare()。代码清单 37.44 展示了更改以及针对创建 MailMethod 的最终测试。代码清单 37.45 包含 LoadPaymentMethodOperation 类中的最后一部分代码。

代码清单 37.44 LoadPaymentMethodOperationTest.cs（部分代码）

```
[Test]
public void LoadMailMethodCommand()
{
  operation = new LoadPaymentMethodOperation(employee,"mail");
  operation.Prepare();
  SqlCommand command = operation.Command;
  Assert.AreEqual("select * from PaycheckAddress" +
    "where EmpId=@EmpId", command.CommandText);
  Assert.AreEqual(employee.EmpId,
    command.Parameters["@EmpId"].Value);
}
```

```
[Test]
public void CreateMailMethodFromRow()
{
  operation = new LoadPaymentMethodOperation(employee,"mail");
  operation.Prepare();
  DataRow row = LoadEmployeeOperationTest.ShuntRow(
   "Address","23 Pine Ct");
  operation.CreatePaymentMethod(row);

  PaymentMethod method = this.operation.Method;
  Assert.IsTrue(method is MailMethod);
  MailMethod mailMethod = method as MailMethod;
  Assert.AreEqual("23 Pine Ct", mailMethod.Address);
}
```

代码清单37.45　LoadPaymentMethodOperation.cs（部分代码）

```
public void Prepare()
{
  if (methodCode.Equals("hold"))
    paymentMethodCreator =
   new PaymentMethodCreator(CreateHoldMethod);
  else if (methodCode.Equals("directdeposit"))
  {
    tableName ="DirectDepositAccount";
    paymentMethodCreator =
    new PaymentMethodCreator(CreateDirectDepositMethod);
  }
  else if (methodCode.Equals("mail"))
  {
    tableName ="PaycheckAddress";
    paymentMethodCreator =
    new PaymentMethodCreator(CreateMailMethod);
  }
}
private void CreateMailMethod(DataRow row)
{
  string address = row["Address"].ToString();
```

```
  method = new MailMethod(address);
}
```

加载了所有的PaymentMethod之后，剩下的就是PaymentClassification的处理了。为了加载PaymentClassification，我们将创建一个新类LoadPaymentClassificationOperation和相应的测试。这与我们到目前为止所做的非常类似，留给读者作为练习吧。

完成这些工作后，我们可以回过头来处理SqlPayrollDatabaseTest.Load-Employee测试。唔。测试仍然失败了。看来，我们忘记了一些关联配置的工作。代码清单37.46显示了通过测试必须要做的更改。

代码清单37.46 LoadEmployeeOperation.cs（部分代码）

```
public void Execute()
{
  string sql ="select *  from Employee where EmpId = @EmpId";
  SqlCommand command = new SqlCommand(sql, connection);
  command.Parameters.Add("@EmpId", empId);

  DataRow row = LoadDataFromCommand(command);

  CreateEmplyee(row);
  AddSchedule(row);
  AddPaymentMethod(row);
  AddClassification(row);
}

public void AddSchedule(DataRow row)
{
  string scheduleType = row["ScheduleType"].ToString();
  if (scheduleType.Equals("weekly"))
    employee.Schedule = new WeeklySchedule();
  else if (scheduleType.Equals("biweekly"))
    employee.Schedule = new BiWeeklySchedule();
  else if (scheduleType.Equals("monthly"))
    employee.Schedule = new MonthlySchedule();
}

private void AddPaymentMethod(DataRow row)
{
  string methodCode = row["PaymentMethodType"].ToString();
```

```
LoadPaymentMethodOperation operation =
  new LoadPaymentMethodOperation(employee, methodCode);
operation.Execute();
employee.Method = operation.Method;
}

private void AddClassification(DataRow row)
{
string classificationCode =
  row["PaymentClassificationType"].ToString();
LoadPaymentClassificationOperation operation =
  new LoadPaymentClassificationOperation(employee,
classificationCode);
  operation.Execute();
  employee.Classification = operation.Classification;
}
```

你可能注意到这些LoadOperation类有很多重复代码。同样，将这些类称为LoadOperations的意图是暗示着它们是从一个通用基类中派生的。这样一个基类将为所有可能的派生类之间共享的所有重复代码提供一个合适的地方。这个重构工作作为练习留给读者来完成。

还有什么工作？

SqlPayrollDatabase可以存储和加载新的Employee对象。但这还不完善。当我们存储一个已经在数据库中存储过的Employee对象时，将会怎样？这种情况需要处理。另外，我们在考勤卡、销售单据或工会隶属关系方面还没有做任何事情。基于前面我们已经完成的工作，添加这些功能应该非常简单，这项工作同样作为练习留给读者来完成。

第38章

案例学习：Payroll 系统的用户界面

"就用户而言，界面即产品。"

——拉斯金（Jef Raskin）[1]

到目前为止，我们的 Payroll 应用进展得还不错。它支持添加钟点工、领月薪的员工以及拿佣金提成的员工。领薪水的方式可选择邮寄、直存或公司代管。系统能计算出每个员工的工资并根据不同的时间表进行支付。此外，系统创建和使用的所有数据都持久化存储在关系型数据库中。

1　译注：人机界面专家，1978 年成为苹果的第 31 号员工，后来负责领导苹果的麦金塔计划。

目前，系统已经能够支持客户的所有需求。事实上，它在上周就已经部署到生产环境。系统安装在人力资源部的一台机器上，并已开始培训Joe使用系统。Joe会收到公司范围内增加新雇员和更改现有雇员的请求。收到每个请求后，他将相应的事务数据输入每晚都要处理的一个文本文件中。Joe最近明显烦躁了许多，但当他听我们要为系统构建一个用户界面时，心情一下子就变好了。这个UI应会当简化系统的使用。Joe之所以感到高兴，是因为每个人都能输入自己的事务数据，而不必发给自己一个人来录入文件。

为了确定要构建的界面类型，需要和客户长时间探讨。一个方案是基于文本的界面，用户浏览菜单，敲击键盘，并用键盘输入数据。虽然文本界面比较容易构建，但不太好用。另外，如今大多数用户都觉得文本界面很难用。

也考虑过Web界面。Web应用看起来很"美"，因为一般不需要在用户的机器上执行"安装"，而且可在内网上任何一台计算机使用。但是，Web界面构建起来很复杂，因为应用会和一个大且复杂的基础设施（infrastructure）捆绑，该基础设施由Web服务器、应用程序服务器和分层架构构成。[1]需要购买、安装、配置以及管理该基础设施。Web系统还把我们和诸如HTML、CSS和JavaScript之类的技术捆绑到一起，并迫使我们使用一种令人回想起20世纪70年代IBM 3270绿屏应用程序的界面。

无论我们的用户，还是我们的公司，都想要一种在使用、构建、安装和管理方面都比较简单的方案。所以，我们最终选择了GUI桌面应用。这种应用提供了更为强大的UI功能集，构建起来也比Web界面容易。最初的实现不需要在网络上部署，所以不需要Web系统要求的那些复杂基础设施。

当然，桌面GUI应用也有一些缺点。它们不可移植，也不容易分发。但是，由于Payroll系统的所有用户都在同一间办公室中工作，而且都使用公司的计算机，所以我们认为和复杂的Web基础设施相比，这些缺点可忽略不计。所以，我们决定使用Windows Forms来构建UI。

由于UI的"雷"比较多，所以第一个发布仅限于实现添加雇员的功能。这个很小的发布能给我们带来一些有价值的反馈。首先，可由此估计一下构建UI的复杂程度。其

---

1 粗心的软件架构师或许觉得这不是个问题。但在许多时候，这个额外的基础设施主要是为了方便厂商，而不是方便用户。

次，Joe会使用这个新UI，并告诉我们这为他的工作带来了多少改善（希望如此）。有了这些信息，就可以知道如何更好地构建UI的剩余部分。另外，这个小的发布也许还能告诉我们基于文本的面和Web界面哪个更适合。这方面的信息有必要提前知道，免得我们浪费时间和精力。

UI形式的重要性比不上内部架构。无论桌面还是Web应用，UI相比其底层的业务规则更容易改变。所以，将业务逻辑和UI分开很有必要。为此，Windows Forms中的代码越少越好。为此，代码应放到和Windows Forms协同工作的普通C#类中。该分离策略将UI的易变性和业务规则隔离开。对UI代码的更改不会影响到业务规则。另外，如果有一天我们决定转到Web界面，到时业务规则代码已经被隔离好了。

界面

图38.1展示了构建UI的一个大致思路。Action菜单列出所有支持的操作。选择一个操作，将打开用于执行所选操作的窗体。例如，图38.2的窗体在选择"Add Employee"（添加雇员）后出现。我们目前只关心添加雇员这个操作。

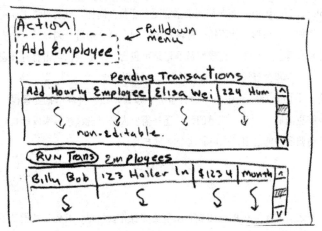

图38.1　初始的Payroll系统用户界面

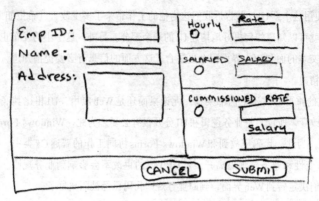

图38.2　Add Employee事务窗体

靠近Payroll窗口顶部是一个带有Pending Transactions标签的文本框。Payroll是一个批处理系统。白天输入事务但并不执行，直到晚上才批量执行。顶部的这个文本框列出了所有收集起来等待执行的事务。如图38.1所示，目前有一个添加钟点工的事务等待执行。该列表目前虽然看得懂，但以后可以把它设计得更好看一些。现在，这样就可以了。

底部是一个带有Employees标签的文本框，其中列出了系统中现有雇员的列表。执行AddEmployeeTransaction会向该列表添加更多雇员。同样，以后可考虑以更好的方式显示雇员。例如，表格形式就不错。每种数据一列，再分别用一列显示上次支付薪水的日期、支付金额等。钟点工和提成雇员的记录可包含一个链接，点击将打开窗口来分别列出他们的考勤卡和销售凭条。不过，这些都后面再考虑。

中间是一个Run Transactions（运行事务）按钮，点击将调用批处理程序，执行所有待定事务并更新雇员列表。遗憾的是，还是需要人来点击该按钮来发起批处理。在我们开发出自动调度功能之前，先用着这个临时方案。

实现

添加事务之后，才能在Payroll窗口上有更多操作。所以，首先让我们从用于添加一条员工事务的窗体着手，如图38.2所示。思考一下必须通过该窗口实现的业务规则。需收集创建事务所需的全部信息。这些信息可由用户填写。基于这些信息，要分析出需创建哪种类型的AddEmployeeTransaction，然后将该事务放到待处理列表中。点击Submit按钮将触发这部分的操作。

这基本满足了业务规则的需要，不过还需要其他一些行为才能使UI更好用。例如，在所有必需信息填完之前，Submit按钮应该保持禁用状态。另外，除非选中Hourly单选钮，否则应禁用用于输入小时工价的文本框。类似，除非选中对应的单选钮，否则应禁用Salary、Base Salary和Commission文本框。

必须小心地将业务行为和UI行为分离。我们使用MODEL VIEW PRESENTER（MVP）设计模式来达到该目的。图38.3的UML设计展示了如何为当前任务运用该设计模式。该设计有三个组件：模型、视图和表示器。本例的模型表示的是AddEmployeeTransaction类及其派生类。视图是一个名为AddEmployeeWindow的Windows Form（参考图38.2）。表示器是一个名为AddEmployeePresenter的类，是UI和模型之间的粘合剂。AddEmployeePresenter包含应用程序这一特定部分的所有业务逻辑，而AddEmployeeWindow不包含任何业务逻辑。相反，AddEmployeeWindow只实现UI行为，将所有业务决策都委托给表示器。

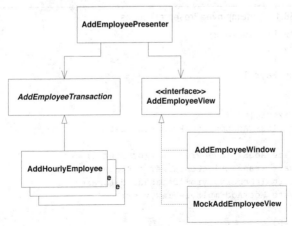

图38.3　用于添加员工事务的MODEL VIEW PRESENTER模式

MODEL VIEW PRESENTER 模式的另一种用法是将所有业务逻辑都放到Windows Form中。事实上，这种做法很常见，但问题也很大。将业务规则嵌入UI代码，不仅违反SRP，还造成很难对业务规则进行自动化测试。现在为了执行这种测试，必须点击按钮、读取标签、从组合框选择项并和其他类型的控件打交道。换言之，为了测试业务规则，现在必须实际使用UI。通过UI进行的测试是非常脆弱的，因为UI控件的一个小改变就会对测试造成巨大影响。它们也很棘手，因为将UI引入测试工具本身就是一个挑战。另外，以后可能决定采用Web界面，此时必须将Windows窗体代码中嵌入的业务逻辑复制到ASP.NET代码中。

细心的读者会注意到，AddEmployeePresenter不直接依赖于AddEmployeeWindow。AddEmployeeView接口倒置了这个依赖。为什么？很简单，为了使测试变得更容易。在UI中，测试很麻烦。如AddEmployeePresenter直接依赖于AddEmployeeWindow，则AddEmployeePresenterTest也必须依赖于AddEmployeeWindow，这就很糟糕了。使用接口和MockAddEmployeeView能显著简化测试。

代码清单38.1和代码清单38.2分别展示了AddEmployeePresenterTest和AddEmployee-Presenter。我们的工作从这里开始。

代码清单38.1 AddEmployeePresenterTest.cs

```
using NUnit.Framework;
using Payroll;

namespace PayrollUI
{

  [TestFixture]
  public class AddEmployeePresenterTest
  {
    private AddEmployeePresenter presenter;
    private TransactionContainer container;
    private InMemoryPayrollDatabase database;
    private MockAddEmployeeView view;

    [SetUp]
    public void SetUp()
    {
```

```
  view = new MockAddEmployeeView();
  container = new TransactionContainer(null);
  database = new InMemoryPayrollDatabase();
  presenter = new AddEmployeePresenter(
  view, container, database);
}

[Test]
public void Creation()
{
  Assert.AreSame(container,
  presenter.TransactionContainer);
}

[Test]
public void AllInfoIsCollected()
{
  Assert.IsFalse(presenter.AllInformationIsCollected());
  presenter.EmpId = 1;
  Assert.IsFalse(presenter.AllInformationIsCollected());
  presenter.Name ="Bill";
  Assert.IsFalse(presenter.AllInformationIsCollected());
  presenter.Address ="123 abc";
  Assert.IsFalse(presenter.AllInformationIsCollected());

  presenter.IsHourly = true;
  Assert.IsFalse(presenter.AllInformationIsCollected());
  presenter.HourlyRate = 1.23;
  Assert.IsTrue(presenter.AllInformationIsCollected());
  presenter.IsHourly = false;
  Assert.IsFalse(presenter.AllInformationIsCollected());
  presenter.IsSalary = true;
  Assert.IsFalse(presenter.AllInformationIsCollected());
  presenter.Salary = 1234;
  Assert.IsTrue(presenter.AllInformationIsCollected());

  presenter.IsSalary = false;
  Assert.IsFalse(presenter.AllInformationIsCollected());
  presenter.IsCommission = true;
  Assert.IsFalse(presenter.AllInformationIsCollected());
  presenter.CommissionSalary = 123;
  Assert.IsFalse(presenter.AllInformationIsCollected());
```

```
    presenter.Commission = 12;
    Assert.IsTrue(presenter.AllInformationIsCollected());
}

[Test]
public void ViewGetsUpdated()
{
  presenter.EmpId = 1;
  CheckSubmitEnabled(false, 1);
  presenter.Name ="Bill";
  CheckSubmitEnabled(false, 2);

  presenter.Address ="123 abc";
  CheckSubmitEnabled(false, 3);

  presenter.IsHourly = true;
  CheckSubmitEnabled(false, 4);

  presenter.HourlyRate = 1.23;
  CheckSubmitEnabled(true, 5);
}

private void CheckSubmitEnabled(bool expected, int count)
{
  Assert.AreEqual(expected, view.submitEnabled);
  Assert.AreEqual(count, view.submitEnabledCount);
  view.submitEnabled = false;
}

[Test]
public void CreatingTransaction()
{
  presenter.EmpId = 123;
  presenter.Name ="Joe";
  presenter.Address ="314 Elm";

  presenter.IsHourly = true;
  presenter.HourlyRate = 10;
  Assert.IsTrue(presenter.CreateTransaction()
    is AddHourlyEmployee);

  presenter.IsHourly = false;
  presenter.IsSalary = true;
```

```
            presenter.Salary = 3000;
            Assert.IsTrue(presenter.CreateTransaction()
              is AddSalariedEmployee);
            presenter.IsSalary = false;
            presenter.IsCommission = true;
            presenter.CommissionSalary = 1000;
            presenter.Commission = 25;
            Assert.IsTrue(presenter.CreateTransaction()
              is AddCommissionedEmployee);
          }

          [Test]
          public void AddEmployee()
          {
            presenter.EmpId = 123;
            presenter.Name ="Joe";
            presenter.Address ="314 Elm";
            presenter.IsHourly = true;

            presenter.HourlyRate = 25;

            presenter.AddEmployee();
            Assert.AreEqual(1, container.Transactions.Count);
            Assert.IsTrue(container.Transactions[0]
              is AddHourlyEmployee);
          }
        }
      }
```

代码清单 38.2　AddEmployeePresenter.cs

```
using Payroll;
namespace PayrollUI
{
  public class AddEmployeePresenter
  {
    private TransactionContainer transactionContainer;
    private AddEmployeeView view;
    private PayrollDatabase database;

    private int empId;
    private string name;
    private string address;
```

```
private bool isHourly;
private double hourlyRate;
private bool isSalary;
private double salary;
private bool isCommission;
private double commissionSalary;
private double commission;

public AddEmployeePresenter(AddEmployeeView view,
  TransactionContainer container,
  PayrollDatabase database)
{
  this.view = view;
  this.transactionContainer = container;
  this.database = database;
}

public int EmpId
{
  get { return empId; }
  set
  {
    empId = value;
    UpdateView();
  }
}

public string Name
{
  get { return name; }
  set
  {
    name = value;
    UpdateView();
  }
}

public string Address
{
  get { return address; }
  set
  {
    address = value;
```

```
    UpdateView();
  }
}

public bool IsHourly
{
  get { return isHourly; }
  set
  {
    isHourly = value;
    UpdateView();
  }
}

public double HourlyRate
{
  get { return hourlyRate; }
  set
  {
    hourlyRate = value;
    UpdateView();
  }
}

public bool IsSalary
{
  get { return isSalary; }
  set
  {
    isSalary = value;
    UpdateView();
  }
}

public double Salary
{
  get { return salary; }
  set
  {
    salary = value;
    UpdateView();
  }
}
```

```csharp
    public bool IsCommission
    {
      get { return isCommission; }
      set
      {
        isCommission = value;
        UpdateView();
      }
    }

    public double CommissionSalary
    {
      get { return commissionSalary; }
      set
      {
        commissionSalary = value;
        UpdateView();
      }
    }

    public double Commission
    {
      get { return commission; }
      set
      {
        commission = value;
        UpdateView();
      }
    }

    private void UpdateView()
    {
      if (AllInformationIsCollected())
        view.SubmitEnabled = true;
      else
        view.SubmitEnabled = false;
    }

    public bool AllInformationIsCollected()
    {
      bool result = true;
```

```
      result &= empId > 0;
      result &= name != null && name.Length > 0;
      result &= address != null && address.Length > 0;
      result &= isHourly || isSalary || isCommission;
      if (isHourly)
        result &= hourlyRate > 0;
      else if (isSalary)
        result &= salary > 0;
      else if (isCommission)
      {
        result &= commission > 0;
        result &= commissionSalary > 0;
      }
      return result;
    }

    public TransactionContainer TransactionContainer
    {
      get { return transactionContainer; }
    }

    public virtual void AddEmployee()
    {
      transactionContainer.Add(CreateTransaction());
    }

    public Transaction CreateTransaction()
    {
      if (isHourly)
        return new AddHourlyEmployee(
          empId, name, address, hourlyRate, database);
      else if (isSalary)
        return new AddSalariedEmployee(
          empId, name, address, salary, database);
      else
        return new AddCommissionedEmployee(
          empId, name, address, commissionSalary,
          commission, database);
    }
  }
}
```

先看看测试的SetUp方法，从中可看到在实例化AddEmployeePresenter期间涉及到的东西。它获取三个参数。第一个是AddEmployeeView，我们在测试中为其使用一个MockAddEmployeeView。第二个是TransactionContainer，可在其中放置将创建的AddEmployeeTransaction。最后一个参数是PayrollDatabase实例，不直接用，而是作为传给AddEmployeeTransaction构造函数的参数。

第一个测试是Creation，虽然看起来有点突兀，但刚开始坐下来写代码时，也许很难决定要先测试什么。一般情况下，应测试你能想到的最简单的东西。开了一个头之后，以后的测试就会水到渠成。Creation测试正是基于这个思路决定的。它确定container参数已被保存，而该参数此时可能已被删除。

下一个测试是AllInfoIsCollected，这个测试有意思得多。AddEmployeePresenter的职责之一是收集创建事务所需的全部信息。数据不全不行，所以表示器必须知道何时收集完全部必需的数据。该测试指出表示器需要一个名为AllInformationIsCollected的方法，该方法返回一个布尔值。该测试还演示了如何通过属性来输入表示器的数据。每条数据依次输入。在每一步，都向表示器询问是否拥有全部需要的数据，并对预期的响应进行断言。在AddEmployeePresenter中，每个属性直接将值存储到一个字段中。AllInformationIsCollected执行一些逻辑运算，核实已提供了每一个字段。

表示器拥有它需要的全部信息后，用户可提交数据来添加事务。但只有表示器认可数据之后，用户才能提交表单。所以，是由表示器负责通知用户何时可以提交表单。这是由ViewGetsUpdated方法来测试的。该测试一次向表示器提供一条数据。每次都执行检查，确保表示器正确通知视图是否应启用提交按钮。

在表示器中可以看到，每个属性都调用了UpdateView，后者又调用视图上的SaveEnabled属性。代码清单38.3展示了已声明了SubmitEnabled的AddEmployeeView接口。AddEmployeePresenter调用SubmitEnabled属性来通知应启用提交。我们目前不特别关心SubmitEnabled所做的事情。我们只想确保用正确的值来调用它。AddEmployeeView接口在这个时候就显得很方便了。它允许我们创建一个假（mock）视图来简化测试。MockAddEmployeeView（代码清单38.4）包含两个字段：submitEnabled，记录最后传入的值；submitEnabledCount，跟踪SubmitEnabled的调用次数。这两个简单的字段使我们能轻而易举地写测试。测试只需要检查submitEnabled字段来确保表示器用正确的值来调用SubmitEnabled属性，并检查submitEnabledCount来确保它被调用了正确的次数。相反，如果必须和表单和窗口控件打交道，测试会变得多么繁琐！

代码清单38.3 AddEmployeeView.cs

```
namespace PayrollUI
{
  public interface AddEmployeeView
  {
    bool SubmitEnabled { set; }
  }
}
```

代码清单38.4 MockAddEmployeeView.xs

```
namespace PayrollUI
{
  public class MockAddEmployeeView : AddEmployeeView
  {
    public bool submitEnabled;
    public int submitEnabledCount;

    public bool SubmitEnabled
    {
      set
      {
        submitEnabled = value;
        submitEnabledCount++;
      }
    }
  }
}
```

测试中发生了有趣的事情。我们测试的是当数据输入视图时AddEmployeePresenter的行为，而非测试数据输入时发生的事情。在生产环境，所有数据输入完毕，Submit按钮会变成启用状态。我们本可测试这一点，但是相反，我们测试的是表示器的行为：所有数据输入完毕后，表示器会向视图发送一条消息，告诉它启用提交。

这种测试风格称为"行为驱动开发"（behavior-driven development）。思路是，不应将测试想象成测试，对状态和结果进行断言。相反，应将测试想象成行为规范，描述代码应当有什么行为。

下一个测试是CreatingTransaction，它示范AddEmployeePresenter将基于所提供的数据来创建正确的事务。AddEmployeePresenter基于支付类型的if/else语句来判断要创建的事务类型。

还有一个测试是AddEmployee。当所有数据都收集好，事务也创建好之后，表示器必须将事务存储到TransactionContainer中以便将来使用。该测试确保这一点。

实现好AddEmployeePresenter后，就准备好了创建AddEmployeeTransaction所需要的全部业务规则。现在唯一需要的就是用户界面。

构建窗口

Add Employee窗口的GUI代码很容易设计。在Visual Studio设计器中将一些控件拖放到合适位置即可。代码是自动生成的，没有包含在下面的代码清单中。窗口设计完成后，还有不少工作要做。需要在UI中实现一些行为，并和表示器连接到一起。也需要一个针对这些工作的测试。代码清单38.5展示了AddEmployeeWindowTest。代码清单38.6展示了AddEmployeeWindow。

代码清单38.5 AddEmployeeWindowTest.cs

```
using NUnit.Framework;

namespace PayrollUI
{
  [TestFixture]
  public class AddEmployeeWindowTest
  {
    private AddEmployeeWindow window;
    private AddEmployeePresenter presenter;
    private TransactionContainer transactionContainer;

    [SetUp]
```

```
public void SetUp()
{
  window = new AddEmployeeWindow();
  transactionContainer = new TransactionContainer(null);
  presenter = new AddEmployeePresenter(window,
    transactionContainer, null);
    window.Presenter = presenter;

  window.Show();
}

[Test]
public void StartingState()
{
  Assert.AreSame(presenter, window.Presenter);
  Assert.IsFalse(window.submitButton.Enabled);
  Assert.IsFalse(window.hourlyRateTextBox.Enabled);
  Assert.IsFalse(window.salaryTextBox.Enabled);
  Assert.IsFalse(window.commissionSalaryTextBox.Enabled);
  Assert.IsFalse(window.commissionTextBox.Enabled);
}

[Test]
public void PresenterValuesAreSet()
{
  window.empIdTextBox.Text ="123";
  Assert.AreEqual(123, presenter.EmpId);

  window.nameTextBox.Text ="John";
  Assert.AreEqual("John", presenter.Name);

  window.addressTextBox.Text ="321 Somewhere";
  Assert.AreEqual("321 Somewhere", presenter.Address);

  window.hourlyRateTextBox.Text ="123.45";
  Assert.AreEqual(123.45, presenter.HourlyRate, 0.01);

  window.salaryTextBox.Text ="1234";
  Assert.AreEqual(1234, presenter.Salary, 0.01);

  window.commissionSalaryTextBox.Text ="123";
  Assert.AreEqual(123, presenter.CommissionSalary, 0.01);
```

```
    window.commissionTextBox.Text ="12.3";
    Assert.AreEqual(12.3, presenter.Commission, 0.01);

    window.hourlyRadioButton.PerformClick();
    Assert.IsTrue(presenter.IsHourly);

    window.salaryRadioButton.PerformClick();
    Assert.IsTrue(presenter.IsSalary);
    Assert.IsFalse(presenter.IsHourly);

    window.commissionRadioButton.PerformClick();
    Assert.IsTrue(presenter.IsCommission);
    Assert.IsFalse(presenter.IsSalary);
}

[Test]
public void EnablingHourlyFields()
{
  window.hourlyRadioButton.Checked = true;
  Assert.IsTrue(window.hourlyRateTextBox.Enabled);

  window.hourlyRadioButton.Checked = false;
  Assert.IsFalse(window.hourlyRateTextBox.Enabled);
}

[Test]
public void EnablingSalaryFields()
{
  window.salaryRadioButton.Checked = true;
  Assert.IsTrue(window.salaryTextBox.Enabled);

  window.salaryRadioButton.Checked = false;
  Assert.IsFalse(window.salaryTextBox.Enabled);
}

[Test]
public void EnablingCommissionFields()
{
  window.commissionRadioButton.Checked = true;
  Assert.IsTrue(window.commissionTextBox.Enabled);
  Assert.IsTrue(window.commissionSalaryTextBox.Enabled);
```

```csharp
      window.commissionRadioButton.Checked = false;
      Assert.IsFalse(window.commissionTextBox.Enabled);
      Assert.IsFalse(window.commissionSalaryTextBox.Enabled);
    }

    [Test]
    public void EnablingAddEmployeeButton()
    {
      Assert.IsFalse(window.submitButton.Enabled);

      window.SubmitEnabled = true;
      Assert.IsTrue(window.submitButton.Enabled);

      window.SubmitEnabled = false;
      Assert.IsFalse(window.submitButton.Enabled);
    }

    [Test]
    public void AddEmployee()
    {
      window.empIdTextBox.Text ="123";
      window.nameTextBox.Text ="John";
      window.addressTextBox.Text ="321 Somewhere";
      window.hourlyRadioButton.Checked = true;
      window.hourlyRateTextBox.Text ="123.45";

      window.submitButton.PerformClick();
      Assert.IsFalse(window.Visible);
      Assert.AreEqual(1,
        transactionContainer.Transactions.Count);
    }
  }
}
```

代码清单38.6 AddEmployeeWindow.cs

```csharp
using System;
using System.Windows.Forms;

namespace PayrollUI
{
```

```csharp
public class AddEmployeeWindow : Form, AddEmployeeView
{
  public System.Windows.Forms.TextBox empIdTextBox;
  private System.Windows.Forms.Label empIdLabel;
  private System.Windows.Forms.Label nameLabel;
  public System.Windows.Forms.TextBox nameTextBox;
  private System.Windows.Forms.Label addressLabel;
  public System.Windows.Forms.TextBox addressTextBox;
  public System.Windows.Forms.RadioButton hourlyRadioButton;
  public System.Windows.Forms.RadioButton salaryRadioButton;
  public System.Windows.Forms.RadioButton commissionRadioButton;
  private System.Windows.Forms.Label hourlyRateLabel;
  public System.Windows.Forms.TextBox hourlyRateTextBox;
  private System.Windows.Forms.Label salaryLabel;
  public System.Windows.Forms.TextBox salaryTextBox;
  private System.Windows.Forms.Label commissionSalaryLabel;
  public System.Windows.Forms.TextBox commissionSalaryTextBox;
  private System.Windows.Forms.Label commissionLabel;
  public System.Windows.Forms.TextBox commissionTextBox;
  private System.Windows.Forms.TextBox textBox2;
  private System.Windows.Forms.Label label1;
  private System.ComponentModel.Container components = null;
  public System.Windows.Forms.Button submitButton;
  private AddEmployeePresenter presenter;

  public AddEmployeeWindow()
  {
    InitializeComponent();
  }

  protected override void Dispose(bool disposing)
  {
    if (disposing)
    {
      if (components != null)
      {
        components.Dispose();
      }
    }
    base.Dispose(disposing);
  }
```

```csharp
#region Windows Form Designer generated code
// snip
#endregion

public AddEmployeePresenter Presenter
{
  get { return presenter; }
  set { presenter = value; }
}

private void hourlyRadioButton_CheckedChanged(
  object sender, System.EventArgs e)
{
  hourlyRateTextBox.Enabled = hourlyRadioButton.Checked;
  presenter.IsHourly = hourlyRadioButton.Checked;
}

private void salaryRadioButton_CheckedChanged(
  object sender, System.EventArgs e)
{
  salaryTextBox.Enabled = salaryRadioButton.Checked;
  presenter.IsSalary = salaryRadioButton.Checked;
}

private void commissionRadioButton_CheckedChanged(
  object sender, System.EventArgs e)
{
  commissionSalaryTextBox.Enabled =
    commissionRadioButton.Checked;
  commissionTextBox.Enabled =
    commissionRadioButton.Checked;
  presenter.IsCommission =
    commissionRadioButton.Checked;
}

private void empIdTextBox_TextChanged(
  object sender, System.EventArgs e)
{
  presenter.EmpId = AsInt(empIdTextBox.Text);
}

private void nameTextBox_TextChanged(
```

```csharp
  object sender, System.EventArgs e)
{
  presenter.Name = nameTextBox.Text;
}

private void addressTextBox_TextChanged(
  object sender, System.EventArgs e)
{
  presenter.Address = addressTextBox.Text;
}

private void hourlyRateTextBox_TextChanged(
  object sender, System.EventArgs e)
{
  presenter.HourlyRate = AsDouble(hourlyRateTextBox.Text);
}

private void salaryTextBox_TextChanged(
  object sender, System.EventArgs e)
{
  presenter.Salary = AsDouble(salaryTextBox.Text);
}

private void commissionSalaryTextBox_TextChanged(
  object sender, System.EventArgs e)
{
  presenter.CommissionSalary =
  AsDouble(commissionSalaryTextBox.Text);
}

private void commissionTextBox_TextChanged(
  object sender, System.EventArgs e)
{
  presenter.Commission = AsDouble(commissionTextBox.Text);
}

private void addEmployeeButton_Click(
  object sender, System.EventArgs e)
{
  presenter.AddEmployee();
  this.Close();
}
```

```
private double AsDouble(string text)
{
  try
  {
    return Double.Parse(text);
  }
  catch (Exception)
  {
    return 0.0;
  }
}

private int AsInt(string text)
{
  try
  {
    return Int32.Parse(text);
  }
  catch (Exception)
  {
    return 0;
  }
}

public bool SubmitEnabled
{
  set { submitButton.Enabled = value; }
}
  }
}
```

虽然我的确在抱怨GUI代码测试起来是多么痛苦，但其实Windows Form代码还是相对容易测试的。只是要注意一些陷阱。出于只有微软程序员才知道的一些愚蠢的原因，控件的一半功能只有在显示到屏幕上时才能工作。正是出于这个原因，需要在测试类的SetUp方法中调用window.Show()。执行测试时，会注意到针对每个测试，窗口都会显示并迅速消失。这很讨厌，不过还能勉强忍受。任何使得测试缓慢或者在其他方面使得测试难以使用的因素，都很可能导致不去运行测试。

另一个限制是无法轻易调用控件的所有事件。可以为按钮或类似按钮的控件调用

PerformClick，但MouseOver，Leave和Validate这样的事件就没有那么容易了。作为NUnit的一个扩展，NUnitForms能缓解这些问题。我们的测试比较简单，不需要这些额外的帮助就可以完成。

在测试的SetUp方法中，我们创建AddEmployeeWindow的一个实例，并赋予它一个AddEmployeePresenter的实例。接着，在第一个测试（StartingState）中，我们确保几个控件处于禁用状态：hourlyRateTextBox，salaryTextBox，commissionSalaryTextBox和commissionTextBox。只需要这些字段中的一两个，只有在用户选择了支付类型后，我们才能知道具体需要哪些。全部字段都启用的话，会使用户感到困惑，所以除非真的需要，否则一直保持禁用状态。这些控件的启用规则在三个测试中指定：EnablingHourlyFields，nablingSalaryField和EnablingCommissionFields。例如，EnablingHourlyFields演示在hourlyRadioButton开启时启用hourlyRateTextBox，该单选钮关闭时则禁用。这是通过为每个RadioButton注册一个EventHandler来实现的。每个EventHandler都启用和禁用对应的文本框。

PresenterValuesAreSet是很重要的一个测试。表示器知道如何使用数据，但填充数据是视图的职责。因此，每当视图中的一个字段发生改变，都调用表示器上的对应属性。对于窗体中的每个TextBox，我们都用Text属性对值进行更改，接着进行检查以确定表示器被正确更新。在AddEmployeeWindow中，每个TextBox都有一个注册到TextChanged事件上的EventHandler。对于RadioButton控件，我们在测试中调用PerformClick方法，并再次确定表示器收到通知。这由RadioButton的EventHandler来实现。

EnablingAddEmployeeButton指定在SubmitEnabled属性设为true时启用submitButton，设为false时则禁用。记住，我们在AddEmployeePresenterTest中不关心该属性做的事情。但现在要关心了。SubmitEnabled属性发生改变时，视图必须做出正确响应。然而，AddEmployeePresenterTest并不是对此进行测试的合适位置。AddEmployeeWindowTest关注AddEmployeeWindow的行为，所以才是执行该单元测试的合适位置。

最后一个测试是AddEmployee，它填充有效字段集，点击Submit按钮，断言窗口不再可见，并确定事务添加到transactionContainer中。为了使测试通过，我们注册了

submitButton上的一个EventHandler。该事件处理程序调用表示器上的AddEmployee，然后关闭窗口。稍微思考一下就会发现，该测试做了不少工作，目的只是为了确保AddEmployee方法被调用。测试必须填充所有字段，然后检查transactionContainer。也许有人会反对，应使用一个假的表示器，从而可以更容易地检查方法是否得到调用。坦白地说，如果这个建议是和我结对的伙伴提出的，我会接受。但是，当前的实现并没有给我带来多少麻烦。包含几个高层测试是很好的一件事情。它们有助于确保各个部分被正确集成，而且系统在整合之后能按照期望的方式工作。一般情况下，我们会有一套在更高层面完成这项工作的验收测试，但在单元测试中做一点点这样的工作也没有什么坏处。但是，也只能是一点点。

有了这些代码后，就有了一个用于创建AddEmployeeTransaction的可以工作的窗体。但是，在主窗口能够工作，并连接起来以加载我们的AddEmployeeWindow之前，它还无法使用。

Payroll的窗口

构建图38.4所示的Payroll视图时，我们将使用和Add Employee视图一样的MODEL VIEW PRESENTER模式。

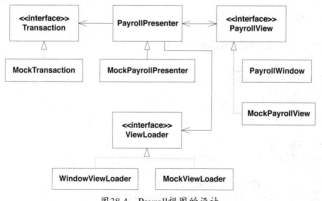

图38.4　Payroll视图的设计

代码清单38.7和代码清单38.8展示了这部分设计的所有代码。总体上，该视图的开发和Add Employee视图很相似。有鉴于此，我们不准备在上面多费笔墨。但要特别注意一下ViewLoader层次结构。

在开发这个窗口的时候，迟早要为名为Add Employee的MenuItem实现一个EventHandler。该EventHandler将调用PayrollPresenter的AddEmployeeActionInvoked方法。此时需弹出AddEmployeeWindow窗口。是否应由PayrollPresenter实例化AddEmployeeWindow？到目前为止，我们在UI和应用程序的解耦方面一直做得不错。如果实例化AddEmployeeWindow，PayrollPresenter会违反DIP。因此，必须从别的东西创建AddEmployeeWindow。

FACTORY模式可以解决这个问题！这其实就是设计FACTORY的原因。ViewLoader及其派生类实质上是FACTORY模式的一个实现。它声明两个方法：LoadPayrollView和LoadAddEmployeeView。WindowsViewLoader实现这两个方法来创建和显示Windows Forms。可用MockViewLoader轻松替换WindowsViewLoader以显著简化测试。

有了ViewLoader后，PayrollPresenter就不需要依赖任何Windows窗体类了。只需要在对ViewLoader的引用上调用LoadAddEmployeeView。未来需求发生变化时，替换一下ViewLoader的实现，即可实现对Payroll的整个UI的更改。不需要修改代码。这就是它强大的地方！这就是OCP！

代码清单38.7 PayrollPresenterTest.cs

```
using System;
using NUnit.Framework;
using Payroll;

namespace PayrollUI
{
  [TestFixture]
  public class PayrollPresenterTest
  {
    private MockPayrollView view;
    private PayrollPresenter presenter;
```

```
private PayrollDatabase database;
private MockViewLoader viewLoader;

[SetUp]
public void SetUp()
{
  view = new MockPayrollView();
  database = new InMemoryPayrollDatabase();
  viewLoader = new MockViewLoader();
  presenter = new PayrollPresenter(database, viewLoader);
  presenter.View = view;
}

[Test]
public void Creation()
{
  Assert.AreSame(view, presenter.View);
  Assert.AreSame(database, presenter.Database);
  Assert.IsNotNull(presenter.TransactionContainer);
}

[Test]
public void AddAction()
{
  TransactionContainer container =
    presenter.TransactionContainer;
  Transaction transaction = new MockTransaction();

  container.Add(transaction);

  string expected = transaction.ToString()
    + Environment.NewLine;
  Assert.AreEqual(expected, view.transactionsText);
}

[Test]
public void AddEmployeeAction()
{
  presenter.AddEmployeeActionInvoked();

  Assert.IsTrue(viewLoader.addEmployeeViewWasLoaded);
}
```

```csharp
    [Test]
    public void RunTransactions()
    {
      MockTransaction transaction = new MockTransaction();
      presenter.TransactionContainer.Add(transaction);
      Employee employee =
        new Employee(123,"John","123 Baker St.");
      database.AddEmployee(employee);

      presenter.RunTransactions();

      Assert.IsTrue(transaction.wasExecuted);
      Assert.AreEqual("", view.transactionsText);
      string expectedEmployeeTest = employee.ToString()
        + Environment.NewLine;
      Assert.AreEqual(expectedEmployeeTest, view.employeesText);
    }
  }
}
```

代码清单38.8　PayrollPresenter.cs

```csharp
using System;
using System.Text;
using Payroll;

namespace PayrollUI
{
  public class PayrollPresenter
  {
    private PayrollView view;
    private readonly PayrollDatabase database;
    private readonly ViewLoader viewLoader;
    private TransactionContainer transactionContainer;

    public PayrollPresenter(PayrollDatabase database,
      ViewLoader viewLoader)
    {
      this.view = view;
      this.database = database;
      this.viewLoader = viewLoader;
```

```
      TransactionContainer.AddAction addAction =
        new TransactionContainer.AddAction(TransactionAdded);
      transactionContainer = new TransactionContainer(addAction);
  }

  public PayrollView View
  {
    get { return view; }
    set { view = value; }
  }

  public TransactionContainer TransactionContainer
  {
    get { return transactionContainer; }
  }

  public void TransactionAdded()
  {
    UpdateTransactionsTextBox();
  }

  private void UpdateTransactionsTextBox()
  {
    StringBuilder builder = new StringBuilder();
    foreach (Transaction
      transaction in transactionContainer.Transactions)
    {
      builder.Append(transaction.ToString());
      builder.Append(Environment.NewLine);
    }
    view.TransactionsText = builder.ToString();
  }

  public PayrollDatabase Database
  {
    get { return database; }
  }

  public virtual void AddEmployeeActionInvoked()
  {
```

```csharp
      viewLoader.LoadAddEmployeeView(transactionContainer);
    }

    public virtual void RunTransactions()
    {
      foreach (Transaction transaction in
        transactionContainer.Transactions)
        transaction.Execute();
      transactionContainer.Clear();
      UpdateTransactionsTextBox();
      UpdateEmployeesTextBox();
    }

    private void UpdateEmployeesTextBox()
    {
      StringBuilder builder = new StringBuilder();
      foreach (Employee employee in database.GetAllEmployees())
      {
        builder.Append(employee.ToString());
        builder.Append(Environment.NewLine);
      }
      view.EmployeesText = builder.ToString();
    }
  }
}
```

代码清单38.9　PayrollView.cs

```csharp
namespace PayrollUI
{
  public interface PayrollView
  {
    string TransactionsText { set; }

    string EmployeesText { set; }
    PayrollPresenter Presenter { set; }
  }
}
```

代码清单38.10 MockPayrollView.cs

```csharp
namespace PayrollUI
{
  public class MockPayrollView : PayrollView
  {
    public string transactionsText;
    public string employeesText;
    public PayrollPresenter presenter;

    public string TransactionsText
    {
      set { transactionsText = value; }
    }

    public string EmployeesText
    {
      set { employeesText = value; }
    }

    public PayrollPresenter Presenter
    {
      set { presenter = value; }
    }
  }
}
```

代码清单38.11 ViewLoader.cs

```csharp
namespace PayrollUI
{
  public interface ViewLoader
  {
    void LoadPayrollView();
    void LoadAddEmployeeView(
    TransactionContainer transactionContainer);
  }
}
```

代码清单38.12 MockViewLoader.cs

```csharp
namespace PayrollUI
{
```

```
public class MockViewLoader : ViewLoader
{
  public bool addEmployeeViewWasLoaded;
  private bool payrollViewWasLoaded;

  public void LoadPayrollView()
  {
    payrollViewWasLoaded = true;
  }

  public void LoadAddEmployeeView(
  TransactionContainer transactionContainer)
  {
    addEmployeeViewWasLoaded = true;
  }
}
}
```

代码清单38.13 WindowViewLoaderTest.cs

```
using System.Windows.Forms;
using NUnit.Framework;
using Payroll;

namespace PayrollUI
{
  [TestFixture]
  public class WindowViewLoaderTest
  {
    private PayrollDatabase database;
    private WindowViewLoader viewLoader;

    [SetUp]
    public void SetUp()
    {
      database = new InMemoryPayrollDatabase();
      viewLoader = new WindowViewLoader(database);
    }

    [Test]
    public void LoadPayrollView()
    {
```

```
    viewLoader.LoadPayrollView();
    Form form = viewLoader.LastLoadedView;
    Assert.IsTrue(form is PayrollWindow);
    Assert.IsTrue(form.Visible);

    PayrollWindow payrollWindow = form as PayrollWindow;
    PayrollPresenter presenter = payrollWindow.Presenter;
    Assert.IsNotNull(presenter);
    Assert.AreSame(form, presenter.View);
  }

  [Test]
  public void LoadAddEmployeeView()
  {
    viewLoader.LoadAddEmployeeView(
      new TransactionContainer(null));
    Form form = viewLoader.LastLoadedView;
    Assert.IsTrue(form is AddEmployeeWindow);
    Assert.IsTrue(form.Visible);

    AddEmployeeWindow addEmployeeWindow =
      form as AddEmployeeWindow;
    Assert.IsNotNull(addEmployeeWindow.Presenter);
  }
 }
}
```

代码清单38.14 WindowViewLoader.cs

```
using System.Windows.Forms;
using Payroll;

namespace PayrollUI
{
  public class WindowViewLoader : ViewLoader
  {
    private readonly PayrollDatabase database;
    private Form lastLoadedView;

    public WindowViewLoader(PayrollDatabase database)
    {
      this.database = database;
```

```csharp
    }
    public void LoadPayrollView()
    {
      PayrollWindow view = new PayrollWindow();
      PayrollPresenter presenter =
        new PayrollPresenter(database, this);

      view.Presenter = presenter;
      presenter.View = view;

      LoadView(view);
    }
    public void LoadAddEmployeeView(
      TransactionContainer transactionContainer)
    {
      AddEmployeeWindow view = new AddEmployeeWindow();
      AddEmployeePresenter presenter =
        new AddEmployeePresenter(view,
          transactionContainer, database);
      view.Presenter = presenter;
      LoadView(view);
    }
    private void LoadView(Form view)
    {
      view.Show();
      lastLoadedView = view;
    }
    public Form LastLoadedView
    {
      get { return lastLoadedView; }
    }
  }
}
```

代码清单38.15　PayrollWindowTest.cs

```csharp
using NUnit.Framework;
namespace PayrollUI
{
  [TestFixture]
  public class PayrollWindowTest
  {
```

```
private PayrollWindow window;
private MockPayrollPresenter presenter;

[SetUp]
public void SetUp()
{
  window = new PayrollWindow();
  presenter = new MockPayrollPresenter();
  window.Presenter = this.presenter;
  window.Show();
}

[TearDown]
public void TearDown()
{
  window.Dispose();
}

[Test]
public void TransactionsText()
{
  window.TransactionsText ="abc 123";
  Assert.AreEqual("abc 123",
  window.transactionsTextBox.Text);
}

[Test]
public void EmployeesText()
{
  window.EmployeesText ="some employee";
  Assert.AreEqual("some employee",
    window.employeesTextBox.Text);
}

[Test]
public void AddEmployeeAction()
{
  window.addEmployeeMenuItem.PerformClick();
  Assert.IsTrue(presenter.addEmployeeActionInvoked);
}

[Test]
```

```
      public void RunTransactions()
      {
        window.runButton.PerformClick();
        Assert.IsTrue(presenter.runTransactionCalled);
      }
    }
  }
```

代码清单38.16 PayrollWinow.cs

```
namespace PayrollUI
{
  public class PayrollWindow : System.Windows.Forms.Form,
                               PayrollView
  {
    private System.Windows.Forms.MainMenu mainMenu1;
    private System.Windows.Forms.Label label1;
    private System.Windows.Forms.Label employeeLabel;
    public System.Windows.Forms.TextBox employeesTextBox;
    public System.Windows.Forms.TextBox transactionsTextBox;
    public System.Windows.Forms.Button runButton;
    private System.ComponentModel.Container components = null;
    private System.Windows.Forms.MenuItem actionMenuItem;
    public System.Windows.Forms.MenuItem addEmployeeMenuItem;
    private PayrollPresenter presenter;

    public PayrollWindow()
    {
      InitializeComponent();
    }

    protected override void Dispose(bool disposing)
    {
      if (disposing)
      {
        if (components != null)
        {
          components.Dispose();
        }
      }
      base.Dispose(disposing);
    }
```

```csharp
#region Windows Form Designer generated code
//snip
#endregion

private void addEmployeeMenuItem_Click(
  object sender, System.EventArgs e)
{
  presenter.AddEmployeeActionInvoked();
}

private void runButton_Click(
  object sender, System.EventArgs e)
{
  presenter.RunTransactions();
}

public string TransactionsText
{
  set { transactionsTextBox.Text = value; }
}

public string EmployeesText
{
  set { employeesTextBox.Text = value; }
}

public PayrollPresenter Presenter
{
  get { return presenter; }
  set { presenter = value; }
}
  }
}
```

代码清单 38.17 TransactionContainerTest.cs

```csharp
using System.Collections;
using NUnit.Framework;
using Payroll;

namespace PayrollUI
```

```
  {
    [TestFixture]
    public class TransactionContainerTest
    {
      private TransactionContainer container;
      private bool addActionCalled;
      private Transaction transaction;

      [SetUp]
      public void SetUp()
      {
        TransactionContainer.AddAction action =
          new TransactionContainer.AddAction(SillyAddAction);
        container = new TransactionContainer(action);
        transaction = new MockTransaction();
      }

      [Test]
      public void Construction()
      {
        Assert.AreEqual(0, container.Transactions.Count);
      }

      [Test]
      public void AddingTransaction()
      {
        container.Add(transaction);

        IList transactions = container.Transactions;
        Assert.AreEqual(1, transactions.Count);
        Assert.AreSame(transaction, transactions[0]);
      }

      [Test]
      public void AddingTransactionTriggersDelegate()
      {
        container.Add(transaction);

        Assert.IsTrue(addActionCalled);
      }

      private void SillyAddAction()
```

```
      {
        addActionCalled = true;
      }
    }
  }
```

代码清单38.18 TransactionContainer.cs

```csharp
using Payroll;

namespace PayrollUI
{
  public class TransactionContainer
  {
    public delegate void AddAction();
    private IList transactions = new ArrayList();
    private AddAction addAction;

    public TransactionContainer(AddAction action)
    {
      addAction = action;
    }

    public IList Transactions
    {
      get { return transactions; }
    }

    public void Add(Transaction transaction)
    {
      transactions.Add(transaction);
      if (addAction != null)
        addAction();
    }

    public void Clear()
    {
      transactions.Clear();
    }
  }
}
```

真面目

我们在这个Payroll系统上做了不少工作，现在终于看到了它的新图形用户界面。代码清单38.19展示了PayrollMain类，即应用程序的入口。加载Payroll视图之前，我们需要数据库的一个实例。在该代码清单中，我们创建了一个仅供演示的InMemoryPayrollDatabase。在生产环境，需创建一个SqlPayrollDatabase来链接到我们的SQL Server数据库。但通过InMemoryPayrollDatabase在内存中存储并加载所有数据也是没有问题的。

接着创建WindowViewLoader的一个实例，调用LoadPayrollView，并启动应用程序。现在可以编译、运行并随意添加员工。

代码清单38.19 PayrollMain.cs

```
using System.Windows.Forms;
using Payroll;

namespace PayrollUI
{
  public class PayrollMain
  {
    public static void Main(string[] args)
    {
      PayrollDatabase database =
        new InMemoryPayrollDatabase();
      WindowViewLoader viewLoader =
        new WindowViewLoader(database);

      viewLoader.LoadPayrollView();
      Application.Run(viewLoader.LastLoadedView);
    }
  }
}
```

小结

Joe会很高兴看到我们为他做的界面。我们将构建一个生产版本让他试用。他肯定会提出一些建议来完善UI。可能会有一些不太好用的地方拖慢Joe的工作，或者有一些地方会使他感到困惑的地方。UI就是这么难做。所以，我们会认真对待他的反馈并不断加以改进。接着要添加用于更改雇员详细信息的操作。然后，要添加提交考勤卡和销售单据的操作。最后，我们要处理薪水支付日期。当然，所有这些工作都要作为练习留给读者来完成。

参考

http://daveastels.com/index.php?p=5

www.martinfowler.com/eaaDev/ModelViewPresenter.html

http://nunitforms.sourceforge.net/

www.objectmentor.com/resources/articles/TheHumbleDialogBox.pdf

附录A

两家公司的讽刺故事

"我要加入一个俱乐部，让它来逼你就范。"

——鲁弗斯（Rufus T. Firefly）[1]

Rufus公司，立项

出场人物：

Bob（鲍勃），项目团队领导

Simthers（老板）

BB（大老板）

PP（过程管理）

时间是2001年1月3日

你叫 Bob。

千禧年的狂欢刚刚告一段落，你呢，还有些头疼。你和同事以及几名管理人员坐在会议室里。你是一个项目团队的领导，你老板也在，他手下的团队领导全都来了。这次会议是他老板让开的。

"我们要做一个新的项目，"你老板的老板（我们姑且叫他 BB）说。他的发尖儿特别高，简直可以顶到天花板上。你老板的发尖儿才刚刚露出尖尖角，不过，他急切地盼望着有一天自己也能把百利定型发胶（Brylcream）[2]抹到吸音瓦上。BB描述了他们调查

---

1 译注：出自电影《轻而易举》也称《鸭羹》（*Duck Soup*），一位无厘头元首。这部政治讽刺剧发行于1933 年，是马克思兄弟的巅峰之作，后来的很多喜剧都模仿了其中的很多桥段。

2 译注：英国老牌子的发胶。1998年的广告代言人是贝克汉姆。后来在2008年，C罗婉拒了代言费150万英镑的广告合同，他的理由是要专心训练，效力于曼联和葡萄牙球队。

得到的新市场的基本情况以及他们想用来开拓市场的产品。

"到第4季度，10月1号，我们必须推出这款新产品。"BB提出了要求，"你们得停下手头上的事情，先来做这个。"

刚开始，大家都出奇得安静。忙了好几个月的工作说停就停，这样做真的好吗？不一会儿，表示反对的嘟哝声开始在会议室中蔓延。

BB环顾四周，他的发尖儿闪着邪恶的绿光。他阴沉的眼神让人不寒而栗。显然，他认为这件事没有任何商量余地。

等大家逐渐重新安静下来，BB说："我们要马上开始。你们需要多长时间做分析？"

你举起了手。你老板试图阻止你，但是，他投过来的东西没能打中你，因为你根本没有觉察到他的举动。

"领导，在没有得到需求之前，我们没法告诉你要花多长时间。"

"需求文档要三四周之后才能准备好，"BB说，他的发尖儿由于沮丧而开始抖动。

"假设需求文档现在就摆在你的面前。你做分析需要花多长时间呢？"

大家都屏住了呼吸，面面相觑，都指望其他人能有什么想法。

"如果做分析的时间太长，超过4月1日的话，就会出问题。在那之前，你们能完成分析吗？"

你老板显然鼓足了勇气，突然开了腔："领导，我们能搞定的！"他的发尖儿增长了3毫米，你的头痛开始加剧，需要服用两片止痛药。

"好。"BB微微一笑。"现在，设计，要花多长时间呢？"

"领导，"你说话了。你老板的脸色发白。显然，他在担心自己那刚冒出来的3毫米发尖儿。"不做分析，没法告诉你设计要花多长时间。"

BB的表情非常严厉。"假设，你已经做完了分析！"他说，同时还用他那透露着无知的小圆眼瞪着你。"照这样，设计要花多长时间呢？"

两片止痛药都没法减轻你的头痛了。你老板不顾一切地想要保住自己那新冒出来的发尖儿，含糊地应道："嗯，领导，只剩6个月的时间来完成项目，设计最好不超过3个月。"

"你能同意，我很高兴！"BB面带喜色。你老板略有放松。他知道自己的发尖儿总算是保住了。过一会儿，他开始轻轻哼起百利护发啫喱膏的广告曲。

BB继续说道："好，4月1日之前完成分析，7月1日前完成设计，这么来说，大家还有3个月的时间实施这个项目。这次会议是个榜样，表明新的共识和授权策略很有成效。现在，大家可以离开，各自投入工作了。我希望下周在我的办公室看到 TQM（Total Quality Management，全面质量管理）计划以及 QIT（Quality Improvement Team，质量改进团队）安排情况。哦，别忘记了下个月质量审计的时候，你们跨职能团队要开会，做报告。"

"忘掉止痛药吧，"返回自己的小隔间后，你在心中默叨。"我需要来点儿波旁威士忌[1]。"

你老板过来找你，明显带着兴奋劲。"天哪，多么美妙的一次会议呀。我认为，这个项目，我们真的能做出一些震惊世界的事情。"你虽然打心眼儿里觉得厌恶，但表面上却不得不点头表示同意。

"哦，"你老板继续说，"我差点忘了。"他交给你一份 30 页的文档。"记住，SEI（Software Engineering Institute）下周要过来做一次评估。这是评估指南。把它读一遍，记住，要做到烂熟于心。它会告诉你如何回答 SEI 审计师提出的所有问题。还会告诉你在构建过程中可以使用哪些内容以及避免使用哪些内容。到 6 月，我们有望被认定为 CMM3 级机构。"

***

你和同事开始对新项目进行分析。着实很困难，因为你们并没有拿到什么所谓的需求。但从 BB 在那个决定性的早上所做的 10 分钟介绍中，你们大概知道了产品要怎么做。

公司流程有要求，项目开始的时候，要先写用例文档。于是，你和团队开始列举用例，绘制饼图和条形图。

团队中爆发了争论。针对某些用例之间该用 «extends» 还是 «includes» 关系来连接，大家的意见不同意。虽然模型是做出来了，但大家都不知道该如何评估。争论在继续，进度显然变慢了。

一周后，有人发现 iceberg.com 推荐所有的 «extends» 和 «includes» 关系都换成 «precedes» 和 «uses» 关系。文章的作者是 Don Sengroiux，他描述了一种 Stalwart 分析方法，该方法声称，可以逐步把用例转换成设计图例。

就这样，大家又用这种新的方法，建了更多用例模型。但和以前一样，大家还是不知道怎么评估这些用例。争论还在继续。

用例会议越来越多地受情绪主宰，而不是被理性所驱动。如果不是因为没有需求，

---

1 译注：得名于肯塔基州的 Bourbon，由 51% ~75% 的玉米谷物发酵蒸馏而成，须在新制烧焦白橡木桶中陈酿两年以上。陈年 4~8 年后的酒液呈琥珀色，香气馥郁，口感醇厚，回味长。

你早因为项目毫无进展而心烦意乱。

2月15号，你们拿到了需求文档，然后是20号、25号以及此后每一周都接到新的需求文档。每个新版本都和之前的版本有冲突。虽然负责写需求文档的仍然是市场部那帮人，但显然，他们内部也没有达成共识。

与此同时，团队中陆续又有人提出几个新的用例模板。每个都以其独特的方式进一步拖慢了进度。争论愈发激烈。

3月1日，过程监督人员 Percival Purigence 成功地把所有用例的表格和模板整合成为一个包罗万象的表格。只不过呢，这种空白的表格有15页那么长。他把所有模板的差异点统统包含进去了。同时，还提供了一个长达159页的文档描述如何填写这些用例表格，更有甚者，当前所有用例都必须按照这种新的标准重新填写。

让人大吃一惊的是，如果现在要回答"当用户敲回车键时，系统应该做什么？"这个问题，居然要填写长达15页的表格和问答题。

公司的过程（由 L.E.Ott 制定，他是《全盘分析：软件工程进步辩证法》的知名作者）严格要求，必须找出所有的主要用例，87%的次要用例以及36.274%的3级用例，才能算是结束分析阶段，可以进入设计阶段。你们压根儿不知道什么是3级用例。所以，为了满足这个要求，你们就让市场部检查你们的用例文档，或许他们知道什么是3级用例吧。

糟糕的是，市场人员正在忙于销售支持，没时间和你们讨论。实际上，打从项目开始，你们就没有和市场开过会。他们做得最好的是给了你们一份变来变去且前后有冲突的需求文档。

一个团队纠结于没完没了的用例文档，另一个团队在开发领域模型。团队淹没在变来变去的UML文档中。领域模型每周都得推到重来。模型中是用«interfaces»还是用«types»，团队中没有人能决定。至于OCL（Object Constraint Language）的正确语法及应用，分歧也很大。团队中有些人完全违背了5天课程中对"解耦"的建议，他们创建的图不可思议，充满了晦涩的细节，令人费解。

3月27日，距离分析完成还有一周的时间，虽然产生了海量的文档和图示，但对问题的分析，依然和1月3号那个时候差不多。

***

接着，奇迹发生了。

***

4月1日，那是一个星期天。你在家里翻邮件，看到你老板发给他老板BB的备忘，上面明确写着你（真的是你）已经完成了分析。

你给老板打了电话，抱怨道："你怎么能够告诉BB我们已经完成分析了呢？"

"喂，你看日历了吗？"他说，"今天是4月1号！"

你当然知道这个日子的讽刺意味，"可是，我们还有很多问题要考虑，很多东西要分析！我们甚至还拿不准是该用 «extends» 还是该用 «precedes»！"

"你凭什么说还没有完成？"你老板不耐地反问道。

"我……"

但是，他打断了你："分析是永远做不完的，在某个时间点就得停下来。今天就是计划完成的日子，所以今天就得停下来。星期一，我希望你把手上所有的分析资料收集起来放到一个公共文件夹下。把文件夹开放给 Percival，让他可以在周一中午前把它记入 CM 系统。接下来，开始进入设计阶段。"

挂断电话后，你开始考虑在写字台下方的抽屉里放瓶波旁威士忌会有哪些好处。

***

他们举办了一个聚会来庆祝分析阶段的按时完成。BB发表了一通激动人心的关于赋能的讲话。你老板，发尖儿又长了3毫米，也祝贺自己的团队，称赞他们表现出了不可思议的统一协作能力。最后，CIO 登台宣布，SEI 的审计工作进行得非常顺利，感谢大家学习和掌握了评估指南。看来，6月份肯定可以通过CMM3级认证。（有传言说，一旦被 SEI 认定为 CMM 3 级，和BB同级以及更高层的管理者可以得到丰厚的奖金。）

几个星期过去了，你和团队一直在做系统设计。当然，你发现，基于假想的分析来做设计，有缺陷……不，毫无用处……不，甚至比无用还要糟。但是，当你告诉老板需要返工再做一些分析工作来弥补分析中的不足时，他说得好轻巧："分析阶段已经过去了。现在只允许做设计，回去工作吧。"

于是，你和团队就只好尽最大努力凑合着设计，不知道需求是不是分析得对。当然，实际上，这也没有什么大的问题，因为需求文档还是一如既往，每周都在大改特改，还有，市场部仍然拒绝和你们面谈。

设计真是一场噩梦。你老板最近读（错）了一本书《最后期限》，作者 Mark DeThomaso 轻率地建议，设计文档的详细程度要能够达到代码级别。

"如果要达到这个详细程度，"你问道，"干嘛我们不直接上手写代码呢？"

"因为，那样的话，当然就不是在设计了。设计阶段嘛，就只能做设计。"

"还有，"他继续说，"我们刚刚买了 Dandelion 的企业级许可证！这个工具支持'round-the-horn 工程'！你只要把所有的设计图传上去，它就会为我们自动生成代码！同时，它还能保持设计图和代码同步。"

一转手，你老板交给你一个包装精美的盒子，里面装着 Dandelion。你麻木地接过手，步履蹒跚地回到自己的小隔间。12 个 小时后，总算把这个工具成功安装到服务器上，安装过程中，出现过 8 次崩溃，格式化磁盘一次，你也喝了 8 杯 151 麦炸机鸡尾酒[1]。你想了想，团队参加 Dandelion 的 培训，花了整整一周的时间。随后，你微微一笑，释然了："还好，在这里度过的一周都挺愉快的。"

团队创建了一个又一个的设计图。Dandelion 反而使得这些图的绘制变得异常困难。会遇到大量嵌套很深的对话框，并且对话框上那些可笑的文本域和复选框都还必须得填对选对。接着，会碰到包与包之间移动类的问题……

刚开始，这些图都来自用例。但由于需求频繁变动，用例很快就变得毫无意义。访问者（Visitor）还是装饰者（Decorator）模式，到底该用哪一个？争论之余，一位开发人员拒绝使用任何形式的访问者模式，声称它并不是真正的面向对象的概念。另一位拒绝使用多重继承，因为它会带来麻烦。

评审会很快变成了面向对象的意义、分析和设计的定义以及何时使用聚合和关联关系的争论。

在设计阶段的中途，市场人员声称他们重新考虑了系统的核心内容。他们完全重构了一个新的需求文档。他们去掉了一些主要的特性，根据客户调查，提出了一些更合适的特性。

你告诉你老板，这些变更意味着你需要对大部分系统内容进行重新分析和设计。然而，你老板却说："分析阶段已经结束了。现在只能做设计，赶快回去做设计吧。"

你建议最好做个简单的原型给市场人员看，或者给一些潜在的客户看一眼。但是，你老板仍然不松口："分析阶段已经告一段落，只能做设计。现在，回去做设计吧。"

凑合，凑合，还是凑合。你想办法创建了某种或许能够真实反映新的系统需求的设计文档。但是，市场部对需求进行了重构，并没有使该文档能够稳定下来。相反，需求

---

[1] 译注：麦炸机鸡尾酒作为一种饮料，主要原料为咖啡酒、爱尔兰甜酒和白兰地。作者这里用的是百佳得151，酒精浓度高达75.5%。

文档的变动在频率和幅度上变本加剧。你不堪其扰，进展非常艰难。

6月15日，Dandelion的数据库崩溃了。显然，罗马非一日建成的。数据库中的小错误在几个月内累积成越来越大的错误。最后，CASE工具完全罢工了。当然，每个备份中都有"功劳"。

你给Dandelion的技术支持人员打了几天电话，没有得到任何回复。最后，你收到一封简短的回复，Dandelion通过电子邮件通知你，这是一个已知的问题，解决办法是购买新的版本（他们承诺新版本的软件在下季度的某个时候可用），然后手工重新输入所有的图。

***

接着，7月1日，另一个奇迹发生了！你完成了设计工作。

这一次，你没有到你老板面前去抱怨，你只是在写字台中间的抽屉里放了一些伏特加[1]。

***

他们举办了一场庆功会，庆祝设计阶段准时完成，CMM3级认证也通过了。这次，你发现BB的讲话非常煽情，以至于在他开始之前，你得先躲到卫生间去。

在办公的地方贴满了新的标语和海报，上面有鹰和登山者的图案，营造出"浓郁"的团队协作和赋能的氛围。喝点儿苏格兰威士忌[2]之后再读，感觉就好多了。这让你想起需要在文件柜中腾点儿地方出来放白兰地[3]。

你和团队开始写代码。但很快发现设计在一些重要的地方存在不足。实际上，在任何重要的地方，它都有不足。你在会议室里召集了设计会议，试图解决一些棘手的问题。不过，你老板在会议室中抓住你并解散了会议，说："设计阶段已经结束了。现在只可以写代码，所以，大家都回去写代码吧。"

Dandelion生成的代码真的是"丑得哭"。你和团队最后还是用错了关联关系和聚合关系。为了改正这些错误，必须编辑所有生成的代码。编辑代码非常困难，因为它上面添加了一些有特殊语法的丑陋注释块，Dandelion要用这些注释来保证图和代码之

---

1 译注：以谷物或土豆为原料，蒸馏后制成95%的酒精，再用蒸馏水淡化到40%～60%的浓度，其特点是无色无味。

2 译注：苏格兰威士忌是用麦芽酿制的。谷物酿的酒蒸馏之后即为威士忌。Johnny Walker的方瓶中，红方为8年陈，黑方为12年陈，金方18年陈，蓝方至少在30年以上。

3 译注：葡萄酒蒸馏后即为白兰地，年份越长，价值越高。3年陈的叫V.S.（Very Special），即为三星，六年以上的叫X.O.（eXtra Old）。

间的同步。如果不小心更改了某个注释,通过图来重新生成代码就会出错。结果表明,"round-the horn 工程"还任重而道远。

越是希望代码和 Dandelion 兼容,Dandelion 产生的错误越多。最后,你只好放弃了这种做法,决定手工保持图的最新状态。一秒钟以后,你发现让图保持更新根本没有意义。况且,谁还有那个闲工夫呢?

你老板雇了一名顾问,让他做个工具来统计代码行数。他把一张很大的坐标纸贴在墙上,在顶部标出了数字 1 000 000。每一天,他都要画红线,表明增加了多少行代码。

贴出坐标纸 3 天后,你老板在大厅里拦住你。"那张图增长得不够快。我们要在 10 月 1 号前完成 100 万行代码。"

"我们甚至还不确定这款产品真的需要 100 万行代码!"你有些语无伦次。

"我们必须在 10 月 1 号那天完成 100 万行代码,"你老板重复道。他的发尖儿再次长起来并闪耀着他用希腊公式创造出来的权威和能力的光环。"你确信你们的注释块足够大吗?"

紧接着,他立刻闪现出管理方面的洞察力,说道:"我知道了!任何一行代码都不能超过 20 个字符。任何超过20个字符的代码行必须得分成两行或者更多行。现有的代码都必须按这个标准重写。这样就可以让我们的代码蹭蹭地实现增长!"

你决定不告诉他这额外需要 2 个计划外的人月。你决定什么都不告诉他。你觉得静脉注射酒精是唯一的出路。而你,已经做出了恰当的安排。

凑合,凑合,凑合,还是凑合。你和团队疯狂地写代码。到了 8 月 1 号,你老板皱着眉头看着墙上的坐标纸,开始强制实行每周工作 50 小时的决议。

凑合,凑合,凑合,还是凑合。到了 9 月 1 号,坐标纸上显示代码有 120 万行,你老板让你写份报告解释一下你们为什么会超出编码预算 20 %。他又安排强制性的周六加班,并要求项目代码减少到 100 万行。你们开始着手对代码进行再合并。

凑合,凑合,凑合,还是凑合。团队成员的脾气开始变得暴躁,一个接一个地辞职不干了;QA 把大量故障报告发给你;客户要求安装和用户手册;销售人员要求给特殊的客户进行提前演示;需求文档仍然在变来变去;市场人员抱怨产品根本不是他们期望的样子;卖酒的店铺也拒绝接受你的信用卡消费。好了,是时候必须交一些东西了。9 月 15 日,BB 召开了一次会议。

他刚走进会议室,发尖儿就散发出朦胧的雾气。他刚一开口说话,刻意修饰过的低音就让你的胃翻江倒海般地难受。"QA经理告诉我,这个项目必须要有的特性只实现了不到50%。他还告诉我,系统总是崩溃,产生错误的输出结果,而且非常慢。他还抱怨跟不上每日持续发布的版本火车,每次发布的错误有增无减。"

他停顿了几秒,显然是想要整理一下情绪。"QA经理估计,照这个开发速率,我们要到12月份才能发售产品!"

事实上,你认为很可能得到明年3月份才能发售,但是,这一次,你什么也没说。

"12月!"BB吼道,面带嘲讽。大家都低着头,好像BB正在用突击步枪对准自己扫射似的。"12月是绝对不行的。各位团队领导,我希望明天上午我的办公桌上能出现新的估算。因此,我要求每周工作65小时,直到这个项目结束。最好在11月1号完成。"

等他离开会议室时,有人听他低语道:"赋能?我呸!"

***

你老板秃头了。他的发尖儿挂在BB的墙上。荧光灯照在他的头顶,反射出来的光让你感到一阵目眩。

"你这儿还有喝的吗?"他问道。你刚刚喝完最后一瓶酒精含量极低的布恩农场(Boone's Farm,一种甜味果酒),又从书架上取下一瓶雷鸟倒入他的咖啡杯。"怎样搞定这个项目呢?"他问你。

"要冻结需求,分析,设计,然后实现。"你麻木地回答道。

"到11月1号?"你老板怀疑地大叫,"不可能!赶紧写代码去。"他抓了下自己光秃秃的脑袋瓜,气冲冲地走了。

几天后,你发现你老板被调到研发部门。销量大增。客户在最后一刻才知道订单无法及时交付,于是要求立即取消订单。市场部重新评估产品是否符合公司的总体目标,等等,等等。备忘满天飞,有人被免职,政策调整,总的来说,事态变得非常严峻。

最后,到3月份。经过漫长的65小时工作周后,终于发布了一个非常不可靠的版本。实际使用过程中,频繁出错,技术支持人员面对怒气冲冲的客诉束手无策。大家都很不开心。

4月,BB决定通过购买的方式来解决问题,他买了Rupert工业公司的产品使用许可然后转手销售。客户的怒火得到了平息,市场人员沾沾自喜,而你,却被解雇了。

Rupert：Alpha项目

出场人物：

Robert（罗伯特）

Russ（鲁斯）

Jane（简）

Elmo（艾尔莫）

Pete(皮特)

Joe（乔伊）

故事发生在2001年1月3日

你叫 Robert。

你和家人度过了一个轻松愉快的假期。恢复元气的你，已经准备好投入工作。你和开发团队坐在会议室中，这个会议是部门经理要求召开的。

"关于新的项目，我们有一些想法。"部门经理（称他为Russ）说。他是一位容易激动的英国人，他的精力比核聚变反应堆还要旺盛。他雄心勃勃，充满紧迫感，但他也了解团队的价值。

Russ 大概描述了公司识别出来新的市场机遇，并把你介绍给市场主管Jane。Jane 负责定义产品，想要抓住这次机遇。

和你打过招呼之后，Jane 说："我们希望尽快开始定义我们的第一款产品。你和你的团队什么时候能和我谈谈呢？"

你回答道，"本周五我们会完成项目当前一轮的迭代。在这期间，我们可以抽出几个小时和你谈一谈。迭代完成后，我们从团队中抽一些人专门做你这个项目。我们会立即开始招聘新人来接替他们，也会为你的团队招聘新人。"

"太好了，"Russ说，"但我希望你明白，7月份我们要在展会上做产品演示。如果到时候拿不出像样的东西，我们会失去这次商机。"

"我明白，"你回答道，"虽然我们还不知道你打算做什么，但到 7 月份，肯定可以拿一些东西出来。我还不能马上告诉你具体细节。不管怎样，你和Jane完全可以控制开发人员的大方向，所以你们大可放心，到7月份的展会，你会拿到最重要的产品特性去展示的。"

Russ满意地点了点头。他知道这种工作方式，你的团队总是能让他了解和掌控开发进度。你的团队总是在做最重要的东西，而且总能生出高质量的产品。对此，Russ非常有信心。

~ ~ ~

"Robert，"Jane在第一次会议上问，"你的团队怎么看待拆开后各自分头工作？"

"我们会怀念以前一起工作的美好时光，"你回答道，"但有些人对上个项目感到有些疲了，所以希望有一些改变。你那边打算做些什么呢？"

Jane微笑着说："你知道，我们的客户当前遇到了很大的麻烦……"接着她花了大概半个小时描述问题以及可能的解决方案。

"好，请稍等一会儿。"你说道。"我得先把这个搞清楚。"所以，你和Jane谈论了系统可能的工作方式。Jane的一些想法并没有完全成形。你提出了一些可能的方案，她对其中的一些表示赞同。你们继续讨论。

在讨论期间，针对提出的每个新主题，Jane都写了相应的用户故事卡。每张卡都描述了新系统需要做的事情。故事卡堆在桌子上，在你们面前一一展开。当你们讨论这些用户故事时，你和Jane都会指着这些故事卡，把它们拿起来，并在上面做一些记录。这些卡片是很有效的助记工具，你们用来描述一些刚刚形成的复杂的想法。

在会谈结束后，你说："好，我大概知道你想要什么了。我和我们的团队会讨论的。我想，他们会尝试各种不同的数据库结构。下次见面时，我们有一个团队来确定最重要的一些系统特性。"

一周以后，你新建的团队和Jane会面了。他们在桌子上把现有的用户故事卡铺开，开始研究系统中的一些细节。

这次会议非常灵活。Jane把用户故事按照重要性排好序。每一个用户故事都得到了充分的讨论。开发人员关心的是用户故事要足够小，以便估算和测试。所以，他们不断要求Jane把一个用户故事分成几个小的用户故事。Jane关心的是每个用户故事都要有清晰的商业价值和优先级，以便她保证能从正确的方向上对故事进行拆分。

用户故事堆在桌子上。Jane在写故事卡，不过，开发人员会在必要的时候加上注释。没有人尝试记录所有谈话内容。用户故事卡用不着记下这些内容，它们的作用只是对话提示。

如果开发人员对用户故事比较满意，就开始写下自己的估算。这些估算虽然很粗略，只是一个大概的估计，却能够让Jane对用户故事的开销有个大致的概念。

会议结束时，明显还有许多用户故事可以讨论。同样明显的是，最重要的用户故事已经明确澄清，实现这些用户故事需要几个月的时间。Jane结束会议，带走了故事卡并承诺第二天上午拿出一份关于第一次发布的提案。

~ ~ ~

第二天一早，你又召开了会议。Jane挑出5张故事卡，把它们摆在桌子上。

"根据你们的估算，这些故事卡代表大约50故事点的工作量。上个项目的最后一轮迭代中，3个星期完成了50个故事点。如果我们可以在3个星期内完成这5张故事卡，就能演示给Russ看。那样的话，他就会对我们的进度特别满意。"

Jane急于推动团队，你从她为难的表情可以看出。你回答道："Jane，这是个新团队，做的也是一个新项目。所以，不要指望我们的开发速率能像前一个团队那样。不过，昨天中午我和团队聊了下，事实上，我们都同意把最初的速率设定为每3周50故事点。看，你真的很幸运。"

"另外，还要记住，"你继续说，"现在，对故事的估算以及设定的速率都是暂时的。在做迭代计划的时候，我们的了解会更多一些，在实现的过程中，了解的信息还会更多一些。"

Jane透过眼镜看着你，"这到底谁是老板呀？"接着，她笑道，"好的，不必担心，我知道规矩了。"

随后，Jane把另外15张故事卡摆到桌子上。她说："如果到3月底能够完成所有这些故事卡，我们就可以把系统移交给beta版的测试客户。我们可以从他们那里获得很好的反馈。"

你回答说："好，我们已经搞定了第一轮迭代的内容。而且也得到了随后3轮迭代的用户故事。4轮迭代可以组成第一次发布的内容。"

"这么说来，"Jane说，"你们真的能够在接下来的3周内完成这5张故事卡吗？"

"说真的，我并不确定，Jane，"你回答道，"我们一起把它们拆成任务吧，看看能得到些什么。"

于是,在接下来的几个小时,Jane、你和团队把Jane挑出的第一轮迭代用户故事卡拆成小任务。开发人员很快认识到,某些任务可以在不同用户故事之间共享,并且其他一些任务还有一些可用的共通点。显然,开发人员已经有了一些可能的设计想法。他们时不时地组成讨论小组,在一些卡片上勾出UML图。

很快,白板上就充满了任务事项,只要完成这些任务,就相当于完成了本轮迭代中的 5 张故事卡。就这样,你开始认领过程,说:"好,我们大家都来认领这些任务吧。"

"我做最初的数据库生成,"Pete 说,"我上个项目做的就是这个,现在这个看起来没有什么不同,我估计需要两天时间。"

"好,那我来做登录页。"Joe 说道。

"天哪!"团队新人Elmo说,"我从来没做过 GUI,我有点想做这个。"

"哦,年轻人真急。"Joe睿智地说道并向你使了个眼色,"你可以来协助我,年轻人,"他对Jane说,"我觉得大约需要 3 天时间。"

开发人员一个接一个地认领任务并给出了估算。你和 Joe 都知道,让开发人员自愿选择任务胜过把任务分配给他们。你也非常清楚,自己完全不敢质疑任何开发人员的估算。你了解这些人并信任他们。你知道他们会尽最大的努力。

开发人员知道,他们认领的任务不能超过他们参与的最近一轮迭代中所完成的任务量。一旦开发人员本轮迭代的时间表排满,就要停止认领任务。

最后,所有开发人员都停止认领任务。但是,不出意外,白板上还剩有一些无人认领的任务。

"我就担心这个,"你说,"好,现在只有一件事要做,Jane。我们在这轮迭代中做的事情太多了,可以去掉哪个用户故事或者任务呢?"

Jane叹了口气。她知道这是唯一的选择。项目一开始就加班,是非常愚蠢的。并且,尝试这么做的项目也不会取得成功。

于是,Jane开始去掉最不重要的功能。"嗯,我们现在并不真正需要登录界面。我们完全可以在登录后的状态中启动系统。"

"别呀!"Elmo急了,"我真的好想做这个。"

"淡定，急性子，"Joe说，"等蜜蜂离开蜂巢后再享受蜂蜜，才不会被蜇肿嘴，欲速则不达。"

显然，Elmo觉得很困惑。

大家都感到很困惑。

"这么说来……"Jane继续说道，"我觉得我们也可以去掉……"

就这样，任务列表进一步缩减。失去任务的开发人员在余下的任务中认领新的。

商谈的过程并非一帆风顺。有好几次，Jane都表现出明显的沮丧和急躁。有一次，当局势特别紧张时，Elmo主动要求"加班工作，抢时间。"当你正打算纠正他时，幸好，Joe看着他说："一朝入歧途，万劫不复返呀。"

最后，终于确定Jane可以接受的这一轮迭代要完成的任务。事实上，比 Joe 想要的少得多。但团队觉得随后3周他们可以完成的事情就这么多。再说，迭代中完成的最重要的特性都是 Joe 想要的。

"如此一来，Jane，"当会谈接近尾声时，你说，"你什么时候可以为我们提供验收测试呢？"

Jane叹了一口气。这又是个事儿呢。针对开发团队实现的每个用户故事，Jane必须提供一组验收测试来证明它们可以工作。并且，团队在迭代结束前很早就需要这些验收测试，因为它们会明确指出Jane和开发人员对系统行为的认知差异。

"我今天就会给你提供一些测试脚本，"Jane承诺道，"往后每天，我都增加一些。到迭代中期，就能得到一个完整的测试集。"

～～～

迭代在周一早晨启动了，我们举行了一场快速的 CRC 会议。上午 10 点左右，所有开发人员都已经结对开始快速编程。

"现在，年轻的学徒，"Joe 对 Elmo 说，"你要了解一下测试优先设计技术！"

"哇，听上去很棒，"Elmo 回答道，"你是怎么做的？"

Joe 微微一笑。显然，他很享受身为导师这一刻，"年轻人，现在代码做了些什么呢？"

"嘿！"Elmo 回答道，"它什么都没有做，还没有代码呢。"

"好，想想我们的任务。你知道代码应该做什么吗？"

"当然。"Elmo 带着年轻人的自信说道，"首先，它要连接数据库。"

"这么说来，要连接数据库的话，必须要有什么呢？"

"你说的话真是怪，"Elmo 笑着说，"我认为，我们必须从某个注册表中得到数据库对象，调用它的 connect 方法。"

"哈，敏锐的年轻巫师。你准确察觉到我们需要一个对象，在该对象中，我们可以缓存（cacheth）数据库对象。"

"真有'cacheth'这个单词吗？"

"在我说出的那一刻就有了。接下来，我们可以写哪些测试让数据库注册表通过呢？"

Elmo 叹了口气。他知道他必须得合作下去。"我们应该能够创建一个数据库对象，在 Store 方法中传递给注册表。然后，我们应该能够使用 Get 方法从注册表中取出来，并证实它就是原来的对象。"

"哦，说得好，年轻的机灵鬼！"

"嘿！"

"那么，现在，我们来写一个测试方法来证明你的说法。"

"但是，我不应该先写数据库对象和注册表对象吗？"

"啊，你还有许多东西需要学习，没有耐心的年轻人。先写测试吧。"

"但这甚至没法编译！"

"你肯定吗？如果可以编译，怎么办？"

"额……"

"先写测试，Elmo。相信我。"

于是，Joe、Elmo 以及其他所有开发人员都开始着手写代码，每次完成一个测试用例。他们工作的房间中充满着结对人员之间交谈的嗡嗡声。嗡嗡声不时被欢呼声打断，欢呼声来自某对开发人员完成了一个任务或者通过了一个困难的测试用例。

在开发的过程中，开发人员每天切换结对伙伴一到两次。每一位开发人员都了解其他所有人做的东西，对代码的认知和了解，就这样在整个团队中传播开来。

只要有一对开发人员完成某个重要的东西，不管是一个完整的任务或仅仅是任务的一个重要部分，都会把完成的东西和系统的其余部分集成起来。这样，代码库每天都在增长，并且集成的难度被降到了最低。

开发人员每天都和Jane进行交流。只要他们对系统的功能或者验收测试用例的解释有疑问，都会去找Jane帮忙。

Jane很好地履行了诺言，平稳持续地为团队提供验收测试脚本。团队用心地理解这些脚本，进而对Jane期望中的系统也有了更好的理解。

进入第2周以后，完成的功能已经足以演示给Jane看。Jane热切地观看演示，一个又一个的测试用例通过了。

"这真是太棒了，"当演示最后结束时，Jane说，"但这看上去好像不到任务总量的1/3。你们的速度是比预期的慢吗？"

你皱起了眉头。本来你想等找个合适的时机再告诉她的，但是，Jane率先抛出了这个问题。

"是的，很遗憾，我们比预期的要慢一些。我们用的新应用服务器配置起来很费劲。而且，还得常常重启，每次即便只是做很小的修改，也得重启。"

Jane用怀疑的眼光看着你。上周一商谈的紧张状态还没有完全消散。她说："这么说来，对我们的进度有什么影响呢？我们不能再落后了，绝对不能。Russ会很生气的！Russ会让我们所有人倒霉的，而且还会为我们增加一些新的人手。"

你一直盯着Jane看。这样的消息完全没有办法用愉快的方式说出来。于是，你干脆不假思索地说："看，如果还像这样，到下周五，我们肯定完不成所有的事情。现在，我们可能找到一种更快的办法。但坦白说，我觉得靠不住。所以，你要不要考虑从迭代中去掉一两个任务，前提是只要不影响给Russ看的产品演示。无论如何，我们都能在周五进行演示，并且，我认为你不希望让我们来选择去掉哪些任务。"

"啊，看在 Pete 的面子上！"Jane摇着头大步离开，忍不住喊出一句话。

不止一次，你对自己说："从来没有人向我承诺过项目管理这活儿好干。"你非常肯定这也不是最后一次。

~ ~ ~

实际情况比预期的略微好一些。事实上，团队确实从第一轮迭代中去掉了一个任务，但Jane做了明智的选择，所以给Russ的演示很顺利。

Russ对进度没有太深的印象，但显然他并没有感到沮丧，他只是说："相当好，但要记住，我们必须在7月份的展会上进行产品演示，按现在这样的速度，你们貌似完不成所有要展示的功能。"

Jane的态度在迭代完成后有了很大的改变，她回答Russ说："Russ，这个团队工作很努力，很好。到7月份，我确信我们会有一些最重要的功能演示。虽然不能全部包含，并且其中一些可能是假的实现，但我们肯定能做一些东西出来。"

虽然刚刚结束的迭代很辛苦，但也校准了团队的开发速率。接下来的迭代好多了。这并不是因为团队比上一轮迭代完成的任务更多，而是因为再也不必在迭代中期去掉任何任务或者用户故事。

到第4轮迭代开始时，团队建立起了一个自然的开发节奏。Jane、你还有开发团队配合默契，都准确地知道彼此的期望。虽然团队工作很辛苦，但开发速度确实是可持续的。你确信团队能够保持这个速度一年或者更长时间。

进度方面，几乎再也没有出现什么问题，但在需求方面，还有待改进。Jane和Russ经常检查逐渐增长的系统并对现有系统提出一些建议和更改。但是，参与的各方都知道这些更改需要花时间并且必须列入计划，所以，这些更改都在大家的预期范围内。

到3月份，你们给董事会做了一个大型的演示。系统功能非常有限，还不足以拿到展会上去演示，但进展却非常稳定，这给董事会留下了相当深刻的印象。

第2次发布甚至比第1次还要顺利。现在，团队已经找到一种方法，可以自动执行Jane的验收测试脚本。同时，他们还对系统进行了重构，使其很容易地添加新特性或者更改老的功能。

6月底，完成第2次发布，产品被拿到展会上展示。系统的功能比Jane和Russ想要的少了一些，但它确实演示了系统最重要的特性。虽然展会上有客户注意到某些功能是缺失的，但总体感觉很震撼。从展会上返回时，你、Russ以及Jane都面带笑容。你们隐约觉得这个项目有望获得成功。

事实上，N个月以后，Rufus公司联系到你们。他们为自己的内部业务开发过一款类似的系统。经历了一个死亡行军项目后，他们取消了系统开发，找你们商量购买你们的技术许可。

情况真的是一天比一天更好！

源码即设计

    时至今日，我依然记得自己是在哪里在顿悟之下最终写下这篇文章的。那是 1986 年的夏天，我在加州中国湖海军武器中心[1]担任临时顾问。在这期间，我有幸参加了一场关于 Ada 计划[2]的研讨会。讨论过程中，有位听众提出一个具有代表性的问题："软件开发者是工程师吗？"我忘记了我具体怎么回答的，但我记得当时并没有真正解答这个问题。就这样，我就退出了讨论，开始思考我要怎样回答这样一个问题。现在，我无法肯定当时我为什么会记起大概 10 年前在 Datamation 杂志上读过一篇文章，不过勾起我回忆的应该是后续讨论中的某些东西。那篇文章阐述了工程师为什么必须要能写（我记得那篇文章谈的就是这个问题，时间真的饿太久远了），但我从文中得到的关键点是，作者认为，工程师产出的最终结果是文档。换句话说，工程师产出的是文档，而非实际的产品。其他人根据这些文档来做产品。于是，我在困惑中提出一个问题："软件工程除了正常产出的文档外，还有可以被当作真正工程文档的东西吗？"对此，我的回答是："是的，有这样的文档，并且只有一份，那就是源码。"

    把源码当作工程文档，当作一种设计，完全颠覆了我对自己职业的看法。它改变了我看待一切事情的方式。此外，我对它思考得越多，我就越

---

1   译注：此地位于加州莫哈韦沙漠地区，得名于 19 世纪 70 年代淘金热期间有大量华人在此定居。1943 年开始，该地区被划拨给美国海军，是一个海军军械测试站。该中心接手或参与过很多项目，比如部分参与曼哈顿计划，AIM-9 响尾蛇空射导弹，以及中国互榴弹发射器等。2019 年 7 月加州大地震后，官宣撤离，只保留部分必要的维护人员。

2   译注：Ada 源于美国国防部在 20 世纪 70 年代的一项计划，旨在集成美军系统（涉及上百种语言）和提升调试能力和效率，由 Pascal 及其他语言扩展而成，接近于自然语言和数学表达式，用"Ada"命名，是为了纪念埃达•洛夫莱斯（Ada Lovelace）。

觉得它能解释很多软件项目中的常见问题。更确切地说，我觉得大多数人不理解这里的区别，甚至有意拒绝这样的事实，就足以说明很多问题。几年后，我终于有机会把我的观点公之于众。C++ Journal 中的一篇有关软件设计的文章促使我给编辑写了一封有关这个主题的信。经过几封书信的交流，编辑 Livleen Singh 同意把我关于这个主题的想法作为一篇文章发表。这才有了下面这篇文章。

——李维斯（Jack Reeves），2001 年 12 月 22 日

什么是软件设计?

面向对象技术，特别是 C++ 语言，似乎给软件世界带来了不小的震动。市面上出现了大量的文章和书籍描述如何应用这项技术。总的来说，那些关于面向对象技术是否只是一个骗局的问题已经被那些如何用最小的代价获得收益的问题所替代。面向对象技术已经出现一段时间了，但这种爆炸式的流行却似乎有些不同寻常。人们为何会突然关注它呢? 对于这个问题，人们给出了各种各样的解释。事实上，很可能原因并不单一。也许，把多种因素结合起来才是最终的答案，这项工作正在进行当中。尽管如此，在软件革命的最前沿，C++ 本身似乎成为一个主要的因素。同样，针对这个问题，可能也存在很多因素。只不过，我想从一个稍微不同的角度给出一个答案:"C++ 之所以流行，是因为它让软件设计变得更容易，同时也让编程变得更容易。"

这个解释看似有些奇特，但它却是我个人深思熟虑的结果。在这篇论文中，我就是想要关注一下编程和软件设计之间的关系。近 10 年来，我一直觉得整个软件行业都没有觉察到做一个软件设计和什么是真正的软件设计之间的一个微妙的不同点。只要看到这一点，我认为我们就可以从 C++ 的流行趋势中，学到如何才能成为更好的软件工程师的深远一课。这个课程就是，编程不是构建软件，而是设计软件。

几年前，我参加过一个讨论会，其中讨论到软件开发是否是一门工程学科的问题。虽然我不记得讨论的结果，但我清楚地记得它促使我认识到一点:软件行业已经做出了一些错误的和硬件工程的比较，而忽视了一些绝对正确的类比。其实，我认为我们不是

软件工程师，因为我们并没有认识到什么才是真正的软件设计。现在，我对这一点更是确信无疑。

任何工程活动的最终结果都是某些类型的文档。当设计工作完成时，设计文档就被转交给生产团队。这个团队是一个和设计团队完全不同的群体，并且他们的技能也和设计团队完全不同。如果设计文档正确呈现了完整的设计，那么生产团队就可以着手做产品。事实上，他们可以着手量产，完全不需要设计者的进一步介入。按我的理解审查了软件开发的生命周期后，我得出一个结论：实际上满足工程设计标准的唯一软件文档，就是源码清单。

这个观点引发了广泛的争论，无论是赞同还是反对，都足以写成无数篇文章。本文假定最终的源码就是真正的软件设计，然后仔细研究了这个假定带来的一些结果。我可能无法证明这个观点是正确的，但是我希望证明了一点：它确实解释了软件行业中一些已经观察到的事实，包括 C++ 的流行。

把代码看作是软件设计带来的众多结果中，其中有一个，它的光芒完全掩盖了其他的结果。它非常重要并且显而易见，也正因为如此，对于大多数软件机构而言，它完全是一个盲点。导致的结果就是：软件构建是廉价的。它根本就不具备昂贵的资格；它非常廉价，几乎是免费的。如果源码是软件设计，那么实际的软件构建就是由编译器和链接器完成的。我们常常把编译和链接一个完整软件系统的过程视作"进行一次构建"。在软件构建设备上所做的主要投资是很少的——实际需要的只有一台计算机、一款编辑器、一个编译器和一个链接器。一旦有构建环境，那么实际的软件构建只需花少许的时间。编译 50 000 行的 C++ 程序也许会花很长的时间，但构建一个具有和 50 000 行 C++ 程序同等设计复杂度的硬件系统需要花多长时间呢？

把代码看作是软件设计的另外一个结果是，软件设计相对于创作，至少在机械意义上是如此。通常，写（也就是设计）一个典型的软件模块，50 到 100 行代码，只需要花几天的时间（对它进行完全的调试是另外一个议题，稍后会对它进行更多的讨论）。试问一下，是否还有任何其他的工程学科可以在如此短的时间内，产生出和软件同等复杂度的设计来。不过，首先我们必须要弄清楚如何来度量和比较复杂度。尽管如此，有一点很明显，那就是软件设计可以极为迅速地变得非常庞大。

假设软件设计是相对容易创作的，并且在本质上构建起来也没有什么代价。那么一个意料之中的结果是，软件设计往往都是难以想象的庞大和复杂。这看起来似乎很明显，但这个问题的重要性常常被忽视。学校中的项目通常只有几千行代码。10 000 行代码（设计）的软件产品也会被它们的设计者丢弃。我们早就不再关心简单的软件。典型的商业软件的设计动辄数十万行代码。许多软件设计达到了上百万行代码。另外，软件设计几乎总是在持续不断地演进。虽然当前的设计可能只有几千行代码，但是在产品的生命周期里，实际上可能要编写好多倍的代码。

尽管确实有一些硬件设计看起来似乎和软件设计一样复杂，但请注意两个有关现代硬件的事实。第一，复杂的硬件工程并非没有 bug，在这一点上，它没有软件那样的评判标准。大多数微处理器在发售时都有一些逻辑错误：桥梁坍塌、大坝破裂、飞机失事以及数以千计的汽车和其他消费品被召回事件——所有这些，我们记忆犹新，它们都是设计错误导致的结果。第二，复杂的硬件设计具有与之对应的复杂、昂贵的构建阶段。结果，量产这种系统所需的能力限制了真正能够生产复杂硬件的设计公司的数量。对于软件来说，就没有这种限制了。目前，已经有数以百计的软件机构和数以千计的超级复杂的系统存在于世，并且数量以及复杂性每天都在增长。这意味着软件行业不可能通过效仿硬件开发者找到针对自身问题的解决方法。如果非得说有什么相同之处的话，那就是 CAD 和 CAM 可以帮助硬件设计者创建越来越复杂的设计之后，硬件工程变得越来越像软件开发了。

设计软件是一种管理复杂性的活动。复杂性存在于软件设计本身之中，存在于公司的软件机构之中，也存在于整个软件行业之中。软件设计和系统设计非常相像。它可以跨越多种技术并且常常涉及多个学科分支。软件的规格说明往往不固定，经常变得，而且常常发生在正在进行的软件设计中。同样，软件开发团队也往往不固定，也常常在设计过程中发生变化。在很多方面上，软件都要比硬件更像复杂的社会或者有机系统。这些都让软件设计成为艰难并且容易出错的过程。虽然这些都不是创造性的想法，但是在软件工程革命开始将近 30 年后的今天，比起其他工程行业，软件开发看起来仍然像一种未成体系（undisciplined）的技艺。

一般的看法认为，当真正的工程师完成了一个设计，不论设计多么复杂，他们都非常确信这个设计是可以工作的。他们也非常确信这个设计可以用大家认可的构造技术做出来。为了做到这一点，硬件工程师花了大量的时间去验证和改进他们的设计。例如桥梁设计。在这个设计实际构建之前，工程师会进行结构分析——他们构建计算机模型并进行仿真，他们也会建立比例模型并通过风洞或者其他方式进行测试。简而言之，在建造前，设计者会使用他们能够想到的一切方法来证实设计是正确的。设计新型客机更是，必须要构建出和原物同等尺寸的原型，并且必须要进行飞行测试，验证设计中的种种预期。

对于大多数人来说，软件设计中明显没有硬件设计里那样严格的工程。然而，如果我们把源码视为设计，就会发现软件工程师实际上也对他们的设计做了大量的验证和改进。只不过软件工程师不把这称之为工程，而是测试和调试。大多数人并没有把测试和调试视为真正的"工程"——在软件行业中，肯定没有这样认为。造成这种看法的原因更多的是软件行业拒绝把代码视为设计，而不是任何实际工程上的差别。事实上，样例（Mock-up）、原型以及电路试验板已经成为其他工程学科公认的组成部分。软件设计者之所以没有更多的正规方法来验证他们的设计，是因为软件构建周期简单、经济。

第一个启示：单纯构建设计并测试比做其他任何事情都要廉价和简单。我们不关心做了多少次构建——这些构建在时间方面的代价基本为零。并且，如果我们丢弃了构建，那么它所使用的资源完全可以重新利用。注意，测试并非仅仅只是保证当前设计的正确性，它也是改进设计流程中的一部分。复杂系统的硬件工程师常常建模（或者，至少他们会把设计用计算机图形可视化出来）。这就让他们获得了对设计的一种"感觉"，只是检查设计的话，是无法获得这种感觉的。构建这样的模型既不可能，也没有必要。我们就只是构建产品本身。即使形式化的软件验证可以和编译器一样自动进行，我们还是会去进行构建、测试循环。因此，形式化验证对于软件行业来说从来没有太多的实际意义。

这就是如今软件开发过程的现实。数量不断增长的人和机构正在产生更为复杂的软件设计。这些设计会先用某些编程语言编码出来，然后通过构建、测试循环进行验证和改进。过程易于出错，并且不是特别严格。事实上，相当多的软件开发人员并不想相信这就是软件可以工作的方式。也正因为这一点，使得问题变得更为复杂。

当前大多数软件过程都试图把软件设计的不同阶段分成不同的类别。必须要在顶层设计完成并且冻结后,才能开始编码。测试和调试只是用来清除构造过程中的错误。程序员处在中间位置,他们是软件行业的码农。许多人认为,如果我们可以让程序员停止hacking,按照交给他们的设计去进行构建(还要在过程中,犯更少的错误),那么软件开发就可以变得成熟,成为一门真正的工程学科。但是,只要过程忽略工程和经济学事实,这就是不可能的。

举个例子,任何一个现代行业都无法忍受在其量产过程中出现超过100%的返工率。如果一个码农经常无法在第一次就构建正确,那么不久他就会失业。但是在软件行业,即使最小的一块代码,在测试和调试期间,也很可能发生修改或者完全重写。在一个像是设计这样的创造性的过程中,我们认可这种改进,但是在量产过程中是无法忍受的。没有人会期望工程师第一次就创建出完美的设计。即使做到了,仍然必须让它进入改进过程,目的就是为了证明它是完美的。

即使我们没从日本的管理方法中学到任何东西,我们也应该知道责备工人在过程中出错是无益于生产的。我们不应该持续地强迫软件开发去符合不正确的过程模型。相反,我们需要去改进过程,让它助力而不是阻碍生产更好的软件。这就是"软件工程"的石芯测试。工程是关于如何定义过程的,而非关于于是否需要个 CAD 系统来产出最终的设计文档。

软件开发中有一个不容争议的问题就是一切都是设计过程的一部分。源码即设计,测试和调试也是设计的一部分,并且我们通常认为的设计仍然是设计的一部分。虽然软件构建起来很廉价,但是设计起来却是难以置信的昂贵。软件非常的复杂,具有众多不同方面的设计及其产生的不同视图。问题是,所有不同方面的内容是相互关联的(就像硬件工程一样)。我们希望顶层设计者可以忽略模块算法设计的细节。同样,我们希望程序员在设计模块内部算法时不必考虑顶层设计问题。糟糕的是,一个设计层面中的问题侵入了其他的层面。对于整个软件设计而言,它的成功不仅依赖更高层次的设计,同样依赖于一个特定模块的算法选择。在软件设计的不同方面,不存在重要性的层级结构。最底层模块中的一个错误设计可能和最高层中的错误一样致命。软件设计必须在各个方面都是完整和正确的,否则,构建在这个设计之上的所有软件都是错误的。

为了管理复杂性，软件被分层设计。当程序员在考虑一个模块的详细设计时，可能还有数以百计的其他模块以及数以千计的细节，他不可能同时兼顾。例如，在软件设计中，有一些重要的方面是不能完全归纳到数据结构加算法的范畴的。理想情况下，程序员不应该在设计代码时还去考虑设计的其他方面。

但是，设计并不遵循这种套路，原因也很明显。软件设计只有在编码和测试后才算是完成。测试是设计验证和改进过程的基础部分。高层结构的设计不是完整的软件设计；它是细节设计中的一个结构性框架。在严格验证高层设计方面，我们的能力非常有限。详细设计最终会对高层设计造成的影响至少和其他的因素一样多（或者应该允许这种影响）。改进设计的各个方面是一个应该贯穿整个设计生命周期的过程。如果设计的任何一个方面被冻结在改进过程之外，那么最终设计基本上就是糟糕的，甚至还会无法工作。

如果高层的软件设计可以成为一个更为严格的工程，那该有多好呀。但是软件系统的真实情况并不很严格。软件非常复杂，它依赖于很多其他的东西。可能某些硬件没有按照设计者的预期工作，也可能某个库的例程（方法）存在文档中未说明的限制。每个软件项目迟早都会遇到这些形形色色的问题。这些问题会在测试期间被发现（如果我们的测试工作做得很好的话），之所以会这样是因为没有办法在更早的时候发现它们。当发现这些问题时，就得被迫更改设计。如果我们足够幸运，设计就是局部更改。但更常见的情况是，更改会波及到整个软件设计中重要的部分（墨菲定律）。当受到影响的设计某些部分处于某些原因无法更改时，剩下的部分必然被削弱以容忍这种情况。这往往导致管理者口中的hacking，但是，这就是软件开发的现实。

举个例子，在我最近做的一个项目中，发现模块A和模块B之间有一个时序依赖关系。糟糕的是，模块A的内部结构隐藏在一层抽象的背后，而这层抽象拒绝将任何对模块B的调用合入到它自己正确的调用序列中。问题一旦发现，就已经错过了更改模块A中这层抽象的时机。正如预料中一样，我们把日益增长的复杂的"修复"集合应用到了模块A的内部。在我们还没有安装完版本1时，就普遍感觉到设计正在崩溃。每一个新的修复很可能都会破坏一些老的修复。这是一个正规的软件开发项目。最终，我和我的同事决定更改设计，但为了得到管理层的同意，我们不得不自愿无偿加班。

在所有典型规模的软件项目中，肯定都会出现这样的问题，尽管人们已经想方设法采取了预防措施，但仍然有一些重要的细节被忽略。这就是工艺和工程之间的区别。如果经验可以把我们引向正确的方向，说明这就是工艺。如果经验只是把我们带入未知的领域，然后我们必须通过最开始用的方法并通过一个管理得当的改进过程把这个方法变得更好，说明这就是工程。

我们就看其中很小一点的内容，所有的程序员都知道，写文档要发生在编码之后而不是之前，这样文档内容才会更加准确。现在，理由更加明显。用代码来反映最终设计是唯一一个在构建和测试循环中被改进的东西。在循环过程中，初始设计保持不变的可能性和模块的数量以及项目中程序员的数量成反比。它很快就会变得毫无价值。

在软件工程中，我们非常需要在各个层次都优秀的设计。我们特别需要优秀的顶层设计。初期设计得越好，详细设计就会越容易。设计者应该使用任何有帮助的东西。结构图表、Booch 图、状态表、PDL（过程设计语言）等等，如果有帮助，就用。但是，我们必须牢记，这些工具和表示法都不是软件设计。最后，我们必须创建出真正的软件设计，并且是使用某种编程语言编写的。因此，当我们衍生出设计时，我们不应该害怕对它们进行编码。在必要时，我们必须得有意愿去改进它们。

现在还没有任何设计表示法可以同时适用于顶层设计和详细设计。设计最终会以某种编程语言编写成代码。这意味着在详细设计开始前，顶层设计表示法必须被转换成目标编程语言。这个转换的步骤既花时间也会引入错误。程序员常常对需求进行回顾并且重新进行顶层设计，然后根据实际去进行编码，而不是从一个可能和所选的编程语言并不完全映射的表示法开始转换。这同样也是软件开发的一部分现实情况。

也许，如果让设计者本人去编写初始代码，而不是后来让其他人去转换一个语言无关的设计，结果会更好一些。我们需要的是适用于各个层次设计的统一表示法。换句话说，我们需要一种编程语言，它同样也适用于捕获高层的设计概念。C++ 正好可以满足这个要求。C++ 是一门适用于真实世界项目的编程语言，同时也是一门富有表现力的软件设计语言。C++ 允许我们直接表达关于设计组件的高层信息。这样，就可以更容易地进行设计，并且以后也更容易改进设计。由于它具有更强大的类型检查机制，所以也有助于检测到设计中的错误。这就产生了一个更为健壮的设计，本质上也是一个更好的工程化设计。

最后，软件设计必须要用某种编程语言表现出来，然后通过一个构建、测试循环对其进行验证和改进。除此之外的任何其他主张都是愚蠢的。试想一下都有哪些软件开发工具和技术得以流行。结构化编程在它的时代被认为是创造性的技术。Pascal 让它变得流行，而且自己也变得更加流行。面向对象设计是新的流行技术，而 C++ 是它的核心。现在，思考一下那些失败的作品。CASE 工具，流行吗？是的，它很流行；通用吗？并不是。结构图表怎么样？情况也一样。同样，还有 Warner-Orr 图、Booch 图、对象图以及你能叫出名字的一切它们各有千秋，都只有一个根本性的弱点，它们都不是真正的软件设计。事实上，唯一一个被普遍认可的软件设计表示法是 PDL，然而，它看起来像什么呢？

这表明，在软件行业中，大家潜意识已经达成共识，编程技术的改进，特别是实际开发中使用的编程语言的改进，和软件行业中任何其他的东西相比，具有压倒性的优势。这还表明，程序员关心的是设计。只要一出现更富有表现力的编程语言，开发人员就会用。

同样，思考一下软件开发过程是如何变化的。从前，我们使用瀑布式过程。现在我们谈论的是螺旋式开发和快速原型。虽然这种技术常常被认为可以"消除风险"以及"缩短产品交付时间"，但是它们事实上也只是为了在软件的生命周期中更早开始编码。这是好事。这让构建、测试循环可以更早地开始对设计进行验证和改进。这同样也意味着，顶层软件设计者很有可能也会去进行详细设计。

正如上面所言，工程更多的是关于在过程中怎么做，而不是关于最终的产品看起来像什么样子的。处于软件行业中的我们，已经接近工程师的标准了，但是我们需要一些认知上的改变。编程和构建、测试的循环是软件工程中的核心。我们需要用这种方式管理它们。构建、测试循环的经济规律，加上软件件系统几乎可以表现任何东西的事实，让我们完全不可能找出一种通用的方法来验证软件设计。我们可以改善这个过程，但是我们不能避而不谈。

最后一点：任何工程设计项目的目标都是一些文档产出物。显然，实际设计的文档是最重要的，但是它们并非唯一要产出的文档。最终，总有人要去使用软件。同样，系统很可能也需要后续的修改和增强。这意味着，同硬件项目一样，辅助文档对于软件项目具有同等的重要性。虽然暂时忽略了用户手册、安装指南以及其他一些和设计过程没有直接关联的文档，但是仍然有两个重要的需求需要用辅助的设计文档来解决。

辅助文档的首要用途是从问题域中捕获重要的信息，这些信息是不能直接在设计中使用的。软件设计需要创造一些软件概念来对问题域中的概念进行建模。这个过程需要我们发展出对问题域中的概念的理解。通常，这个理解中会包含一些最后不会被直接建模到软件中的信息，但是这些信息却仍然有助于设计者去确定什么是本质概念以及如何将模型建立到最好。这些信息应该被记录在某处，以防以后需要更改。

对辅助文档的第二个重要需求是记录设计中某些方面的内容，而这些内容是很难从设计本身中提取出来的。它们既可以是高层次也可以是低层次的内容。对于这些内容中的大部分而言，图形是最好的描述方式。这就让它们很难作为注释包含在代码中。这并不是说要用图形化的软件设计表示法代替编程语言。这和用一些文本描述补充硬件学科的图形化设计文档没有什么区别。

绝对不要忘记是源代码决定了实际设计的真实样子，而非辅助文档。在理想情况下，我们可以用软件工具对源代码进行后期处理并产出辅助文档。对于这一点，我们可能期望过高了。差一点的情况是，程序员（或者技术文档工程师）可以使用一些工具从源代码中提取出一些特定的信息，然后可以把这些信息用某些方法文档化。毫无疑问，我们很难手工保持这种文档的更新。这是另一个支持需要更富表现力的编程语言的理由。同样，这也是一个支持将这类辅助文档保持最小化，并且尽可能在项目后期才转为正式文档的理由。同样，我们可以使用一些好的工具。否则就得将就用用铅笔、白纸和黑板了。

综上所述，我的观点如下。

- 实际的软件运行于计算机之中。它是存储在某种磁性介质中的 01 序列。它指代的并非用 C++（或者任何其他的编程语言）编写的程序。
- 程序清单是软件设计的文档。实际上把软件设计构建出来的是编译器和链接器。
- 构建实际软件是异常廉价的，并且它会随着计算机速度的变快而愈加廉价。
- 设计实际软件是异常昂贵的，之所以会这样，是因为软件是异常复杂的，并且几乎软件项目的每一步都是设计过程的一部分。
- 编码是一种设计活动——好的软件设计过程认可这一点，并且一旦编码有意义，就会毫不犹豫地去编码。
- 编码比我们想象中有意义的次数更加频繁。通常，在编码设计的过程中，一些疏漏和额外的设计需求会显现出来。发生得越早，设计就会越好。

- 因为软件构建起来非常廉价，所以正规的工程验证方法在实际的软件开发中没有多大用处。仅仅构建设计并测试它要比试图去证明它更加简单和廉价。

- 测试和调试是设计活动——对于软件来说，它们就相当于其他工程学科中的设计验证和改进过程。好的软件设计过程认可这一点，并且不会试图减少这些步骤。

- 还有一些其他的设计活动——称它们为高层设计、模块设计、结构设计、架构设计或者诸如此类的东西。好的软件设计过程认可这一点，并且谨慎包含这些步骤。

- 所有的设计活动都是相互影响的。好的软件设计过程认可这一点，并且当不同的设计步骤显示必要性时，它就允许设计改变，有时甚至是根本上的改变。

- 很多不同的软件设计表示法可能是有用的——它们可以作为辅助文档或者工具来帮助加速设计过程。它们不是软件设计。

- 软件开发仍然属于一门手艺，而非一门工程学科。主要是因为缺乏验证和改善设计的关键过程中所需的严格性。

- 最后，软件开发的真正进步依赖编程技术的进步，而这又意味着编程语言的进步。C++ 就是这样的一个进步。它已经取得了爆炸式的流行，因为它是一门直接支持更好软件设计的主流编程语言。

- C++ 在正确的方向上迈出了一步，但还需要有长足的进步。

结语

当我回顾前面这篇大概写于 10 年前的文章时，有几点让我印象深刻。第一（也是和本书就相关的），如今，我甚至比当初还要确信我试图去阐述的要点在本质上的正确性。随后的几年，大量流行的软件开发方法增强了我的很多观点，这让我更加坚持自己的信念。最明显的（或许也是最不重要的）是面向对象编程语言的流行。现在，除了 C++，还有很多其他面向对象的编程语言。另外，还出现了一些面向对象设计表示法，比如 UML。我的观点——面向对象的编程语言之所以日益流行是因为它们允许直接用代码展示更富有表现力——现在看来有点过时了。

重构的概念——重新组织代码库，使其更加健壮和可复用。这个概念同样也和我的观点——设计的各个方面都应该是灵活的且在验证时允许改变，如出一辙。重构只是简单地提供了一个过程以及一组准则，告诉我们如何去改善已经有缺陷的设计。

最后，文中有一个敏捷开发的总体概念。虽然极限编程是众多新方法中最知名的一个，但这些方法都有一个共同点：它们都认可源码是软件开发工作中最重要的产物。

另一方面，有一些观点——我在文中略微提及到一些——在随后的几年里，对我来说更加重要了。第一是架构或者顶层设计的重要性。在文中，我认为架构只是设计的一部分内容，并且在构建、测试循环验证设计的过程中，架构需要保持可变。本质上这是正确的，但是现在回想起来，当年的想法还是不太成熟。虽然构建、测试循环可能揭示出架构中的问题，但是更多的问题是需求变化带来的。设计大规模的软件是很困难的，并且新的编程语言，比如Java或C++以及图形化的表示法，如UML，对于不知如何使用它们的人来说帮助不大。此外，一旦某个项目基于架构构建了大量代码，那么对该架构进行基础性的改变无异于抛弃原有项目并重新启动一个，也就是说，原来的项目没有发生过。即便项目和组织在根本上接受了重构的概念，但是他们通常也不愿意做一些完全像是重写的事情。这就意味着第一次把事情做对（或者至少接近对的）很重要。并且，项目越大，越应该如此。幸运的是，软件设计模式有助于解决这方面的问题。

还有其他一些方面的内容。我认为需要更多地强调一下辅助文档的重要性，尤其是架构方面的文档。虽然源码就是设计，但是试图从源码中得出架构，可能是一个令人望而却步的体验。在文中，我希望能够出现一些软件工具来帮助软件开发者自动地维护从源码生成的辅助文档。我几乎已经放弃了这个希望。不过，这些图（和文本）必须聚焦设计中关键的类和它们之间的关系。糟糕的是，对于软件工具足够智能到可以从源码的大量细节中提取出那些重要的信息，我没有看到任何希望。这意味着还得由人来编写和维护这类文档。我依旧认为最好还是在代码写完之后，至少是在写代码的同时编写此类文档，比提前编写要好一些。

最后，我在文中的结尾谈到了C++是编程的一个进步，并且因此也是软件设计艺术的一个进步，但还需更大的进步。就算我完全没有看到编程语言艺术中出现任何真正的进步来挑战C++的流行地位。但是今天，我还是认为这一点比我当年落笔时更为正确。